U0486086

国家重点基础研究发展计划（973计划）项目（2006CB403406） 资助

"十二五"国家重点图书出版规划项目

海河流域水循环演变机理与水资源高效利用丛书

海河流域农田水循环过程与农业高效用水机制

康绍忠　杨金忠　裴源生　等　著

科学出版社
北京

内 容 简 介

海河流域水资源匮乏，而且与人口和耕地分布、生产力布局极不匹配，该地区水量供需情况及变化趋势历来受人关注。农业是该流域用水大户，发展节水高效农业是必然选择。全书共分6章，包括概述、农田土壤水分运移转化规律与作物-水分响应机理研究、用水竞争型缺水地区作物高效用水理论与技术研究、水分利用效率的尺度效应与计算方法、“作物生理-农田-农业”节水潜力计算方法与海河流域农业节水潜力评价、海河流域农业高效用水标准与模式。

本书可供农田水利、水文水资源、生态环境等领域的生产、教学、科研、管理及决策者使用和参考。

图书在版编目(CIP)数据

海河流域农田水循环过程与农业高效用水机制 / 康绍忠等著. —北京：科学出版社，2013.3

(海河流域水循环演变机理与水资源高效利用丛书)

“十二五”国家重点图书出版规划项目

ISBN 978-7-03-036801-0

Ⅰ. 海… Ⅱ. 康… Ⅲ. 海河-流域-农田水利-研究 Ⅳ. S27

中国版本图书馆 CIP 数据核字（2013）第 037850 号

责任编辑：李 敏 张 震 / 责任校对：钟 洋

责任印制：钱玉芬 / 封面设计：王 浩

科学出版社 出版

北京东黄城根北街16号

邮政编码：100717

http://www.sciencep.com

中国科学院印刷厂 印刷

科学出版社发行 各地新华书店经销

*

2013年3月第 一 版 开本：787×1092 1/16

2013年3月第一次印刷 印张：21 1/2 插页：2

字数：500 000

定价：90.00 元

（如有印装质量问题，我社负责调换）

总　　序

流域水循环是水资源形成、演化的客观基础，也是水环境与生态系统演化的主导驱动因子。水资源问题不论其表现形式如何，都可以归结为流域水循环分项过程或其伴生过程演变导致的失衡问题；为解决水资源问题开展的各类水事活动，本质上均是针对流域“自然–社会”二元水循环分项或其伴生过程实施的基于目标导向的人工调控行为。现代环境下，受人类活动和气候变化的综合作用与影响，流域水循环朝着更加剧烈和复杂的方向演变，致使许多国家和地区面临着更加突出的水短缺、水污染和生态退化问题。揭示变化环境下的流域水循环演变机理并发现演变规律，寻找以水资源高效利用为核心的水循环多维均衡调控路径，是解决复杂水资源问题的科学基础，也是当前水文、水资源领域重大的前沿基础科学命题。

受人口规模、经济社会发展压力和水资源本底条件的影响，中国是世界上水循环演变最剧烈、水资源问题最突出的国家之一，其中又以海河流域最为严重和典型。海河流域人均径流性水资源居全国十大一级流域之末，流域内人口稠密、生产发达，经济社会需水模数居全国前列，流域水资源衰减问题十分突出，不同行业用水竞争激烈，环境容量与排污量矛盾尖锐，水资源短缺、水环境污染和水生态退化问题极其严重。为建立人类活动干扰下的流域水循环演化基础认知模式，揭示流域水循环及其伴生过程演变机理与规律，从而为流域治水和生态环境保护实践提供基础科技支撑，2006 年科学技术部批准设立了国家重点基础研究发展计划（973 计划）项目“海河流域水循环演变机理与水资源高效利用”（编号：2006CB403400）。项目下设 8 个课题，力图建立起人类活动密集缺水区流域二元水循环演化的基础理论，认知流域水循环及其伴生的水化学、水生态过程演化的机理，构建流域水循环及其伴生过程的综合模型系统，揭示流域水资源、水生态与水环境演变的客观规律，继而在科学评价流域资源利用效率的基础上，提出城市和农业水资源高效利用与流域水循环整体调控的标准与模式，为强人类活动严重缺水流域的水循环演变认知与调控奠定科学基础，增强中国缺水地区水安全保障的基础科学支持能力。

通过 5 年的联合攻关，项目取得了 6 方面的主要成果：一是揭示了强人类活动影响下的流域水循环与水资源演变机理；二是辨析了与水循环伴生的流域水化学与生态过程演化的原理和驱动机制；三是创新形成了流域“自然–社会”二元水循环及其伴生过程的综合模拟与预测技术；四是发现了变化环境下的海河流域水资源与生态环境演化规律；五是明晰了海河流域多尺度城市与农业高效用水的机理与路径；六是构建了海河流域水循环多维临界整体调控理论、阈值与模式。项目在 2010 年顺利通过科学技术部的验收，且在同批验收的资源环境领域 973 计划项目中位居前列。目前该项目的部分成果已获得了多项省部级科技进步一等奖。总体来看，在项目实施过程中和项目完成后的近一年时间内，许多成果已经在国家和地方重大治水实践中得到了很好的应用，为流域水资源管理与生态环境治理提供了基础支撑，所蕴藏的生态环境和经济社会效益开始逐步显露；同时项目的实施在促进中国水循环模拟与调控基础研究的发展以及提升中国水科学研究的国际地位等方面也发挥了重要的作用和积极的影响。

本项目部分研究成果已通过科技论文的形式进行了一定程度的传播，为将项目研究成果进行全面、系统和集中展示，项目专家组决定以各个课题为单元，将取得的主要成果集结成为丛书，陆续出版，以更好地实现研究成果和科学知识的社会共享，同时也期望能够得到来自各方的指正和交流。

最后特别要说的是，本项目从设立到实施，得到了科学技术部、水利部等有关部门以及众多不同领域专家的悉心关怀和大力支持，项目所取得的每一点进展、每一项成果与之都是密不可分的，借此机会向给予我们诸多帮助的部门和专家表达最诚挚的感谢。

是为序。

海河 973 计划项目首席科学家
流域水循环模拟与调控国家重点实验室主任
中国工程院院士

2011 年 10 月 10 日

序

水资源紧缺是一个世界性的问题。缺水不仅对我国的经济社会发展造成了重要影响，而且引发了严峻的生态环境问题，成为国家可持续发展的制约因素。农业是用水大户，在我国用水总量中其用水量要占65%左右，但是农业灌溉水有效利用系数为0.50，灌溉水生产效率仅为1.1kg/m^3左右。气候变化导致极端天气频发，更加剧了水资源的短缺程度。为了应对日趋严重的缺水形势，大幅度提高农业用水效率，发展节水高效农业是一种必然选择，也是保障国家粮食安全、水安全、生态安全的根本措施，同时还具有保护环境、生态及降低生产成本、增加效益等“一箭多雕”之功能。2011年和2012年的中共中央一号文件以及国家自然科学基金委员会“十二五”发展规划都对农业水资源高效利用给予了高度重视。国际相关学科领域工作者对农业高效用水也给予了高度关注。

农田水循环过程与农业高效用水机制涉及土壤–植物–大气连续体（SPAC）水分传输与产量形成、田间水分精量配送、区域水资源高效配置等多个过程。该书针对我国海河流域水资源紧缺和发展节水高效农业的重大需求，以认识农田尺度水循环过程与建立农业高效用水理论为核心，在海河流域的9个野外试验站（点）开展了农田SPAC水分运移转化规律与作物–水分响应理论、作物非充分灌溉与调亏灌溉等高效用水理论及技术、水分利用效率尺度效应、农业节水潜力计算方法、海河流域农业高效用水模式等研究工作，通过不同水分环境下SPAC水分运转与调控理论、作物适度缺水的补偿效应和作物水分响应模型等问题的研究，建立了作物高效用水调控与非充分灌溉的新理论；通过节水灌溉条件下不同尺度作物需水估算模型及节水潜力计算方法的研究，建立了农业高效用水的可控指标体系；通过节水灌溉条件下农田水循环理论及尺度效应的研究，把单点的SPAC水分运行动力学模式扩展为农田尺度水转化动力学模式，为农田尺度水转化过程的定量模拟和节水调控提供了有力的工具；通过不同节水技术措施节水效果和经济比较研究，建立了水资源有限条件下节水、高效、经济和对环境友好的农业用水调控新模式，实现了我国农业高效用水前沿应用基础理论的创新，为区域农业水资源高效利用提供了科学依据和新的途径。

农业节水不是一个简单的灌溉节水的问题，而是一个包含农田水循环过程与农业水资源高效利用理论与技术研究的十分复杂的系统工程。该书在大量室内外试验、理论分析和数值模拟的基础上，揭示了不同水分条件下农田 SPAC 中水分运移转化规律及其作物–水分响应过程与调节机理；初步形成了适用于我国北方缺水流域的作物高效用水调控理论及其非充分灌溉、调亏灌溉与控制灌溉等高效用水理论与技术体系；建立了海河流域不同尺度条件下水分利用效率和农业节水潜力计算方法；提出了海河流域农业高效用水定量标准与模式；为完成认识海河流域的水循环演变机理，探索水资源高效利用理论与途径的项目总体目标做出了重要贡献，并为海河流域农业高效用水标准和模式制订、节水灌溉工程的规划与建设、水资源优化调配与管理提供了理论依据与基础数据的支撑。

该书面向国际学术前沿，提出了估算不同尺度地表含水量合理取样数目的随机组合研究方法，建立了根系吸水速率和根氮质量密度分布模拟模型；揭示了不同地下水埋深条件下非充分灌溉麦田的土壤水–地下水转化规律以及土壤剖面水分通量与地下水埋深对作物耗水的补给作用；研发了土壤水分多尺度数值模拟计算问题的有效算法，提出了土壤饱和水力传导度多尺度数据整合方法；阐明了海河流域农业用水效率的尺度效应及其机理；分析了不同尺度农业节水潜力的相互关系。该书针对地球科学国际热点，展现了研究取得的创新性进展，对促进农田水循环过程与农业高效用水机理研究领域的理论创新与技术应用有重要意义与价值。

中国科学院院士 刘昌明

2013 年 3 月

前　言

海河流域是中国七大流域之一，流域面积 32 万 km^2；人口 1.3 亿，占全国总人口的 10%左右；耕地面积为 1.6 亿多亩①，占全国耕地面积的 11%；流域多年平均降水量 539mm，年平均陆面蒸发量 470mm，年平均水面蒸发量 1100mm。该流域水资源匮乏，而且与人口和耕地分布、生产力布局极不匹配，所以该地区水量供需情况及变化趋势历来受人关注。在该流域，农业是用水大户，发展节水高效农业是必然选择。

在国家重点基础研究发展计划（973 计划）项目“海河流域水循环演变机理与水资源高效利用”资助下，以认识节水条件下不同尺度的农田水分运行转化规律与作物响应过程以及建立区域节水、高效和对环境友好为目标的农业用水新模式为主线，我们 2006 ~ 2010 年分别在中国农业大学土壤和水农业部重点实验室、中国农业大学曲周试验站、中国科学院栾城试验站（河北栾城）、中国农业科学院农田灌溉研究所作物需水量试验场（河南新乡）、石津灌区试验站王家井试验区、河北省灌溉试验总站试验场、徒骇马颊河流域位山灌区、大兴区团河农场、北京市通州永乐店节水灌溉试验站 9 个地点，开展了不同水分条件下的农田 SPAC 水分运移转化规律与作物–水分响应理论、用水竞争型缺水地区作物非充分灌溉与调亏灌溉等高效用水理论及技术、“单株—群体—农田—农业”水分利用效率的尺度效应与不同尺度灌溉水利用效率的计算方法、“作物生理–农田–农业”等节水潜力计算方法与海河流域农业节水潜力评价、海河流域水资源有限条件下农业高效用水标准与节水高效和环境友好型用水模式研究。

在不同水分条件下的农田 SPAC 水分运移转化规律与作物–水分响应理论研究方面，揭示了冬小麦根系吸收水分、养分的机理，建立了相关的根系吸收模型并模拟了土壤水分与氮、磷的运移，在北京地区开展了冬小麦非充分灌溉农田水分运动试验，探索了非充分灌溉条件下不同地下水埋深农田土壤水–地下水的转化关系；发展了土壤水分运动的多尺度数值模拟的有效数值算法和一种对土壤中饱和水力传导度进行多尺度数据整合的方法。

在用水竞争型缺水地区作物非充分灌溉与调亏灌溉等高效用水理论及技术研究方面，

① 1 亩≈666.7m^2，后同

主要研究了海河流域华北高产农业区主要作物节水高效灌溉机理与技术、海河流域中原高产农业区主要作物节水高效灌溉机理与技术，明确了外界环境条件对作物耗水的影响以及作物不同生长阶段对水分亏缺的响应，建立了提高产量和水分利用效率的作物非充分灌溉制度和调亏灌溉制度，提出了海河流域华北高产农业区和中原高产农业区冬小麦、夏玉米、温室蔬菜等主要作物的非充分灌溉和调亏灌溉技术模式。

在“单株—群体—农田—农业”水分利用效率的尺度效应与不同尺度灌溉水利用效率的计算方法方面，开展了灌区及灌区以下尺度农业用水效率的野外试验与调查研究，较为完整地得到了海河流域“作物—田间—斗渠—支渠—分干—干渠—灌区—省市行政区—海河流域”多个尺度，以及“农田总供水的水分生产率、灌溉水分生产率和灌溉水利用系数”等多个指标表示的农业用水效率；阐明了海河流域农业用水效率的尺度效应，并基于机理模型模拟揭示了海河流域农业用水效率尺度效应产生的机理；系统构建了综合考虑空间变异性和水循环通量的农业用水效率尺度转换方法，为农业用水效率的尺度转换提供了理论依据和可能的解决途径，为不同尺度农业用水效率计算的深化奠定了重要基础，为尺度效应的理论分析提供了基础数据。

在“作物生理–农田–农业”等节水潜力计算方法与海河流域农业节水潜力评价方面，选择海河流域二级子流域徒骇马颊河流域为典型流域，全面收集整理了典型区和海河流域基本资料，在典型流域水资源分配与水循环模拟的基础上，探讨了不同尺度农业节水潜力理论，完善了不同尺度节水潜力评价方法，评价了典型区作物、田间、灌区和流域不同尺度的农业节水潜力，在考虑尺度效应和实现可行性的基础上计算获得海河流域农业节水潜力，为科学布局海河流域农业节水措施提供了支撑。

在海河流域水资源有限条件下农业高效用水标准与节水高效和环境友好型用水模式研究方面，分析了海河流域50多年的作物需水量的时空变异规律以及影响因子，获得海河流域4种典型年份和多年平均的冬小麦、夏玉米生育期需水量的空间分异规律；分析了冬小麦产量反应系数（K_y）的空间分异特征，进行了 K_y 的县域差异分析以及 K_y 的空间相关性和集聚性分析；运用系统聚类分析方法，选择海拔、坡度、湿润指数、缺水程度、亩均灌溉可用水量作为分区指标，将海河流域分为15个节水灌溉区，以净效益最大为优化准则，确定了作物经济需水量及经济灌溉定额；基于CERES–Wheat模型设计了海河流域4个站点的优化灌溉制度；开发了基于WebGIS的海河流域作物需水量信息查询和非充分灌溉预报管理系统。在此基础上完成的“一种区域作物需水量测算方法”已获得发明专利授权（ZL 200810098243.8），开发的海河流域主要作物生命健康需水量信息管理系统（登记号：2009SR07015）、海河流域主要农作物非充分灌溉管理系统［HhrDIS］V1.0（2009SRBJ4616）等获软件著作权登记。

本项成果在 *Water Resources Research*、*Journal of Hydrology*、*Field Crops Research*、*Soil Science Society of America Journal*、*Agricultural Water Management*、*Irrigation Science*、*Irrigation and Drainage*、《水利学报》、《农业工程学报》、《武汉大学学报（工学版）》等国内外重要学术刊物和重要学术会议上公开发表高水平学术论文70篇，其中SCI收录论文41篇，EI收录论文36篇；获发明专利3件、实用新型专利1件，软件著作权登记3项。

先后参加本项研究的有：中国农业大学中国农业水问题研究中心康绍忠、冯绍元、任理、左强、杜太生、佟玲、霍再林、石建初、陆红娜、王素芬、汤博、李小娟、李娜、高光耀、马英、关雪、辛儒、陈福来、贺新光、王春梅、郑艳侠、侯立柱、郑燕燕、王雅慧等；武汉大学杨金忠、黄介生、伍靖伟、陈皓锐、王静、张晓春、范岳、杨迎；中国水利水电科学研究院裴源生、赵勇、陆垂裕、秦长海、张金萍、肖伟华、刘建刚；中国农业科学院农田灌溉研究所孙景生、王景雷、刘祖贵、张寄阳、陈智芳、高阳、张俊鹏、刘浩、宋妮等；中国科学院遗传与发育生物学研究所张喜英、陈素英、孙宏勇、邵立威、王彦梅等。

本书由上述研究人员集体撰写。具体分工如下：第1章由康绍忠、李小娟、汤博撰写；第2章的2.1节由石建初、左强撰写，2.2节由霍再林、冯绍元、马英、郑燕燕、王雅慧撰写，2.3节由李娜、任理撰写；第3章的3.1节由张喜英、陈素英、孙宏勇、邵立威撰写，3.2节由孙景生、张俊鹏、刘祖贵撰写；第4章由伍靖伟、杨金忠、黄介生、陈皓锐撰写；第5章由裴源生、赵勇撰写；第6章的6.1节由康绍忠、李小娟撰写，6.2节由康绍忠、关雪、辛儒撰写，6.3节由王景雷、冯绍元、陈智芳、郑艳侠撰写。全书由康绍忠、佟玲汇统稿。

由于研究者水平和时间及经费所限，所取得的成果仅仅是海河流域农田水循环过程与农业高效用水机制研究领域中的某几个方面，对有些问题的认识和研究还有待于进一步深化，不足之处在所难免，恳请读者批评指正。

康绍忠　杨金忠

2013年1月

目　　录

第1章　概　　述

1.1　研究背景与意义

海河流域是中国七大流域之一，流域面积 32 万 km^2；人口 1.3 亿，占全国总人口约 10%；耕地面积为1.6亿多亩，占全国耕地面积的11%；流域多年平均降水量539mm，年平均陆面蒸发量470mm，年平均水面蒸发量1100mm。该流域水资源匮乏，而且与人口和耕地分布、生产力布局极不匹配，所以该地区水量供需情况及变化趋势历来受人关注。在该流域，农业是用水大户，发展节水高效农业是必然选择。本书正是针对我国海河流域水资源紧缺的现状，面向该区域发展节水高效农业的需求，以认识农田尺度水循环过程与建立农业高效用水理论为核心，通过不同水分环境下 SPAC 水分运转与调控理论、作物适度缺水的补偿效应和作物水分响应模型等问题的研究，建立作物高效用水调控与非充分灌溉的新理论；通过节水灌溉条件下不同尺度作物需水估算模型及节水潜力计算方法的研究，建立农业高效用水的可控指标体系；通过节水灌溉条件下农田水循环理论及尺度效应的研究，把单点的 SPAC 水分运行动力学模式扩展为农田尺度水转化动力学模式，为农田尺度水转化过程的定量模拟和节水调控提供有力的工具；通过不同节水技术措施节水效果和经济比较研究，建立水资源有限条件下有利于节水、高效、经济和对环境友好的农业用水调控新模式，实现我国农业高效用水前沿应用基础理论的创新，为区域农业水资源高效利用提供科学依据和新的途径。

1.2　海河流域基本概况

1.2.1　自然地理与行政区划

海河流域是我国七大流域之一，地处华北地区，位于东经 112°～120°、北纬 35°～43°。东临渤海，西以山西高原和黄河流域接界，南界黄河，北以内蒙古高原与内陆河流域接壤，东北与辽河流域接界。流域总面积 32 万 km^2，占全国总面积的 3.3%。其中山区和平原面积分别占60%和40%。地跨 8 个省（自治区、直辖市），包括北京、天津两市，河北省大部分，山西省东部、北部，山东、河南两省北部，以及内蒙古自治区、辽宁省的一小部分，流域内共有 31 个地级市、2 个盟、256 个县（区），其中含 35 个县级市（水利部海河水利委员会，2003），如图 1-1 所示。流域内各省级行政区所占的面积及比例见表 1-1。

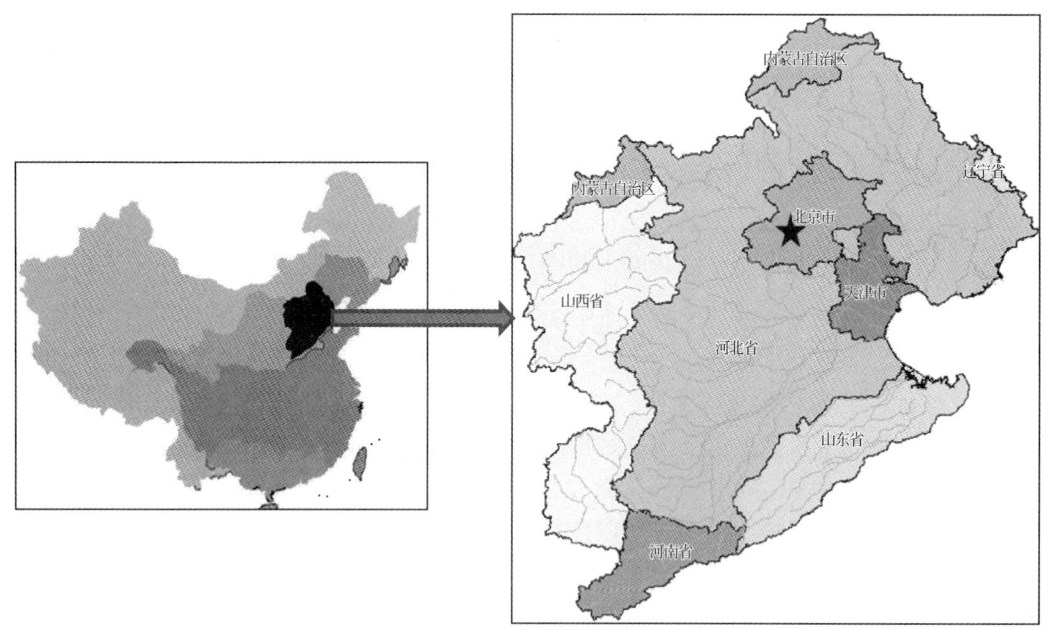

图 1-1　海河流域位置示意图

表 1-1　海河流域省级行政区在流域内的面积和所占比例

行政区	面积/km^2	所占比例/%
北京市	16 800	5. 25
天津市	11 920	3. 72
河北省	171 624	53. 63
河南省	15 336	4. 79
山东省	30 942	9. 67
山西省	59 133	18. 48
内蒙古自治区	12 576	3. 93
辽宁省	1 710	0. 53
流域合计	320 041	100

资料来源：任宪韶，2007

海河流域总体地势呈西北高东南低。全流域大致分为高原、山地及平原三种地貌类型，其中西部为山西高原和太行山区，北部为内蒙古高原和燕山山区，东部和东南部为平原，山区和平原几近直交，丘陵过渡带很窄。平原区按成因可分为山前平原、中部平原和滨海平原，总体地势由西南、西、北三个方向向渤海湾倾斜，其坡降由山前平原的 1/2000 ~1/300 渐变为东部平原的 1/15 000 ~ 1/10 000。主要山脉有西部的五台山和太行山、北部的燕山山脉、西北的军都山，海拔均在 1000m 以上，最高的五台山达 3058m，这些山脉像一道高耸的屏障环抱着平原（水利部海河水利委员会，2003；任宪韶，2007）。图 1-2 是空间分辨率为 1000m×1000m 的海河流域数字高程模型。

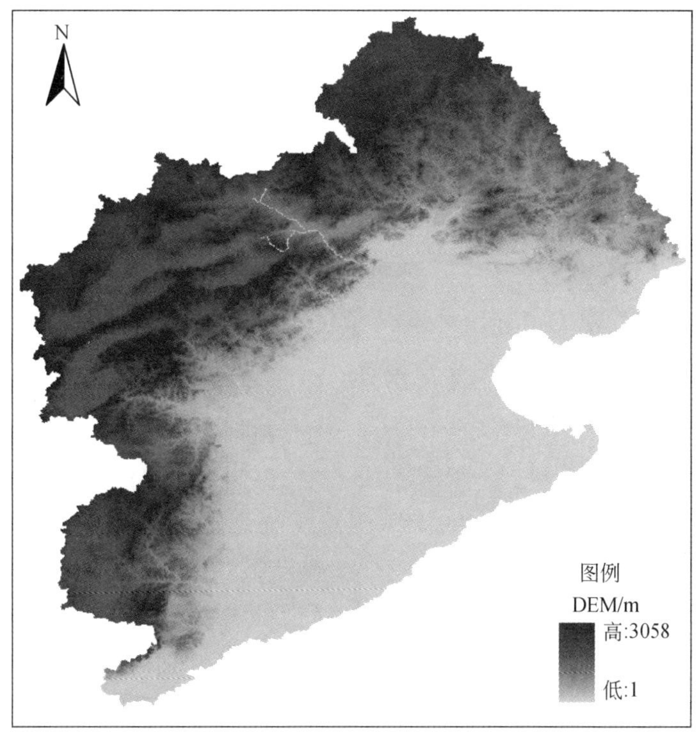

图 1-2　海河流域数字高程模型

1.2.2　气候特征

海河流域地处温带半湿润、半干旱大陆性季风气候区。流域年平均气温为 1.5 ~ 14℃，从平原到山地、南部到北部呈递减的趋势。一年当中 6 月、7 月温度最高，1 月、2 月温度最低。全流域最冷的地区位于五台山，最暖区位于漳河平原南部，五台山 1958 年极端最低气温低至-44.8℃，山东省高唐 1934 年 7 月 14 日极端最高气温达 45.8℃（任宪韶，2007）。

全流域多年平均降水量仅 539mm，是我国东部沿海降水最少的地区，且降水时空分布不均。冬季寒冷少雪，盛行北风和西北风；春季气候干燥，多风沙；夏季暴雨集中，洪涝时有发生，多东南风；秋季降雨量较少。年平均日照时数 2500 ~ 3000 小时，年平均相对湿度 50% ~ 70%，年平均陆面蒸发量 470mm，水面蒸发量 1100mm，蒸发量山区比平原小，随气温上升而增加，随纬度增加而减小。无霜期随海拔和纬度的减小而增大，平原地区比山区大，沿海地区最大，达 200 天以上（水利部海河水利委员会，2003；任宪韶，2007）。

1.2.3　河流水系

海河流域包括海河、滦河、徒骇马颊河三大水系，发源于内蒙古高原、黄土高原、燕山、太行山，呈扇形分布汇入渤海湾（图 1-3）。

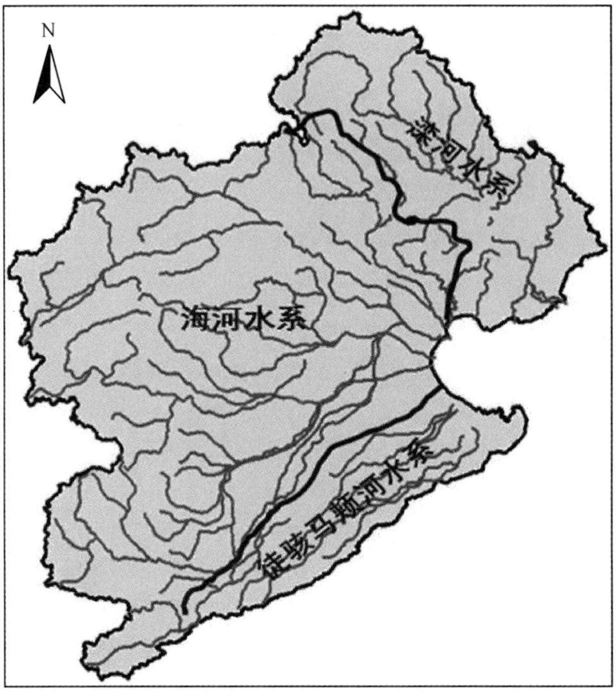

图 1-3　海河流域水系图

海河水系是最大的水系，由北三河、永定河、大清河、子牙河、漳卫南运河五大河及黑龙港水系和海河干流组成。北三河又包括蓟运河、潮白河和北运河，北三河与永定河统称海河北系；大清河、子牙河与漳卫南运河统称海河南系。海河水系总面积 23.25 万 km^2，各支流分别发源于内蒙古高原、黄土高原和燕山、太行山迎风坡（任宪韶，2007；水利部海河水利委员会，2003）。

滦河水系包括滦河和冀东沿海诸河，流域总面积 5.45 万 km^2。其中滦河发源于坝上高原，干流全长 888km，流域面积 4.407 万 km^2；冀东沿海诸河发源于燕山南麓，流域面积 1.046 万 km^2（任宪韶，2007；水利部海河水利委员会，2003）。

徒骇马颊河水系处于海河流域最南端，位于漳卫南运河以南、黄河以北，由徒骇河、马颊河、德惠新河及滨海诸小河等组成，全长 428km，流域面积 3.30 万 km^2（任宪韶，2007；水利部海河水利委员会，2003）。

1.2.4　土壤与生态植被

海河流域土壤划分为三个区，分别为华北山地棕壤褐土区、海河平原黄垆土潮土盐土区以及内蒙古高原粟钙土绵土区。土壤类型多样，主要为褐土、潮土和盐碱土（魏彦昌，2003）。海河流域各省级行政区主要土壤类型统计见表 1-2。

表 1-2　海河流域各省级行政区主要土壤类型统计表　（单位：万 hm^2）

土壤	行政区						合计
	北京	天津	河北	河南	山东	山西	
褐土	98.19	8.42	473.66	28.11	—	296.59	904.97
潮土	58.31	41.33	357.77	102.97	146.41	8.12	714.91
粟钙土	—	—	260.28	—	—	116.53	376.81
盐土	—	30.27	74.25	1.32	74.62	2.39	182.85
棕壤	7.56	—	98.04	0.53	—	9.86	115.99

资料来源：庄亚辉，1996

海河流域绝大部分地区的天然植被遭到破坏，仅有少量的自然植被分布在海拔较高的山区，原生植被已消失殆尽，剩余大部分为次生植被。天然次生林主要分布在海拔高于1000m 的山峰和山脉。滦河上游的内蒙古高原植被较好，中游 1000m 以上山地有成片森林，下游的燕山丘陵水区植被较差。山西高原降水少而集中，除高山地区有少量森林分布外，植被很差。燕山、太行山背风坡，植被稀疏，生态系统脆弱。燕山、太行山迎风坡，山高坡陡，降雨充沛，原来植被生长良好，但大部分遭到砍伐破坏，经过封山育林，天然次生植被得到一定恢复。海河流域植被覆盖情况如图 1-4 所示。

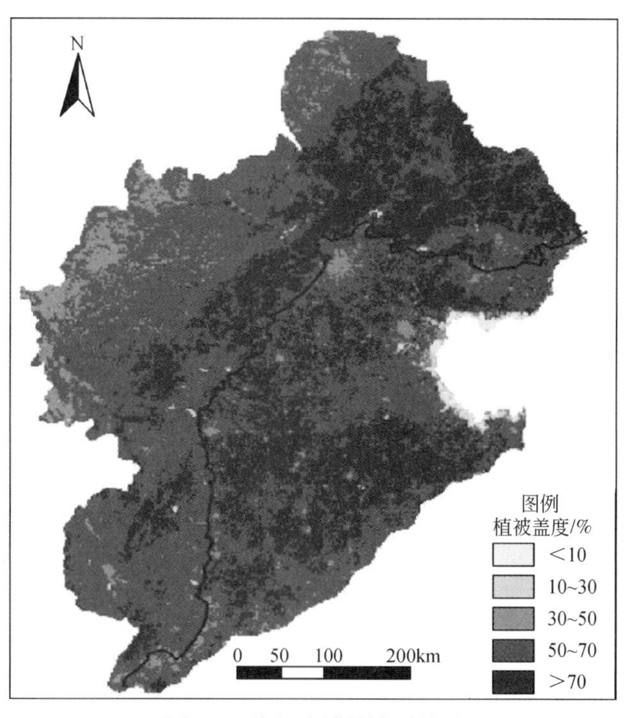

图 1-4　海河流域植被覆盖图

资料来源：郑泽，2008

1.2.5 社会经济概况

海河流域是我国政治、经济、文化和交通中心，在我国经济发展中占有非常重要的战略地位。流域内有京、津、唐经济区，秦皇岛对外开放区，山西能源基地，华北平原产粮区。大中城市众多，包括首都北京、直辖市天津，以及石家庄、唐山、秦皇岛、廊坊、张家口、承德、保定、邯郸、邢台、沧州、衡水、大同、朔州、忻州、阳泉、长治、安阳、新乡、焦作、鹤壁、濮阳、德州、聊城、滨州等26座大中城市。

海河流域人口密集，1998年总人口1.22亿人，约占全国总人口的10%，其中城镇人口3365万，农村人口8846万，城镇化率27.5%，平均人口密度约为384人/km^2，其中平原地区608人/km^2。人口增长较快，2000年总人口由1990年的1.17亿增长到了1.26亿，占全国的近10%，其中城镇人口4513万，城镇化率35.8%。到2005年，总人口达到1.34亿，约占全国总人口的10.2%，其中城镇人口5023万，农村人口8396万，城镇化率37.4%，平均人口密度为419人/km^2，其中山区183人/km^2，平原高达747人/km^2（任宪韶，2007；魏彦昌，2003）。新中国成立以来海河流域人口发展情况见表1-3，从表中可以看出，近年来海河流域城镇化率在不断提高。

表1-3 海河流域人口发展情况

年份	总人口/亿	城镇/万	农村/万	城镇化率/%
1952	0.57	900	4805	15.8
1957	0.66	1300	5326	19.6
1962	0.75	1452	6031	19.4
1965	0.79	1549	6365	19.6
1970	0.86	1459	7137	17.0
1975	0.93	1724	7553	18.6
1980	0.98	2016	7779	20.6
1985	1.05	2361	8182	22.4
1990	1.17	2673	8999	22.9
1995	1.20	3050	8906	25.5
1998	1.22	3365	8846	27.5
2000	1.26	4513	8087	35.8
2005	1.34	5023	8396	37.4

资料来源：任宪韶，2007；魏彦昌，2003

海河流域是我国电子、冶金、化工、机械、煤炭等重要工业基地，工业部门齐全，技术水平较高，已形成了以京津塘以及京广、京沪铁路沿线城市为中心的工业生产布局。海河流域经济社会得到较快的发展，国内生产总值（GDP）从1952年的185亿元猛增到2006年的2.8万亿元，增长了150倍。其中2005年GDP（2.58万亿元）比1980年（1592亿元）

增长了15倍，年均增长率达到11.8%，人均GDP增加了近11倍。1998年GDP为9674亿元，占全国的12%，人均GDP为7922元，高出全国平均水平（6270元）的25%；2000年GDP达到1.16万亿元，占全国的13%，人均GDP为9202元，比全国平均水平（7060元）高31%；2005年GDP高达2.58万亿元，占全国的14.1%，人均GDP为1.92万元，比全国平均水平高38%（任宪韶，2007；王京，2009）。20世纪80年代以来海河流域GDP增长趋势如图1-5所示。

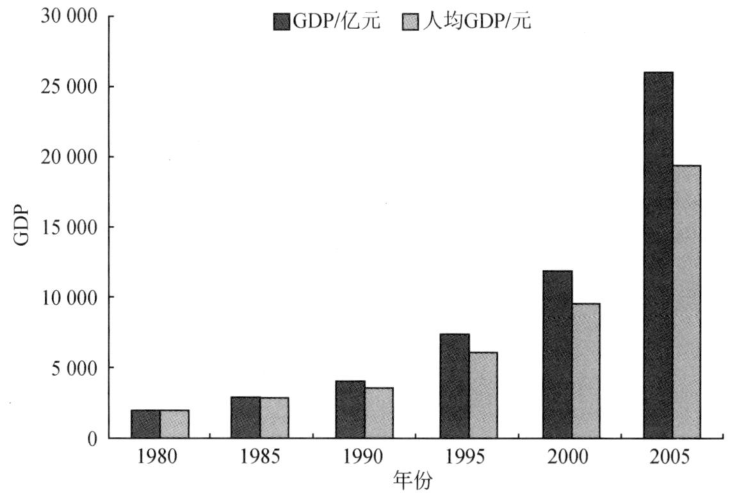

图1-5 海河流域20世纪80年代以来GDP增长趋势

海河流域经济发展在各地区间差异较大，平原区经济较发达，GDP占全流域的82%，山区相对落后。北京、天津两市经济较发达，GDP占全流域的40.7%，人均GDP分别达到4.43万和3.51万元，而其他地区人均GDP仅1万多元。

海河流域作为我国三大粮食生产基地之一，土地和光热资源丰富，适于农作物生长，主要粮食作物有小麦、大麦、玉米、高粱、水稻、豆类等，经济作物以棉花、油料、麻类、烟叶为主。河北山前平原、鲁北、豫北地区是主要产粮区，粮食产量占流域总产量的75%，沿海地区具有发展渔业生产和滩涂养殖的有利条件。

1.3 海河流域水资源状况

1.3.1 降水资源

海河流域多年平均降水量仅539mm，其中山区527mm，平原556mm。降水在时间和空间上差异较大。东部滨海平原地区降水量较多，为600～650mm，河北平原中部降水量较少，部分地区不足500mm（曹寅白，2007）。全年降水量75%～85%集中在汛期6～9月，其中7月、8月两月的降水占全年降水量的50%以上，春季降水量只占年降水量的10%，导致春旱频繁发生。降水量年际变化较大，年际降水变差系数C_v值为0.17～0.54，相对变率 15% ~30%（付娜，2008）。少雨年份大部分地区降水量不足 400mm，而多雨年份大部分地区则多于 800mm，且极易发生连续枯水年，1949 年以来出现了 4 个连续枯水年。近 50 多年来，流域年均降水量呈减小的趋势（图 1-6），流域内各河系降水量随不同年代的变化见表 1-4。

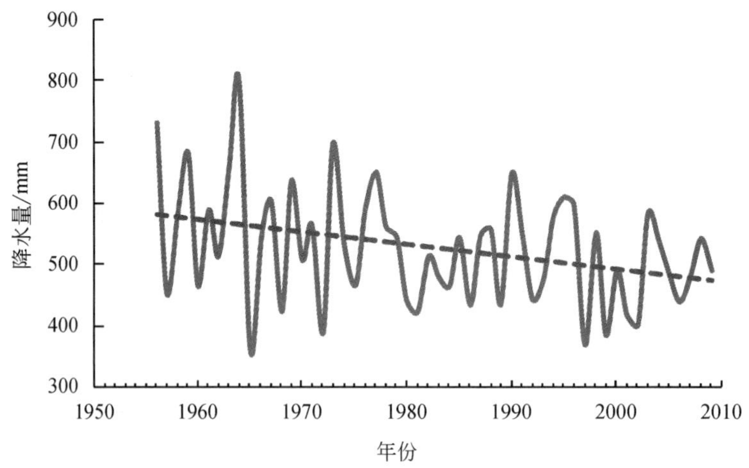

图 1-6　海河流域 1956 ~2009 年降水量变化趋势

表 1-4　海河流域各河系降水量的年代际变化　（单位：mm）

时段	滦河及冀东沿海	海河北系	海河南系	徒骇马颊河	全流域
1956 ~1960 年	579	565	605	530	582
1961 ~1970 年	560	499	588	626	564
1971 ~1980 年	564	496	550	594	543
1981 ~1990 年	522	462	520	509	504
1991 ~2000 年	534	463	509	544	505
2001 ~2005 年	481	427	506	547	485

资料来源：张金堂和乔光建，2009

1.3.2　地表水资源

海河流域多年平均地表水资源量（径流量）为 216 亿 m^3，合径流深 67.5mm，其中山区 164 亿 m^3，占总量的 76%，平原区 52 亿 m^3，占 24%。偏丰年（$P=20\%$）、平水年（$P=50\%$）和偏枯年（$P=75\%$）地表水资源分别为 283 亿 m^3、201 亿 m^3 和 151 亿 m^3。地表水资源量在空间上的分布存在明显的差异，总趋势是从多雨的燕山和太行山迎风区分别向东南和西北两侧递减。地表水资源量年内分配不均，山区的 45% ~75%、平原地区的 85% 以上集中在汛期（6 ~9 月），同时，年际变化幅度较大（任宪韶，2007）。

1.3.3 地下水资源

地下水资源是海河流域至关重要的资源，多年平均地下水资源量为 235 亿 m^3，地下水供水量占总供水量的 2/3，已成为供给工业、农业和城市生活用水的重要水源，在一定程度上对流域的经济社会可持续发展起支撑作用。海河流域地下水系统的主要补给源是大气降水入渗补给、山前侧向补给和地表水体补给等，地下水的排泄主要以人工开采、潜水蒸发和侧向径流为主，大气降水是最重要的补给来源，占补给总量的 65% 左右（任宪韶，2007；肖丽英，2004）。1980 ~ 2000 年淡水区地下水资源各项指标见表 1-5。

表 1-5 海河流域 1980 ~ 2000 年淡水区地下水资源各项指标

各项指标		海河平原		山间盆地		合计/亿 m^3
		水量/亿 m^3	比例/%	水量/亿 m^3	比例/%	
补给项	降水入渗	96.4	90.8	9.75	9.2	106.15
	山前侧向补给	17.3	73.2	6.35	26.8	23.65
	河道渗漏	7.01	91.8	0.62	8.2	7.63
	渠系渗漏	6.36	82.1	1.41	17.9	7.77
	渠灌田间入渗	13.8	91	1.4	9	15.2
	井灌回归补给	12.3	91.9	1.1	8.1	13.4
	总补给量	153.18	88.2	20.55	11.8	173.73
排泄项	实际开采	153	91.8	13.6	8.2	166.6
	潜水蒸发	20.7	80.1	5.2	19.9	25.9
	侧向流出	0.35	67.3	0.16	32.7	0.51
	河道排泄	0.32	14.2	1.93	85.8	2.25
	总排泄量	174.49	89.3	20.89	10.7	195.38
补排差		-21.01	98.4	-0.34	1.6	-21.35
地下水蓄变量		-18.68	95.7	-0.85	4.3	-19.53
均衡差/%		1.52		2.46		1.05

资料来源：任宪韶，2007

1.3.4 水资源总量

海河流域属于严重的资源性缺水地区，多年平均水资源总量为 370 亿 m^3，折合成水深 116mm，仅占全国的 1.3%；人均水资源占有量为 276m^3，仅为全国平均水平的 13%，世界平均水平的 1/27，远低于国际公认的人均 1000m^3 紧缺标准和 500m^3 极度紧缺标准；亩均水资源占有量仅为 213m^3，是全国平均水平的 15%；在全国各大流域中，海河流域的人均、亩均水资源量是最低的。偏丰年（$P=20\%$）、平水年（$P=50\%$）和偏枯年（$P=$

75%）水资源总量分别为 468 亿 m³、348 亿 m³ 和 275 亿 m³（任宪韶，2007；任宪韶等，2008）。三次水资源评价结果见表 1-6。

表 1-6　海河流域水资源三次评价结果　　（单位：亿 m³/a）

评价时间	系列长度	降水	地表水	地下水	重复计算	水资源总量
第一次水资源评价	1956～1979 年	1781	287.8	265.1	131.8	421.1
“七五”攻关	1956～1984 年	1743	263.9	274.8	119.3	419.4
“99”水资源规划	1956～1998 年	1692	227.2	251.5	106.3	372.4

资料来源：任宪韶等，2008

1.3.5　水质状况

海河流域水质污染已成为一个严重的生态环境问题，大部分河流水质达到Ⅴ类甚至超Ⅴ类。2009 年全流域污水排放总量为 49.0 亿 t。全年期、汛期和非汛期劣Ⅴ类水评价河长分别占 51.5%、49% 和 52.3%。在各水系中，滦河及冀东沿海水质状况最好，Ⅰ～Ⅲ类水评价河长在 60% 以上；永定河、大清河水质状况相对较好，而子牙河、漳卫南运河和徒骇马颊河水质状况最差，劣Ⅴ类水评价河长占 70% 左右。在 429 个重点水功能区中，达标率仅为 29.1%。生活饮用水水源地全年水质均不合格的占 25.0%，百分百合格的占 40.6%（水利部海河水利委员会，2009）。2010 年重点水功能区全年水质状况如图 1-7 所示。

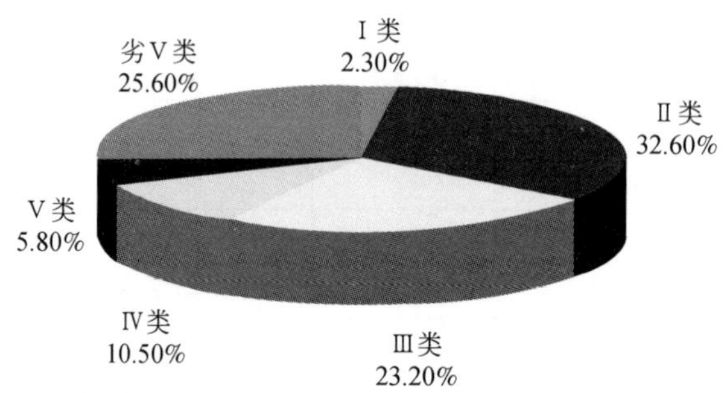

图 1-7　2010 年海河流域重点水功能区全年水质状况

资料来源：水利部海河水利委员会，2010

1.4　海河流域水资源开发利用现状

1.4.1　水利工程建设现状

新中国成立后，先后开始了以防洪除涝、农业灌溉、城市供水等为主的大规模水利工程建设。截止到2000年年底，全流域已建成大、中、小型水库1859座，控制85%的山区面积，其中1亿m^3以上的大型水库34座，包括山区31座、平原3座，总库容259.1亿m^3，兴利库容122.0亿m^3；中型水库114座，总库容33.0亿m^3，兴利库容18.2亿m^3；小型水库1711座，总库容15.5亿m^3。此外，有引水工程6170处，其中大、中型引水工程分别为18处、116处；提水工程13 081处，其中大、中型提水工程分别为6处、636处；大中型引黄工程27处，其中大型16处、中型11处。这些水库及引提水调水工程的兴建为控制洪水、调蓄水量创造了条件（韩鹏和邹洁玉，2008；任宪韶，2007）。

1.4.2 供用水现状

2009年海河流域总供水量370.02亿m^3。其中地表水源供水量125.51亿m^3，占33.9%，地表水源供水量中，蓄、引、提及调水工程供水量分别占19.7%、32.1%、12.3%和35.9%；地下水源供水量235.88亿m^3，占63.8%，其中浅层水、深层水、微咸水供水量分别占74.2%、24.7%及1.1%；其他水源供水量8.64亿m^3，占2.3%。总用水量370.02亿m^3，其中农业用水量占了很大的比例，为253.3亿m^3，所占比例为68.5%；工业用水量49.21亿m^3，占13.3%；生活用水量57.84亿m^3，占15.6%；生态环境用水量9.68亿m^3，占2.6%（水利部海河水利委员会，2009）。

自1980年来的30年，海河流域总用水量总体上在20世纪80年代最低、90年代最高，2000～2009年稍微比90年代低。1980～2009年总用水量在344亿～440亿m^3变化。1985年总用水量344亿m^3，为30年来最低，之后逐渐增加，到1997年总用水量达到最高值，为440亿m^3，其后两年总用水量均在420亿m^3以上，2000年以后有所减小，在390亿m^3上下波动（任宪韶，2007；水利部海河水利委员会，1998～2009）。1980～2009年来海河流域供水量和用水量趋势分别如图1-8和图1-9所示。

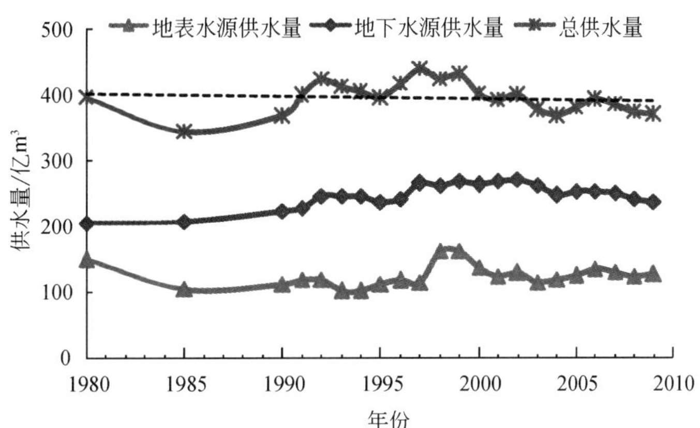

图1-8　海河流域1980～2009年供水量变化趋势

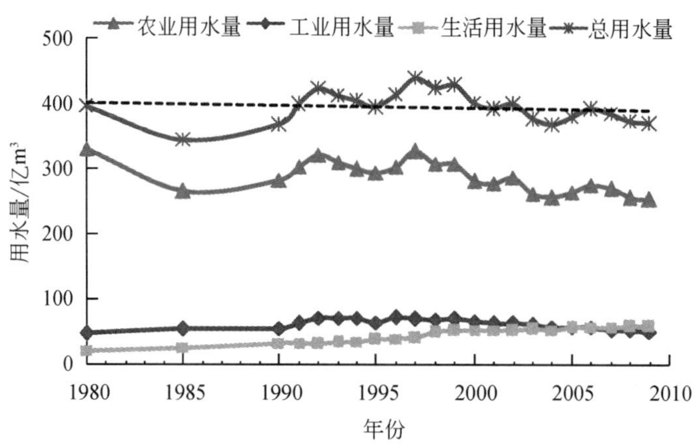

图 1-9　海河流域 1980～2009 年用水量变化趋势

1.4.3　水资源开发利用现状

据 1980～2000 年评价结果，海河流域水资源总开发利用程度为 98%，其中海河南系和海河北系开发利用率最高，分别高达 109% 和 105%；滦河、冀东沿海和徒骇马颊河开发利用率为 74%。全流域地表水开发利用程度为 67.4%，其中，滦河及冀东沿海开发利用率为 49.6%；徒骇马颊河开发利用程度最低，为 48.5%；海河北系和海河南系开发利用程度最高，分别达 86.2% 和 70.0%。流域浅层地下水超采严重，总开发利用程度高达 110.4%。其中海河南系超采最为严重，开发利用率高达 133.7%，滦河及冀东沿海开发利用率 113.5%，海河北系为 111.9%，这三个区域浅层地下水均处于超采状态（任宪韶，2007）。据分析，1995～2005 年海河流域水资源总开发利用率 108%，海河北系和南系均超过 100%；地表水开发利用率 67%，其中海河北系达到 88%，平原区平均浅层地下水开发利用率 122%，除徒骇马颊河外，其他 3 个二级区总体上均处于严重超采状态，其中海河南系浅层地下水开发利用率高达 149%（刘德民等，2011）。此外，平原地区深层承压水平均每年开采约 39 亿 m^3。海河流域地下水开发利用率远远超过国际公认的合理开发程度 30% 以及极限开发程度 40% 的标准。截至 1998 年，累计超采地下水 900 亿 m^3，其中浅层 460 亿 m^3、深层 440 亿 m^3。大规模的开采地下水，形成了大面积的下降漏斗，中心水位埋深达到 70m，地下水位也在持续下降（吴光红等，2007；姚勤农，2003）。不同年代地下水位的变化见表 1-7。

表 1-7　海河流域平原区不同年代地下水位的变化情况

分区	平均降速/(m/a)				平均降深/m
	1960～1969 年	1970～1979 年	1980～1989 年	1990～1999 年	
滦河及冀东沿海	0.12	0.21	0.14	0.19	6.40
海河北系	0.11	0.40	0.40	-0.04	9.00

续表

分区	平均降速/(m/a)				平均降深/m
	1960～1969年	1970～1979年	1980～1989年	1990～1999年	
海河南系	0.16	0.25	0.36	0.61	12.77
全流域	0.17	0.28	0.36	0.46	11.50

资料来源：张水龙和冯平，2003

1.5 海河流域农业节水现状

1.5.1 农业用水现状

1980～2005年海河流域农业用水量平均为293亿m^3，占总用水量的比例平均约为74%；农田灌溉用水量平均为275亿m^3，占农业用水量的94%。据统计，1998年全流域农业用水量323.3亿m^3，占用水总量的73.5%，其中大田、稻田、菜田和林牧渔用水量分别为232.5亿m^3、28.7亿m^3、42.7亿m^3和19.4亿m^3。随着国民经济的发展和城市化进程的推进，城市工业用水进一步增长并挤占农业用水，使得农业用水减小，近5年来农业用水量平均263亿m^3，占总用水量的69.3%（李木山和金喜来，2001；任宪韶，2007；水利部海河水利委员会，1998～2005）。

1.5.2 农业节水现状

新中国成立前夕，海河流域灌溉面积约133.3万hm^2，耕地灌溉率为7%。20世纪60年代开始，节水灌溉主要是针对输水渠道进行衬砌，提高输水效率。80年代以后，灌溉缺水日趋严重，灌溉事业得到了很大的发展，1998年，全流域有效灌溉面积达720万hm^2，实际灌溉面积687万hm^2，耕地灌溉率62%。总灌溉面积（含林果等）达773万hm^2，其中井灌和渠灌面积约495万hm^2和279.4万hm^2（李木山和金喜来，2001）。2000年有效灌溉面积740万hm^2，占耕地面积的64%（吴海涛，2007）。到2005年，全流域耕地面积1065万hm^2，有效灌溉面积达754.27万hm^2，占耕地面积的71%（刘淼，2009）。海河流域节水灌溉面积统计见表1-8，从1980年到2004年节水灌溉面积从47.5万hm^2增加到324.5万hm^2，节水灌溉率从7%提高到49%，平均灌溉水利用系数提高到0.64。80年代，在节水灌溉面积中，渠道防渗占据非常大的比例，之后所占比例逐渐减小，而管道灌溉的比例在急剧增加，喷灌也在逐渐增加（图1-10）。

表 1-8　海河流域节水灌溉面积　　（单位：万亩）

年份	总灌溉面积	有效灌溉面积	节水灌溉				
			渠道防渗	管道灌溉	喷灌	微灌	总计
1980	9 560	8 425	675. 44	9. 23	27. 93	0. 06	712. 66
1985	9 630	8 650	900. 95	77. 55	23. 38	1. 23	1 003. 11
1990	10 380	9 120	1 251. 24	603. 57	90. 13	0. 9	1 945. 84
1993	10 901	9 481	1 479. 1	1 629. 56	166. 08	—	3 274. 74
1995	11 200	9 800	2 349. 33	1 806. 48	268. 85	9. 11	4 433. 77
1998	11 763	10 840	1 412. 3	2 334. 7	627. 33	15. 58	4 389. 91
2004	—	—	1 208	2 923	693	44	4 868

资料来源：任宪韶，2007；姚勤农，2003

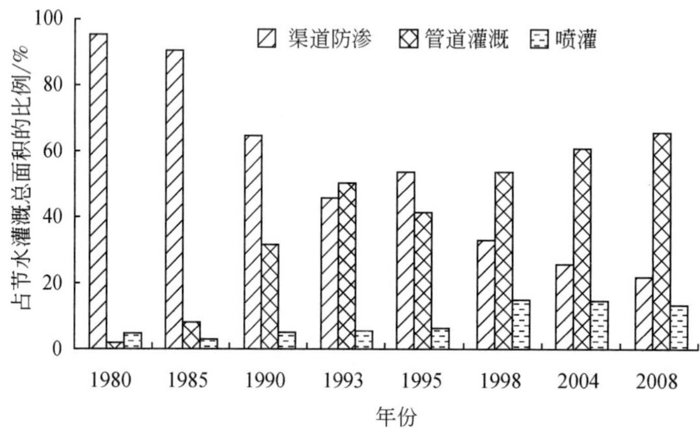

图 1-10　海河流域节水灌溉面积的变化趋势

第2章　农田土壤水分运移转化规律与作物-水分响应机理研究

2.1　冬小麦根系水分吸收与土壤水分动态模拟

2.1.1　引言

近年来，水资源短缺问题日趋严峻，已成为制约全球经济社会可持续发展的巨大障碍。为解决农业生产中水资源紧缺与粮食增产之间的矛盾，必须提高作物水分利用效率。作物主要依靠根系从土壤中吸收水分以满足其生长发育、新陈代谢等生理活动的需要，开展作物根系水分吸收机理及土壤水分动态模拟研究对评价农业水资源利用效率、促进节水农业发展具有非常重要的意义。

作物根系吸水受土壤（水分、养分、盐分、温度、质地、结构等）与大气（光照、温度、湿度、风速等）及作物自身（种类、生育期、根系等）等因素的综合影响（Li et al.，2001；Homaee et al.，2002；吉喜斌等，2006），通常采用根系吸水速率来定量表征，表示单位时间内根系从单位土体中吸收水分的体积。迄今为止，根系吸水速率仍难以适时适地测定，一般都是通过各种假定，综合考虑土壤、大气以及作物因素等的影响来建立根系吸水模型（即根系吸水速率函数），从而进行模拟计算。

自20世纪50年代以来，国内外专家学者已经建立了大量根系吸水模型，大致可分为微观模型和宏观模型两大类（Molz，1981；康绍忠等，1994；张蔚榛，1996；Wu et al.，1999；邵明安和黄明斌，2000）。其中微观模型又叫单根径向流模型，最早由Gardner（1960）提出，该类模型将所有单根视为半径均匀且具有均匀吸水特性的无限长圆柱体，作为整体的根系由一系列这样的单根组成。由于微观模型包含太多假设，所需参数也很难获得，尤其是有关根系几何形态与分布的详细资料，所以至今应用较少（邵明安和黄明斌，2000）。宏观模型假定根系在各土层中均匀分布，其密度随土层深度发生变化，不单独顾及单根的吸水特性，每一土层中的根系吸水速率作为源汇项被添加在土壤水动力学方程（即Richards方程）中（Feddes et al.，1978；Perrochet，1987；Jury et al.，1991；Wu et al.，1999）。根据所考虑的影响因素及参数的获取方式，宏观根系吸水模型又进一步细分为两类。第一类：电学模拟模型——以电流与电压成正比这一电学原理为基础，利用根系吸水与土壤根系水势差之间的关系建立根系吸水速率函数（Hillel et al.，1976；Kramer and Boyer，1995；Molz，1981；Nimah and Hanks，1973）。模型除考虑了土壤与大气等外部环境因素对根系吸水的影响外，还充分考虑了根水势、根系阻力以及根-土界面阻力等因素的影响，能较好地反映根系吸水机理，为根系吸水模拟研究拓展了思维空间，但由于涉及作物根水势、根系阻力等诸多难以获得的参数，模型很难实际应用。第二类：权重因子模型——将作物潜在蒸腾速率在根区土壤剖面上按某一权重因子进行分配，其中权重因子通常表示为土壤属性参数与根系分布之间的函数（Feddes et al.，1974，1978；Gardner，1983；Prasad，1988；Wu et al.，1999；Homaee et al.，2002）。与第一类模型相比，第二类宏观模型虽然经验性较强，但由于模型概念比较清楚，所需参数相对容易获得，所以应用较为广泛，其中以 Feddes 等（1978）所提出的根系吸水模型最为简洁常用。

由于根长密度（单位土体中根的长度）相对于根重密度（单位质量土壤中根的质量）更能体现根系吸水活性（Fitter，1991；Eugenio et al.，1998），所以绝大部分宏观根系吸水模型（第二类）将权重因子表示为某些土壤属性参数与根长密度分布的函数，而不是根重密度。该类模型通常假定根区内单位长度根系的吸水特性一致，即单位根长潜在吸水系数（表示最优水分条件下单位长度根系单位时间内吸收水的体积）在作物根区范围内一致，最大根系吸水速率（最优水分条件下的根系吸水速率）与根长密度成正比（Feddes et al.，1978；Prasad，1988；Gardner，1991；康绍忠等，1994；张蔚榛，1996；罗远培和李韵珠，1996；Wu et al.，1999；邵明安和黄明斌，2000）。然而，已有大量研究结果表明，作物根区范围内，并不是所有根或根的所有部位都具有吸水能力，根与根之间以及根的各部位之间其吸水性能并不完全一致，随着根龄的增大，根系吸水将逐渐减弱甚至完全丧失（Slatyer，1960；马元喜等，1999）。Slatyer（1960）发现距根尖 1.5 ~ 20cm 处的根系吸水性能最强。一般认为，根的最大吸水区位于根尖到距根尖 5cm 处的区域之间（马元喜等，1999）。因而根区内各位置处单位长度根系的吸水性能会存在较大差异。为此，Molz 和 Remson（1970）提出了有效根长密度（即吸水根系的根长密度）这一概念，并且将根系吸水速率表示为有效根长密度分布、潜在蒸腾速率与土壤含水量之间的函数。但关于有效根与无效根的区分标准始终无法确定，从而导致基于有效根长密度模拟根系吸水往往难以实现。另外，作为土壤属性中的重要内容，农田作物根区范围内极不均匀的土壤养分（如氮、磷、钾等）分布，也会直接影响作物根系的吸水性能和生长分布（Li et al.，2001）。然而，关于土壤养分状况对根系吸水性能的影响极少在根系吸水模型中予以考虑，现有根系吸水模型着重通过权重因子考虑土壤水分、盐分状况对根系吸水的影响（Feddes et al.，1974，1978；Gardner，1983；Prasad，1988；Wu et al.，1999；Homaee et al.，2002）。

综上所述，微观模型机理性较强，可在一定程度上反映作物根系吸水机制，特定条件下可比较准确地模拟作物根系吸水过程，但往往较为复杂且包含一些难以获取的参数，应用难度较大；宏观模型经验性较强，结构简单，参数也容易获取，但其所依赖的假设条件与实际情况却存在较大差异。所以，有必要进一步研究根系吸水与根系特征参数之间的关系，从而对根系吸水模型进行合理改进。

在自然界的物质循环、能量交换和土壤养分的组成之中，氮素是最为活跃的因素之一。从作物生长对氮素需求的生理角度来分析，氮素是作物正常生长所需的最主要的营养元素之一，是作物体内蛋白质、核酸、酶类、叶绿素以及许多内源激素等重要物质的必要组成成分（Pate and Layzell，1981；Jones，1998）。由于氮化物主要集中在叶片、根系、分生组织和其他生命活动旺盛的区域，是作物实现其生理功能（如光合作用、呼吸所用、新陈代谢、根系吸水等）的物质基础，所以氮素对作物的生命活动具有非常重要的意义（张福锁，1993）。另外，氮化物也是一种适宜的溶质，主要存在于作物体细胞的液泡、细胞质、基质等各个部位，是作物体内重要的渗透剂，其含量对作物吸收土壤水分也具有一定的渗透调节作用（Rabe，1990；张福锁，1993）。已有大量研究结果表明，新生根（即根尖）的氮含量最高，根氮含量（单位质量根系中氮的质量）随着根龄的增大逐渐降低（Jones，1998；马元喜等，1999），这与根系吸水功能随根龄增大而降低的趋势正好吻合（Slatyer，1960；马元喜等，1999）。因此，作物根系吸水功能与根氮含量之间可能存在某种必然的联系，有必要进行进一步探索研究。

本研究拟通过室内水培、土培实验探索冬小麦根系吸水功能与根氮质量之间的关系，并建立根系吸水模型与根氮质量密度分布模型，从而模拟土壤水分动态。

2.1.2 苗期冬小麦根系吸水机理

2.1.2.1 苗期冬小麦室内水培实验

实验在中国农业大学资源与环境学院土壤–作物系统模拟实验室中进行。播种前用 0.83mol/L 的过氧化氢（H_2O_2）溶液对冬小麦（京冬 8 号）种子进行表面消毒，然后将其放在温度为 25℃的黑暗培养箱中催芽。两天后（2006 年 3 月 1 日）将种子从培养箱中取出并种植在石英砂中。2006 年 3 月 12 日 20：00 前，冬小麦的生长条件设置为（标准条件）：日光照时间 12 小时（6：00～18：00），小麦冠层顶部的有效光强度约 500μmol/(m^2·s)，日/夜温度（20±2）/(12±2)℃，相对湿度（40±5）%。同时，对冬小麦浇灌足够的半浓度 Hoagland 营养液（标准营养液）以保证供应充足的水分与养分（Shangguan et al.，2000）。标准营养液中的常量元素浓度为（mg/cm^3）：NO_3^--N，0.105；SO_4^{2-}-S，0.032；$H_2PO_4^{2-}$-P，0.016；Mg^{2+}，0.024；K^+，0.117；Ca^{2+}，0.100；微量元素浓度为（10^{-6} mg/cm^3）：Cu，63.6；Zn，156.9；Mn，109.8；B，10.8；Fe，1675.5；Mo，20.2（Watkin et al.，1998）。

2006 年 3 月 12 日 20：00，将生长在石英砂中的小麦移植到不同处理条件下进行水培。各处理盛培养液的盆长 54cm、宽 36cm、高 15cm，其上用塑料板覆盖，板上均匀开 40 个内径 2cm 的圆孔，每孔放置小麦 1 株，小麦主干下部用海绵包扎以固定在孔中，并保持根系浸没在营养液之中。共设置 15 个处理，编号分别为处理 1、处理 2、…、处理 15，其中处理 1 至处理 11 的营养液氮素浓度分别为 0.007mg/cm^3、0.014mg/cm^3、0.028mg/cm^3、0.042mg/cm^3、0.056mg/cm^3、0.07mg/cm^3、0.084mg/cm^3、0.105mg/cm^3、0.14mg/cm^3、0.21mg/cm^3、0.42mg/cm^3，其他主要元素（P、K、Mg、Ca）以及微量元素的浓度与标准营养液相同，采用 SO_4^{2-} 或 Cl^- 来平衡离子电荷，处理 12 至处理 15 的营养液与处理 8 相同，均为标准营养液。处理开始（2006 年 3 月 12 日 20：00）后，处理 1 至处理 11 的冬小麦室内生长条件仍保持为标准条件，将处理 12、处理 13 小麦冠层顶部的有效光强度分别调整为 200μmol/(m^2·s)、800μmol/(m^2·s)，处理 14、处理 15 的日光照时间分别调整为 8

小时（6：00～14：00）、16 小时（6：00～22：00）（除特别说明外，其他室内条件与标准条件相同）。各处理条件下的营养液每 3 天更新一次，并 24 小时不间断地向营养液中输入空气以保证小麦生长所需的通气状况。

第一次取样于 2006 年 3 月 12 日 20：00 进行，此后每隔 6 天取样一次，实验期内共取样 4 次。取样时从每个处理中任选冬小麦 6 株，从中剪断将其分为冠部和根系两部分，对所获得的根系先经扫描仪（SNAPSCAN 1236，AGFA，Germany）扫描，再用根系分析软件（WinRHIZO，Regent Instruments Inc.，Canada）分析其长度，然后将冠部和根系分别在 75℃下烘 48 小时后称重，并采用元素分析仪（CHNSO EA 1108，Carlo Erba，Italy）测其含氮量。

采用口径为 20cm 的标准蒸发皿分别测定不同光照条件下处理 8、处理 12、处理 13、处理 14、处理 15 的水面蒸发强度。为了测量各种处理条件下小麦的蒸腾速率，特布置以下平行实验。每一处理设置两个高度 15cm、内径 20cm 的小塑料桶，桶盖（塑料板）上均匀布置 3 个内径 2cm 的孔，每个孔内同样种植一株用海绵包裹主干的小麦（起固定冬小麦并减少蒸发的作用）。平行实验中各处理冬小麦的生长条件（包括营养液、光照等）与前述水培实验各处理对应。桶内的营养液每 3 天更换一次，每次更换前后称重，其质量的减少量即为该处理条件下小麦的蒸散量。尽管覆盖板上的小孔均塞有海绵，各处理仍存在少量的水面蒸发损失，为了测量水面蒸发损失的大小，每一处理另布置一个没有种植小麦的小桶（其他条件与平行实验中的对应处理保持一致），定期称重，桶质量的减少量即为水面蒸发量。蒸散量与蒸发量之差即为相应处理条件下小麦的蒸腾量。

2.1.2.2 冬小麦日潜在蒸腾量的变化规律

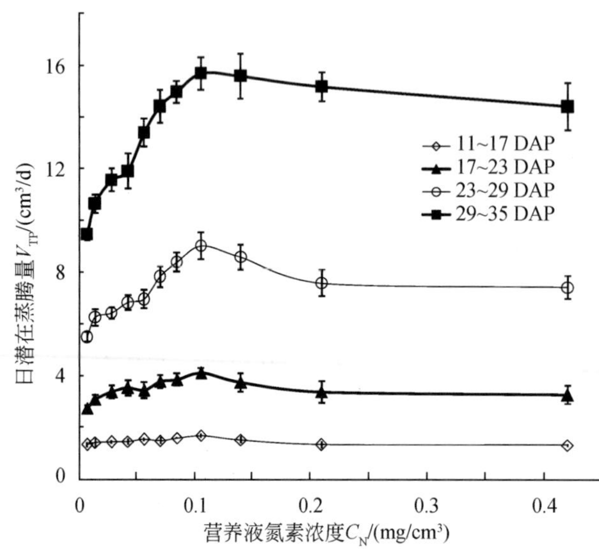

图 2-1 冬小麦各生长阶段日潜在蒸腾量 V_{TP}与营养液氮素浓度 C_N之间的关系

注：图中的误差线代表标准差；DAP 为播种后的天数。

水培实验冬小麦各生长阶段实测的单株冬小麦日潜在蒸腾量 V_{TP}（最优水分条件下冬小麦每天蒸腾所消耗掉的水的体积）随营养液氮素浓度 C_N 的变化关系如图 2-1 所示。图 2-1 表明，在某一特定的营养液处理条件下，冬小麦日潜在蒸腾量随冬小麦的生长而明显增大，当营养液氮素浓度介于 0.007～0.105mg/cm³时，受营养液氮素浓度的影响很大，随着营养液氮素浓度的升高而逐渐增大。当营养液氮素浓度大于 0.105mg/cm³时，日潜在蒸腾量基本稳定，不再随营养液氮素浓度的升高而增大，个别时期甚至略有下降。

2.1.2.3 冬小麦根系吸水与根长之间的关系

根据单位根长潜在吸水系数 c_r 的定义（Feddes et al.，1978），水培实验中 c_r 可按式（2-1）计算，即

$$c_r(t)=\frac{V_{TP}(t)}{L_R(t)} \tag{2-1}$$

式中，t 为时间（d）；$c_r(t)$ 为单位根长潜在吸水系数 [$cm^3/(cm \cdot d)$]；$V_{TP}(t)$ 为最优水分条件下单株冬小麦的日蒸腾量（cm^3/d）；$L_R(t)$ 为单株冬小麦根系总根长（cm）。由式（2-1）计算获得水培实验处理 1 至处理 11 条件下的单位根长潜在吸水系数 c_r 如图 2-2 所示。当营养液氮素浓度 C_N 小于 0.105mg/cm^3 时，c_r 受氮素浓度的影响较大，随氮素浓度的增大而逐渐增大；当 C_N 大于 0.105mg/cm^3 时，c_r 受氮素浓度的影响较小，逐渐趋于平稳。另外，在冬小麦室内生长环境稳定的情况下，即使在同一营养液氮素浓度条件下，随着冬小麦的生长，c_r 呈逐渐降低的趋势，表明根龄的增大将导致根系吸水功能的下降，与已有研究结果吻合（Slatyer，1960；马元喜等，1999）。总体而言，即便在最优水分条件下，单位长度根系的吸水性能并不能保持稳定，会因溶液中的氮素浓度而改变，也会随着冬小麦的生长、根系的老化而逐渐降低。在农田土壤条件下，土壤氮素浓度与根龄在根区范围内不可能均匀一致，会随着根区内的具体位置以及作物生长而发生变化，因此，有关根系吸水与根长密度成线性正比，亦即单位根长潜在吸水系数 c_r 在根区范围内保持一致的假设（Feddes et al.，1978；Prasad，1988）与实际情况存在较大差异。

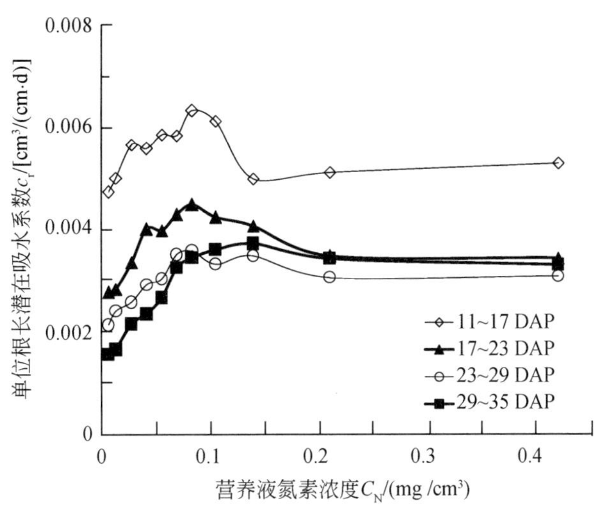

图 2-2 冬小麦各生长阶段单位根长潜在吸水系数 c_r 与营养液氮素浓度 C_N 之间的关系

注：DAP 为播种后的天数，本节下同。

2.1.2.4 冬小麦根系吸水与根氮质量之间的关系

为了考察单位长度根系中所含有的氮的质量，本研究按式（2-2）计算单位根长含氮

量，即

$$N_{LR}(t)=\frac{M_{RN}(t)}{L_R(t)} \tag{2-2}$$

式中，$N_{LR}(t)$ 为单位根长含氮质量（mg/cm）；$M_{RN}(t)$ 为根系总含氮质量（mg）。

根据每次取样时测得的各营养液氮素浓度处理条件下的冬小麦根长 L_R 与根氮质量 M_{RN}，得到了冬小麦各生长阶段单位根长含氮量 N_{LR} 随营养液氮素浓度 C_N 的变化关系，如图 2-3 所示。图 2-3 表明，各种营养液氮素浓度处理条件下冬小麦单位根长含氮量 N_{LR} 都随着冬小麦的生长逐渐降低；当营养液氮素浓度小于 0.105mg/cm³时，单位根长含氮量受营养液氮素浓度的影响较大，随着营养液氮素浓度的增大而逐渐增大，当营养液氮素浓度大于 0.105mg/cm³时，受营养液氮素浓度的影响较小，逐渐趋于平稳。对图 2-2 与图 2-3 进行对比分析可以看出，单位长度根系的吸水能力与单位长度根系中的含氮质量随冬小麦生长以及营养液氮素浓度的变化趋势非常相似，表明冬小麦根氮质量与根系吸水功能之间可能存在着某种必然的联系。

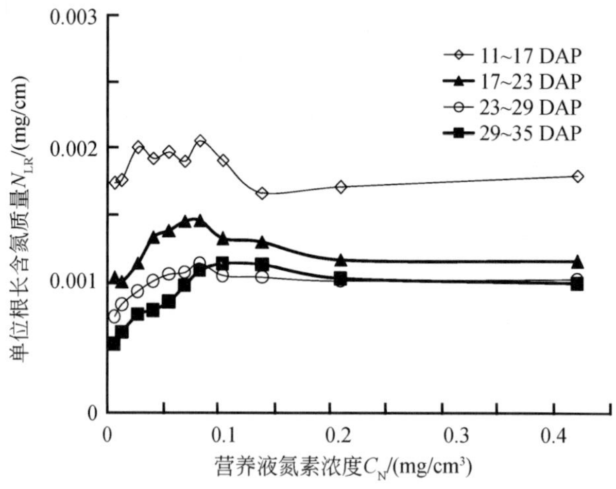

图 2-3　冬小麦各生长阶段单位根长含氮量 N_{LR} 与营养液氮素浓度 C_N 之间的关系

各营养液处理条件下冬小麦各生长阶段日潜在蒸腾量 V_{TP} 与根氮质量 M_{RN} 之间的关系如图 2-4 所示。由图 2-4 可以看出，在冬小麦室内生长条件比较稳定的情况下，冬小麦各生长阶段的日潜在蒸腾量与根氮质量之间呈显著线性正比关系（$R^2=0.99$），既不受所供营养液氮素浓度的影响，也不随冬小麦生长及根龄发生改变，两者之间的比值即单位质量根氮潜在吸水系数为稳定常数，展示了单位质量根氮所固有的吸水特性，可表示为

$$W_{NP}(t)=\frac{V_{TP}(t)}{M_{RN}(t)} \tag{2-3}$$

式中，$W_{NP}(t)$ 为单位质量根氮潜在吸水系数，表示在最优水分条件下，含有单位质量氮素的根系在单位时间内吸收水的体积［cm³/(mg·d)］。在冬小麦水培试验条件下，单位质量根氮潜在吸水系数 $W_{NP}=3.14\text{cm}^3/(\text{mg}\cdot\text{d})$。

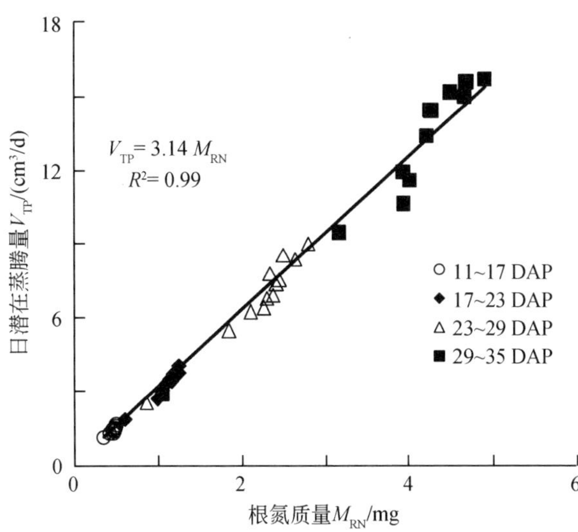

图 2-4　冬小麦各生长阶段日潜在蒸腾量 V_{TP} 与根氮质量 M_{RN} 之间的关系

2.1.2.5　气象条件对冬小麦根系吸水的影响

光照、温度、湿度、风速等诸多气象条件均会影响作物的生长以及根系吸水等生命活动。由上述实验研究结果可知，在比较稳定的室内生长条件下，冬小麦日潜在蒸腾量与根氮质量之间的线性正比关系既不受营养液氮素浓度的影响，也不受冬小麦生长与根龄的影响，单位质量根氮潜在吸水系数表现为一个比较稳定的常数。为了进一步考察气象条件对单位质量根氮潜在吸水系数的影响，本研究设置了不同的光照强度与光照时间处理，为冬小麦生长营造不同的室内生长条件，并用水面蒸发强度综合反映不同气象条件下大气蒸发力之间的差异。

水培实验中，处理 8、处理 12、处理 13、处理 14 与处理 15 的培养液均为标准营养液，但光照条件互不相同，从而导致冬小麦生长、蒸腾强度以及水面蒸发强度各不相同。各光照条件下单株冬小麦各生长阶段日蒸腾量 V_{TP} 以及根氮质量 M_{RN} 与水面蒸发强度 E_0 之间的关系分别如图 2-5（a）与图 2-5（b）所示。从图中可以看出各时期冬小麦日潜在蒸腾量、根氮质量与水面蒸发强度之间的关系非常相似，两者均随着水面蒸发强度的增大而增大。当光照时间由处理 8 的 12 小时减少为处理 14 的 8 小时时，水面蒸发强度由 0.35cm/d 减小为 0.32cm/d，冬小麦日潜在蒸腾量与根氮质量也迅速减小；当光照时间由处理 8 的 12 小时增加到处理 15 的 16 小时时，虽然平均水面蒸发强度由 0.35cm/d 增大到 0.38cm/d，但是冬小麦日潜在蒸腾量与根氮质量并没有明显变化，这说明过长的光照时间只是使得水面蒸发强度增大了，并不能促进小麦蒸腾与根氮质量的增大。另外，当冬小麦冠层顶部光照强度由处理 8 的 500μmol/(m^2·s) 升高到处理 13 的 800μmol/(m^2·s) 时，水面蒸发强度由 0.35cm/d 增大到 0.45cm/d，冬小麦日潜在蒸腾量与根氮质量迅速增大；当冠层顶部光照强度由处理 8 的 500μmol/(m^2·s) 减小到处理 12 的 200μmol/(m^2·s) 时，水面蒸发强度由 0.35cm/d 减小到 0.26cm/d，冬小麦日蒸腾量与根氮质量也迅速减小。

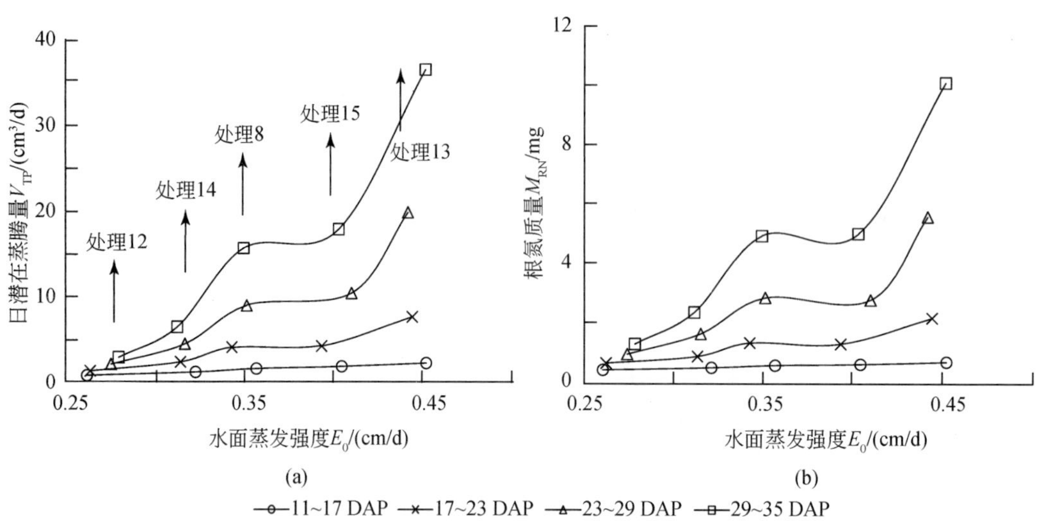

图 2-5　冬小麦各生长阶段日潜在蒸腾量 V_{TP}(a)、根氮质量 M_{RN}(b) 与水面蒸发强度 E_0 的关系

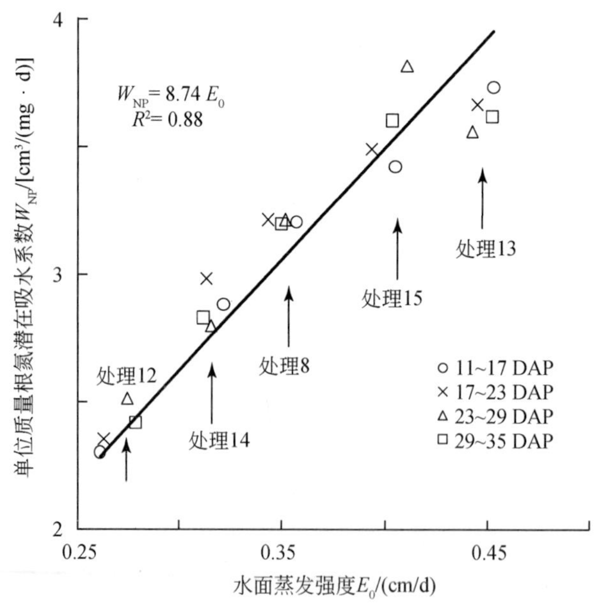

图 2-6　冬小麦各生长阶段单位质量根氮潜在吸水系数 W_{NP}与水面蒸发强度 E_0之间的关系

由图 2-5(a) 与图 2-5(b) 得到冬小麦各生长阶段各光照条件下单位质量根氮潜在吸水系数 W_{NP}与水面蒸发强度 E_0之间的关系，如图 2-6 所示。从图中可以看出，在水培实验所设置的大气蒸发强度范围内，单位质量根氮潜在吸水系数随着水面蒸发强度的增大而线性增大，两者之间呈显著的线性正比关系（$R^2=0.88$）。于是，当水面蒸发强度小于 0.45cm/d 时，单位质量根氮潜在吸水系数与水面蒸发强度之间的关系可表述为

$$W_{NP}(t)=\eta E_0(t) \tag{2-4}$$

式中，η 为根系吸水转换因子（cm^2/mg），由图 2-6 可知 $\eta = 8.74cm^2/mg$；E_0为作物冠层顶部的水面蒸发强度（cm/d）。由于室内条件有限，水培实验所设置的作物冠层顶部水面蒸发强度为 0.26 ~ 0.45cm/d，在更大或更小的大气蒸发力条件下，单位质量根氮潜在吸水系数与水面蒸发强度之间的关系还需要进行进一步研究。

2.1.3 土壤水分动态模拟

2.1.3.1 土壤水分运移模型

农田蒸发条件下，垂直一维土壤–作物系统中土壤水流的定解问题可描述为（Feddes et al.，1978；Perrochet，1987；Jury et al.，1991；Wu et al.，1999）

$$C(h)\frac{\partial h}{\partial t} = \frac{\partial}{\partial z}\left[K(h)\left(\frac{\partial h}{\partial z} - 1\right)\right] - S(z,\ t) \tag{2-5}$$

$$h(z,\ 0) = h_0(z), \quad 0 \leqslant z \leqslant L \tag{2-6}$$

$$\left[-K(h)\left(\frac{\partial h}{\partial z} - 1\right)\right]_{z=0} = -E(t), \quad t > 0 \tag{2-7}$$

$$h(L,\ t) = h_L(t), \quad t > 0 \tag{2-8}$$

式中，z 为垂直坐标，取地表为原点，向下为正（cm）；h 为土壤水基质势（cm）；$C(h)$ 为比水容量（cm^{-1}）；$K(h)$ 为土壤水力传导度（cm/d）；$h_0(z)$ 为 $t=0$ 时刻的土壤水基质势剖面，即初始土壤水基质势剖面（cm）；L 为模拟深度，$L \geqslant L_r$，其中 L_r为最大扎根深度（cm）；$E(t)$ 为土面蒸发强度（cm/d）；$h_L(t)$ 为下边界土壤水基质势（cm）；$S(z,\ t)$ 为根系吸水速率［$cm^3/(cm^3 \cdot d)$］。

在农田土壤条件下，土壤水分不可能一直都保持在最优水分状况。当土壤水分含量较低时，作物生长与根系吸水都会受到一定程度的影响，此时的根系吸水速率可表示为（Feddes et al.，1978）

$$S(z,\ t) = \gamma(h) S_{max}(z,\ t) \tag{2-9}$$

式中，$S(z,\ t)$ 为根系吸水速率［$cm^3/(cm^3 \cdot d)$］；$S_{max}(z,\ t)$ 为最大根系吸水速率，表示根系在最优土壤水分条件下的吸水速率［$cm^3/(cm^3 \cdot d)$］；$\gamma(h)$ 为土壤水分胁迫修正系数，反映土壤水分胁迫对作物根系吸水的影响。本书中土壤水分胁迫修正系数 $\gamma(h)$ 按式（2-10）估算（Feddes et al.，1976），即

$$\gamma(h) = \gamma(\theta) = \begin{cases} 0, & \theta_H < \theta \leqslant \theta_S \\ 1, & \theta_L < \theta \leqslant \theta_H \\ \dfrac{\theta - \theta_W}{\theta_L - \theta_W}, & \theta_W < \theta \leqslant \theta_L \\ 0, & \theta \leqslant \theta_W \end{cases} \tag{2-10}$$

式中，θ 为土壤含水量（cm^3/cm^3）；θ_H、θ_L、θ_W 为影响根系吸水的几个土壤含水量临界值（cm^3/cm^3），其中 θ_H与 θ_L分别为最适宜作物根系吸水的土壤含水量上限与下限。一般认为，当土壤含水量高于田间持水量的 80%（θ_L）时，作物不会受到水分胁迫（Zuo et al.，

2006；刘肇祎等，2004），但是当土壤含水量高于土壤基质势-50cm 所对应的含水量（θ_H）时，由于土壤通气性很差，根系无法再吸收水分（Feddes et al.，1976）。此外，若土壤含水量低于永久凋萎点（θ_W），根系同样也无法再吸收水分，θ_W 通常取为土壤水基质势为 -15 000cm时所对应的土壤含水量（Feddes et al.，1976）。当土壤含水量从 θ_L 降低至 θ_W 时，根系吸水速率线性降低。

由冬小麦室内水培实验研究结果（图 2-4）可知，在室内生长条件比较稳定的情况下，冬小麦日潜在蒸腾量与根长之间不是简单的线性正比关系，单位根长潜在吸水系数受到根龄与土壤氮素浓度的影响很大，但是，冬小麦日潜在蒸腾量与根氮质量之间却呈显著的线性正比关系，两者之间的比值即单位质量根氮潜在吸水系数 W_{NP} 既不受根龄的影响，也不受土壤氮素浓度的影响。借鉴原有以根长密度为基础的根系吸水模型（Feddes et al.，1976，1978），本研究基于根氮质量密度建立如下根系吸水模型，即

$$S_{max}(z,\ t) = W_{NP}(t)N_d(z,\ t) \tag{2-11}$$

式中，$N_d(z,\ t)$ 为根氮质量密度，表示单位土体中根系所含有的氮的质量（mg/cm^3）。式（2-11）中的根氮质量密度分布可以通过实际测量获得，也可以通过建立根氮质量密度分布模型进行模拟获得，相关方法将在下文进行详细介绍。对于特定条件下的单位质量根氮潜在吸水系数 W_{NP}，可以根据式（2-4）和实测水面蒸发强度获得。当 W_{NP} 未知时，则可将式（2-11）转化为潜在蒸腾速率的函数，具体步骤如下。

最优水分条件下，有（Wu et al.，1999）

$$T_p(t) = \int_0^{L_r} S_{max}(z,\ t)\,dz \tag{2-12}$$

式中，$T_p(t)$ 为作物潜在蒸腾速率（cm/d），可以通过 Monteith（1965）与 Ritchie（1972）所提出的 Penman 修正公式进行计算（Feddes et al.，1978；Wu et al.，1999）。将式（2-11）代入式（2-12）可得

$$T_p(t) = W_{NP}(t)\int_0^{L_r} N_d(z,\ t)\,dz \tag{2-13}$$

即

$$W_{NP}(t) = \frac{T_p(t)}{\int_0^{L_r} N_d(z,\ t)\,dz} \tag{2-14}$$

把式（2-14）代入式（2-11）有

$$S_{max}(z,\ t) = \frac{T_p(t)N_d(z,\ t)}{\int_0^{L_r} N_d(z,\ t)\,dz} \tag{2-15}$$

即

$$S_{max}(z,\ t) = \frac{T_p(t)N_{rd}(z,\ t)}{L_r} \tag{2-16}$$

式中，$N_{rd}(z,\ t)$ 为一个描述根氮质量密度分布的无量纲函数，即

$$N_{rd}(z,\ t) = \frac{N_d(z,\ t)}{\frac{1}{L_r}\int_0^{L_r} N_d(z,\ t)\,dz} \tag{2-17}$$

由式（2-17）可以看出，$N_{rd}(z, t)$ 为扎根深度与土层深度的函数。由于扎根深度随作物的生长而改变，为了统一形式，将土层深度在扎根深度范围内进行无量纲化，可得

$$N_{rd}(z, t) = N_{nrd}(z_r, t) = \frac{N_d(z_r, t)}{\int_0^1 N_d(z_r, t)\,dz_r} \tag{2-18}$$

式中，z_r 为相对深度，$z_r = z/L_r$，$0 \leqslant z_r \leqslant 1$；$N_{nrd}(z_r, t)$ 为相对根氮质量密度分布。将式（2-18）代入式（2-16）可得

$$S_{max}(z, t) = \frac{T_p(t) N_{nrd}(z_r, t)}{L_r} \tag{2-19}$$

2.1.3.2 根氮质量密度分布模型

根氮质量可通过根钻法取根后实测获得，较为直接、可靠，但费时、费力，十分困难，且必须以破坏土体结构为代价（Kumar et al.，1993）。建立相关模型模拟根系生长分布规律从而获取根氮质量应不失为一条较为有效的解决途径。近些年来，根系生长分布模型得到了快速发展，其中少数模型仅对最大扎根深度进行模拟而不考虑根区各土层中根系的分布（O' Leary et al.，1985；Chapman et al.，1993；Wessolek，1993）。多数模型都可用于模拟根系在各土层中的分布，但往往只考虑单个土壤属性因子对根系生长分布的影响，如土壤温度（Stapper，1984；Groot，1987）、土壤含水量（Hoogenboom and Huck，1986；Penning de Vries et al.，1989）、土壤阻力（Andrew，1987；Robertson et al.，1993）、土壤通气状况（Penning de Vries et al.，1989）等。Asseng 等（1997）在总结已有模型的基础上，建立了较为可靠的根系生长分布模型，用于模拟根碳质量分布或进一步模拟根长密度分布，该模型同时考虑了土壤含水量、土壤温度、土壤阻力、土壤通气状况等因素，能在一定程度上反映根系生长分布机制。该模型考虑的影响因素较多，包含了较多经验性较强的参数，同时也忽略了根系吸水与生长分布之间的互反馈关系（van Noordwijk and van de Geijn，1996）。因此，有必要对 Asseng 等（1997）所提出的根系生长分布模型进行适当改进，充分利用根系吸水与根氮质量之间的关系，建立根氮质量密度分布模拟模型。

（1）冬小麦最大扎根深度

冬小麦根系下扎速率可按式（2-20）计算（Asseng et al.，1997）：

$$R_L(\Delta t) = P_{RL}[1 + W_{ST}(\bar{\theta})]\min(F_{Rj};\ F_{Tj};\ F_{Oj})\Delta t \tag{2-20}$$

式中，Δt 为从 t 到 $t+\Delta t$ 时刻的时间步长（d）；$R_L(\Delta t)$ 为 Δt 时段内作物扎根深度增量（cm）；P_{RL} 为最适宜条件下作物的扎根速率，对于冬小麦可设为 1.5cm/d（Asseng et al.，1997）；min 表示取括号中变量的最小值；F_R、F_T、F_O 分别为影响作物根系生长的土壤机械阻滞因子、土壤温度因子、土壤通气状况因子，F_{Rj}、F_{Tj}、F_{Oj} 分别为最底层（设 t 时刻根区共分为 j 层）土壤的机械阻力因子、温度因子、通气状况因子，其中 F_O、F_T 的取值可分别根据该土层土壤含水量与土壤温度从表 2-1、表 2-2 中查询（Asseng et al.，1997）；$\bar{\theta}$ 为根区平均土壤水含量（cm^3/cm^3）；$W_{ST}(\bar{\theta})$ 为土壤水分胁迫因子，随着水分胁迫程度的加重从 0（无胁迫）增大到 1（最大胁迫），按式（2-21）计算（Jones et al.，1991），即

$$W_{ST}(\bar{\theta}) = \begin{cases} 1 - \gamma(\bar{\theta}) & \bar{\theta} \leqslant \theta_L \\ 0 & \bar{\theta} > \theta_L \end{cases} \tag{2-21}$$

表 2-1　土壤通气因子 F_O 与相对土壤（砂土）含水量 S_e 之间的关系

相对土壤水分含量 S_e	0.0	0.17	0.2	0.95	1.0
F_O	1.0	1.0	1.0	1.0	0.0

注：相对土壤含水量 $S_e(\theta) = \dfrac{\theta - \theta_r}{\theta_s - \theta_r}$。

表 2-2　土壤温度因子 F_T 与土壤温度之间的关系

土壤温度/℃	-10.0	0.0	5.0	10.0	15.0	20.0	25.0	35.0
F_T	0.0	0.0	0.2	0.6	0.9	1.0	1.0	0.0

另外，大量研究表明作物根系生长与土壤强度密切相关，决定土壤强度的三个主要因素分别为土壤容重、土壤质地与土壤含水量（Gerard et al.，1982；Jones et al.，1991）。Jones 等（1991）提出根据这三个影响土壤强度的因素来计算土壤机械阻滞因子，即

$$F_{Rk} = \text{SBD} \times \sin\{1.57 \times [1 - W_{ST}(\theta_j)]\} \tag{2-22}$$

$$\text{SBD} = \begin{cases} 0, & \rho > \rho_1 \\ \dfrac{\rho_1 - \rho}{\rho_1 - \rho_2}, & \rho_2 \leqslant \rho \leqslant \rho_1 \\ 1, & \rho < \rho_2 \end{cases} \tag{2-23}$$

$$\rho_1 = 1.6 + 0.004 S_{sand} \tag{2-24}$$

$$\rho_2 = 1.1 + 0.005 S_{sand} \tag{2-25}$$

$$\rho = \rho_{干} + \theta_j \tag{2-26}$$

式中，SBD 为最优水分条件下作物根系的相对生长速率，同时考虑了土壤质地与容重的影响，$0 \leqslant \text{SBD} \leqslant 1$；sin 为正弦函数，弧度制；$\theta_j$ 为第 j 层土壤含水量（cm^3/cm^3）；ρ 为土壤湿容重（g/cm^3）；$\rho_{干}$ 为土壤干容重（g/cm^3）；ρ_1 与 ρ_2 分别为作物根系生长土壤湿容重的上限与下限（g/cm^3），当土壤湿容重高于 ρ_1 时作物根系不再生长，当土壤容重低于 ρ_2 时作物根系以最大速率生长；S_{sand} 为土壤粒径分析中砂粒所占比例（%）。

（2）根冠之间的氮素分配

作物主要通过根系从根区土壤中获取所需的氮素营养（在作物体内主要以氮化物形式存在），并将其中的一部分分配到作物的地上部，其余的被保留在根区内供根系自身生长以及维持生命活动。与根系中的碳一样，分配到作物根系中的氮除了与作物根系从土壤中所吸收的总氮量直接相关外，还与作物生长物候期、土壤水分状况、土壤营养状况等因素有关。本研究借鉴 Asseng 等（1997）有关根碳在小麦根冠之间的分配规律，将根系吸收的总氮在冬小麦根冠之间进行分配，即

$$A_{RN}(\Delta t) = A_N(\Delta t) F_{SR} \tag{2-27}$$

其中

$$F_{SR} = F_{SR0} + W_{ST}(\bar{\theta})(1 - F_{SR0}) + N_{ST}(\overline{C_N})(1 - F_{SR0})[1 - W_{ST}(\bar{\theta})] \tag{2-28}$$

式中，A_{RN}（Δt）为 Δt 时段内分配到单位面积根区内的可利用氮增量（mg/cm^2）；A_N（Δt）为 Δt 时段内单位面积上作物根系吸氮量（mg/cm^2）；F_{SR} 为冬小麦根氮分配系数，表示分配到根系中的氮在冬小麦总吸氮量中所占的比例，受冬小麦生长与土壤属性的影响；F_{SR0} 为最低根氮分配系数，表示在水分与养分都供应充足条件下的根氮分配系数，受冬小麦生长发育状况的影响；$\overline{C_N}$ 为根区平均土壤溶液氮素浓度（mg/cm^3）；N_{ST} 为氮素胁迫因子，随着氮胁迫的增加从 0（无胁迫）增大到 1（最大胁迫）。

从式（2-28）可以看出，冬小麦受到的水分与氮素胁迫越严重，分配到根系中的氮在吸氮总量中所占的比例就越大。由式（2-27）与式（2-28）可知，为了获得时段内分配到单位面积根区内的可利用氮增量 $A_{RN}(\Delta t)$，必须获得单位面积作物根系吸氮量 $A_N(\Delta t)$ 以及最低根氮分配系数 F_{SR0} 与氮素胁迫因子 N_{ST} 等参数。

A. 单位面积作物根系吸氮量

单位面积作物根系吸氮量 $A_N(\Delta t)$ 可根据根系吸氮速率由下式计算获得：

$$A_N(\Delta t) = \int_t^{t+\Delta t} \int_0^{L_r} S_u(z, t)\,dz\,dt \tag{2-29}$$

式中，$S_u(z, t)$ 为根系吸氮速率，表示单位时间根系从单位土体中吸收的氮素质量 [$mg/(cm^3 \cdot d)$]。

与作物根系吸水一样，适时适地作物根系吸氮速率也很难进行测定，一般都是通过建立根系吸氮模型（即根系吸氮速率函数）进行模拟，也可分为微观模型和宏观模型两类。其中微观模型应用拟稳定流或稳定流方式研究氮素从土壤溶液向根表运移的过程（Hansen et al.，1995），考虑了离子的对流与扩散作用，在一定程度上反映了根系吸氮机制，但是假设条件太多，模型中存在众多难以获得的参数，所以难以应用（Hansen et al.，1990，1991）。宏观根系吸氮模型将作物根系作为整体来考虑，对根系吸氮过程进行了简化，所以相对比较简便，大体可分为三类。第一类宏观根系吸氮模型假设土壤中一定比例的无机氮都可以被作物吸收利用，或假设在作物根区范围内超出一定浓度范围以外的所有无机氮都可以被作物根系吸收利用，这类模型经验性太强，存在较大的不确定性（Johnsson et al.，1987）。第二类宏观根系吸氮模型则根据米氏动力学方程来计算作物根系吸氮量（Selim and Iskander，1981；Grant，1991；Barber，1995；李韵珠和李保国，1998），该类模型具有一定的理论基础，但米氏动力学方程中包含较多难以准确获得的动力学参数，并且忽略了根龄对根系吸氮功能的影响，与众多研究结果并不吻合（Reidenbach and Horst，1997；Gao et al.，1998；Kamh et al.，2005）。第三类宏观根系吸氮模型则根据根系吸水速率或蒸腾速率与土壤溶液中的氮素浓度来计算作物根系吸氮量（Dalton et al.，1975；Nye and Tinker，1977；Ramos and Carbonell，1991；Schoups and Hopmans，2002），该类模型充分利用了根系吸氮与吸水的共性，将作物、大气以及土壤对根系吸氮的影响通过根系吸水速率间接表征，同时也兼顾了根系吸氮的特性，利用根系吸氮因子考虑了根系对氮素吸收的主动性与被动性。由于该类模型能在一定程度上反映根系的吸氮机制，概念清楚，所需参数少，近年来得到了广泛的应用（Dalton et al.，1975；Nye and Tinker，1977；Schoups and Hopmans，2002），其具体形式为

$$S_u(z,\ t) = \delta S(z,\ t)C(z,\ t) \tag{2-30}$$

式中，δ 为根系吸氮因子，$\delta \geqslant 0$，反映根系对氮素吸收的主动性与被动性，主要由溶质和作物属性决定，一般都假设根系吸氮因子 δ 在根区范围内为常数（Schoups and Hopmans，2002）；$C(z,\ t)$ 为土壤溶液氮素浓度分布（mg/cm^3）。

为了有效获取根系吸氮量的连续变化情况，须对土壤氮素运移转化规律进行数值模拟，以下以土壤硝态氮（NO_3^--N）为例，对模拟过程予以说明。一维垂直非饱和土壤中 NO_3^--N 的运移转化方程可表示为（Hansen et al.，1991；Lafolie，1991；Vasssilis and Wyseure，1998；张瑜芳等，1997）

$$\frac{\partial[\theta(z,\ t)C_N(z,\ t)]}{\partial t} = \frac{\partial}{\partial z}\left[\theta(z,\ t)D(\theta,\ v)\frac{\partial C_N(z,\ t)}{\partial z} - q(z,\ t)C_N(z,\ t)\right] + S_N(z,\ t) \tag{2-31}$$

$$C_N(z,\ 0) = C_{N0}(z), \quad 0 \leqslant z \leqslant L \tag{2-32}$$

$$\left[-\theta(z,\ t)D(\theta,\ v)\frac{\partial C_N(z,\ t)}{\partial z} + q(z,\ t)C_N(z,\ t)\right]_{z=0} = Q_s(t), \quad t > 0 \tag{2-33}$$

$$C_N(L,\ t) = C_{NL}(t), \quad t > 0 \tag{2-34}$$

式中，$C_N(z,\ t)$ 为土壤溶液硝态氮浓度分布（mg/cm^3）；$D(\theta,\ v)$ 为土壤水动力弥散系数，包括扩散与机械弥散两项（cm^2/d），其中 v 为土壤孔隙水流速（cm/d）；$q(z,\ t)$ 为达西水流通量（cm/d），$q(z,\ t)=v(z,\ t)\theta(z,\ t)$；$C_{N0}(z)$ 为初始时刻的土壤溶液硝态氮浓度分布（mg/cm^3）；$Q_s(t)$ 为硝态氮在土壤表面处的通量［$mg/(cm^2 \cdot d)$］；$C_{NL}(t)$ 为下边界处的土壤溶液硝态氮浓度（mg/cm^3）；$S_N(z,\ t)$ 为硝态氮源汇项［$mg/(cm^3 \cdot d)$］，包含了硝态氮在土壤中的转化过程（Hansen et al.，1991；张瑜芳等，1997），即

$$S_N(z,\ t) = S_n(z,\ t) - S_m(z,\ t) - S_d(z,\ t) - S_{un}(z,\ t) \tag{2-35}$$

式中，$S_{un}(z,\ t)$ 为根系吸收硝态氮速率［$mg/(cm^3 \cdot d)$］、$S_n(z,\ t)$、$S_m(z,\ t)$、$S_d(z,\ t)$ 分别为铵态氮硝化、硝态氮固持、反硝化速率［$mg/(cm^3 \cdot d)$］，本研究将分别采用下述氮素转化模型。

铵态氮硝化速率（Cabon et al.，1991）：

$$S_n(z,\ t) = \begin{cases} k_1 1.07^{[T'(z,\ t)-T_m]}\dfrac{\theta(z,\ t)}{\theta_f(z)}C_m(z,\ t)\theta(z,\ t), & \theta(z,\ t) \leqslant \theta_f(z) \\ k_1 1.07^{[T'(z,\ t)-T_m]}\dfrac{\theta_f(z)}{\theta(z,\ t)}C_m(z,\ t)\theta(z,\ t), & \theta(z,\ t) > \theta_f(z) \end{cases} \tag{2-36}$$

硝态氮固持速率（Cabon et al.，1991）：

$$S_m(z,\ t) = \begin{cases} k_2 1.05^{[T'(z,\ t)-T_m]}\dfrac{\theta(z,\ t)}{\theta_f(z)}C_N(z,\ t)\theta(z,\ t), & \theta(z,\ t) \leqslant \theta_f(z) \\ k_2 1.05^{[T'(z,\ t)-T_m]}\dfrac{\theta_f(z)}{\theta(z,\ t)}C_N(z,\ t)\theta(z,\ t), & \theta(z,\ t) > \theta_f(z) \end{cases} \tag{2-37}$$

硝态氮反硝化速率（Lafolie，1991；MeGechan and Wu，2001）：

$$S_d(z,\ t)=\begin{cases}0, & \theta(z,\ t)\leqslant\theta_d(z,\ t)\\ k_3 1.07^{[T'(z,\ t)-T_m]}\dfrac{\theta(z,\ t)-\theta_d(z,\ t)}{\theta_f(z)-\theta_d(z,\ t)}C_N(z,\ t)\theta(z,\ t), & \theta_d(z,\ t)\leqslant\theta(z,\ t)\leqslant\theta_s(z)\end{cases}\tag{2-38}$$

$$\theta_d(z,\ t)=0.627\theta_f(z)-0.0267\frac{\theta_s(z)-\theta(z,\ t)}{\theta_s(z)}\theta_f(z)\tag{2-39}$$

式中，k_1、k_2、k_3分别为硝化、固持与反硝化在最适宜土壤温度和土壤含水量条件下的反应速率系数；$C_m(z,\ t)$ 为土壤溶液中铵态氮的浓度（mg/cm^3）；$T'(z,\ t)$ 为土壤实际温度（℃）；T_m为硝化、固持与反硝化的最适宜温度（℃），取 $T_m=35$℃（Cabon et al.，1991）；$\theta_f(z)$ 为土壤田间持水量（cm^3/cm^3）；$\theta_d(z,\ t)$ 为反硝化土壤含水量阈值（cm^3/cm^3）。上述方程源汇项中的反应速率系数（如 k_1、k_2、k_3）以及根系吸氮因子 δ 都很难实测获得，可应用反求方法先估算式（2-31）中的源汇项平均分布，然后再对源汇中的未知参数进行进一步优化（Shi et al.，2007；朱向明，2010）。

对于硝态氮运移方程式（2-31）中所包含的水动力弥散系数 $D(\theta,\ v)$，可采用式（2-40）进行计算（Millington and Quirk，1961），即

$$D(\theta,\ v)=\lambda\,|v|+\frac{\theta^{\frac{7}{3}}}{\theta_s^2}D_0\tag{2-40}$$

式中，D_0为硝态氮在纯水中的扩散系数，取为 $1.64cm^2/d$；λ为土壤溶质弥散度（cm）。

B. 最低根氮分配系数

根据冬小麦水培实验各营养液处理条件下每次取样时实测的根氮质量与地上部含氮质量，计算各阶段根氮质量增量与冬小麦含氮质量增量之间的比值，即为根氮分配系数，冬小麦各生长阶段根氮分配系数与营养液氮素浓度之间的关系如图 2-7 所示。从图中可以看出，当营养液氮素浓度低于 $0.07mg/cm^3$时，根氮分配系数受营养液氮素浓度的影响比较大，随

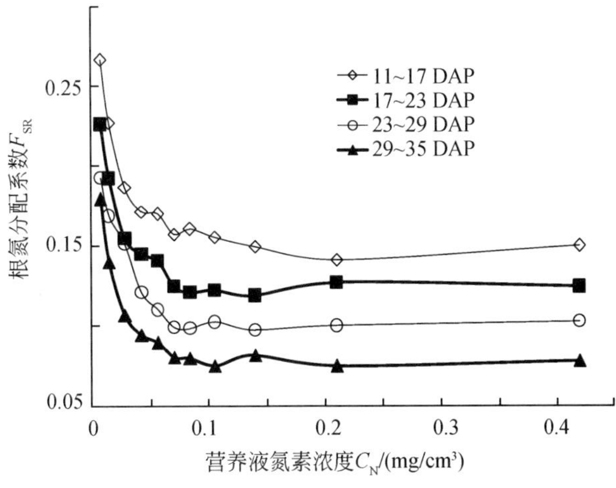

图 2-7　水培实验冬小麦各生长阶段根氮分配系数 F_{SR}随营养液氮素浓度 C_N的变化关系

着营养液氮素浓度的增大而减小，这说明冬小麦受到的氮素胁迫越严重，分配到根系中的氮在根系总吸氮量中所占的比例越大，这一结果也正好解释了作物如何获得最大生长量的可能性，因而在作物遇到氮素胁迫时，氮循环优先供应根部，刺激根系的生长从而可以吸收更多氮素（Mooney et al. ，1991），同时该结果也证明式（2-28）具有一定合理性；然而，当营养液氮素浓度高于0.07mg/cm^{3}时，各处理条件下冬小麦根氮分配系数趋于平稳，受营养液氮素浓度的影响很小。所以，当营养液氮素浓度大于0.07mg/cm^{3}时，可以认为冬小麦不再受到氮素胁迫。

冬小麦水培实验处理6至处理11中营养液氮素浓度都大于0.07mg/cm^3，此时冬小麦既不受到水分胁迫（$W_{ST}=0$），也不受到氮素胁迫（$N_{ST}=0$）。由式（2-28）可知，此时的根氮分配系数F_{SR}等于最低根氮分配系数F_{SR0}。根据图2-7中处理6至处理11条件下冬小麦各生长阶段的根氮分配系数，得到最低根氮分配系数F_{SR0}与冬小麦生长积温之间的关系，如图2-8所示。从图2-8可以看出，在水培实验期内，最低根氮分配系数F_{SR0}随冬小麦生长积温的增大呈线性降低，可表示为

$$F_{SR0}=\begin{cases}-0.00022\mathrm{GDD}+0.2063, & \mathrm{GDD}\leqslant 897\\ 0, & \mathrm{GDD}>897\end{cases} \tag{2-41}$$

式中，GDD为冬小麦生长大于0℃积温（℃/d）。以0℃为基准温度，将冬小麦播种后每天的平均温度求和即可获得从播种至某一时间段的积温（Klepper et al. ，1998；McMaster，2005）。

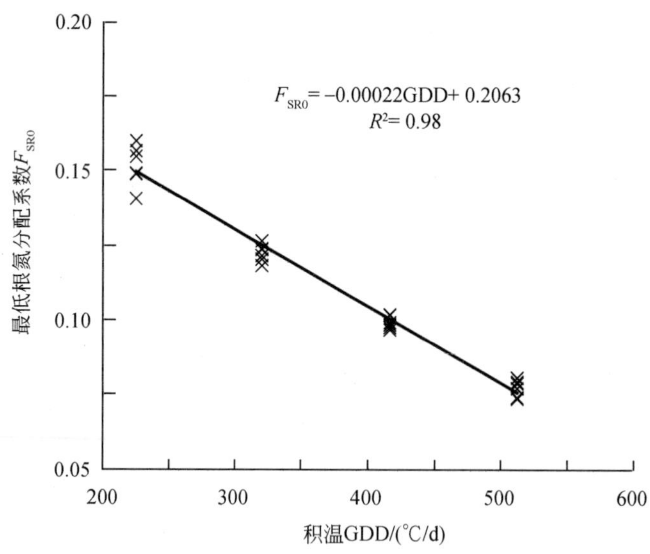

图2-8　冬小麦最低根氮分配系数F_{SR0}与生长积温GDD之间的关系

C. 氮素胁迫因子

在水培实验中，由于作物不受水分胁迫，所以$W_{ST}=0$，由式（2-28）可得

$$N_{ST}(C_N)=\frac{F_{SR}-F_{SR0}}{1-F_{SR0}} \tag{2-42}$$

处理 1 至处理 6 条件下营养液氮素浓度都小于 0. 07mg/cm³，均受到了氮素胁迫。于是，由图 2-7、图 2-8 以及式（2-42）可得到氮素胁迫因子 N_{ST}与营养液氮素浓度 C_N之间的关系，如图 2-9 所示，经拟合得

$$N_{ST}(C_N) = -0.0496\ln C_N - 0.1322 \tag{2-43}$$

由式（2-43）可知，当 $C_N = 0.070\text{mg/cm}^3$时，氮素胁迫因子 $N_{ST} = 0$，可作为判断冬小麦是否受到氮素胁迫的阈值。

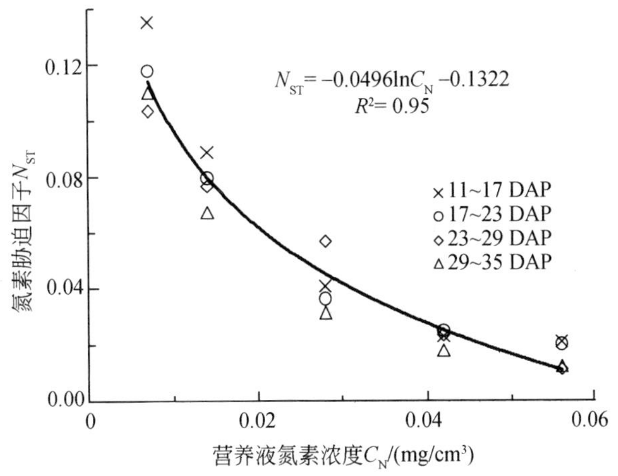

图 2-9 冬小麦氮素胁迫因子 N_{ST}与营养液氮素浓度 C_N之间的关系

(3) 根区各土层间的氮素分配

作物根系生长分布受到土壤水分与养分、土壤温度、土壤机械阻力等众多土壤因素的影响（Asseng et al.，1997），根系吸水也同样受到这些因素的影响（Li et al.，2001；Homaee et al.，2002）。上述冬小麦水培实验研究结果表明，冬小麦根系吸水与根氮质量之间为线性正比关系。所以，最优水分条件下，根氮质量密度分布可用于计算根系吸水速率的大小，其他因素（如土壤养分、土壤温度与土壤机械阻力等）对根系吸水的影响可理解为是通过改变根氮质量密度分布来实现的。根区某土层根系吸水速率越大，说明该土层的土壤条件越有利于根系的生长，所以更多的氮素被分配到该土层根系中，进一步促进根系的生长以便能从该土层中吸收更多的水分与养分。随着根系的进一步吸收，该土层中的水分就会逐渐减少，分配到该土层根系中的氮素就会随之相应减少，更多的氮素将会被分配到其他土壤条件更为优越的土层中。综上所述，根系吸水速率与根氮质量密度分布是密切相关的，借助根系吸水速率分布来综合反映土壤条件对根氮质量密度分布的影响是比较合理的。

借鉴 Asseng 等（1997）将可利用碳在根区各土层间进行分配的方法，同时利用根系吸水与根氮质量之间的密切关系，本研究将根据根系吸水速率分布对可利用氮在根区各土层之间进行再分配，即

$$N_{\mathrm{R}}(z,\ \Delta t)=A_{\mathrm{RN}}(\Delta t)\frac{\left(\dfrac{S(z,\ t)\Delta z}{\int_0^{L_r}S(z,\ t)\mathrm{d}z}\right)^{P_{\mathrm{MN}}}\Delta z}{\int_0^{L_r}\left(\dfrac{S(z,\ t)\Delta z}{\int_0^{L_r}S(z,\ t)\mathrm{d}z}\right)^{P_{\mathrm{MN}}}\mathrm{d}z} \tag{2-44}$$

式中，$N_{\mathrm{R}}(z,\ \Delta t)$ 为 Δt 时段内土层深度 z 处单位面积可利用根氮的增量（mg/cm^2）；Δz 为垂直方向空间步长（cm），本研究设 $\Delta z=1.0$cm；P_{MN} 为一个无量纲参数，考虑了根系吸水速率分布对根氮质量分配的影响，本研究设 $P_{\mathrm{MN}}=0.5$（Asseng et al.，1997）。各时刻根区各土层根氮质量密度则可按式（2-45）进行计算（Asseng et al.，1997），即

$$N_{\mathrm{d}}(z,\ t+\Delta t)=N_{\mathrm{d}}(z,\ t)\{1-F_{\mathrm{mort}}(t)[2-F_{\mathrm{O}}(z,\ t)]\}+\frac{N_{\mathrm{R}}(z,\ \Delta t)}{\Delta z} \tag{2-45}$$

式中，$N_{\mathrm{d}}(z,\ t+\Delta t)$ 和 $N_{\mathrm{d}}(z,\ t)$ 分别表示 $t+\Delta t$ 和 t 时刻的根氮质量密度分布（mg/cm^3）；$F_{\mathrm{mort}}(t)$ 为根系死亡速率，随作物生长发育阶段而改变（Asseng et al.，1997）。

2.1.3.3 苗期冬小麦室内土柱实验

室内土柱实验主要用于检验上述有关根系吸水与根氮质量关系的研究结果，以及所建立的根系吸水模型、根氮质量密度分布模型、土壤水分和硝态氮运移模型。

（1）实验前期准备

为方便分层采集土样与根样，将 128 根内径为 15cm、高 53cm 的聚氯乙烯（PVC）管轴向对半劈开，然后用 PVC 胶黏好，再用带孔的 PVC 板将底部密封，做成 128 个 PVC 圆柱。按干容重 $1.65g/cm^3$ 以 5cm 为一层对土柱进行分层填装，为保证填土均匀，砂土在填装之前都统一风干，含水量约为 $0.01cm^3/cm^3$，填装 50cm 高。采用英国马尔文公司生产的 Mastersizer 2000 型粒度测试仪测量的土壤粒径结果为（美国制）：砂粒（0.05～2mm）含量 92.33%、粉粒（0.002～0.05mm）7.43%、黏粒（<0.002mm）0.24%。土壤有机质含量（用 $K_2Cr_2O_7$ 氧还滴定法测量）和土壤全氮含量（采用半微量开氏法测量）分别为 0.11g/kg 和 0.07g/kg。土壤水分特征曲线以及非饱和导水率用 van Genuchten（1980）的闭合曲线描述为：饱和导水率 $K_s=60.8$cm/d、饱和含水量 $\theta_s=0.383cm^3/cm^3$、残余含水量 $\theta_r=0.01cm^3/cm^3$、拟合参数 $\alpha=0.08$/cm、$n=1.615$。另外，用软件 CXTFIT 2.1 分析了 Cl^- 穿透曲线（Toride et al.，1999），得到土壤溶质弥散度 $\lambda=1.12$cm。

播种前将冬小麦（京冬 8 号）种子进行表面消毒（消毒过程与冬小麦水培实验相同），然后将种子放在温度为 25℃ 的黑暗培养箱中进行催芽，2 天后（2004 年 12 月 16 日）从培养箱中取出并种植在 PVC 土柱中，每个土柱内种植 7 株，其种植密度与大田常规密度相当（400 万～600 万株/hm^2）。所有土柱都放置在土壤-植物系统模拟实验室中，实验期间小麦生长条件保持为：日光照时间 12 小时（8：00～20：00），保持小麦冠层顶部的有效光强度约 500μmol/(m^2 · s)，日/夜温度（20±2）/(12±2)℃，相对湿度（40±5)%。播种后第 5 天（5DAP），在每个土柱顶部覆盖 3cm 厚的石英砂以减少土面蒸发。为了保证冬小麦出苗期间水分与养分的充足供应，从播种到 10DAP，对每个土柱都浇灌相同

体积的半浓度 Hoagland 营养液，即标准营养液。

(2) 设置实验处理

实验共设置 4 个处理，即高水高氮处理（HWHN）、高水低氮处理（HWLN）、低水高氮处理（LWHN）以及低水低氮处理（LWLN）。2004 年 12 月 26 日 22：00（10DAP）进行第一次处理灌水，此后每 6 天灌水一次，根据各处理土柱灌水前土柱中的土壤含水量分布与灌水后该处理小麦的根区平均土壤含水量要求来确定各处理土柱每次的灌水量。高水高氮处理土柱浇灌标准营养液，使得灌水后 6 天内小麦根区平均含水量不低于土壤田间持水量的 80%；高水低氮处理土柱浇灌调整后的半浓度 Hoagland 营养液（低氮营养液），低氮营养液中的氮素浓度为标准营养液中氮素浓度的 10%，为了保证两种营养液中的其他主要元素（P、K、Mg、Ca）浓度一致，低氮营养液中减少的 NO_3^- 采用 SO_4^{2-} 或 Cl^- 进行平衡，并使得灌水后 6 天内小麦根区平均含水量不低于土壤田间持水量的 80%；低水高氮处理灌标准营养液，灌水量为同期 HWHN 处理灌水量的一半；低水低氮处理灌低氮营养液，灌水量为同期 HWLN 处理灌水量的一半。由于本实验选用的土壤为砂土，所以，田间持水量取土壤基质势为–100cm 时的土壤含水量（Romano and Santini，2002），根据水分特征曲线计算得到实验用土壤的田间持水量为 0. 115cm^3/cm^3。

另外，为监测不同处理条件下冬小麦根区土壤温度的变化情况，各处理设置一个土柱，在土壤表面以下 5cm、10cm、20cm 与 35cm 处从土柱侧面插入温度传感器，并采用多点温度自动测定系统（CB-0221，北京恩爱迪生态科学仪器有限公司）对各传感器所测温度进行自动采集，每隔 2 小时采集一次，测量精度为±0. 2℃。

(3) 实验取样与分析

从第一次处理灌水（2004 年 12 月 26 日）到实验结束（2005 年 2 月 13 日）共持续 48 天，分为 8 个阶段，即 8 次灌水，每次灌水后的 0. 5 天与 5. 5 天（即下一次灌水前的 0. 5 天），从各处理土柱中任意挑选两个土柱，先将小麦地上部剪下来，然后将土柱对半劈开，每隔 4cm 取出少许土样，然后再分层（4cm 为一层）冲洗、挑拣根系。将取出的土样分成两部分，一部分土样在 105℃ 条件下烘 12 小时，测量其含水量；另一部分土样先用 0. 01mol/L 的 $CaCl_2$ 溶液浸提，然后再用流动分析仪（TRAACS 2000，Bran + Luebbe，Norderstedt，Germany）测量氮素浓度。分别测量各处理土柱冬小麦地上部与根系干物重、含氮量以及根长。

(4) 测量土面蒸发与作物蒸腾

为了测量冬小麦的蒸散强度，从播种后的第 10 天开始，从 HWHN、HWLN、LWHN、LWLN 各处理中选定两个土柱，每天 22：00 称重，质量的减少量即为小麦日蒸散量。

为了获得各处理每天的土面蒸发量，布置了一个平行实验（为了区别说明，将上述实验称为 Exp1，此平行实验称为 Exp2）。Exp2 设置了与 Exp1 中 HWHN、HWLN、LWHN、LWLN 相对应的 4 个处理，各处理设置 2 个土柱，土柱的尺寸结构、土壤填装、石英砂覆盖与 Exp1 中的土柱一样，不同的是 Exp2 中的土柱没有种植小麦，同时灌水量也有区别。由于 Exp1 土柱中种植了冬小麦，消耗的水分包括小麦蒸腾与土面蒸发，而 Exp2 土柱中没有种植小麦，只有土面蒸发损失，如果 Exp2 与 Exp1 对应处理土柱的灌水量一致，则 6 天后 Exp2 中各土柱的土壤含水量会远远高于 Exp1。为了减少 Exp1 与 Exp2 各处理土柱内含水量的差别，Exp2 各处理土柱的灌水量为同期 Exp1 对应处理土柱的灌水量再减去灌水前 6 天内 Exp1 对应处理土柱中小麦的总蒸腾量。每天 22:00 称量 Exp2 各处理土柱的质量，质量的减少量即为 Exp2 土柱的日土面蒸发量。由于实验过程中小麦处于苗期，小麦叶面积指数较小，况且土柱表面都覆盖了石英砂，土面蒸发强度很弱，所以用 Exp2 各处理土柱的日土面蒸发量近似代替 Exp1 各对应处理土柱的日土面蒸发量。将每天所测得的各处理土柱冬小麦日蒸散量与日土面蒸发量分别除以土柱内截面积，得到小麦的蒸散速率与土面蒸发速率，两者之差即为 Exp1 各处理土柱的小麦蒸腾速率。

2.1.3.4 土壤水分动态模拟

本研究将利用土壤水分运移式（2-5）至式（2-8）以及根氮质量密度分布模型式（2-20）至式（2-45）连续模拟苗期冬小麦室内土柱实验各处理条件下的土壤水分动态。在上述土柱实验中，土壤有机质含量与土壤全氮含量都很低（分别为 0.11g/kg 与0.07g/kg，几乎接近于零），同时，实验期间为冬小麦浇灌的半浓度 Hoagland 营养液中只有硝态氮而没有铵态氮，而且实验所选用的土壤为砂土，土壤含水量较低，所以铵态氮硝化速率以及硝态氮的反硝化速率与固持速率都比较低。于是，本研究假设对于硝态氮浓度的变化来说这些过程所起的作用相互抵消，即铵态氮硝化速率与硝态氮的反硝化速率以及固持速率之和为零，并且假设冬小麦所吸收的氮全部是硝态氮。因此，硝态氮源汇项式（2-35）中只有根系吸氮项，即 $S_N(z, t) = S_{un}(z, t)$。采用 Shi 等（2007）所提出的反求方法估算获得的根系吸氮因子 $\delta = 1.27$。

（1）模拟步骤

1）根据某处理条件下初始时刻（每次灌水后 0.5 天）的实测根氮质量密度分布 $N_d(z, t_0)$，将所建根系吸水模型式（2-9）至式（2-19）与土壤水流定解式（2-5）至式（2-8）联合起来模拟获得 $t_0+\Delta t$ 时刻的土壤水分状况 $\theta(z, t_0+\Delta t)$ 与根系吸水速率分布 $S(z, t_0+\Delta t)$。模拟时间间隔 Δt 即为隐式差分法迭代求解式（2-5）的时间步长。

2）根据 t_0 时刻的根系吸水速率分布 $S(z, \Delta t)$ 与实测硝态氮浓度剖面 $C_N(z, t_0)$，求解土壤硝态氮定解方程式（2-31）至式（2-34）模拟获得 $t_0+\Delta t$ 时刻的硝态氮浓度分布 $C_N(z, t_0+\Delta t)$ 与根系吸氮速率分布 $S_u(z, t_0+\Delta t)$，然后再根据式(2-29）计算单位面积根系吸氮量 $A_N(\Delta t)$。

3）根据 $t_0+\Delta t$ 时刻的土壤含水量分布 $\theta(z, t_0+\Delta t)$、硝态氮浓度分布 $C_N(z, t_0+\Delta t)$，由式（2-20）计算获得 Δt 时段内作物扎根深度增量 $R_L(\Delta t)$，然后根据式（2-27）与式（2-28）将单位面积根系吸氮量 $A_N(\Delta t)$ 在根/冠之间进行分配，获得分配到单位面积根区内的可利用氮增量 $A_{RN}(\Delta t)$；根据式（2-44）将 $A_{RN}(\Delta t)$ 在根区各土层中进行再分配，然后再由式（2-45）计算获得 $t_0+\Delta t$ 时刻的根氮质量密度分布 $N_d(z, t_0+\Delta t)$。

4）根据 $t_0+\Delta t$ 时刻的土壤含水量剖面 $\theta(z, t_0+\Delta t)$、硝态氮浓度剖面 $C_N(z, t_0+\Delta t)$ 以及根氮质量密度分布剖面 $N_d(z, t_0+\Delta t)$，再按照上述步骤继续模拟 $t_0+2\Delta t$ 时刻的土壤含水量剖面 $\theta(z, t_0+2\Delta t)$、硝态氮浓度剖面 $C_N(z, t_0+2\Delta t)$ 以及根氮质量密度分布剖面

$N_d(z, t_0+2\Delta t)$ ……直到每次控制灌水后的 5.5 天，模拟结束。

（2）模拟结果

根据苗期冬小麦室内土柱实验高水高氮、高水低氮、低水高氮与低水低氮处理条件下每次灌水后 0.5 天的实测根氮质量密度分布 $N_d(z, t_0)$ 、土壤含水量分布 $\theta(z, t_0)$ 、硝态氮浓度分布 $C_N(z, t_0)$ 、各处理平均土面蒸发速率、蒸腾速率以及其他土壤参数，按 2.1.4.4 节介绍的步骤进行模拟，获得各处理条件下每次控制灌水后 5.5 天的根氮质量密度分布剖面 $N_d(z, t_0+5.5)$ 、土壤含水量剖面 $\theta(z, t_0+5.5)$ 与硝态氮浓度剖面 $C_N(z, t_0+5.5)$ 。各处理条件下冬小麦各生长阶段土壤含水量分布、根氮质量密度分布、硝态氮浓度分布模拟值与实测值都吻合较好，最大均方根差（RMSE）分别为 0.008 45cm³/cm³ 、0.001 05mg/cm³ 、0.029 02mg/cm³ ，其中土壤含水量分布模拟值与实测值之间的均方根差见表 2-3。在各处理条件下，当土壤含水量模拟值与实测值均方根差为最大值时，两者之间的对比关系如图 2-10 所示。

表 2-3　苗期冬小麦室内土柱实验各处理条件下冬小麦各生长阶段土壤含水量实测值与模拟值之间的均方根差（RMSE）

播种后天数（DAP）/天	RMSE/(cm³/cm³)			
	HWHN	HWLN	LWHN	LWLN
15.5	0.0033	0.0019	0.0019	0.0026
21.5	0.0045	0.0045	0.0031	0.0042
27.5	0.0056	0.0066	0.0028	0.0010
33.5	0.0048	0.0060	0.0025	0.0020
39.5	0.0056	0.0056	0.0068	0.0018
45.5	0.0060	0.0051	0.0044	0.0022
51.5	0.0084	0.0029	0.0014	0.0040
57.5	0.0085	0.0043	0.0051	0.0046

注：HWHN 为高水高氮处理；HWLN 为高水低氮处理；LWHN 为低水高氮处理；LWLN 为低水低氮处理。

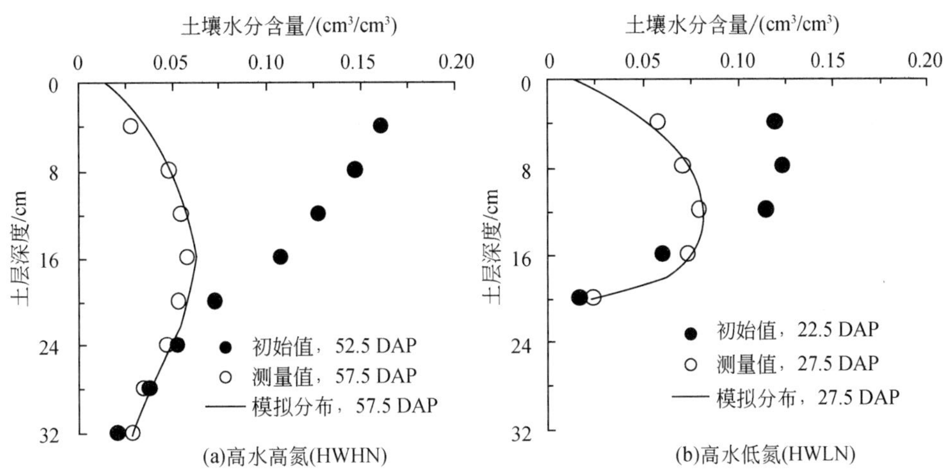

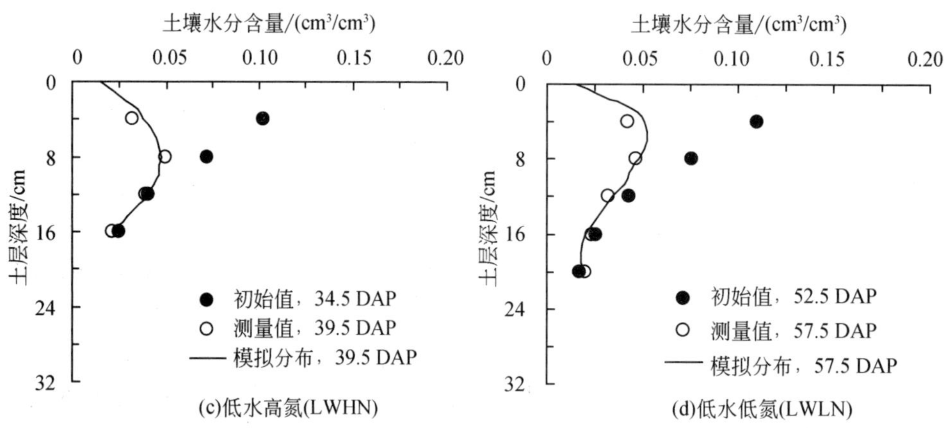

图 2-10　苗期冬小麦室内土柱实验

注：处理条件下某时期（该时期土壤含水量模拟值与实测值之间的均方根差在实验期内为最大值）的土壤含水量初始值以及 5 天后的实测值与模拟值。

2.1.4　总结

在农田土壤–作物系统中准确地模拟土壤水分动态对评价水分利用效率和发展节水农业均具有十分重要的意义，而有关根系吸水的定量描述是其中至关重要的内容。已有的绝大部分根系吸水模型假设最优水分条件下根系吸水速率与根长密度成正比，即单位长度根系的吸水性能在根区内完全一致。通过布置室内水培实验，本研究对比分析了冬小麦根系吸水功能与根长、根氮质量之间的关系，结果表明，即使在最优水分条件下，根系吸水与根长之间并非所假定的线性正比关系，单位长度根系吸水性能受根龄与营养液氮素浓度的影响很大。但与此形成鲜明对比的是，根系吸水与根氮质量之间呈显著线性正比关系（$R^2=0.99$），并且在特定气象条件下，单位质量根氮潜在吸水系数较为稳定，几乎不受根龄与营养液氮素浓度的影响。于是，本研究对原有基于根长密度分布的根系吸水模型进行改进，从而基于根氮质量密度分布建立了根系吸水模型。另外，根据根系吸水与根氮质量之间的相互反馈关系，本研究对 Asseng 等（1997）所提出的根系生长分布模型也进行了改进，可为土壤水分动态模拟提供适时适地根氮质量密度分布资料。应用所建根系吸水模型与根氮质量密度分布模型，对苗期冬小麦室内土柱实验各处理条件下的土壤水分动态进行了模拟，各阶段土壤含水量分布模拟值与实测值吻合较好，最大均方根差均低于 $0.009\text{cm}^3/\text{cm}^3$。由于本研究实验是在室内较理想条件下完成的，并且冬小麦主要处于苗期，相关研究成果尚有待在农田土壤条件下进行进一步验证。

2.2　不同地下水埋深条件下非充分灌溉农田水分运动试验研究

作为一种有效的节水灌溉方式，非充分灌溉目前在海河流域被广泛应用。非充分灌溉的实施可能会引起土壤水分在作物根系层及深层土壤分布的时空变化，进而引起灌溉水在土壤中的深层渗漏及地下水毛管上升的变化，改变了土壤水-地下水的相互转化关系。为此，本节以非充分灌溉试验结果分析为基础，根据土壤剖面含水率和负压的监测结果，重点探讨非充分灌溉农田根系区和储水区土壤水分动态变化规律及其对作物耗水的影响，揭示根系区和储水区界面处水分通量的动态变化规律。

2.2.1 地下水深埋条件下冬小麦-夏玉米农田水循环试验及模拟研究

2.2.1.1 试验研究

2007～2009 年在北京市灌溉试验中心站（位于通州区永乐店镇）开展了冬小麦-夏玉米轮作非充分灌溉小区试验。试验区属温带大陆性半湿润季风气候区，平均海拔 14m，多年平均降水量为 553mm，其主要集中在夏季。地下水埋深约 12m。冬小麦试验设计 6 个灌水处理，每个处理三组重复，随机布设，具体灌水方案见表 2-4。夏玉米原则上不进行灌溉，主要研究冬小麦生育期灌水造成的底墒差异对夏玉米生长的影响，但由于冬小麦收获时土壤水分不能满足夏玉米正常出苗的需要，且夏玉米拔节后期严重干旱，故各小区均在播种前灌水 40mm，并在 2008 年 8 月 6 日灌水 60mm。试验灌溉水源为当地地下水，灌溉方式为地面灌溉，由水表控制灌水量。农业技术措施参照当地大田一般方法进行。试验期间观测指标包括常规气象资料、土壤含水率、土壤水势、生长发育性状和产量与考种，其中土壤水势的观测仅限于 T1、T3、T4 和 T6 处理。

表 2-4　2007～2009 年冬小麦灌水方案

年份	处理	次灌水量/mm					总灌水量/mm
		越冬前	返青—拔节	拔节—抽穗	抽穗—灌浆	灌浆—成熟	
2007～2008	T1	60	—	—	—	—	60
	T2	60	—	30	—	—	90
	T3	60	—	—	—	60	120
	T4	60	—	30	—	60	150
	T5	60	60	—	—	60	180
	T6	60	60	30	—	60	210
2008～2009	T1	60	—	—	—	—	60
	T2	60	—	60	—	—	120
	T3	60	—	60	—	60	180
	T4	60	—	90	—	60	210
	T5	60	60	60	—	60	240
	T6	60	60	60	60	60	300

注：T5 处理与试验地点周围大田农民当年所采用的灌水方案一致；2007～2008 年试验灌水时间分别为：2007-12-10、2008-4-7、2008-4-25、2008-5-25；2008～2009 年试验灌水时间分别为：2008-12-25、2009-4-5、2009-4-20、2009-5-4、2009-5-22。

根据土壤水分动态特征将农田土壤剖面分为根系区（0～100cm）及储水区（100～200cm）。研究结果发现，未灌返青水的 T1、T3 和 T4 处理的土壤剖面 100cm 处水分通量（$q100$）始终为正值，储水区土壤水分向上补给根系区，且补给量在各次灌水之后略微减小。T1、T3 和 T4 处理的最大 $q100$ 出现在灌浆期，分别为 0.34mm/d、0.42mm/d 和 0.35mm/d［图 2-11(a)，(b)和(c)］。从图 2-11（d）中可以看出，T6 处理根系区下界面在返青之后出现两次渗漏，分别在灌返青水和拔节水之后，最大通量分别为 1.35mm/d 和 0.34mm/d。T6 处理从抽穗开始 $q100$ 为正值，且储水区向上补给量大于其他处理，最大 $q100$ 为 0.63mm/d。其原因主要是由于 T6 处理的储水区在抽穗前得到根系区的水分补给，而且返青水增加了 T6 处理冬小麦的作物分蘖数和叶面积指数，作物蒸发蒸腾增强，储水区水分充足和作物耗水增强的双重作用导致 T6 处理的 $q100$ 大于其他处理。

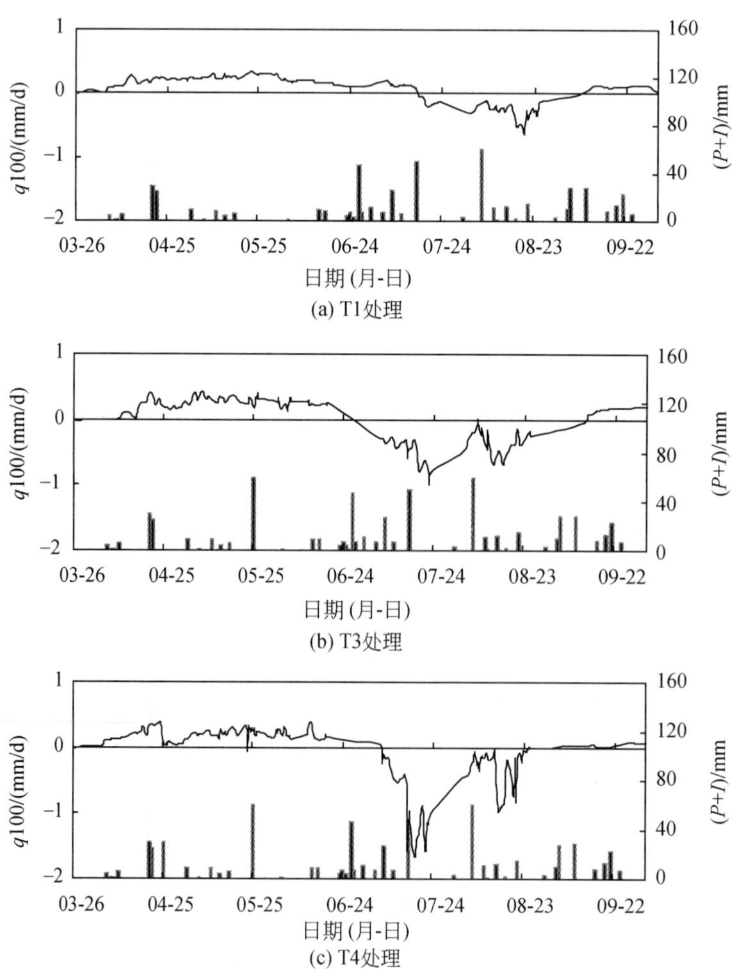

(a) T1处理

(b) T3处理

(c) T4处理

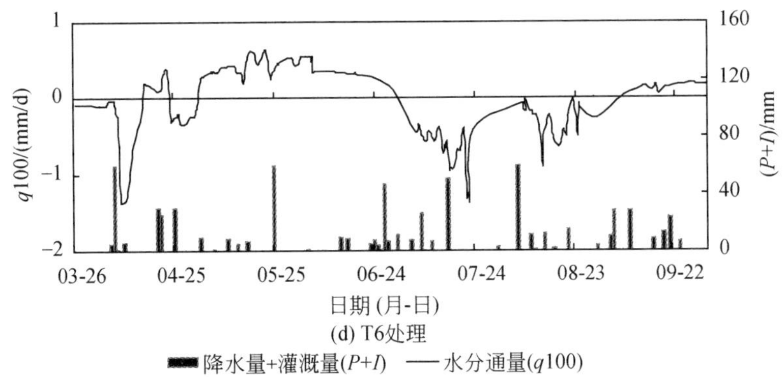

图 2-11　2008 年冬小麦返青至夏玉米收获期间根系区下界面的水分通量（向下渗漏为负）

从图 2-11 可以看出，夏玉米生育期内根系区下界面水分通量以渗漏为主，只在灌浆之后，由于耗水强度大，储水区水分开始补给根系区。T1 、T3、T4 和 T6 处理在灌浆之前均出现两次渗漏峰值，且都发生在降水灌溉事件之后，反映了降水灌溉对储水区水分补给的滞后作用。受底墒水影响，T4 和 T6 处理的渗漏量要大于 T3 处理，T1 处理的渗漏量最小。综合以上分析可知，作物根系区下界面水分通量受降水灌溉和作物耗水的共同作用。

2.2.1.2　数值模拟

数学模型是研究农田 SPAC 系统土壤水分动态的有效手段，本研究运用 SWAP 模型对上述非充分灌溉试验中的农田水分动态进行模拟分析，对模型的适用性进行检验，为模型的进一步应用奠定基础。

模型率定需要的数据资料包括模拟时段内的气象资料，试验地的土壤物理特性和水力特性参数，灌溉资料，作物生长资料及初始条件等。采用灌水量较多的 T5 处理和 T6 处理的土壤含水率观测结果对 SWAP 模型进行率定，其余四个处理用于模型的验证。通过实测的土壤机械组成、干容重及水分特征曲线数据采用 RETC 软件拟合得到土壤水力特性参数作为初始值。

SWAP 模型的上边界条件描述为根据日气象数据计算的日潜在腾发量 ET_p、降雨和灌溉因子。土壤下边界设定在地表以下 200cm 处，并且在模型中不考虑侧向排水。由于试验期间地下水平均埋深为 12m，可以不考虑地下水的补给作用，故下边界选择自由排水边界。初始的土壤剖面水势为播种时实测的含水率对应的土壤水势。

根据土壤各层含水率观测值和模拟值的比较分析，相应的调整各层土壤的水力特性参数，使模拟值和观测值尽可能吻合。率定后土壤水力特性参数取值见表 2-5。

表 2-5　土壤水力特性参数率定结果

土壤层次/cm	残余含水率 θ_r/(cm³/cm³)	饱和含水率 θ_s/(cm³/cm³)	饱和导水率 K_s/(cm/d)	土壤水分特征曲线参数		
				α/(1/cm)	λ	n
0～40	0.10	0.41	18.13	0.0025	0.5	1.8993
40～80	0.06	0.42	14.75	0.0040	0.5	1.4065
80～120	0.10	0.40	20.76	0.0096	0.5	1.4886

续表

土壤层次/cm	残余含水率 θ_r/(cm³/cm³)	饱和含水率 θ_s/(cm³/cm³)	饱和导水率 K_s/(cm/d)	土壤水分特征曲线参数		
				α/(1/cm)	λ	n
120 ~ 150	0.08	0.41	22.89	0.0110	0.5	1.4579
150 ~ 200	0.05	0.43	10.09	0.0105	0.5	1.3422

模型率定和验证的结果表明，土壤含水率模拟结果的 RMSE 值略大于 2.0%，而 MRE 值均小于 9.0%，作物耗水量和产量的模拟值与实测值基本一致，说明率定后的 SWAP 模型能够模拟试验地区非充分灌溉农田水分动态变化及其对作物耗水的影响，可对该地区灌溉方案进行模拟优化。在模型率定和验证的基础上，采用 SWAP 模型模拟了根系区和储水区下界面的水分通量，分析了其动态变化规律与影响因素，模拟的水分通量与实测值对比结果如图 2-12 所示。结果表明，在降水灌溉、作物耗水和土壤水分状况的综合影响下，根系区与储水区之间有明显的水量交换且表现出补给和渗漏相互交替的复杂规律，而储水区下界面的水流通量则很小。总体上看，冬小麦返青之前根系区下界面水分交换以渗漏为主，且 2007 ~ 2008 年的渗漏量要明显大于 2008 ~ 2009 年，返青之后各处理基本以储水区向上补给根系区为主，而夏玉米播种到灌浆期内根系区下界面水分交换以向下渗漏为主，灌浆后储水区水分开始补给根系区，且各处理间的补给量差异不大。

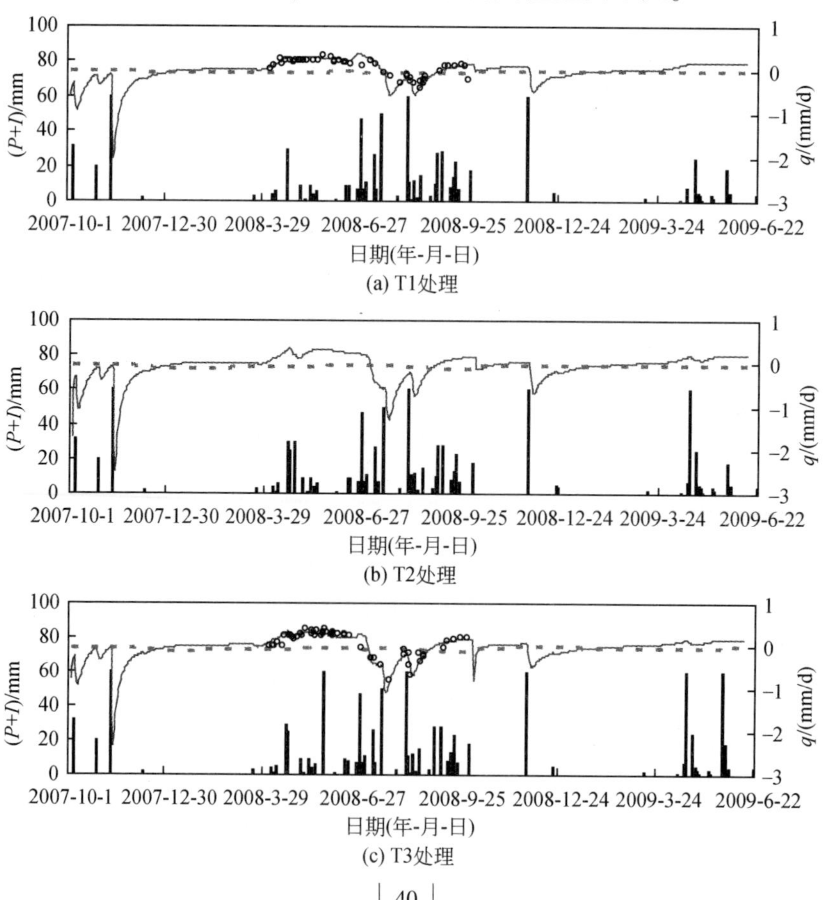

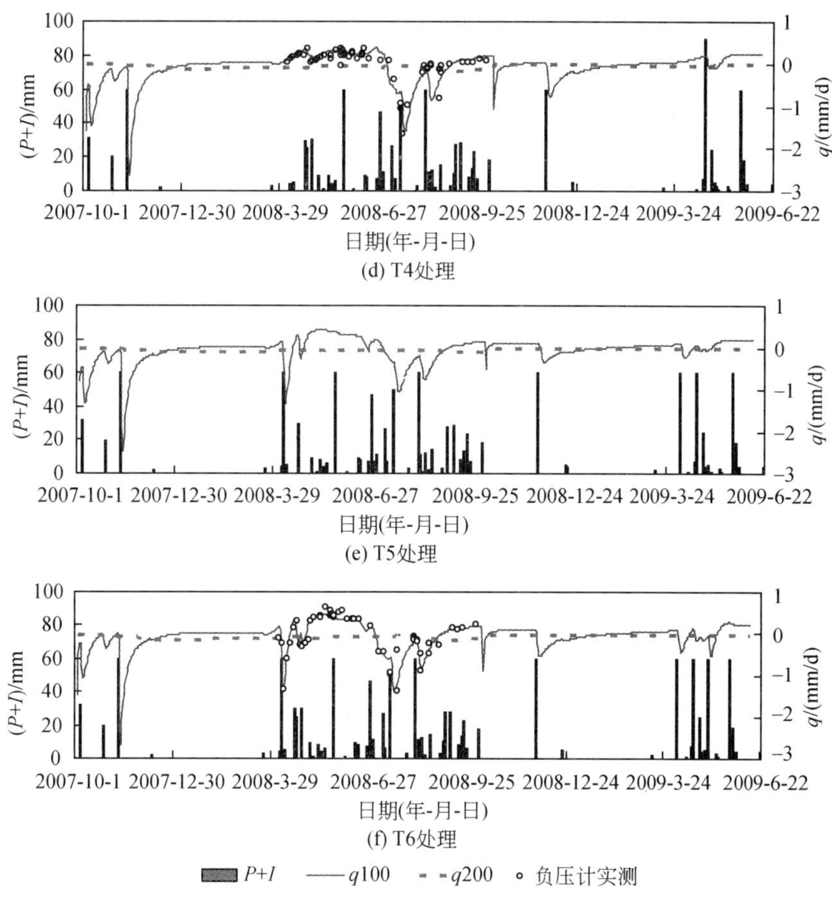

图 2-12 试验期内根系区和储水区下界面水分通量的模拟结果（向下渗漏为负）

2.2.2 地下水浅埋条件下冬小麦农田水循环试验及模拟研究

2.2.2.1 试验研究

（1）材料与方法

试验点位于河南省新乡市的中国农业科学院农田灌溉研究所洪门试验站，该试验站地处北纬 35°19′，东经 113°53′，海拔 73.2m，多年平均气温 14.1℃，无霜期 210 天，日照时数 2398.8 小时，多年平均降水量 588.8mm，多年平均蒸发量 2000mm。试验区土壤为粉壤土，其物理及水力特性参数见表 2-6。

表 2-6 土壤物理及水力特性

机械组成				物理及水分运动参数		
砂粒/%	粉粒/%	黏粒/%	干容重/(g/cm^3)	饱和含水率/(cm^3/cm^3)	田间持水量/(cm^3/cm^3)	饱和导水率 K_s/(cm/d)
55.82	40.87	3.30	1.58	0.46	0.36	0.96

试验在直径为0.62m的有底测筒中进行，试验包括灌水量及地下水位两个控制因素，其中灌溉水量包括3个水平（充分灌溉、轻度缺水非充分灌溉和重度缺水非充分灌溉），其灌溉制度见表2-7。地下水位采取马氏瓶控制，包括5个水平（地下水埋深分别为1.5m、2.0m、2.5m、3.0m、3.5m）。试验设计15个处理，每个处理3个重复，共计45个试验测筒。供试作物为周麦18号，于2008年10月12日播种，2009年6月5日收获，全生育期236天。

表2-7　冬小麦灌水处理　（单位：mm）

生育期	底墒水	越冬期	返青—拔节	拔节—抽穗	抽穗—灌浆	灌溉定额
			3月26日	4月29日	5月20日	
充分灌溉（S）	60	75	90	90	90	405
轻度缺水（D）	60	75	67.5	67.5	67.5	337.5
重度缺水（DD）	60	75	45	45	45	270

试验过程中，通过观测马氏瓶刻度来计算地下水对土壤水的补给，土壤水对地下水的补给则通过渗漏水测量装置读取。分别通过管式TDR及负压计测定土壤剖面含水率及负压。同时，试验中测定作物株高及产量，以研究不同地下水位对作物生长的影响。通过土壤剖面水量平衡计算作物耗水量。

（2）土壤水与地下水转化规律

研究结果表明（图2-13），充分灌溉条件下土壤水与地下水相互转化，灌溉后或较大强度的降水后，灌溉水入渗补给地下水。例如，在3次灌水后，地下水位埋深1.5m和2m处理均产生了较大强度的地下水的补给，其最大补给强度达到了6mm/d。在强烈蒸发阶段，地下水转化为土壤水通过潜水蒸发或根系吸水消耗。值得注意的是，充分灌溉条件下，土壤水与地下水转化仅在地下水位浅埋的处理（1.5m和2m）产生。在地下水埋深2.5～3.5m时，二者的转化并不明显。这主要是因为在蒸发阶段，充分灌溉条件下根区土壤含水率较高，土壤中水势梯度较小；在灌溉阶段，灌溉水入渗在根区以下土壤中，难以补给地下水。非充分灌溉条件下，在冬小麦生育期内土壤水与地下水的转化关系主要表现为地下水转化为土壤水，以补充根系吸水或潜水蒸发消耗。在冬小麦生育中后期（拔节期后），地下水位埋深1.5～2.5m时，地下水持续转化为土壤水。特别当灌溉定额仅为充分灌溉的1/2时，地下水转化为土壤水更为明显，地下水位埋深为1.5m时冬小麦抽穗期最大日潜水消耗达到2.5mm。

进一步研究表明，土壤水与地下水转化过程在冬小麦不同生育阶段有所差别。表2-8为不同灌溉及地下水位条件下冬小麦各生育阶段土壤水-地下水累积转化量。冬小麦生育前期（返青—拔节期），在各地下水位埋深处理中，土壤水转化为地下水。特别当地下水位埋深1.5m时，此生育阶段灌溉水入渗补给地下水达到26.27mm；在冬小麦生育中后期（拔节—成熟期），由于其耗水量较大，地下水位埋深较浅处理中地下水转化为土壤水以补充作物耗水。地下水位埋深为1.5m时，共有55.76mm地下水转化为土壤水供作物耗水；地下水位埋深为3m时，地下水转化为土壤水，而地下水埋深为3.5m时，土壤水转化为地下水。

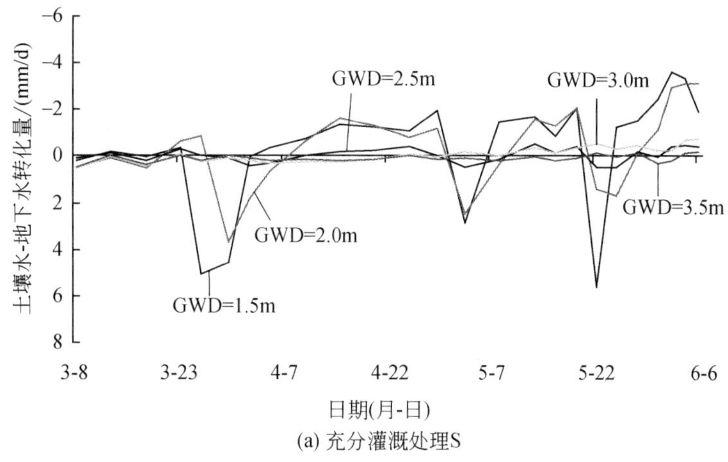

(a) 充分灌溉处理S

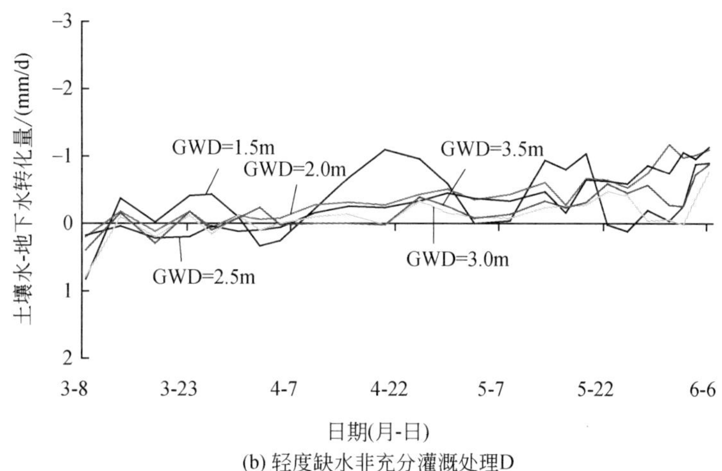

(b) 轻度缺水非充分灌溉处理D

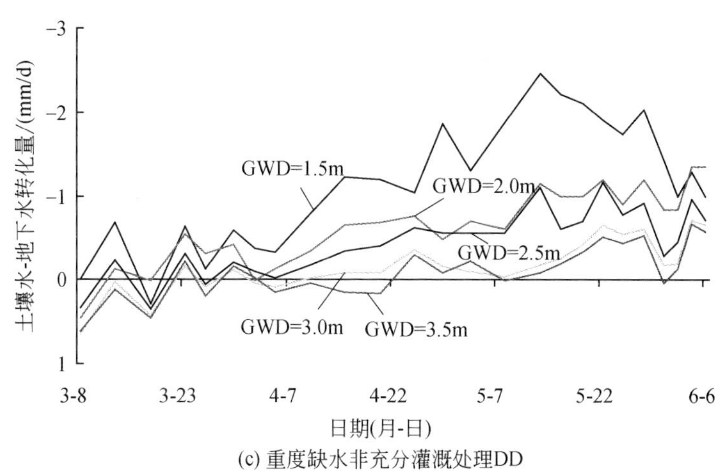

(c) 重度缺水非充分灌溉处理DD

图 2-13 冬小麦生育期内土壤水–地下水转化强度变化过程

注：正值表示土壤水补给地下水，负值表示地下水向土壤水转化。

表 2-8　不同地下水位及灌溉条件下冬小麦生育阶段土壤水-地下水转化量（单位：mm）

项目		地下水埋深				
		1.5m	2.0m	2.5m	3.0m	3.5m
S	返青—拔节	26.27	16.41	1.24	5.68	3.61
	拔节—抽穗	-22.23	-11.38	-1.51	0.69	3.86
	抽穗—成熟	-33.53	-31.00	-4.44	-11.07	0.96
	合计	-29.50	-25.97	-4.71	-4.7	8.43
D	返青—拔节	-4.92	-3.26	2.57	-0.12	-0.94
	拔节—抽穗	-16.30	-10.59	-9.10	-3.63	-3.91
	抽穗—成熟	-14.64	-21.28	-19.60	-7.95	-12.70
	合计	-35.86	-35.13	-26.13	-11.70	-17.55
DD	返青—拔节	-14.00	-7.90	-2.79	1.64	2.43
	拔节—抽穗	-39.27	-18.20	-14.05	-3.86	-0.97
	抽穗—成熟	-53.09	-31.17	-23.13	-11.97	-8.95
	合计	-106.36	-57.27	-39.97	-14.19	-7.49

注：负值表示地下水转化为土壤水；正值表示土壤水转化为地下水。

轻度缺水非充分灌溉（D）条件下，冬小麦各生育阶段土壤水与地下水累积转化量主要表现为地下水转化为土壤水（地下水位埋深 2.5m 处理冬小麦返青—拔节阶段例外）。特别当地下水位埋深 1.5 ~ 2.5m 时，冬小麦抽穗—成熟期地下水消耗量达 14.64 ~ 21.28mm。重度缺水非充分灌溉（DD）时，在冬小麦生育中后期地下水转化为土壤水，而在其生育前期（返青—拔节期）二者的转化关系随着地下水埋深的加深而产生变化。地下水埋深 1.5 ~ 2.5m 时，地下水向土壤水转化供作物耗水；而当地下水埋深为 3.0 ~ 3.5m 时，此生育阶段土壤水补给地下水。

冬小麦主要生育期（返青—成熟期）土壤水与地下水的累积转化量对比结果表明（图 2-14），地下水位埋深对冬小麦生育期土壤水-地下水累积转化量有明显影响。地下水位埋深较浅时（1.5 ~ 2.0m），冬小麦主要生育期地下水补给土壤水明显，达 25.97 ~ 106.36mm。而当地下水埋深较大时（3.0 ~ 3.5m），土壤水与地下水转化量较小，仅为 4.7 ~ 17.55mm。值得注意的是，充分灌溉条件下地下水埋深 3.5m 时，灌溉水中有 8.43mm 入渗补给地下水。

（3）冬小麦耗水及水分利用效率

通过水量平衡计算得到冬小麦各主要生育阶段耗水（表 2-9）。结果表明，冬小麦主要生育阶段耗水受灌溉水量及地下水位影响明显。充分灌溉时，冬小麦返青—成熟期耗水量为 386.77 ~ 424.69mm；而非充分灌溉条件下其耗水量明显减少，轻度缺水处理为 345.25 ~ 393.56mm，较充分灌溉处理减少 8% ~ 11%，重度缺水处理为 267.68 ~ 366.56mm，较充分灌溉处理减少 14% ~ 32%。

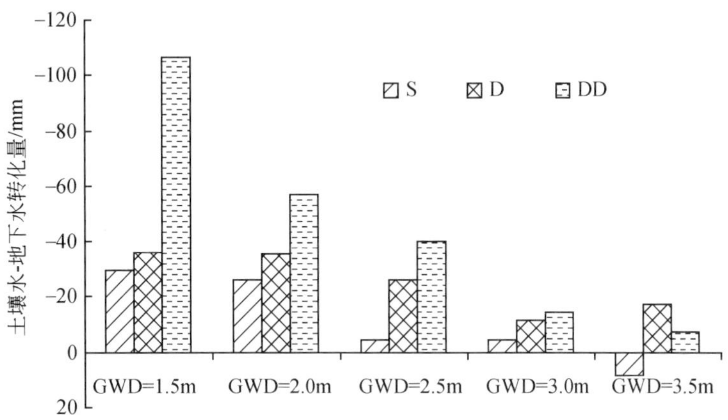

图 2-14　不同处理冬小麦全生育期土壤水-地下水累积转化量

注：转化量为负值表示土壤水向地下水转化。

表 2-9　冬小麦主要生育阶段耗水量　　（单位：mm）

项目		地下水埋深				
		1.5m	2.0m	2.5m	3.0m	3.5m
S	返青—拔节	82.73	92.59	107.76	103.32	105.39
	拔节—抽穗	171.23	160.38	150.51	148.31	145.14
	抽穗—成熟	170.73	168.20	141.64	148.27	136.24
	合计	424.69	421.17	399.91	399.90	386.77
D	返青—拔节	91.42	89.76	83.93	86.62	87.44
	拔节—抽穗	152.80	137.09	135.60	130.13	130.41
	抽穗—成熟	149.34	135.98	134.30	122.65	127.40
	合计	393.56	362.83	353.83	339.40	345.25
DD	返青—拔节	78.00	71.90	66.79	62.36	61.57
	拔节—抽穗	143.27	122.20	118.05	107.86	104.97
	抽穗—成熟	145.29	123.37	115.33	104.17	101.15
	合计	366.56	317.47	300.17	274.39	267.68

地下水埋深对冬小麦主要生育阶段耗水也有明显的影响，地下水埋深为 1.5m 时，冬小麦各灌溉处理耗水量较高，达 366.56 ~ 424.69mm。随着地下水埋深的增加，冬小麦各生育阶段耗水量减少。充分灌溉条件下地下水埋深 2.5m 时，冬小麦主要生育阶段耗水减少为 399.91mm。然而，当地下水埋深为 3.0 ~ 3.5m 时，其耗水量并没有明显地减少。这主要是因为充分灌溉条件下灌溉可以满足作物的耗水，地下水浅埋条件下的潜水的蒸发使得其耗水量增大，而地下水埋深大于 2.5m 时，潜水蒸发量减少。在当地实际灌溉制度的制订中，当地下水埋深大于 3m 时，可以不考虑地下水对作物根区的补给作用。

进一步研究表明（表 2-10），地下水对作物耗水量的贡献随着灌溉水量及地下水位的变化而不同。充分灌溉条件下，地下水对作物耗水的贡献率相对较小，仅为 1.2% ~ 6.9%。而在冬小麦生育中后期，地下水位埋深相对较浅时（1.5 ~ 2.0m），地下水对其耗水的贡献率达 10% 以上；地下水埋深为 1.5m 时，冬小麦生育前期深层渗漏补给地下水量占其总耗水量的 31.8%。轻度缺水非充分灌溉条件下，地下水对冬小麦生育期耗水贡献率与充分灌溉差别不大。而对于重度缺水非充分灌溉，地下水埋深为 1.5 ~ 2.5m 时，地下水对冬小麦的耗水贡献率达到 13.3% ~29%，特别在冬小麦生育中后期（抽穗—成熟），地下水对其耗水贡献率达 20% 以上。因此，在地下水浅埋区，为提高灌溉水的利用效率，在灌溉水管理中应考虑地下水对作物耗水的补充。

表 2-10　土壤水与地下水转化量对作物耗水的贡献率　　（单位:%）

项目		地下水埋深				
		1.5m	2m	2.5m	3m	3.5m
S	返青—拔节	-31.8	-17.7	-1.2	-5.5	-3.4
	拔节—抽穗	13.0	7.1	1.0	0.5	-2.7
	抽穗—成熟	19.6	18.4	3.1	7.5	-0.7
	合计	6.9	6.2	1.2	1.2	-2.2
D	返青—拔节	5.4	3.6	-3.1	-0.1	1.1
	拔节—抽穗	10.7	7.7	6.7	2.8	3.0
	抽穗—成熟	9.8	15.6	14.6	6.5	10.0
	合计	9.1	9.7	7.4	3.4	5.1
DD	返青—拔节	17.9	11.0	4.2	-2.6	-3.9
	拔节—抽穗	27.4	14.9	11.9	3.6	0.9
	抽穗—成熟	36.5	25.3	20.1	11.5	8.8
	合计	29.0	18.0	13.3	5.2	2.8

冬小麦生育期内地下水对其耗水的贡献率随着地下水埋深的增加而减少。然而，不同灌溉条件下其贡献率对地下水埋深的敏感程度有所差别（图 2-15），限水灌溉条件其贡献率对地下水埋深的敏感性要较常规灌溉大。在实际灌溉实践中，要针对不同地下水埋深条件制定合理的灌溉定额以求充分利用地下水及灌溉需水。

试验结果表明，不同灌溉及地下水埋深处理冬小麦产量有所差别（表 2-11），充分灌溉条件下其产量高达 8242 ~ 8799kg/hm^2，轻度缺水非充分灌溉处理冬小麦产量并没有明显减少，而重度缺水非充分灌溉处理冬小麦产量仅为 8061 ~ 8392kg/hm^2，较充分灌溉明显减少。采用冬小麦产量与主要生育阶段（返青—成熟）耗水量的比值表征水分利用效率。结果表明，非充分灌溉明显提高冬小麦的水分利用效率，特别是重度缺水非充分灌溉，其水分效率较充分灌溉提高 30% 左右。地下水埋深的增加会在一定程度上提高冬小麦水分利用效率，重度缺水非充分灌溉处理地下水埋深 3.5m 处理冬小麦主要生育期水分利用效率达 3.01kg/m^3，较充分灌溉地下水埋深 1.5m 处理提高 45%。

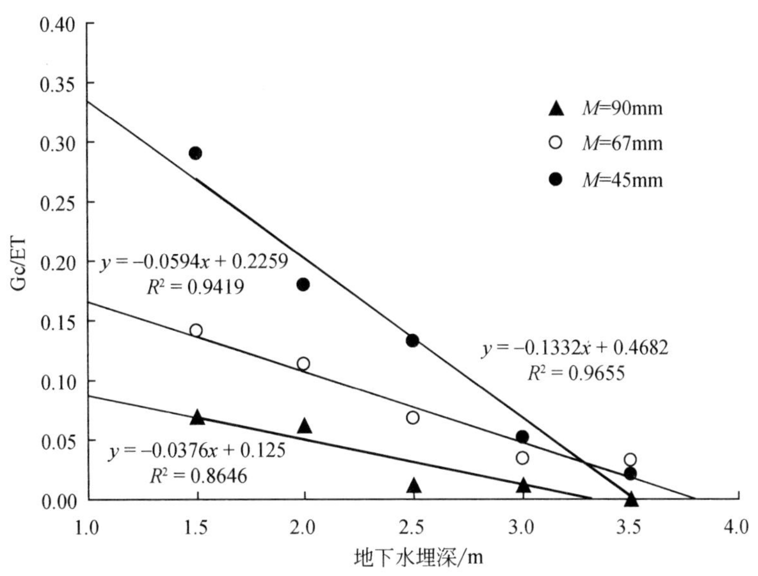

图 2-15　地下水埋深与地下水对作物耗水贡献率（Gc）之间的关系

表 2-11　水分利用效率及灌溉水利用效率

灌溉处理	地下水埋深/m	冬小麦产量（Y）/(kg/hm^2)	耗水量（ET）/mm	灌溉量+降水量（I+P）/mm	Y_g/ET /(kg/m^3)	Y_g/(I+P) /(kg/m^3)
S	1.5	8799	424.70	395	1.75	1.88
	2.0	8791	421.17	395	2.09	2.23
	2.5	8457	399.91	395	2.11	2.14
	3.0	8245	399.89	395	2.06	2.09
	3.5	8242	386.78	395	2.13	2.09
D	1.5	8589	393.56	328	2.18	2.62
	2.0	8102	362.83	328	2.23	2.47
	2.5	8361	353.83	328	2.36	2.55
	3.0	8480	339.40	328	2.50	2.59
	3.5	8909	345.24	328	2.58	2.72
DD	1.5	8392	366.56	260	2.29	3.23
	2.0	8310	317.47	260	2.62	3.20
	2.5	8260	300.17	260	2.75	3.18
	3.0	8068	274.39	260	2.94	3.10
	3.5	8061	267.68	260	3.01	3.10

进一步研究表明（图 2-16），同一灌溉条件下冬小麦生物量水分利用效率与地下水埋深呈线性关系。值得注意的是，不同灌溉条件下冬小麦水分利用效率对地下水埋深的敏感

程度有所差别，限水灌溉条件下较为敏感。灌溉实践中，在考虑作物需水要求的同时，要考虑不同地下水条件时冬小麦水分利用效率的改变。

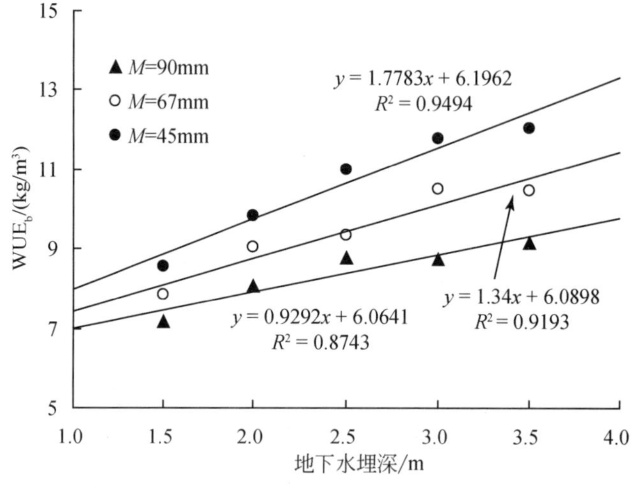

图 2-16 地下水埋深与水分利用效率的关系

2.2.2.2 数值模拟

(1) 模型率定

本研究将发展地下水浅埋条件下冬小麦农田 SWAP 模型。模型中土壤水分特征曲线采用 Van Genuchten-Mualem 模型，其中相关水力参数及形状参数采用上述试验中土壤含水率及土壤水-地下水转化实测数据率定。结果表明，研究中率定的 SWAP 模型模拟耕作层土壤含水率有较高的精度：耕作层及深层土壤含水率模拟值的绝对误差、相对误差、模型效率分别为 0.02 ~ 0.04cm^3/cm^3、7.8% ~ 19.08%、-3.42 ~ 0.21、0.02 ~ 0.04cm^3/cm^{-3}、4.09% ~17.97%、-17.93 ~0.02。水力参数率定结果见表 2-12。

表 2-12 Van Genuchten-Mualem (VGM) 模型参数率定结果

θ_{res}/(cm^3/cm^{-3})	θ_{sat}/(cm^3/cm^{-3})	K_{sat}/(cm/d)	α/cm^{-1}	λ	n
0.01	0.46	1.50	0.020	2.50	1.2

(2) 土壤含水率模拟结果

研究中分别以 20 ~40cm 及 100 ~120cm 土壤含水率分别表征冬小麦根系层土壤含水率及深层土壤含水率。模拟结果表明（图 2-17），常规灌溉条件下，由于灌溉水可以充分满足冬小麦耗水的需要，根系层土壤含水率受灌溉水的影响，冬小麦生育期内变化较大且保持在较高的范围内。然而，限水灌溉条件下（D 及 DD 处理），由于灌溉水不能完全满足冬小麦耗水的需要，同时，根系层土壤水分一定程度上受地下水的影响。地下水埋深较浅时（GWD=2m），地下水能在毛细管的作用下补充根系层土壤水分。而地下水埋深较深时（GWD>2m），根系层土壤水分在冬小麦生育期内有明显的减小趋势。特别当灌溉定额减为常规灌溉的 1/2 时，浅埋地下水对冬小麦根系层土壤水分的补充作用更为明显。

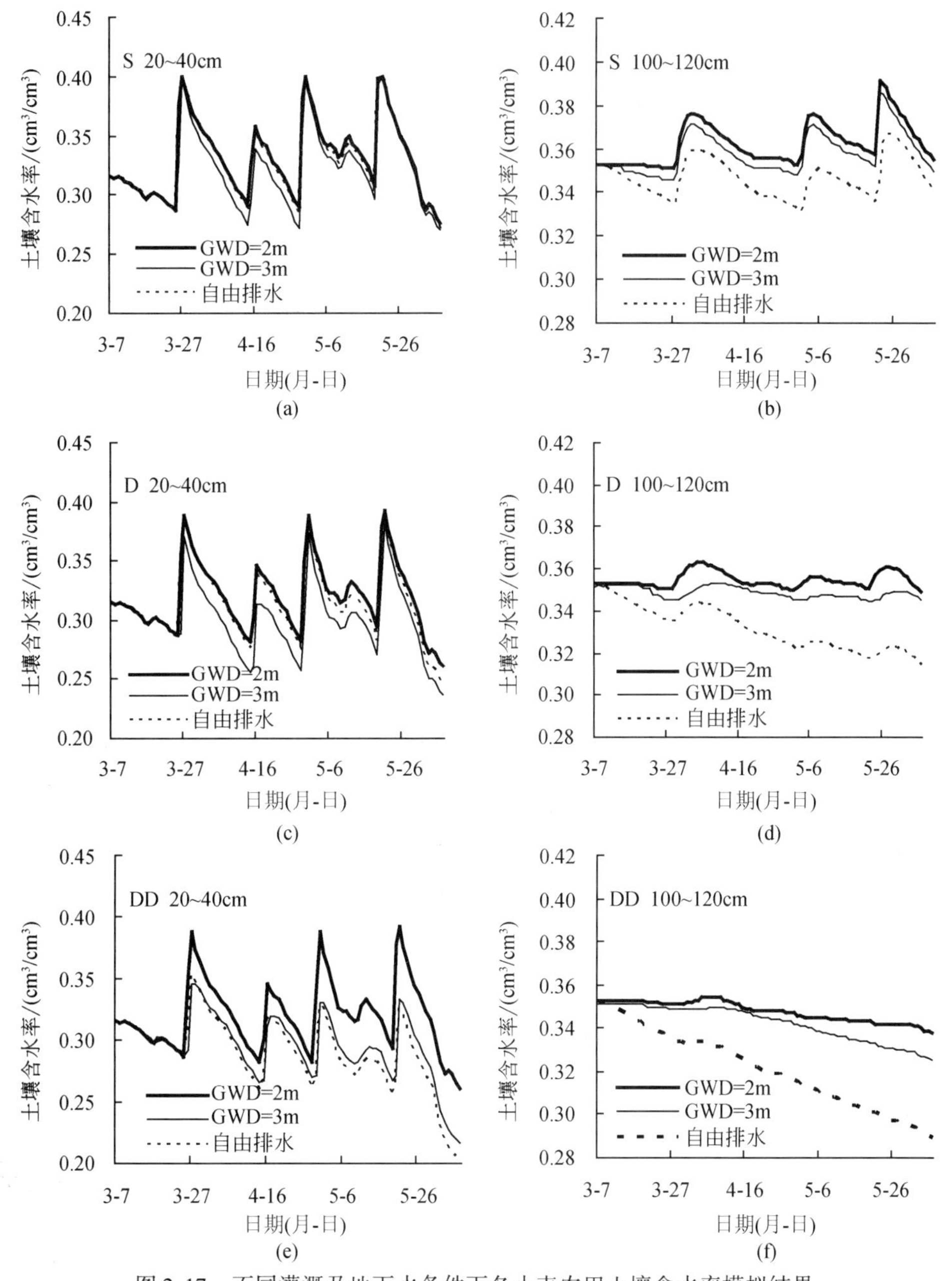

图 2-17　不同灌溉及地下水条件下冬小麦农田土壤含水率模拟结果

深层土壤水分对作物根系层土壤水分具有一定的调节作用，其同时受灌溉水及地下水的影响。模拟结果表明，尽管常规灌溉条件下根系层土壤含水率在不同地下水条件下差别不大，但深层土壤含水率在地下水无限深条件明显低于有地下水存在条件。限水灌溉条件下，深层土壤水分变化幅度较小，地下水对深层土壤水分的作用更为明显。地下水埋深较浅时（2～3m），地下水能一定程度上补充深层土壤水分，其下降趋势不明显。然而，当地下水无限深时，冬小麦生育期内深层土壤含水率呈明显下降趋势，特别当灌溉定额减为常规灌溉的 1/2 时，其深层土壤含水率呈直线下降。

(3) 根区底部水分通量模拟结果

根据试验结果，冬小麦主根区在 0～100cm 土层内，本研究中以 100cm 土壤界面水流通量表征根区底部水分通量。模拟结果表明（图 2-18），常规灌溉条件下冬小麦农田根区

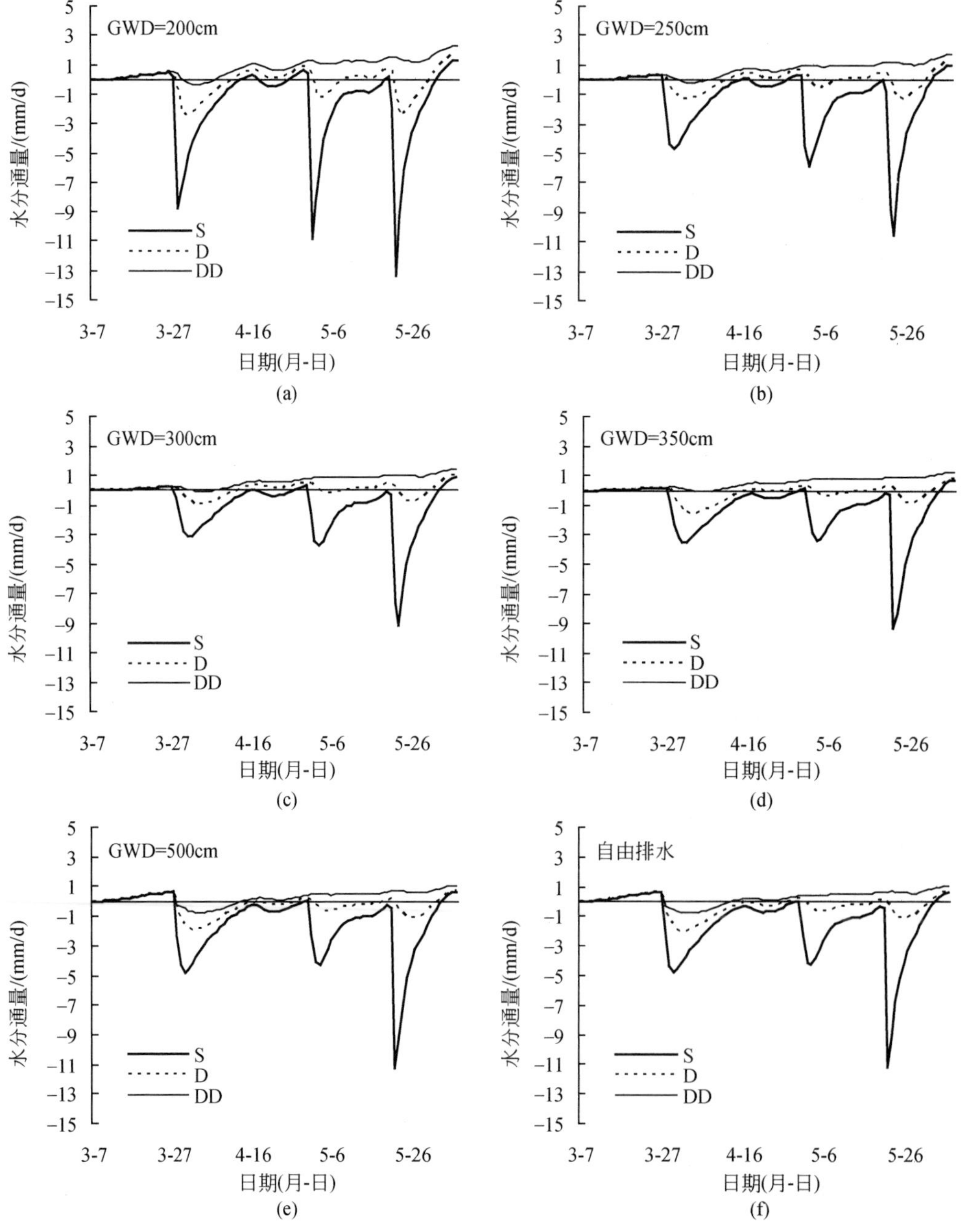

图 2-18　不同灌溉及地下水埋深条件下冬小麦根区底部水分通量 SWAP 模拟结果

底部水分通量以入渗为主，特别当灌溉后，有大量的灌溉水产生深层渗漏。而灌溉定额减少 1/3 时，根区底部水分通量较小，灌溉后有少量的深层渗漏，蒸发阶段深层土壤水分向上补充根系层土壤水分。而当灌溉定额减少为 1/2 时，冬小麦生育期内根区底部水分通量一直为向上，表明深层土壤水分不断地补充根系层土壤水分。

不同地下水埋深时，根区底部水分通量尽管方向变化不大，但其通量值有所差别。地下水埋深较小时，由于土壤含水率较高，其导水率较大，导致水分通量值较地下水埋深较深条件下要大。模拟结果表明，地下水埋深为 2m 时，充分灌溉后根区底部水分通量最大时可达 13mm/d，而地下水无限埋深时，充分灌溉后根区底部水分通量最大值为 10mm/d。类似的，灌溉定额减少为常规灌溉的 1/2 时，地下水埋深较浅（2m）条件下根区底部最大向上水分通量可达 2. 5mm/d，而地下水无限埋深时最大向上水分通量为 0. 9mm/d。

（4）蒸发条件下土壤剖面水分通量分布

蒸发条件下土壤剖面水分通量受土壤剖面水分分布所影响。图 2-19 为蒸发阶段（5 月 19 日）冬小麦农田土壤剖面水分通量模拟结果。结果表明，剖面水分通量在冬小麦主要根区（50 ~ 100cm）较大，而向上及向下剖面水分通量减少；进一步分析发现，地下水埋深较浅时（2m 和 3m），剖面土壤水分通量远大于无地下水存在情景。地下水埋深为 2m 时，常规灌溉及灌溉定额减少 1/2 条件下剖面最大水分通量相关不大，而在深层土壤中水分通量有所差别。

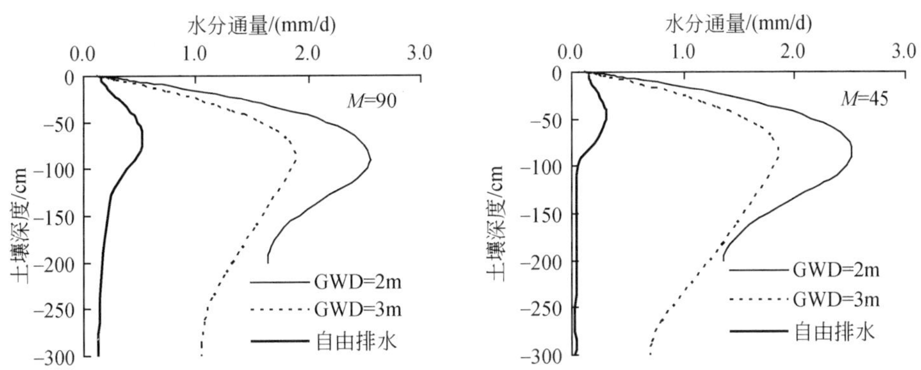

图 2-19　蒸发阶段冬小麦农田土壤剖面水分通量 SWAP 模拟结果

（5）根区土壤水平衡组成

冬小麦生育期内根区土壤水平衡项包括降雨量、灌溉、作物腾发量、土面蒸发量、根区底部水分通量及根区土壤水分变化量。模拟结果表明，不同灌溉及地下水条件下根区土壤水平衡组成有所差别（表 2-13）。常规灌溉条件下冬小麦生育期根区底部积累向下通量为 40 ~ 47. 66mm，为灌溉水的 15% ~ 18%，表明产生灌溉（降水）深层渗漏。灌溉定额减少 1/3 时，冬小麦根区底部通量随着地下水埋深有所差别，随着地下水埋深的增加，其累积通量由向上转为向下。当无地下水存在时，冬小麦生育期内根区底部累积产生渗漏水量为 19. 60cm。

表 2-13　SWAP 模型模拟作物根系吸水层水量平衡各分项

处理	降水量（P）	灌溉量（I）	土壤水与地下水转化量（F）	作物蒸腾量（T）	土面蒸发量（E）	土壤水分变化量（dW）
S1. 5	125. 5	270	-47. 66	293	53	1. 84
D1. 5	125. 5	201	10. 72	290	50	-2. 78
DD1. 5	125. 5	135	75. 91	288	50	-1. 59
S2. 0	125. 5	270	-53. 61	291	51	-0. 11
D2. 0	125. 5	201	7. 68	290	45	-0. 82
DD2. 0	125. 5	135	62. 14	285	42	-4. 36
S2. 5	125. 5	270	-40. 59	289	46	19. 91
D2. 5	125. 5	201	-4. 63	285	43	-6. 13
DD2. 5	125. 5	135	57. 73	283	40	-4. 77
S3. 0	125. 5	270	-40. 00	286	45	24. 50
D3. 0	125. 5	201	0. 24	282	43	1. 74
DD3. 0	125. 5	135	50. 23	276	40	-5. 27
S3. 5	125. 5	270	-40. 18	285	43	27. 32
D3. 5	125. 5	201	8. 05	280	41	13. 55
DD3. 5	125. 5	135	45. 35	275	40	-9. 15
S5. 0	125. 5	270	-46. 50	283	42	24. 00
D5. 0	125. 5	201	-18. 29	279	41	-11. 79
DD5. 0	125. 5	135	5. 16	275	39	-48. 34
S	125. 5	270	-46. 81	283	41	24. 69
D	125. 5	201	-18. 60	279	40	-11. 10
DD	125. 5	135	4. 85	275	37	-46. 65

注：第 4 列中负号表示土壤水转化成地下水。

值得注意的是，当灌溉定额减少 1/2 时，冬小麦根区底部水分累积通量为向上，由地下水埋深 1. 5m 时的 75. 91mm 减少为地下水无限深时的 4. 85mm。在根区缺水时，深层土壤水分一定程度上可以补充作物需水的要求。模拟结果表明灌溉定额减少 1/2 时，地下水埋深小于 3. 5m 农田深层土壤对根区土壤补充水分占冬小麦耗水的 14. 4% ~22. 5% 。而当地下水埋深增加时，由于地下水对非饱和带水平补充不足，根区底部水分向上通量较小。

2. 3　土壤饱和水力传导度的多尺度数据整合方法与应用

在本节中，我们借鉴和发展了储油层渗透率场定量化研究中的一种多尺度数据整合方法，将该方法推广应用到不同尺度的土壤饱和水力传导度（K_s）数据之间的整合问题。饱和水力传导度是最重要的土壤物理特性之一。土壤特性内在的空间变异性要求我们必须获得充分且可靠的 K_s 资料，才能减小水文模拟中的不确定性。在本研究中，我们在 Bayesian 层次模型的框架下，结合了尺度提升算法和一种自适应的马尔可夫链蒙特卡罗（Markov Chain Monte Carlo，MCMC）抽样技术，即延迟拒绝自适应 Metropolis 算法（Delayed Rejection Adaptive Metropolis，DRAM），在已知粗尺度上 K_s 的空间分布以及细尺度上 K_s 的先验信息的条件下，重构出细尺度上该参数的空间分布。运用这种层次模型框架，我们建立了细尺度上饱和水力传导度场的后验分布。该后验分布整合了不同尺度上所有的已知信息，并且嵌入了一个非显式的尺度提升算子，尤其是该分布还具有高维的特点。后验分布这种复杂的结构造成了对其进行抽样模拟时在计算上的挑战和困难，为此，我们采用了 DRAM 抽样方法从而在一定程度上克服了这种困难。为了清楚地阐明上述建模过程和所用的算法及步骤，我们首先以两个人工算例分别展示了两个尺度和三个尺度上饱和水力传导度的数据整合过程。接着，我们将该方法应用到位于中国西北的一个实验地，利用分布于空间上大量的原位测量的饱和水力传导度数据进一步验证了该方法的有效性。最后，我们进行了一系列具有代表性的数值试验，旨在说明所用方法的能力及适用性。这些数值试验涵盖了一个宽范围的土壤条件，包括不同水平的空间非均质性、不同的相关长度、不同程度的统计上的各向异性。总之，大量的算例表明，结合了尺度提升算法和 DRAM 抽样策略的 Bayesian 层次模型为整合不同尺度的饱和水力传导度提供了一种切实可行的模拟方法。另外，采用数值试验进行的研究，为我们所构建的方法提供了一个广泛的数值验证，同时也展示了该方法的适用性和局限性。

2.3.1 引言

土壤饱和水力传导度（K_s）是土壤物理和水文模拟中的关键参数之一（Tietje and Hennings，1996；Taskinen et al.，2008）。该参数具有强烈的空间变异性，在短距离内常常呈现出几个数量级的变化（Bakr et al.，1978；Gelhar，1986；Sudicky，1986；Mallants et al.，1996；Harter and Yeh，1998；Sobieraj et al.，2004；Vereecken et al.，2007）。因此，为了准确地模拟水流和溶质运移行为，获得足够而可靠的饱和水力传导度数据是十分必要的（Yeh，1992；Yeh et al.，1995）。然而，直接在野外进行饱和水力传导度的原位测量通常比较困难，而且耗时费力（Tietje and Hennings，1996；Zeleke and Si，2005a，2005b；Parasuraman et al.，2007），因而，通常在研究区域内这一基础参数只在少量点位上有测量值。这样，强烈的空间变异性加之相对少量的测量信息，导致了我们对土壤介质中饱和水力传导度空间分布的科学认知的不确定性，从而进一步导致了对其中的水流运动和溶质运移进行估计和预测时的不确定性。在地下水文学模拟中，通过整合尽可能多的有价值的信息能够降低这种由空间变异性所带来的不确定性。

Mattikalli 等（1998）指出，利用遥感的方法所获得的区域或大尺度饱和水力传导度的空间分布对于水文应用或许是一个极为重要的数据源。基于遥感数据，许多反演模拟被发展并应用到这类数据中以获得土壤的有效水力参数（如 Feddes et al.，1993a，1993b；

Ahuja et al., 1993; Ines and Mohanty, 2008, 2009)。除此之外，由联合国粮农组织（Food and Agricultural Organization of the United Nations, FAO）所制定的世界数字土壤图也常常被用作估计土壤特性的一个数据源。例如，FAO（1998）使用 FAO-UNESCO 土壤分类，以光盘只读存储器的形式，给出了在 5′的分辨率下的世界土壤图及其所推断的土壤特性，例如，土壤水分及饱和水力传导度（Yang and Musiake, 2003）。上述信息给出了大尺度上不同类型的数据源，这些信息或许能够被合理地整合到高分辨率尺度上的模拟中。另外，对野外饱和水力传导度在点尺度上大量的测量试验表明，在许多土壤中该参数呈现对数正态分布（Byers and Stephens, 1983; Sudicky, 1986; Hopmans et al., 1988; Ünlü et al., 1990），因而关于 K_s 服从对数正态分布的这一假设被广泛地应用于大量文献中（Tietje and Hennings, 1996; de Rooij et al., 2004; Parasuraman et al., 2007; Zhu, 2008）。这一信息提供了细尺度上饱和水力传导度场的先验分布的函数形式。此外，利用较容易测得的土壤特性，可以近似估计饱和水力传导度的先验参数（Si and Kachanoski, 2000）。这些预先给定和近似的数值给出了该水力参数的取值范围。从理想的角度讲，来自不同尺度上所有的相关信息都应当被整合到较细尺度上的模拟中（Liu and Journel, 2009）。

这里，我们感兴趣的问题是，如何在大量的分布于空间的网格点上确定饱和水力传导度这一参数的取值，从而为高分辨率下的水体流动和溶质运移的模拟提供模型参数。发展有力的方法或算法在空间上详细地定量化这一水力参数，对于细尺度上较高分辨率的水文模型的应用是一个迫切而重要的问题。

Bayesian 方法能够将参数的先验信息，包括空间的相关结构和特性的统计量（均值、方差等），与观测数据结合起来。Mosegaard 和 Tarantola（1995）及 Sambridge 和 Mosegaard（2002）总结了在地球科学特别是在地球物理学中，基于 Bayesian 方法的逆问题中的蒙特卡罗抽样方法的发展和应用。最近，基于图像分析中的马尔可夫随机场（Markov Random Fields, MRF）理论和多分辨率算法，Lee 等（2000）提出了一种 Bayesian 层次模型方法进行空间模拟。他们运用这种多尺度数据整合方法对不同尺度上的渗透率数据进行整合，以进行储油层定量化的研究。在 Bayesian 理论的框架下，以粗尺度上的渗透率数据和细尺度上少量的渗透率的采样数据为已知条件，他们建立了细尺度上的渗透率场的后验分布。该后验分布中的似然函数描述了不同尺度的渗透率场之间的随机连接。用于粗、细尺度之间不同的平均化格式（线性和非线性）中的任何一种变换函数都能被用于计算这种连接。他们分别使用了一种线性平均模型和一种幂率平均模型来计算这种粗细尺度之间的随机连接。随后，Efendiev 等（2005a）将这种多尺度数据整合方法与尺度提升算法（Durlofsky, 1991; Wu et al., 2002）相结合，对储油层渗透率场的空间分布进行了模拟。不同于平均技术，他们利用尺度提升算法来计算后验分布中的似然函数，该算法涉及对局部流动方程进行求解。上述 Bayesian 层次模型框架下的多尺度数据整合方法使得我们可以方便地整合任意多个尺度上可用的数据，而且在计算花费上不会有明显的增加（Lee et al., 2000）。此外，这些方法也允许我们能够引入不同尺度间复杂的非线性的相互作用。我们注意到，已有一些数值算例展示了这些方法的能力和适用性，也有将这些方法应用于野外数据的报道（Malallah et al., 2003）。

在储油层定量化模拟中，研究者常常利用已知的动态数据来确定储油层特性，运用上面叙述的 Bayesian 理论框架及 MCMC 方法进行动态数据整合的文献已有报道（Oliver et al.，1997；Efendiev et al.，2005b，2006；Douglas et al.，2006）。国外学者们也试图解决在动态数据整合中，由于 MCMC 方法接受率较低而导致的耗时较长的问题。Oliver 等（1997）运用地统计反演的方法获得渗透率场的提议分布，从而使得 MCMC 模拟的接受率大大提高。Efendiev 等（2006）研究了运用粗尺度方法实现两步 MCMC 模拟的技术，从理论上给出该方法的合理性，并以数值算例展示了该方法相对于普通 MCMC 方法的优点，即通过粗尺度上的模拟设置一个判断步骤，避免了在细尺度上进行无效的动态模拟，降低了计算成本，提高了采样的接受率。而后，Efendiev 等（2005b）将他们随后发表的论文（Efendiev et al.，2006）中的方法应用于整合水流动态数据，即基于井的动态数据和细尺度若干渗透率的采样点信息，重构细尺度渗透率场，从而对生产井的含水率动态作出预测。模拟结果显示出方法的有效性以及相对于一步 MCMC 方法的高效性。Douglas 等（2006）运用 Bayesian 层次模型和 MCMC 抽样技术探讨了对另一类动态数据——溶质浓度动态的整合问题，即根据溶质浓度动态重构细尺度上的渗透率场，并进一步预测溶质浓度的时空变化。他们利用有限的溶质浓度动态数据重构的细尺度渗透率场，很好地预测了溶质浓度的动态变化并对此类强非线性问题中的不确定性作出了估计。

上述对储油层渗透率场定量化的方法论框架使我们有望将该方法推广到土壤饱和水力传导度的空间模拟上。而且，这种推广激发我们进一步探讨该方法在饱和水力传导度场呈现不同的空间变异结构时的适用性和局限性，以及为实际应用的目的探究某些因素对该方法精度的影响。在此，参照 Lee 等（2000）和 Efendiev 等（2005a）的主要思想，我们以粗尺度上的饱和水力传导度数据和细尺度上饱和水力传导度的先验信息（包括均值和协方差函数）为已知条件，生成细尺度饱和水力传导度场的实现值。在这一模拟过程中，Bayesian 层次模型框架（Lee et al.，2000）被用来建立不同尺度之间的随机连接。尺度提升算法（Wu et al.，2002；Efendiev et al.，2005a）被用于计算细尺度和粗尺度的饱和水力传导度场之间的这种连接，该算法所得到的非显式的尺度提升算子被嵌入到后验分布中的似然函数中。这里，饱和水力传导度场的先验分布则是由两点地质统计学所确定的多维对数正态分布来刻画。这样所导出的细尺度上饱和水力传导度场的条件后验分布具有非常高的维数，因为我们需要在成千上万的网格点上生成饱和水力传导度的值。

高维模拟问题造成了计算上的挑战，模拟方法是这类问题得以解决的唯一途径（Laine，2008）。MCMC 方法及其各种改进形式（如 Metropolis et al.，1953；Hastings，1970；Gilks et al.，1996；Vrugt et al.，2008，2009）在一定程度上克服了这样的计算困难，因为众所周知，它们相当灵活，特别适用于多变量或高维问题。在本节的研究中，鉴于后验分布具有复杂的结构以及高维的特点，我们将运用一种有效的自适应 MCMC 方法，即延迟拒绝自适应 Metropolis 算法，对后验分布进行抽样。这种抽样技术成功地结合了两种相当强有力的思想：自适应 Metropolis 抽样（Haario et al.，1999，2001）和延迟拒绝抽样（Tierney and Mira，1999；Green and Mira，2001；Mira，2001b），从而改进了基于 Metropolis-Hastings 类型的 MCMC 算法的效率。

通过结合多尺度数据整合方法和 DRAM 抽样技术，我们利用了 Bayesian 层次模型框架在随机连接不同尺度时的灵活性，同时利用了自适应的 MCMC 方法在克服高维问题计算困难时的有效性。这种结合使得多尺度数据整合方法在实际应用中具有更大的吸引力。本节将按照以下内容展开。在 2.3.2 节，我们将简要地介绍所构建的重构细尺度饱和水力传导度场的多尺度数据整合方法，该方法结合了尺度提升算法和 DRAM 抽样技术。在 2.3.3 节，我们将以两个数值算例详细地展示所运用方法的执行步骤，这两个数值算例分别涉及两个和三个尺度上的饱和水力传导度数据的整合问题。另外，我们还利用一个野外实例进一步评价该方法的有效性和能力。在 2.3.4 节，我们将进行大量的数值试验，着重探讨某些重要因素对该方法的模拟结果所产生的影响，它们包括取对数后的饱和水力传导度场的标准差、相关长度和各向异性的程度。在这些数值算例中，我们将使用非均质性与相关长度条件的多种组合，以及非均质性与各向异性条件的多种组合进行模拟研究。在 2.3.5 节，我们将给出进一步的讨论和总结。

2.3.2 方法

这里，我们所感兴趣的问题是，如何根据粗尺度上的饱和水力传导度数据重构细尺度上的饱和水力传导度场。受到前人关于多尺度数据整合方法在储油层渗透率场定量化研究中的启发，我们运用 Bayesian 层次模型框架来建立粗尺度和细尺度上的饱和水力传导度数据之间的随机连接。为了计算这种连接，我们使用求解流动方程局部解的尺度提升算法。最后，我们从所构造的条件后验分布中抽样，得到细尺度上的饱和水力传导度的实现值。这个方法包括三个主要部分：①运用 Bayesian 层次模型框架构造细尺度上饱和水力传导度场的后验分布；②利用尺度提升算法确定不同尺度之间的函数关系；③采用自适应的 MCMC 方法，即延迟拒绝自适应 Metropolis 抽样算法模拟后验分布。

2.3.2.1 构造多尺度数据的后验分布

假设 K_s^1，K_s^2，…，K_s^N 为我们感兴趣的 N 个不同尺度上的土壤饱和水力传导度场，其中 1 代表最细的尺度，N 代表最粗的尺度。由贝叶斯定理（Bayes theorem）可得

$$\pi(K_s^1, K_s^2, \cdots, K_s^N) = \pi(K_s^1)\pi(K_s^2 \mid K_s^1)\pi(K_s^3 \mid K_s^1, K_s^2) \cdots \pi(K_s^N \mid K_s^1, K_s^2, \cdots, K_s^{N-1}) \tag{2-46}$$

式中，$\pi(K_s^1, K_s^2, \cdots, K_s^N)$ 为 N 个随机场的联合概率分布，$\pi(K_s^1)$ 为细尺度上饱和水力传导度场的概率分布（先验分布），$\pi(K_s^{l+1} \mid K_s^1, K_s^2, \cdots, K_s^l)(l=1, 2, \cdots, N)$ 代表了在 1 到 l 水平的条件下 $l+1$ 粗尺度水平上饱和水力传导度随机场的概率分布。按照 Efendiev 等 (2005a) 中的假设，任意两个粗尺度随机场之间的相互关系都可以通过与细尺度上的随机场建立关系而体现

$$\pi(K_s^l \mid K_s^1, K_s^2, \cdots, K_s^{l-1}) = \pi(K_s^l \mid K_s^1) \tag{2-47}$$

这样，由式（2-46）和式（2-47）可得

$$\begin{aligned}\pi(K_s^1 \mid K_s^2, \cdots, K_s^N) &= \frac{\pi(K_s^1, K_s^2, \cdots, K_s^N)}{\pi(K_s^2, \cdots, K_s^N)} \\ &= \frac{\pi(K_s^1)\pi(K_s^2 \mid K_s^1)\pi(K_s^3 \mid K_s^1, K_s^2)\cdots\pi(K_s^N \mid K_s^1, K_s^2, \cdots, K_s^{N-1})}{\pi(K_s^2, \cdots, K_s^N)} \\ &= \frac{\pi(K_s^1)\pi(K_s^2 \mid K_s^1)\pi(K_s^3 \mid K_s^1)\cdots\pi(K_s^N \mid K_s^1)}{\pi(K_s^2, \cdots, K_s^N)} \\ &\propto \pi(K_s^1)\pi(K_s^2 \mid K_s^1)\pi(K_s^3 \mid K_s^1)\cdots\pi(K_s^N \mid K_s^1)\end{aligned} \tag{2-48}$$

式中，$\pi(K_s^l \mid K_s^1)$ 为似然函数，刻画了粗尺度和细尺度上饱和水力传导度随机场之间在统计上的相互关系。该公式在 Bayesian 层次模型框架下建立了多个尺度上饱和水力传导度场之间的随机连接。

关于细尺度上饱和水力传导度场的先验分布 $\pi(K_s^1)$，大量的野外测量表明，许多土壤中的饱和水力传导度呈现对数正态分布。如同许多文献中的假设一样，我们在这里将细尺度上的饱和水力传导度场看做是空间上服从多维对数正态分布的平稳随机场（或随机过程）。饱和水力传导度强烈的空间变异性可能会导致某些极端值的出现，为了避免模拟结果向较大的参数值偏移，我们以饱和水力传导度取对数后的值为模拟对象。若以 $K_s^1(x)$ 表示细尺度上每一个点的饱和水力传导度（x 为空间坐标），则 $m(x) = \ln K_s^1(x)$ 为服从多维正态分布的随机场，该正态随机场由其均值和协方差函数完全刻画（Zhang，2002）。当 $m(x)$ 的均值 $\hat{m} = u_{\ln K_s^1}$ 和协方差函数 $C_M = C_{\ln K_s^1}$ 给定时，其先验分布为多维正态分布，可表示为（Oliver et al.，1997）

$$\pi(m) \propto \exp\left\{-\frac{1}{2}[m-\hat{m}]^{T} C_M^{-1}[m-\hat{m}]\right\} \tag{2-49}$$

假设做对数转换后的饱和水力传导度随机场满足二阶平稳假设，则该随机场的均值 $\hat{m}$ 和标准差存在且为不随坐标改变的常数，并且协方差函数 C_M 只依赖于两点之间的距离而与这两个点所在的具体位置无关。这里，我们假设 $m(x)$ 服从一个可分的指数形式的协方差函数（如 Sudicky，1986；Tompson et al.，1989；Gui et al.，2000；Zhang，2002）

$$C_M(x_1, y_1; x_2, y_2) = \sigma_f^2 \exp\left[-\left(\frac{|x_1 - x_2|^2}{\lambda_x^2} + \frac{|y_1 - y_2|^2}{\lambda_y^2}\right)^{\frac{1}{2}}\right] \tag{2-50}$$

式中，（x_1，y_1）与（x_2，y_2）为模拟区域内的任意两点，σ_f（$=\sigma_{\ln K_s^1}$）为细尺度上饱和水力传导度对数值的标准差，λ_x 与 λ_y 分别为 x 和 y 方向的相关长度。

本研究中所有的数值算例均考虑为二维平面区域，真实的（参考的）细尺度上的饱和水力传导度场由转向带方法（turning bands method，TBM）（Mantoglou and Wilson，1982；Tompson et al.，1989）来生成。

2.3.2.2 运用尺度提升算法计算细尺度和粗尺度之间的随机连接

2.3.2.1 节提到，后验分布中的似然函数刻画了细尺度和粗尺度上的饱和水力传导度之间的随机连接［式（2-48）］。本节我们介绍如何由 Wu 等（2002）和 Efendiev 等

(2005a) 提出的尺度提升算法来计算这类似然函数。

考虑一个二维空间的研究区域，区域内的剖分如图 2-20 所示，其中细线表示细网格剖分，细尺度上的饱和水力传导度定义在细网格块的中心处，粗线表示粗网格剖分。尺度提升的最终目的是在每一个粗网格块（Ω）上计算该粗块上的有效水力传导度 K_s^l 。为此，在每一个粗网格区域（Ω）内，我们求解局部问题

$$\boldsymbol{u}^1 = -K_s^1(x)\nabla\phi^1, \qquad \nabla\cdot\boldsymbol{u}^1 = 0 \tag{2-51}$$

式中，$\boldsymbol{u}^1$ 为通量；K_s^1 为细尺度上的饱和水力传导度；ϕ^1 为细尺度上的压力势。

接着，粗网格块（Ω）上的有效饱和水力传导度（K_s^l）被定义为（Rubin and Gómez-Hernández，1990）

$$K_s^l\langle\nabla\phi^1\rangle_\Omega = -\langle\boldsymbol{u}^1\rangle_\Omega \tag{2-52}$$

式中，ϕ^1，$\boldsymbol{u}^1$ 为式（2-51）在区域 Ω 内的解；$\langle\cdot\rangle_\Omega = \dfrac{1}{\Omega}\int_\Omega(\cdot)\mathrm{d}x$ 为定义在 Ω 上的积分平均。

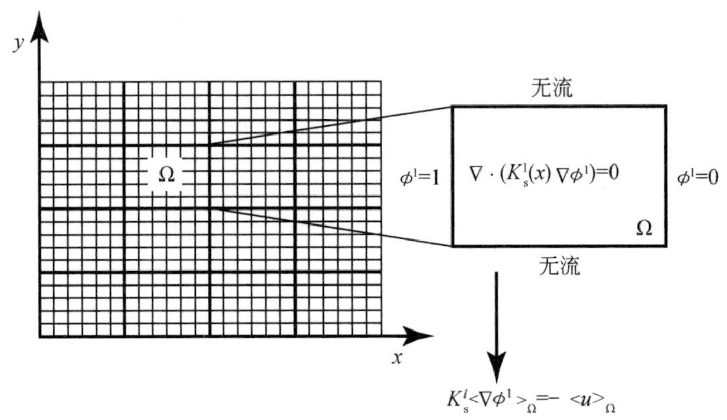

图 2-20 所用的尺度提升算法示意图（参考 Efendiev et al.，2005a）

注：粗线表示粗网格剖分，细线表示粗网格块内的细网格剖分。

在本研究中，我们仿照 Efendiev 等（2005a）的做法，取如下边界条件在每一个粗尺度块上求解局部方程：左边界取 1，右边界取 0，上下为无流边界。在这种强迫的边界条件下，基于求解局部问题而计算粗尺度上饱和水力传导度的流程如图 2-20 所示。

至此，条件分布 $\pi(K_s^l\,|\,K_s^1)$ 通过求解式（2-51）而确定，该算法考虑了局部非均质性。我们用函数 Ψ_l 来表示局部算子，它将细尺度上的饱和水力传导度 K_s^1 映射到粗尺度（水平 l）上得到 K_s^l 。由于使用了式（2-51）的局部解来确定粗尺度块上的饱和水力传导度，两个尺度之间的函数关系呈现出非显式的特点，即尺度提升算子 Ψ_l 是非显式的。有关上述尺度提升算法精度的讨论参见 Wu 等（2002）。该尺度提升算法所产生的误差对后验分布影响的分析参见 Efendiev 等（2005a）的文献。这里，我们假定

$$K_s^l = \Psi_l(K_s^1) + \varepsilon_l \tag{2-53}$$

式中，ε_l表示粗尺度块（在水平 l）上饱和水力传导度场 K_s^l的估计精度。仿照 Lee 等

(2000)，在式（2-53）中我们使用 Gaussian 误差模型：$\varepsilon_l \sim N(0,\ \sigma_{\varepsilon_l}^2)$。

2.3.2.3 使用自适应的 Markov 链蒙特卡罗模拟

前面介绍了如何以一个或多个水平上的粗尺度数据为条件来建立细尺度上饱和水力传导度场的后验分布［式（2-48）］。在本小节的示范性算例中，我们仅考虑两个或三个尺度。对于两个尺度的情形，用来整合两个不同尺度上的饱和水力传导度数据的 Bayesian 层次模型可表示为

$$\pi(K_s^1 \mid K_s^2) \propto \pi(K_s^1)\pi(K_s^2 \mid K_s^1) \tag{2-54}$$

式中，K_s^1 代表细尺度上的饱和水力传导度场；K_s^2 代表粗尺度上的饱和水力传导度场；$\pi(K_s^1)$ 为 K_s^1 的先验分布；$\pi(K_s^2 \mid K_s^1)$ 为似然函数。在这个公式中，细尺度上饱和水力传导度场的先验分布被假设为多维对数正态分布，而其中的似然函数由尺度提升算法来确定，即通过求解式（2-51）计算而得。这样，取对数后的细尺度上的饱和水力传导度场［$m(\boldsymbol{x}) = \ln K_s^1(\boldsymbol{x})$］的完整的条件后验分布可以表示为

$$\begin{aligned}\pi(m \mid K_s^2) \propto &\exp\left\{-\frac{1}{2}[m - \hat{m}]^{\mathrm{T}} C_M^{-1} [m - \hat{m}]\right\}\\ &\times \frac{1}{\sigma_{\varepsilon_2}\sqrt{2\pi}}\exp\left\{-\frac{1}{2\sigma_{\varepsilon_2}^2}[K_s^2 - \Psi_2(K_s^1)]^2\right\}\end{aligned} \tag{2-55}$$

式中，$m = \ln K_s^1$；C_M 由式（2-50）定义；σ_{ε_2} 刻画了粗尺度（水平 2）上的数据的精度。通过式（2-55）右侧的第二部分，所有的粗网格块上的饱和水力传导度数据都被直接整合进了细尺度上饱和水力传导度的后验分布中。同时，不同尺度间复杂的非线性的相互作用也通过其中的尺度提升算法被嵌入到后验分布中。

类似地，对于三个尺度的情形，即基于两个水平的粗尺度数据重构细尺度上的饱和水力传导度场，其后验分布可表示为

$$\begin{aligned}\pi(m \mid K_s^2,\ K_s^3) \propto &\exp\left\{-\frac{1}{2}[m - \hat{m}]^{\mathrm{T}} C_M^{-1} [m - \hat{m}]\right\}\\ &\times \frac{1}{\sigma_{\varepsilon_2}\sqrt{2\pi}}\exp\left\{-\frac{1}{2\sigma_{\varepsilon_2}^2}[K_s^2 - \Psi_2(K_s^1)]^2\right\}\\ &\times \frac{1}{\sigma_{\varepsilon_3}\sqrt{2\pi}}\exp\left\{-\frac{1}{2\sigma_{\varepsilon_3}^2}[K_s^3 - \Psi_3(K_s^1)]^2\right\}\end{aligned} \tag{2-56}$$

式中，σ_{ε_2} 和 σ_{ε_3} 分别控制着两个粗尺度（水平 2 和水平 3）上饱和水力传导度数据的精度。

上面建立的后验分布为整合不同尺度上的饱和水力传导度数据提供了一个 Bayesian 框架。一旦前向模拟的过程通过尺度提升算法得以实现时，从理论上讲，我们就可以通过模拟方法对这样的后验分布进行 Bayesian 统计推断。然而，高维模拟问题带来了计算上的挑战性，这种计算困难能够被目前 MCMC 方法中最通用的 Metropolis-Hastings 算法来解决。以 $\pi(m \mid K_s^2)$ 为例，利用任何一种 Metropolis-Hastings 类型的 MCMC 方法对该分布进行抽样模拟时，我们都需要给出一个待模拟参数的初值 m_0，然后从这个给定的初值出发，生成一系列的参数值 m_0，m_1，…，m_n 以构成 Markov 链，作为目标分布的实现值。

尽管 MCMC 方法通常易于执行，但在应用中必须当心，因为它们的收敛速度往往相当慢。为了进一步提高基于 Metropolis-Hastings 类型的 MCMC 方法的效率，Haario 等（2006）构建了一种自适应的 MCMC 方法，称之为延迟拒绝自适应 Metropolis（Delayed rejection adaptive metropolis，DRAM）算法。该方法成功地结合了两种强有力的思想：自适应 Metropolis（Haario et al.，1999，2001）和延迟拒绝（Tierney and Mira，1999；Green and Mira，2001；Mira，2001b）思想。在这种结合中，自适应的 Metropolis 算法进行“全局”的自适应优化，该过程依赖于所有已经被接受的样本，延迟拒绝思想则可以考虑在每一个迭代步内进行“局部”的自适应调节，它仅仅依赖于这一个迭代步内被拒绝的样本。

一方面，自适应 Metropolis 算法依赖于不断更新所提议分布中的协方差函数，从而筛选出“最优”的提议分布，这种更新利用了到目前为止已经产生的 Markov 链的所有历史状态。在最初的模拟阶段 n_0 内，这种提议的协方差矩阵固定不变，而后随着迭代步的增加被持续地更新（Haario et al.，2001），它满足

$$C_n = \begin{cases} C_0, & n \leqslant n_0 \\ s_d \mathrm{Cov}(m_0,\ m_1,\ \cdots,\ m_{n-1}) + s_d I_d \varepsilon, & n > n_0 \end{cases} \tag{2-57}$$

式中，s_d 是一个仅依赖于目标分布（π）的维数 d 的标定参数。遵循 Gelman 等（1996）的建议，我们取 $s_d = 2.4^2/d$。I_d 是 d 维的单位矩阵，ε 为校准（regularizing）协方差函数的一个很小的数。当 $n > n_0$ 时，协方差函数 C_n 满足式（2-58）的递归关系：

$$C_{n+1} = \frac{n-1}{n}C_n + \frac{s_d}{n}\left[n\overline{m}_{n-1}\overline{m}_{n-1}^{\mathrm{T}} - (n+1)\overline{m}_n\overline{m}_n^{\mathrm{T}} + m_n m_n^{\mathrm{T}} + \varepsilon I_d\right] \tag{2-58}$$

式中，$\overline{m}_n = \dfrac{1}{n+1}\sum_{i=0}^{n} m_i$。我们可以在固定的或者任意的时段内进行这种自适应调整。在本小节的模拟中，我们指定自适应调整的间隔为 100 步。

另一方面，延迟拒绝算法的构建侧重于在 Peskun 意义（Peskun，1973）下，通过降低被拒绝候选样本的数量，提高 Metropolis-Hastings 算法的效率。对于一般的 Metropolis-Hastings 算法，当一个候选样本被拒绝时，则令当前的 Markov 链的状态保持不变（与上一个状态相等），并继续从提议分布中生成新的候选样本进行下一步的模拟。而延迟拒绝的策略是：当一个候选样本被拒绝时，并不像常规的 Metropolis-Hastings 算法那样令现在的状态等于前一步的状态并进行下一步迭代，而是停止在当前的迭代步内，并基于这一步内所有被拒绝的样本尝试一步或多步调整，以寻找新的能够被接受的样本。假定 Markov 链当前的状态是 m_{i-1}，按照通常的 Metropolis-Hastings 算法，我们从提议分布 $q_1(m_{i-1},\ \cdot)$ 中生成一个候选样本 m^*，该样本被接受的概率为

$$\alpha_1(m_{i-1},\ m^*) = \min\left\{1,\ \frac{\pi(m^*)\pi(K_s^2 \mid m^*)q_1(m^*,\ m_{i-1})}{\pi(m_{i-1})\pi(K_s^2 \mid m_{i-1})q_1(m_{i-1},\ m^*)}\right\} \tag{2-59}$$

如果这个候选样本被拒绝，不同于标准 Metropolis-Hastings 算法中的令 $m_i = m_{i-1}$，我们将从 $q_2(m_{i-1},\ m^*,\ \cdot)$ 中选出一个新的候选样本 m^{**}，并以式（2-60）所示概率接受该样本（Mira，2001a），即

$$\alpha_2(m_{i-1},\ m^*,\ m^{**})$$

$$= \min\left\{1, \frac{\pi(m^{**})\pi(K_s^2 \mid m^{**})q_1(m^{**}, m^*)q_2(m^{**}, m^*, m_{i-1})[1-\alpha_1(m^{**}, m^*)]}{\pi(m_{i-1})\pi(K_s^2 \mid m_{i-1})q_1(m_{i-1}, m^*)q_2(m_{i-1}, m^*, m^{**})[1-\alpha_1(m_{i-1}, m^*)]}\right\} \tag{2-60}$$

如果 m^{**} 被接受，则 Markov 链的下一个状态 $m_i = m^{**}$，否则，进行再一次的调整。这一延迟拒绝的过程可以进行多次尝试，我们可以人为地设定一个尝试次数。它的有趣之处在于新提出的候选样本会依赖于到目前为止所有被提议的但却被拒绝的候选样本。

在本节，我们使用这种适合于高维和非线性问题的 DRAM 算法（Laine，2008），以实现对后验分布的抽样模拟。使用该算法的主要优点是可以同时对所有的待定参数进行更新，从而减少了计算的时间和复杂性（Hassan et al.，2009）。

2.3.3 示范算例

在这一部分，我们将以两个数值算例详细说明上述多尺度数据整合方法的执行步骤。其中第一个例子考虑两个尺度上的饱和水力传导度数据的整合，第二个例子则考虑三个尺度的情形。另外，我们还将这些方法应用到一个野外实例进一步说明该方法的能力和实用性。为了更加清晰地说明多尺度数据整合的过程，我们在图 2-21 中绘出了执行该方法的流程图。

作为一种检验方法性能的度量标准，我们选择常用 Pearson 积矩（Pearson product-moment）相关系数（r）来度量模拟值和真实值的近似程度（Legates and McCabe，1999；Krause et al.，2005）。这一统计量刻画了模拟值和真实值之间共线性的程度。它的取值范围为 0～1，值越高表示模拟精度越高，其表达式为

$$r = \frac{\frac{1}{N}\sum_{i=1}^{N}(x_i - u_x)(\hat{x}_i - u_{\hat{x}})}{\sqrt{\frac{1}{N}\sum_{i=1}^{N}(x_i - u_x)^2 \cdot \frac{1}{N}\sum_{i=1}^{N}(\hat{x}_i - u_{\hat{x}})^2}} \tag{2-61}$$

式中，N 为总的进行对比的元素的个数；x_i 与 $\hat{x}_i$ 分别为模拟值与真实值；u_x 与 $\hat{u}_x$ 分别为 x 和 $\hat{x}$ 的均值。

相关系数已经为模拟的精度提供了一种相对估计，倘若能够同时利用绝对误差对精度进行度量，就能为模型的性能提供一种更为全面的评价。在这里，我们同时应用平均绝对误差（mean absolute error，MAE）模和平均平方误差（mean square error，MSE）模来评价模拟结果，它们的表达式分别为（Legates and McCabe，1999）

$$\text{MAE} = \frac{1}{N}\sum_{i=1}^{N}\left|x_i - \hat{x}_i\right| \tag{2-62}$$

$$\text{MSE} = \frac{1}{N}\sum_{i=1}^{N}(x_i - \hat{x}_i)^2 \tag{2-63}$$

式中，MAE 刻画模拟值和真实值之间在平均意义上的差异；MSE 刻画模拟值围绕真实值的分散程度。

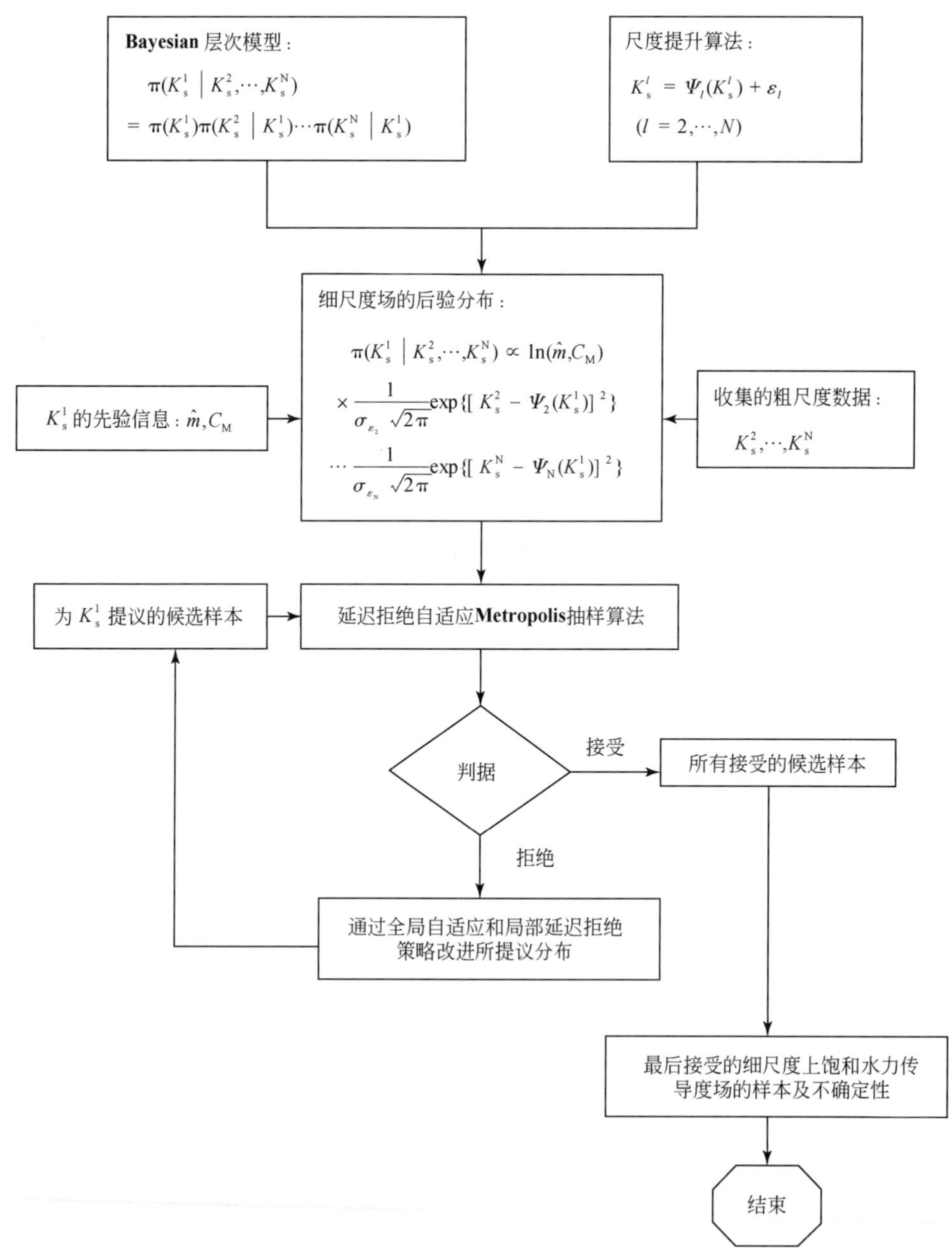

图 2-21　所构建的多尺度数据整合方法对不同尺度上饱和水力传导度整合的流程图

2.3.3.1　示例一：两个尺度上的饱和水力传导度数据的整合

在本节，我们通过一个数值算例详细地说明多尺度数据整合方法对两个不同尺度上的饱和水力传导度数据进行整合时的步骤和过程。假设在一个 40m×40m 的矩形区域内，我们定义细尺度上的饱和水力传导度为 $K_s^1(\boldsymbol{x})$，其中 $\boldsymbol{x}=(x,\ y)$。在研究区域内，细网格剖分和粗网格剖分分别为 40mm×40mm 和 4mm×4mm。真实的饱和水力传导度场由转向带方法（turning bands method，TBM）生成，如图 2-22（a）所示。该随机场的几何均值设为 $e^1=2.7183\mathrm{cm/d}$。取对数后的饱和水力传导度场的标准差设为 1.2，即式（2-50）中 $\sigma_f=1.2$，等价于变异系数（$C_{v_{K_s^1}}=\sigma_{K_s^1}/\langle K_s^1\rangle$）为 121.89%，这表明所生成的“真实”的饱和水力传导度场呈现中等变异程度。另外，我们假设该随机场为各向同性，相关长度取为 $\lambda_x=\lambda_y=8\mathrm{m}$，其中 λ_x 和 λ_y 分别为沿 x 和沿 y 方向的相关长度。这样，细网格和粗网格尺寸与相关长度的比值分别为 1/8 和 10/8。与 Efendiev 等（2005a）的做法一样，我们利用 2.3.2.2 小节中介绍的方法对真实的饱和水力传导度场进行尺度提升得到粗尺度上的饱和水力传导度，并以此作为重构细尺度场时的已知条件。如此得到的粗尺度上（尺度提升所得）的饱和水力传导度场在图 2-22（b）中展示。关于粗尺度数据的精度［式（2-53）］，我们设 ε_2 的标准差为 $\sigma_{\varepsilon_2}=1$。然后，基于粗尺度上的已知数据及细尺度上的饱和水力传导度场的先验信息，我们将采用 DRAM 抽样算法从所构建的后验分布［式（2-55）］中进

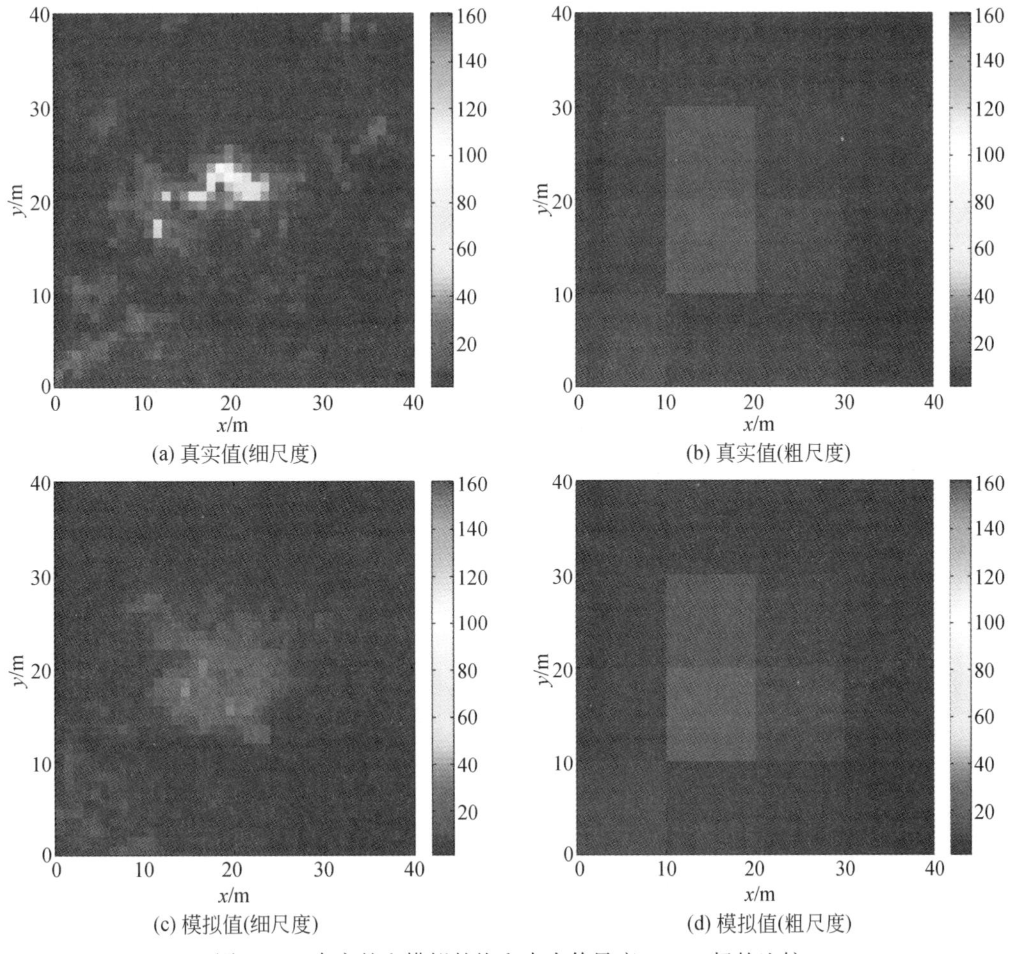

(a) 真实值(细尺度)　(b) 真实值(粗尺度)

(c) 模拟值(细尺度)　(d) 模拟值(粗尺度)

图 2-22　真实的和模拟的饱和水力传导度（K_s）场的比较

注：（a）40mm×40mm 网格上真实的 K_s 场；（b）相应于 40mm×40mm 网格上真实场的粗尺度上的 K_s 场；（c）40mm×40mm 网格上模拟的 K_s 场；（d）由 40mm×40mm 网格上模拟的 K_s 场再现得到的粗尺度上的 K_s 场。图中 K_s 的单位是 cm/d。

行抽样，从而得到重构的细尺度上的饱和水力传导度场的实现。在此，将有 1600 个未知的饱和水力传导度参数值被估计。

DRAM 算法在抽样模拟的过程中，待模拟参数的初始猜测可能会带来统计推断上的偏差，为了减小这种可能性，我们应当将最初阶段的迭代结果看作非稳定状态或者预热过程而舍去它们（Brooks，1998）。我们在模拟中将初始的 2000 步模拟结果看作预热过程将其舍去。其后，整个模拟过程我们设置总的模拟步数为 20 000 步。实现 DRAM 抽样算法的程序是在 MATLAB 7.0 环境中运行的，所用计算机的配置为：主频为 2.66GHz 的 Intel 四核处理器（Q6700），3GB 内存。这样的环境下，20 000 迭代步的 DRAM 抽样所需要的 CPU 时间为 1.33 小时。在本算例中，经过 5000 步迭代后，后验分布的 Markov 链似乎已经收敛到一个极限分布，特别是最后的 10 000 步实现值几乎没有明显的变化。因此，我们从最后 10 000 步实现中，选取其中对应于后验分布的最大似然值的实现作为最终的模拟结果，如图 2-22（c）所示。虽然细尺度场的变异程度被减小了，但是模拟的结果比较合理地反映了真实的饱和水力传导度场的分布形式。模拟结果的吻合程度由上面介绍的三个统计量进行度量，它们分别为：$r=0.6063$，MAE = 0.7394，MSE = 0.8680。同时，我们可以由重构的细尺度场再现出粗尺度饱和水力传导度场，结果如图 2-22（d）所示，这一结果较好地再现了粗尺度上的已知数据，其与已知数据之间的相关系数达到 $r=0.9704$。在此，我们也给出了模拟的和真实的饱和水力传导度场所对应的压力势场，它们分别在图 2-23（a）和 2-23（b）中展示。从这两个图可以看出，尽管重构的与真实的饱和水力传导度场并不具有很好的一致性，但是它却能恰当地捕捉到该区域内的压力势的分布。此外，我们还进一步对后验分布所产生的细尺度场的不确定性进行了估计。由于在10 000步以后 Markov 链已趋于平稳，因此，我们对最后的 10 000 步实现进行统计分析，给出了它们的后验（算术的）均值和 95% 的置信区间。图 2-24 分别给出了相应于 0.025 分位数、后验均值和 0.975 分位数所对应的细尺度饱和水力传导度场的实现。平均说来，用来进行统计

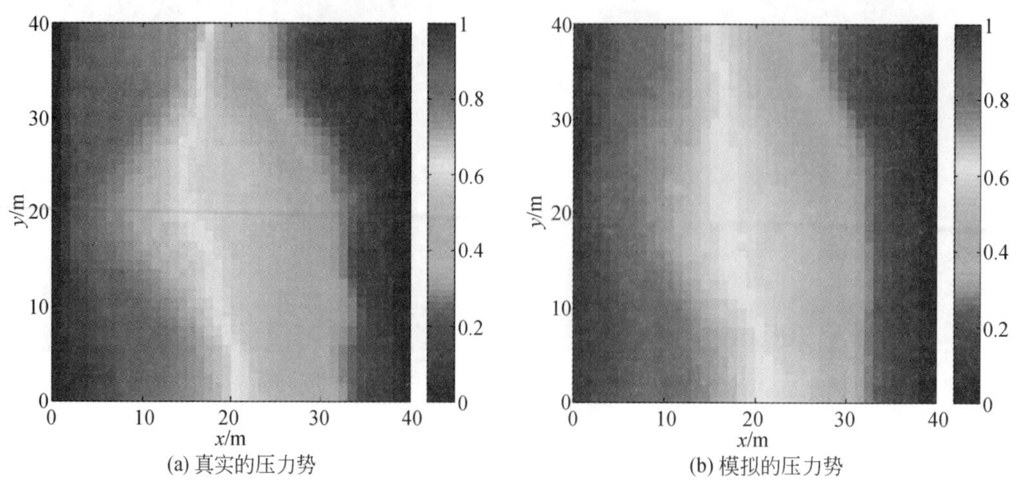

(a) 真实的压力势　　(b) 模拟的压力势

图 2-23　相应于真实的和模拟的细尺度上饱和水力传导度场的压力势分布

注：图中压力势的单位是 m。

分析的这些实现之间的差异非常小，这是因为当 Markov 链达到平稳分布后，各状态之间非常接近。最后，我们在图 2-25 中画出了细尺度和粗尺度上基于最后 10 000 步实现的平均值与真实值之间的 1 : 1 线图。

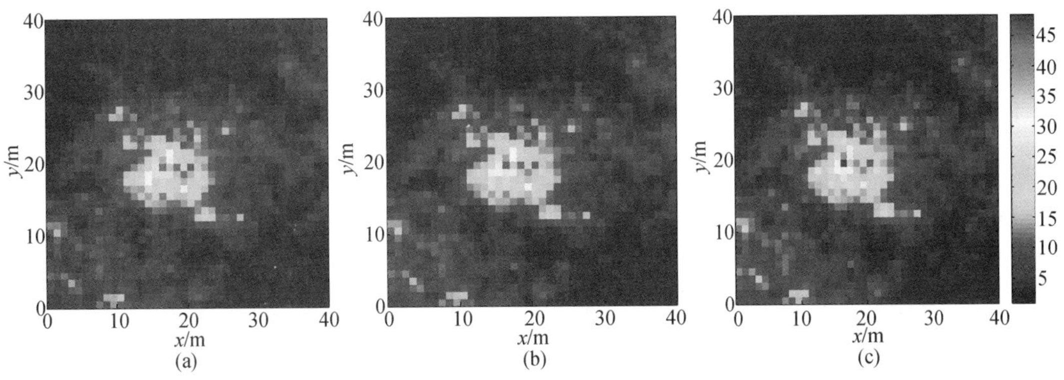

图 2-24 细尺度饱和水力传导度场

注：(a) 基于最后 10 000 步实现计算得到的 0.025 分位点；(b) 基于最后 10 000 步实现计算得到的后验均值；(c) 基于最后 10 000 步实现计算得到的 0.975 分位点。图中 K_s 的单位是 cm/d。

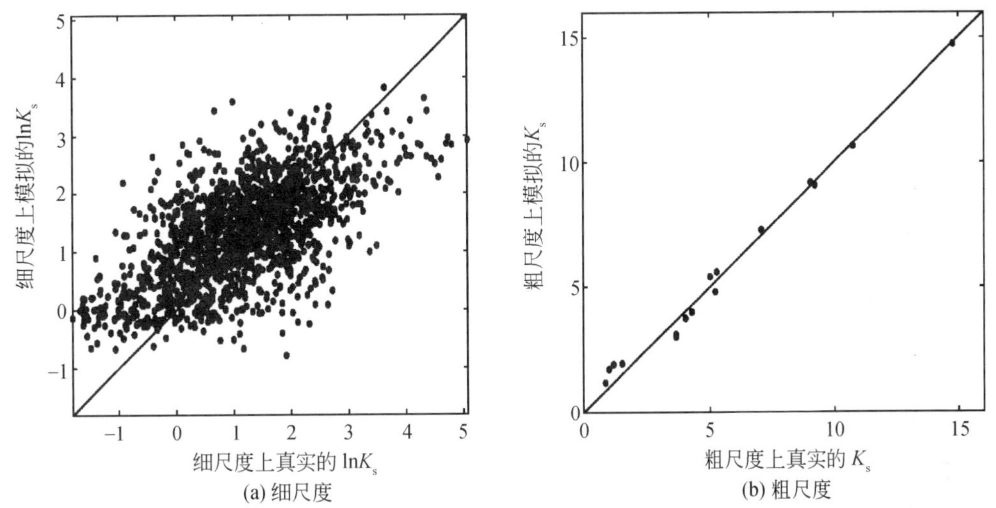

图 2-25 基于细尺度和粗尺度上最后 10 000 步的饱和水力传导度随机场实现值的后验均值与真实值之间的 1 : 1 线图

2.3.3.2 示例二：三个尺度上的饱和水力传导度数据的整合

为了更好地说明多尺度数据整合方法的有效性，在这一小节中我们将考虑三个不同尺度上的饱和水力传导度数据的整合问题。三个尺度包含一个细尺度、一个中间尺度以及一个大尺度，其中细尺度上的饱和水力传导度作为真实值，其余两个尺度上的饱和水力传导度被看做不同水平的粗尺度上的已知条件，并且仅与这个细尺度场有关。研究区域内的细网格剖分为 50mm×50mm，两个水平的粗网格剖分分别为 10mm×10mm 和 5mm×5mm。两个粗尺度上的数据是通过对真实的饱和水力传导度场进行尺度提升并附加相应的扰动误差而得到的，中间尺度和大尺度上的扰动误差分别服从正态分布 $N(0,\ \sigma_{\varepsilon_2}^2)$ 和 $N(0,\ \sigma_{\varepsilon_3}^2)$，其中 $\sigma_{\varepsilon_2}=0.5$，$\sigma_{\varepsilon_3}=1.2$。50mm×50mm 网格上的真实场由转向带方法生成［图 2-26 (a)］，其中随机场的参数设置为：取对数后的饱和水力传导度场的标准差为 $\sigma_f=1.0$，相关长度为 $\lambda_x=\lambda_y=8\text{m}$。相应地，由真实的饱和水力传导度场经过尺度提升所得到的两个粗尺度饱和水力传导度场见图 2-26（b）和 2-26（c）。接下来，我们以两个粗尺度场为已知条件重构细尺度上的饱和水力传导度，即运行 DRAM 算法从三个尺度情形下的后验分布［式（2-56）］中对细尺度场进行抽样。抽样结果（重构的细尺度饱和水力传导度场的分

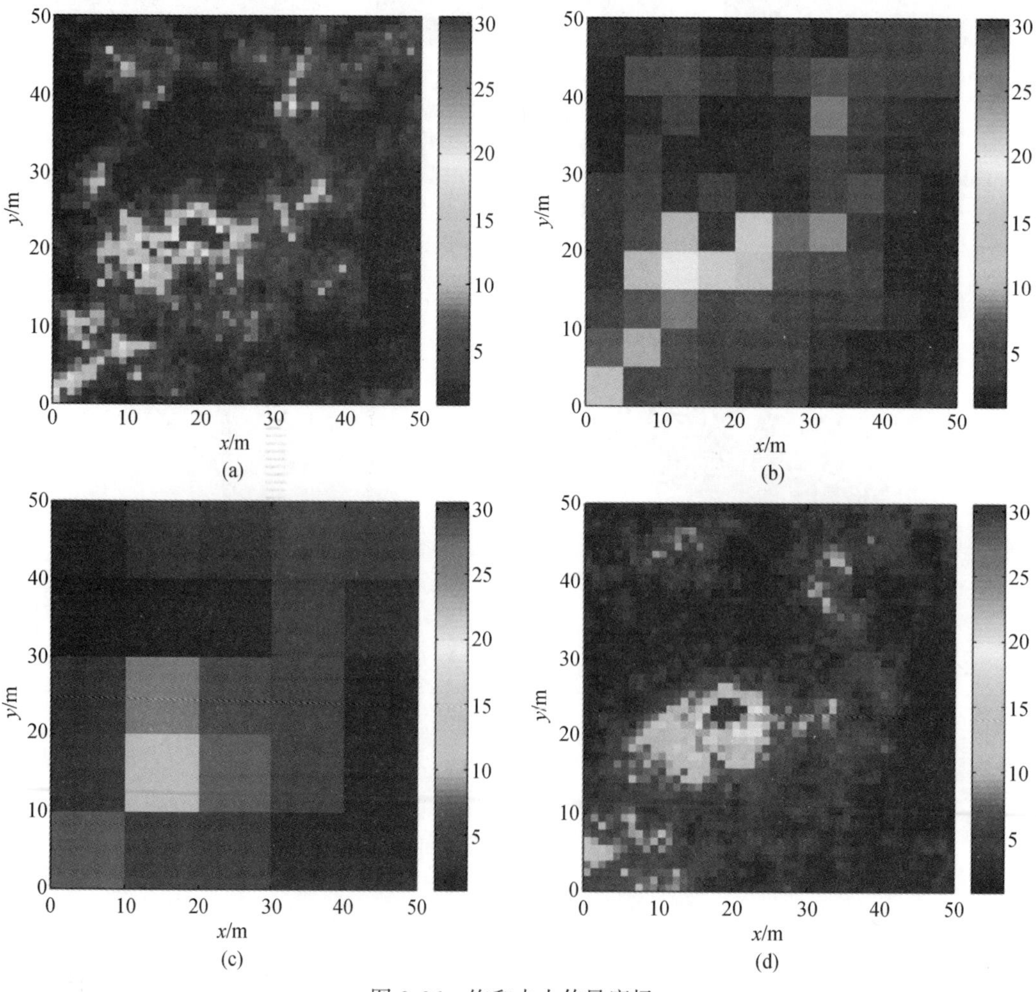

图 2-26　饱和水力传导度场

注：(a) 50mm×50mm 网格上真实的饱和水力传导度（K_s）场；(b) 10mm×10mm 网格上中等尺度的 K_s 场；(c) 5mm×5mm 网格上大尺度的 K_s 场；(d) 基于中等尺度（10mm×10mm）和大尺度（5mm×5mm）上的数据重构得到的细尺度上的 K_s 场。图中 K_s 的单位是 cm/d。

布）如图 2-26（d）所示，它与真实的细尺度场相比具有合理的一致性。在图 2-27（a）中，我们进一步用模拟值与真实值之间的 1∶1 线图，以及相应的统计量 r 、MAE、MSE 来定量地刻画这种吻合程度。同时，重构的细尺度场很好地再现了中等尺度和大尺度上的饱和水力传导度（这里不再展示）。正如所预期的那样，相比较于大尺度上的重构，中等尺度上的重构得到了更好的一致性（大尺度和中等尺度上的吻合度用相关系数来刻画，分别为 0.8934 和 0.9520），这是因为中等尺度上数据的精度（ $\sigma_{\varepsilon_2}=0.5$）要高于大尺度上数据的精度（ $\sigma_{\varepsilon_3}=1.2$）。此外，我们还仅以大尺度（5mm×5mm 网格）上的数据为已知条件重构了细尺度上的饱和水力传导度场。为了与前面（以两个水平的粗尺度数据为条件）的重构结果作对比，我们将仅以一个粗尺度水平的数据为已知条件的模拟结果在图 2-27（b）中展示，该图中给出了模拟值与真实值之间的 1∶1 线图，及其对应的 r 、MAE 和 MSE 统计量。对比图 2-27（a）和图 2-27（b），可以看出，由两个粗尺度（10mm×10mm 网格和 5mm×5mm 网格）上的已知数据重构得到的细尺度场的精度要高于仅由一个粗尺度（5mm×5mm 网格）上的已知数据得到的重构精度。同样，在这个算例中，DRAM 模拟过程也在 MATLAB 7.0 环境中完成，计算机配置与上一个算例相同。这里，三个尺度情形下所用的 CPU 时间为 6.58 小时，而两个尺度情形下所用的 CPU 时间为 5.1 小时。

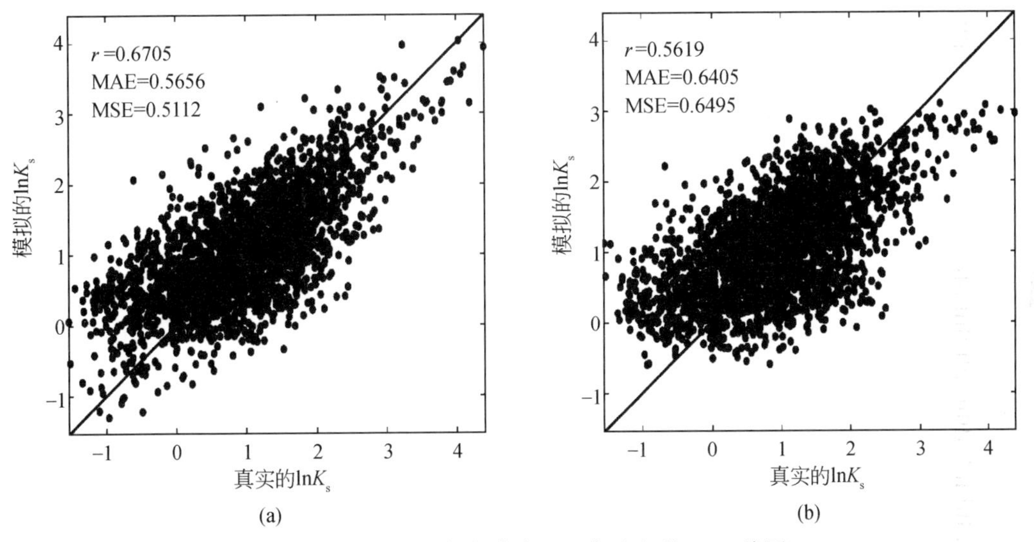

图 2-27　模拟 $\ln K_s$ 场与真实 $\ln K_s$ 场之间的 1∶1 线图

注：（a）基于中等尺度（10mm×10mm）和大尺度（5mm×5mm）上的数据重构得到的细尺度上的 $\ln K_s$ 场与真实的 $\ln K_s$ 场之间的 1∶1 线图；（b）仅由大尺度（5mm×5mm）上的数据重构得到的细尺度上 $\ln K_s$ 场与真实 $\ln K_s$ 场之间的 1∶1 线图。

从以上算例的模拟过程来看，DRAM 算法为高维模拟问题提供了一种有效的模拟方法。该方法的收敛性可能受到许多因素的影响，包括用来估计未知参数的可用数据量以及先验信息的可靠程度等。为了检测方法的收敛行为，针对同一个数值算例，我们选择不同的初值进行了两次 DRAM 抽样模拟，得到了两个独立的 Markov 链，其中每个模拟的迭代次数为 1 000 000 次。模拟结果（这里不再展示）表明，两个独立的 Markov 链似乎都收敛到相似的后验分布，这或许意味着该算法是收敛的。我们还计算了两次独立的模拟所重构的细尺度饱和水力传导度场的精度，以相关系数来度量，它们分别为 0.6945 和 0.6908。然而，通常很难从单独的 Markov 链的模拟结果来判断一种迭代模拟方法的收敛性（Gelman and Rubin，1992）。因此，在这个算例中，即使经历了 1 000 000 步的迭代过程，最终的不变分布或许也未必是真正的后验分布。在这种情况下，我们取所生成样本的最大似然估计作为最终的模拟结果，这或许较好地代表了后验分布的状态。此外，我们比较了同一个 Markov 链在 20 000 和 1 000 000 步时对应的细尺度上的重构结果，发现它们没有明显的差别。因此，从实际应用和计算效率的角度考虑，我们在所有的算例中都取模拟步数为 20 000 次。

2.3.3.3 野外实例

为了进一步探究所构建的多尺度数据整合方法在定量化模拟饱和水力传导度时的能力和适用性，在本节中，我们将其应用到一个野外实例。研究区域位于中国西北的薛百试验站。在该区域内，曾使用广泛应用的圭尔夫渗透仪方法（Elrick and Reynolds，1992；Reynolds，1993）对饱和水力传导度进行过大量的原位测量。由于圭尔夫渗透仪是一种在野外测定饱和水力传导度及其空间分布方面被公认的有效方法（Reynolds and Zebchuk，1996），因此，我们将该方法测得的饱和水力传导度值看作真实值。另一方面，在这些测量点上曾取过土壤样品，并在实验室中使用粒径分析法确定了每一个样品的土壤质地。这里，利用这些土壤质地和土壤容重的数据，我们使用 ROSETTA 的土壤传递函数模型（Schaap，1999）估计出每一个土壤样品的饱和水力传导度。这样，对应于所有用圭尔夫渗透仪进行原位测量的点位，我们得到了用 ROSETTA 的土壤传递函数模型所估计的饱和水力传导度，这些参数值将用来估计该区域细尺度上饱和水力传导度场的先验信息（均值、协方差函数）。

进行观测、采样的地区位于民勤绿洲（38°54′N，103°03′E）内的一个长期耕作的田块。民勤绿洲坐落于中国西北的甘肃省石羊河流域的下游、河西走廊的东北部。研究区域内的土壤类型属于灌淤土（Anthropogenic- Alluvial soil）（Cooperative Research Group on Chinese Soil Taxonomy，2001）。选定的实验区域大小为 120m×120m，在该区域内以 10m 为间距的 169 个点上，曾使用 2800K1 型圭尔夫渗透仪测定了土壤 20cm 深度处的饱和水力传导度。针对这一区域的模拟，我们取细尺度网格为 12mm×12mm，粗尺度网格为 4mm×4mm。在细尺度（12mm×12mm）上，圭尔夫渗透仪测定的饱和水力传导度在数值大小上有三个量级的变化，相应的该参数在空间上的变异系数（$C_{v_{K_s^1}}=\sigma_{K_s^1}/\langle K_s^1\rangle$）为 77.14%，如图 2-28（a）所示。此外，这 169 个在 0 ~ 10cm 处采集的土壤样品都曾用吸管法（Gee and Bauder，1986）测定了它们的砂粒、粉粒和黏粒含量，并在 5 ~ 10cm 深度处测定过各个土壤样品的容重。接下来，以粗尺度上的饱和水力传导度场（由真实的细尺度场尺度提升得到）和基于土壤质地和容重的 ROSETTA 模型估计得到的先验信息为已知条件，我们从所建立的后验分布［式（2-55）］中生成了细尺度上饱和水力传导度场的实现。图 2-28（b）展示了相应于该后验分布最大似然值的被接受样本。可以看出，模拟值合理地捕捉了真实场的空间变化，相应的模拟精度为：$r = 0.6321$，MAE=0.0653，MSE=0.0073。

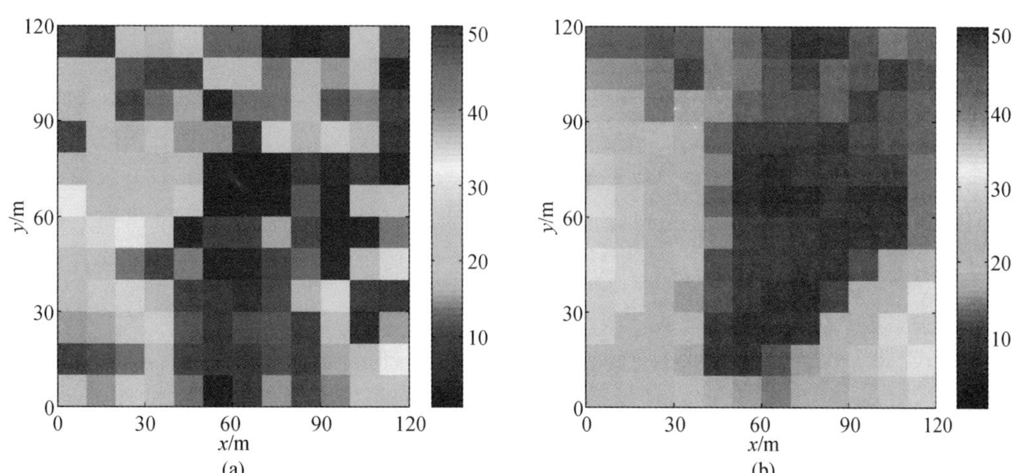

图 2-28　测量与模拟饱和水力传导度场

注：(a) 使用圭尔夫渗透仪测量得到的 12mm×12mm 网格上的饱和水力传导度场；(b) 模拟得到的 12mm×12mm 网格上的饱和水力传导度场。图中 K_s 的单位是 cm/d。

综上所述，通过两个人工示例和一个野外实例，可以看出，所构建的多尺度数据整合方法为不同尺度上饱和水力传导度的整合提供了一种有效的模型框架。特别是该方法在野外的应用进一步显示了它的能力和适用性。我们所构建的方法适合于细尺度上没有采样点而以粗尺度数据和细尺度的先验信息为条件所进行的细尺度场的重构。正如上面的算例所显示的那样，当饱和水力传导度场呈现中等程度的非均质性时，所用的方法得到了相对合理的模拟结果。在实际应用中，除了空间的非均质性以外，或许还有其他因素会对模拟结果的不确定性产生影响。因此，在下一节中我们将利用一系列的数值试验，来探讨饱和水力传导度场在一个宽范围的变异结构条件下，所构建的多尺度数据整合方法的适用性和局限性。

2.3.4　数值研究与讨论

这里，我们选择使用大量的数值试验，尝试为前面所构建的方法提供一个一般而综合性的数值验证。数值试验在一系列假想的土壤中进行，其中的饱和水力传导度场具有不同的空间变异结构条件，主要包括不同水平的标准差、不同的相关长度和不同程度的各向异性条件。为了说明空间变异性对模拟结果的影响，我们在非均质性与相关长度的多种组合，以及非均质性与各向异性的多种组合条件下开展数值试验。

2.3.4.1　饱和水力传导度场的非均质性对模拟结果的影响

饱和水力传导度场在空间上的非均质性，带来了模拟的不确定性，这种非均质性的强弱对于重构细尺度场的精度会产生怎样的影响？本节将以刻画饱和水力传导度场的非均质性的参数 $\ln K_s^1$ 的标准差 σ_f [式 (2-50)] 为对象，探讨这一参数的变化对模拟结果产生的影响。在数值算例中，细尺度上的饱和水力传导度场 $K_s^1(\boldsymbol{x})$ 定义在 40m×40m 的矩形区域内。细尺度和粗尺度的网格剖分分别为 40mm×40mm 和 8mm×8mm。我们在相关长度固定为 $\lambda_x=\lambda_y=8$m 的条件下，讨论六种不同的标准差情形：$\sigma_f=0.5$、1、1.5、2、2.5、3。在这六种标准差条件下，饱和水力传导度场在空间上分别呈现一个、两个、三个、四个、六个和七个量级的变化，它们的空间分布见图 2-29 的左侧。对应于这六个不同的标准差情形，在图 2-29 右侧的六个图中，我们绘出了从后验分布中抽样得到的相应于后验分布的最大似然值的接受样本。从表观上看，标准差越大，模拟值和真实值之间的偏差就越明显。最为显著的偏差出现在 $\sigma_f=3$ 的情形中，在这种情形下，饱和水力传导度场在空间上具有相当大的变化，其变异系数（$C_{v_{K_s^1}}=\sigma_{K_s^1}/\langle K_s^1\rangle$）达到 920.36%。我们通过相关系数（$r$）和另外两个统计量（MAE、MSE）进一步对这六种情形下的模拟精度定量化。在 $\sigma_f=0.5$、1、1.5、2、2.5、3 的六种情形下，所对应的模拟值与真实值之间的相关系数为：r=0.7066、0.6861、0.4949、0.4908、0.4140、0.0973。另外，MAE 的变化范围从 0.2～2，且随着 σ_f 的增大而增大。同样，MSE 也随着 σ_f 的增大而增大。总之，以上数值试验的结果表明，细尺度上饱和水力传导度的模拟精度强烈地依赖于 σ_f，也就是说，当饱和水力传导度在空间上的非均质性逐渐增强时，利用这种多尺度数据整合方法重构得到的细尺度上的饱和水力传导度与真实值之间的偏离将逐渐增大。

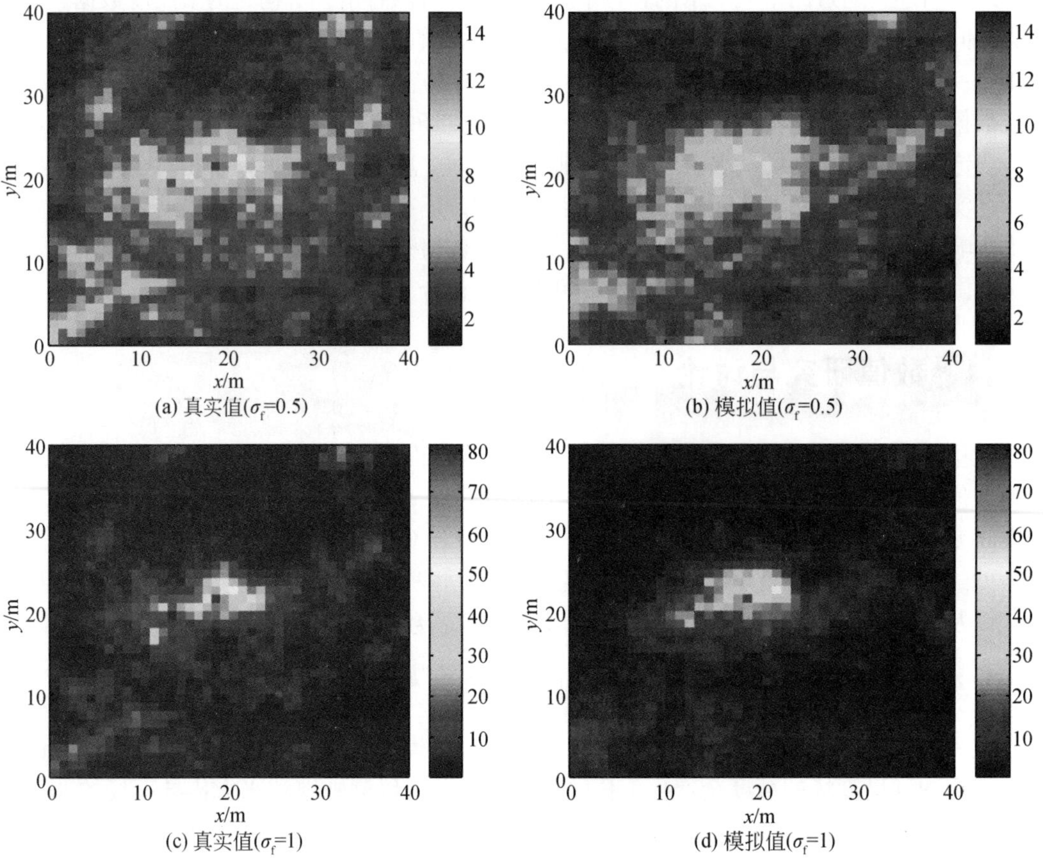

(a) 真实值(σ_f=0.5)　(b) 模拟值(σ_f=0.5)

(c) 真实值(σ_f=1)　(d) 模拟值(σ_f=1)

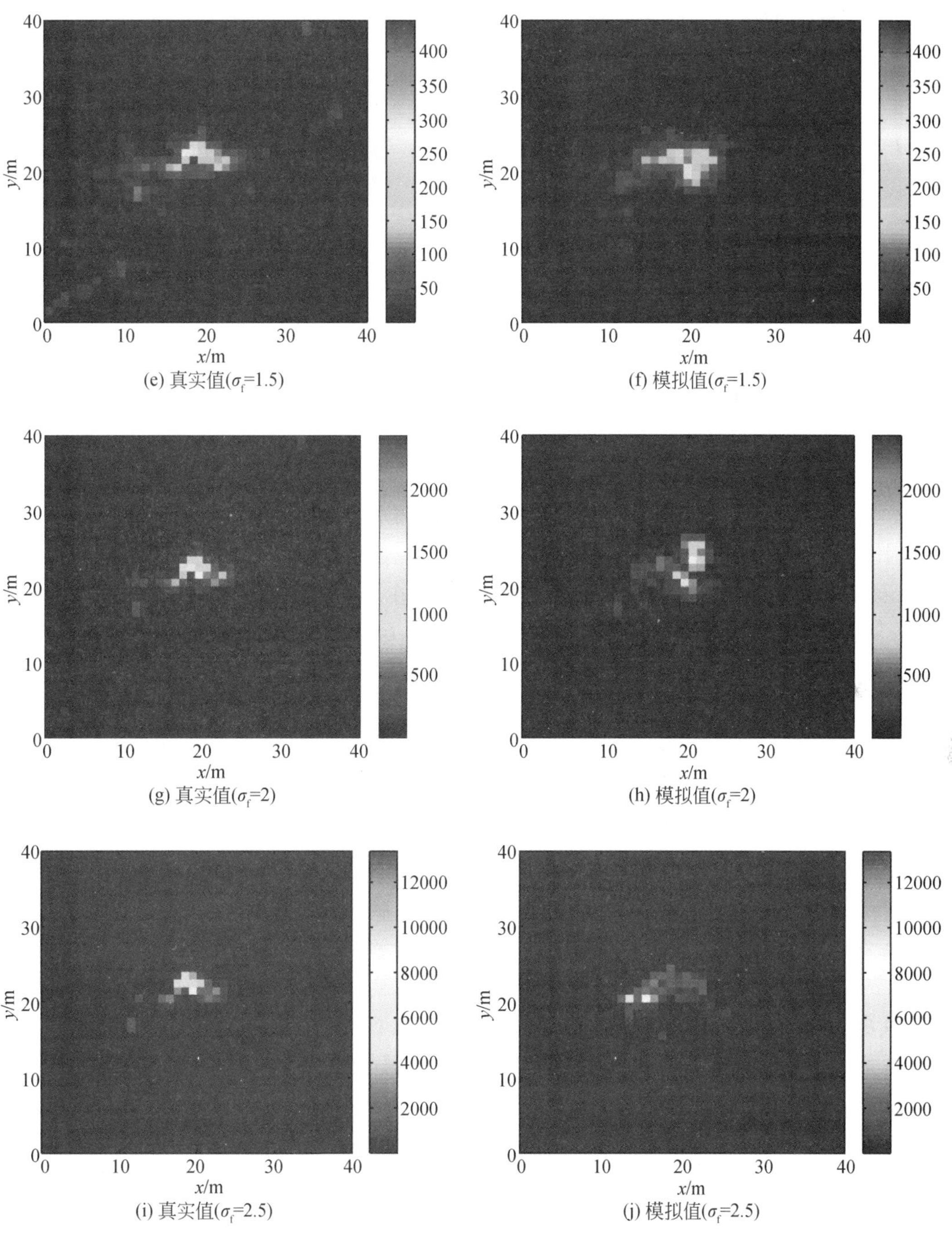

(e) 真实值(σ_f=1.5)

(f) 模拟值(σ_f=1.5)

(g) 真实值(σ_f=2)

(h) 模拟值(σ_f=2)

(i) 真实值(σ_f=2.5)

(j) 模拟值(σ_f=2.5)

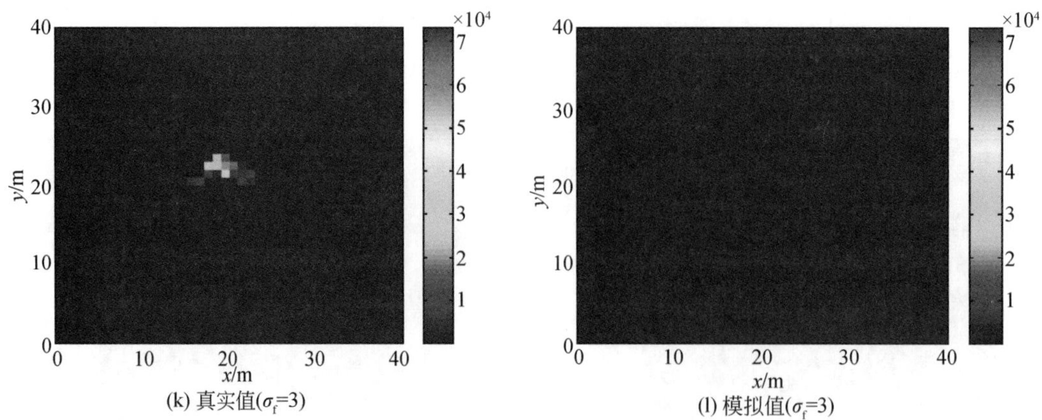

(k) 真实值(σ_f=3)　　(l) 模拟值(σ_f=3)

图 2-29　六个不同的标准差条件下 40mm×40mm 网格上的饱和水力传导度（K_s）真实场（左）和模拟场（右）的对比

注：σ_f 为 $\ln K_s$ 的标准差；图中 K_s 的单位是 cm/d。

2.3.4.2　饱和水力传导度场的相关长度对模拟结果的影响

本节将探讨在不同的非均质条件下，细尺度饱和水力传导度场的相关长度的变化对模拟结果的影响。研究区域为一个 40m×40m 的矩形。细尺度和粗尺度上的网格剖分分别为 40mm×40mm 和 8mm×8mm。在算例中，我们分别在弱、中、强三个不同的非均质条件（σ_f 分别近似为 0.45、1 和 2）下考虑六个不同的相关长度：$\lambda_x=\lambda_y=4\text{m}$、$\lambda_x=\lambda_y=16\text{m}$、$\lambda_x=\lambda_y=24\text{m}$、$\lambda_x=\lambda_y=32\text{m}$、$\lambda_x=\lambda_y=40\text{m}$ 和 $\lambda_x=\lambda_y=48\text{m}$。这样就产生了 18 个人工的饱和水力传导度随机场，它们的统计参数在表 2-14 中列出。下面，我们以中等变异条件（即 σ_f 近似等于 1）下的六组具有不同相关长度条件的算例来展示模拟结果。图 2-30 的左侧是六个不同的相关长度条件下真实的饱和水力传导度在研究区域内的分布，而右侧则是利用所构建的多尺度数据整合方法模拟得到的细尺度场。比较该图中的模拟值和真实值，我们可以看出，在中等变异的条件下，当相关长度变大时，模拟值与真实值的吻合程度增加。这或许是因为当相关长度逐渐增大到接近研究区域的大小甚至大于研究区域时，细尺度和粗尺度上将逐渐携带几乎同样多的信息。另外，在弱变异（σ_f 近似等于 0.45）和强变异（σ_f 近似等于 2）的条件下，可以观察到与中等变异下几乎相同的趋势，即模拟精度随着相关长度的增大而增大，在此不再一一显示。为了进一步定量化地比较各种条件下的模拟精度，基于 MAE 模、MSE 模和相关系数 r，我们在图 2-31 中对 18 种不同非均质性和不同相关长度的组合条件下的模拟结果进行了对比。总体来说，当饱和水力传导度场呈现弱变异和中等变异时，重构的细尺度场的 MAE 和 MSE 随着相关长度的增大稍微减小，相应地，r 值稍微增大。然而，在这两种条件下，由模拟的细尺度场再现得到的粗尺度饱和水力传导度场的 MAE 和 MSE 随着相关长度的增大并没有明显的变化，r 值也没有明显增大。对于强变异条件下的模拟结果，随着相关长度增大，除了 $\lambda_x=\lambda_y=40\text{m}$ 的情形，无论是细尺度上的重构还是粗尺度上的再现，其精度都显著提高，即 MAE 和 MSE 的值明显降低，r 值明显增大。综上所述，在较强的空间非均质性的条件下，随着相关长度的变化，模拟精度（MAE、MSE 和 r）有较为明显的变化。以上观察显示出我们所用方法的模拟精度对于非均质性和相关长度这两个参数的敏感性。

表 2-14　三个水平的非均质性和六个水平的相关长度条件下的 18 个人工的饱和水力传导度场的统计特征

饱和水力传导度场编号	非均质性水平	相关长度水平	λ_x /m	λ_y /m	σ_f	K_s的 95% 的置信区间/(cm/d)
1	1	1	4	4	0.4517	0.9383, 5.3746
2	1	2	16	16	0.4432	1.4594, 8.6439
3	1	3	24	24	0.4568	1.5204, 9.2789
4	1	4	32	32	0.4526	1.4043, 8.5145
5	1	5	40	40	0.4466	1.7053, 9.0480
6	1	6	48	48	0.4514	2.1303, 10.010
7	2	1	4	4	0.9937	0.2618, 12.1791
8	2	2	16	16	0.9454	0.7211, 32.0713
9	2	3	24	24	0.9788	0.7826, 37.7465
10	2	4	32	32	1.0775	0.5641, 41.2027
11	2	5	40	40	1.0149	0.9421, 41.8061
12	2	6	48	48	0.9674	1.6124, 44.4074
13	3	1	4	4	1.9873	0.0252, 54.5679
14	3	2	16	16	1.9202	0.1835, 408.7276
15	3	3	24	24	1.9073	0.2448, 439.8577
16	3	4	32	32	2.0114	0.1444, 434.6544
17	3	5	40	40	1.9486	0.3556, 516.6887
18	3	6	48	48	1.9347	0.9564, 725.4633

注：λ_x 和 λ_y 分别是 x 和 y 方向的相关长度；σ_f 是取对数后的饱和水力传导度场的标准差。

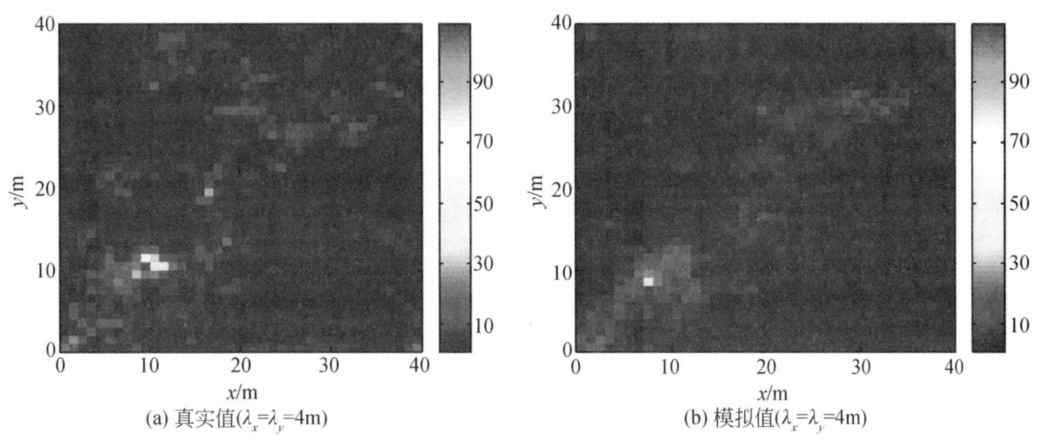

(a) 真实值(λ_x=λ_y=4m)　　(b) 模拟值(λ_x=λ_y=4m)

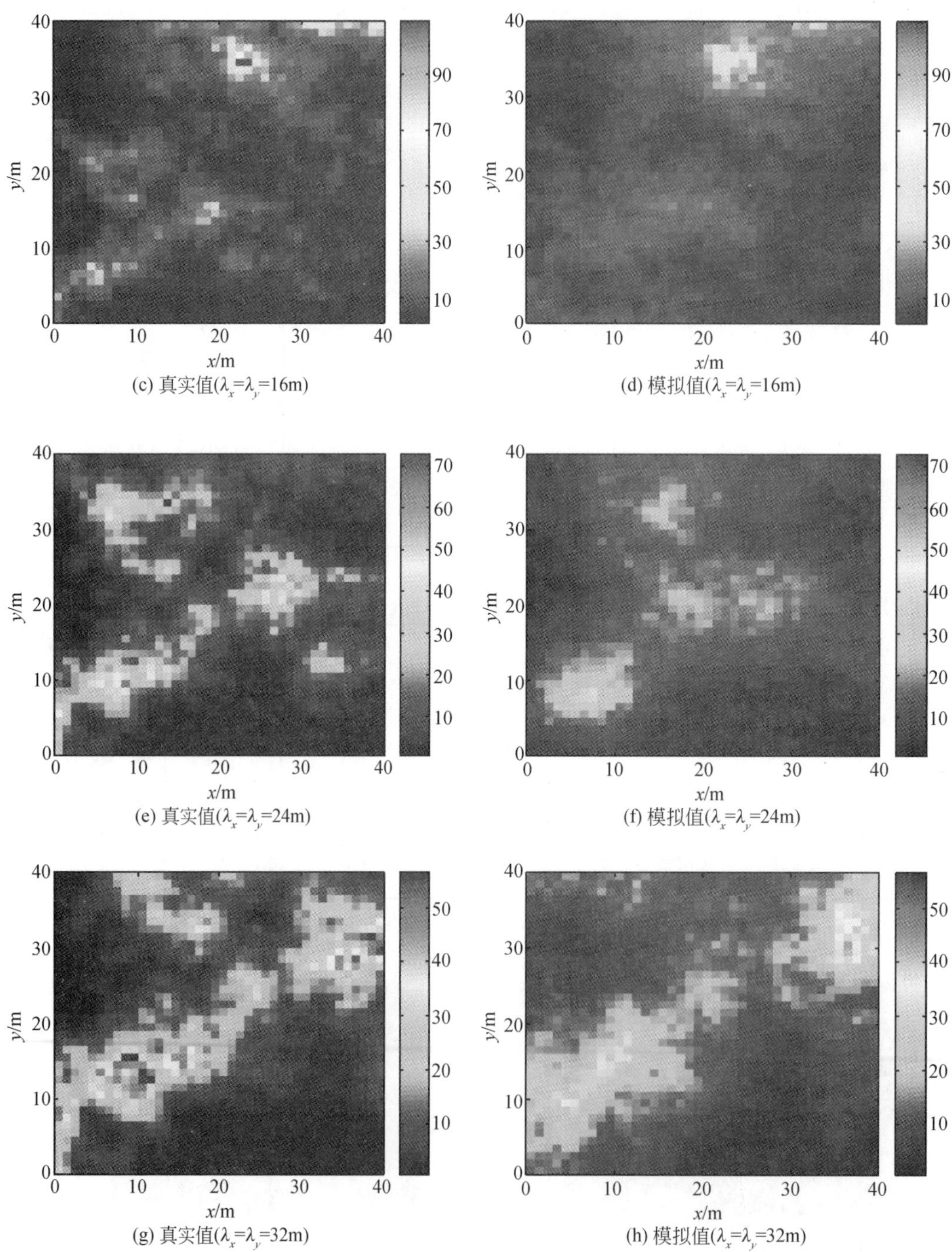

(c) 真实值(λ_x=λ_y=16m)　(d) 模拟值(λ_x=λ_y=16m)

(e) 真实值(λ_x=λ_y=24m)　(f) 模拟值(λ_x=λ_y=24m)

(g) 真实值(λ_x=λ_y=32m)　(h) 模拟值(λ_x=λ_y=32m)

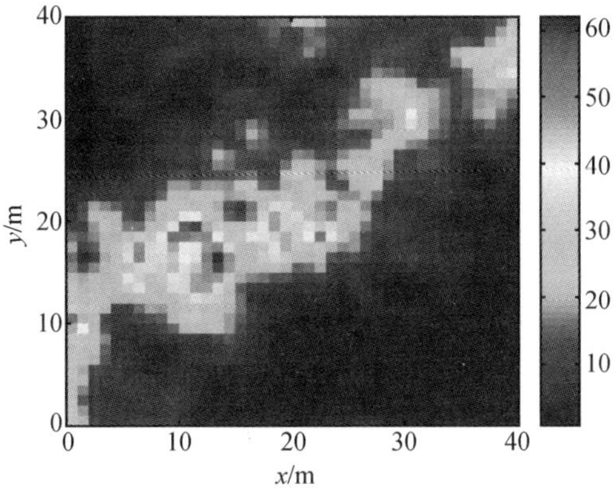

(i) 真实值(λ_x=λ_y=40m) 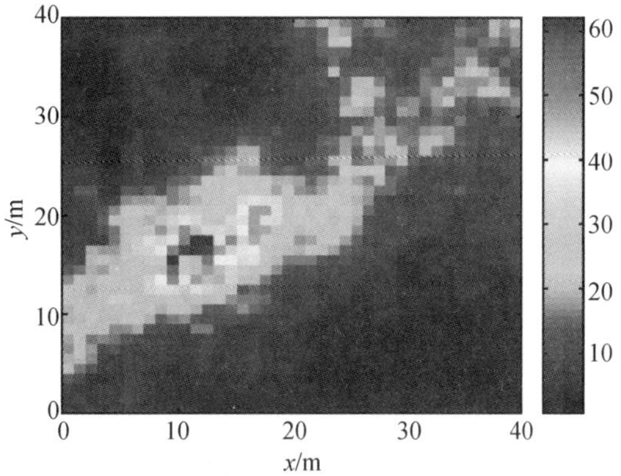　　(j) 模拟值(λ_x=λ_y=40m)

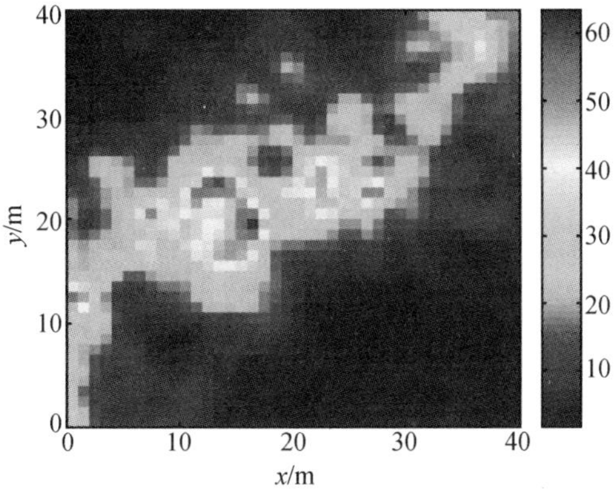

(k) 真实值(λ_x=λ_y=48m) 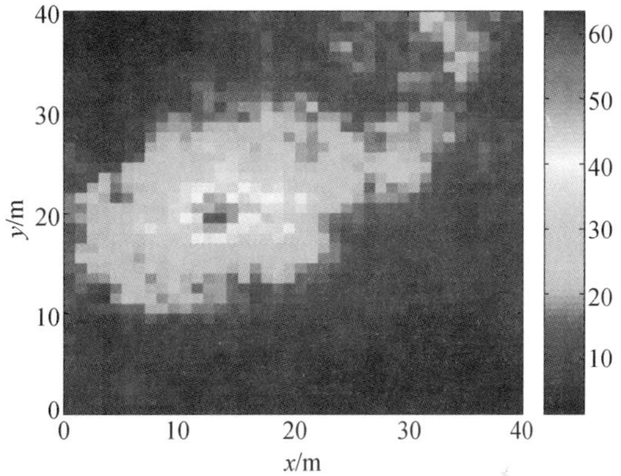　　(l) 模拟值(λ_x=λ_y=48m)

图 2-30　六个不同的相关长度条件下的 40mm×40mm 网格上饱和水力传导度（K_s）真实场（左）和模拟场（右）的对比

注：λ_x 和 λ_y 分别为两个方向的相关长度；图中 K_s 的单位是 cm/d。

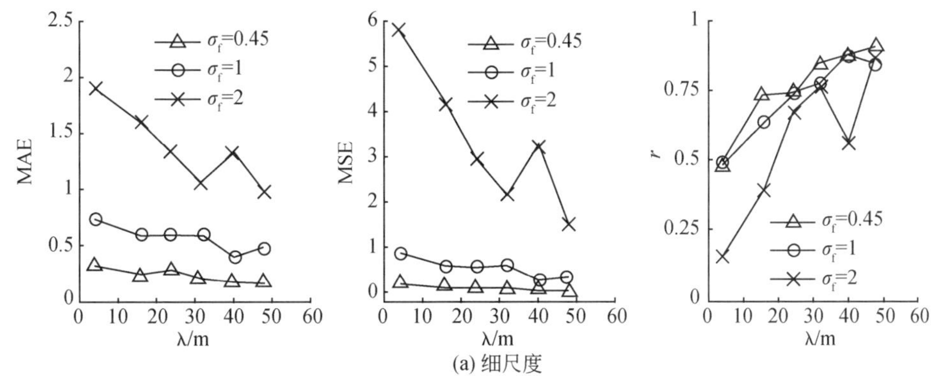

(a) 细尺度

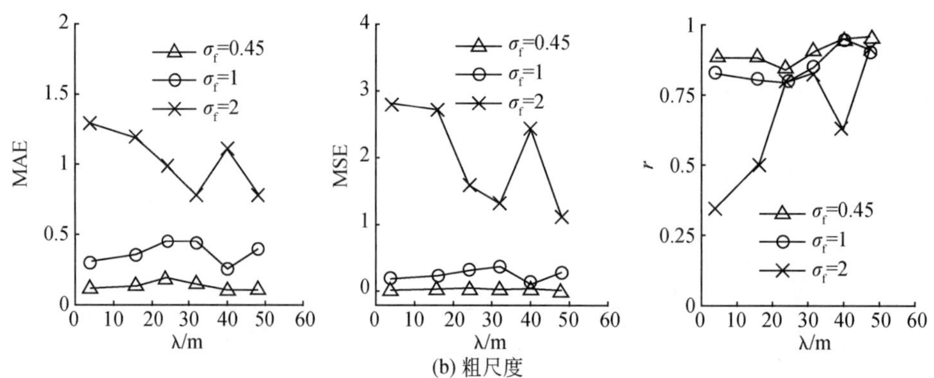

(b) 粗尺度

图 2-31　三种不同标准差条件与六种不同相关长度条件组合下的细尺度和粗尺度上的模拟值与真实值之间的误差模和相关系数

注：σ_f 为 $\ln K_s$ 的标准差，λ 为各向同性的 K_s 场的相关长度。

2.3.4.3　饱和水力传导度统计上的各向异性程度对模拟结果的影响

前面所有的算例中，我们考虑了饱和水力传导度场呈各向同性的情形。然而，自然的土壤或地质构造通常显现出层理或成层现象，这样，由于这种地质结构，多孔介质的水文特性应该被看做具有统计上各向异性的特点（Yeh et al.，1985；Bear et al.，1987）。为了更加真实地反映实际情况，在这一节中，我们考虑饱和水力传导度场呈现统计上各向异性的情形，并着重探讨各向异性的程度对模拟结果的影响。算例设计中，研究区域设为 50m×50m。在这些算例中，考虑了不同程度的非均质性与不同程度的各向异性条件的多种组合。这里，各向异性的程度（v）用饱和水力传导度场沿 x 方向与沿 y 方向的相关长度之比来表示，即 $v=\lambda_x/\lambda_y$。与上一节相似，我们分别在弱、中、强三个不同非均质条件（σ_f 分别近似为 0.45、1、2）下，考虑六个水平的各向异性条件：v=1∶1、10∶1、30∶1、50∶1、80∶1、100∶1。这样，将有 18 个不同的饱和水力传导度场生成，这些随机场的统计参数在表 2-15 中列出。下面，我们以饱和水力传导度呈中等变异（σ_f 近似为 1）时的情形为例展示模拟结果。此时，在六个不同程度的各向异性的条件下，细尺度上真实的饱和水力传导度场的分布见图 2-32 左侧。很明显，随着各向异性程度的增强（v 逐渐增大），饱和水力传导度场的层状现象逐渐增强。在图 2-32 中，对应于不同的各向异性程度，我们还展示了利用这种多尺度数据整合方法所重构的细尺度场（右侧）。对比图 2-32 的左侧和右侧，可以看出，模拟的饱和水力传导度场能够反映出真实场的空间变异结构的总体型式。另外，仔细观察发现，随着各向异性程度的增强，重构的细尺度场的精度有微弱的提高但变化并不明显，而由重构的细尺度场再现得到的粗尺度数据越来越接近粗尺度上的已知数据。在弱变异（σ_f 近似为 0.45）和强变异（σ_f 近似为 2）条件下，也可以观察到相似的结果，在此不再一一展示。最后，在图 2-33 中，我们对这三种非均质条件和六种各向异性条件组合下的 18 个算例的模拟精度进行了总结，即展示出每种情形在细尺度重构和粗尺度再现中的模拟误差度量（MAE、MSE 和 r）。从粗尺度上的模拟结果可以看出，在我们所考虑的任何一种非均质条件下，该方法都提供了好的再现。进一步观察发现，在弱变异和中等变异条件下，度量模拟结果的各项指标（MAE、MSE 和 r）随着各向异性程度的变化没有明显变化，而在强变异的条件下，模拟的精度随着各向异性程度的增强而有明显的提高。这或许说明，所用的方法在饱和水力传导度呈现强非均质性时，对各向异性程度更为敏感。总的说来，在我们所考虑的三个水平的非均质条件下，我们所构建的这种多尺度数据整合方法在较强的各向异性条件下，能够得到更好的模拟精度，特别是对于粗尺度饱和水力传导度场的再现。

表 2-15　三个水平的非均质性和六个水平的各向异性条件下的 18 个人工的饱和水力传导度场的统计特征

饱和水力传导度场编号	非均质性水平	各向异性程度	λ_x /m	λ_y /m	v	σ_f	K_s的 95% 的置信区间/(cm/d)
1	1	1	4	4	1	0.4501	0.9644, 5.5276
2	1	2	40	4	10	0.4584	1.0645, 6.6670
3	1	3	120	4	30	0.4450	1.3571, 7.8253
4	1	4	200	4	50	0.4554	1.4967, 7.7988
5	1	5	320	4	80	0.4407	1.4206, 7.5471
6	1	6	400	4	100	0.4531	1.2817, 7.6043
7	2	1	4	4	1	0.9901	0.2781, 12.9550
8	2	2	40	4	10	1.0085	0.3456, 19.5656
9	2	3	120	4	30	1.0198	0.5533, 30.6649
10	2	4	200	4	50	1.0121	0.7218, 28.2798
11	2	5	320	4	80	1.0370	0.5904, 30.0463
12	2	6	400	4	100	0.9910	0.5249, 25.7986
13	3	1	4	4	1	1.9803	0.0285, 61.7524
14	3	2	40	4	10	2.0171	0.0439, 140.8333
15	3	3	120	4	30	1.9468	0.1302, 277.5408
16	3	4	200	4	50	2.0242	0.1917, 294.2106
17	3	5	320	4	80	2.0740	0.1283, 332.1145
18	3	6	400	4	100	1.9821	0.1013, 244.8488

注：λ_x 和 λ_y 分别是 x 和 y 方向的相关长度；$v = \lambda_x/\lambda_y$；σ_f 是取对数后的饱和水力传导度场的标准差。

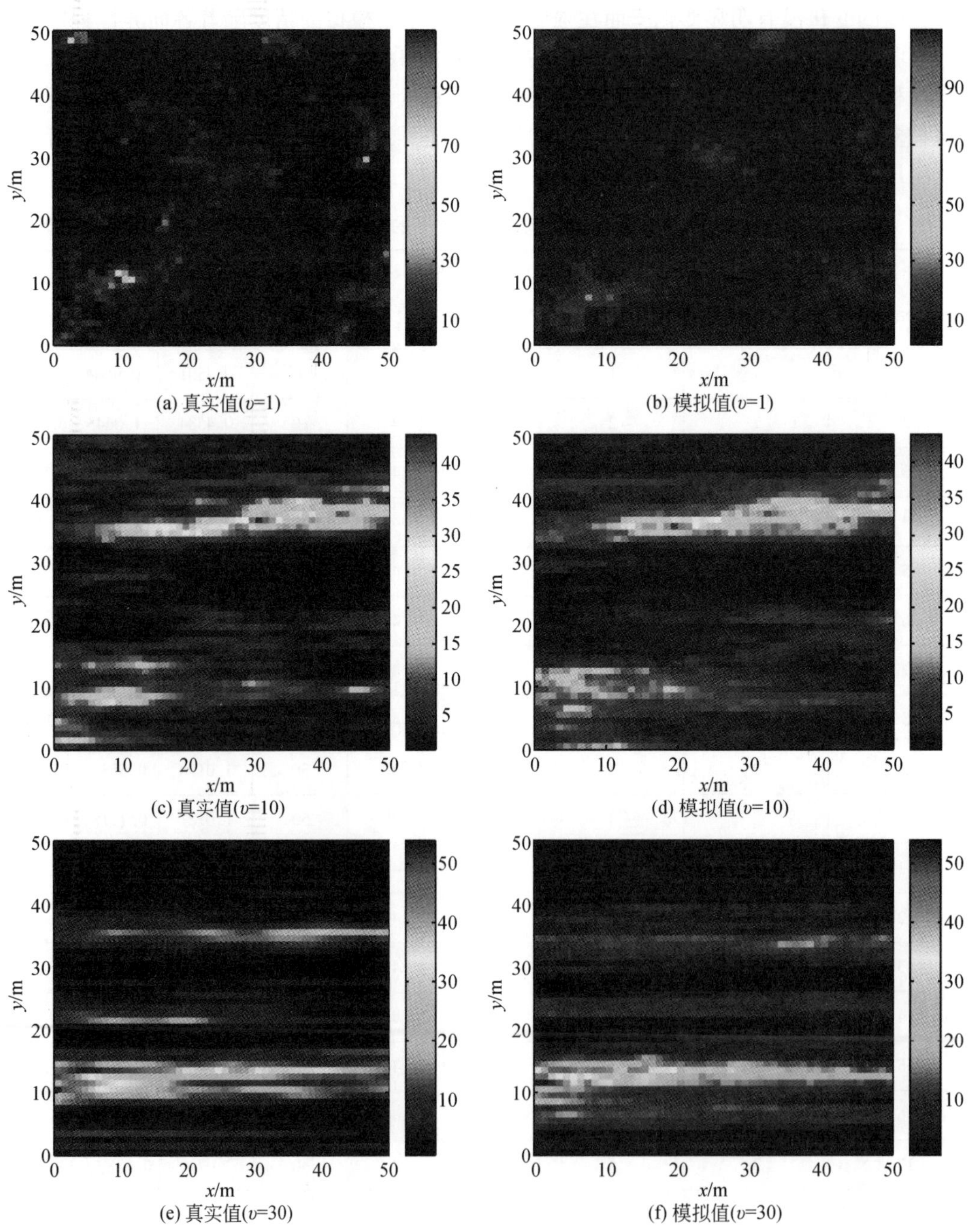
50
40
30
20
10
0
y/m
0
10
20
30
40
50
x/m
90
70
50
30
10
(a) 真实值(υ=1)
(b) 模拟值(υ=1)
40
35
30
25
20
15
10
5
(c) 真实值(υ=10)
(d) 模拟值(υ=10)
50
40
30
20
10
(e) 真实值(υ=30)
(f) 模拟值(υ=30)

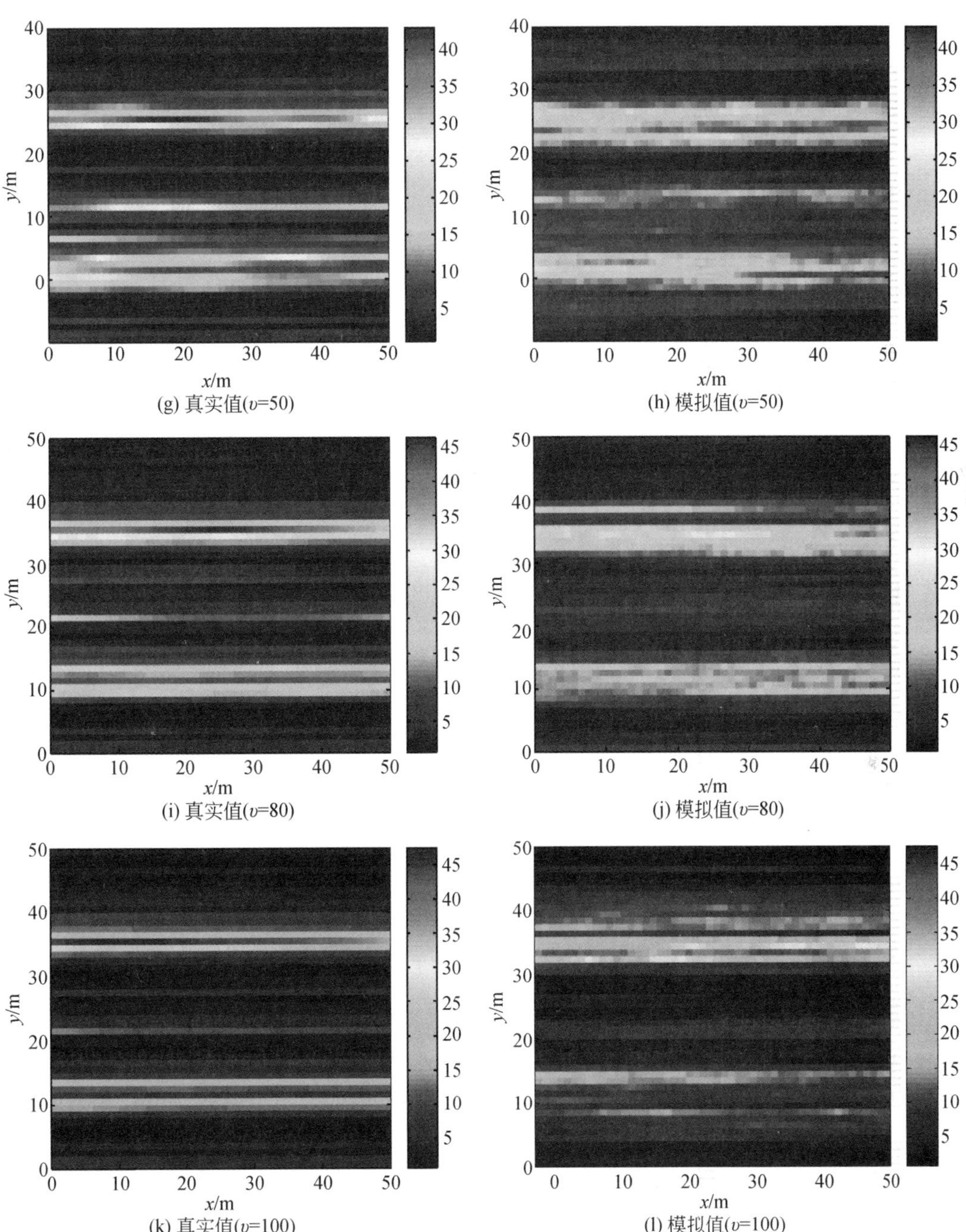

(g) 真实值(v=50)　(h) 模拟值(v=50)

(i) 真实值(v=80)　(j) 模拟值(v=80)

(k) 真实值(v=100)　(l) 模拟值(v=100)

图 2-32　六个不同的各向异性条件下 40mm×40mm 网格上的饱和水力传导度（K_s）真实场（左）和模拟场（右）的对比

注：v 为 K_s 场沿 x 方向与沿 y 方向的相关长度之比，代表各向异性的程度；图中 K_s 的单位是 cm/d。

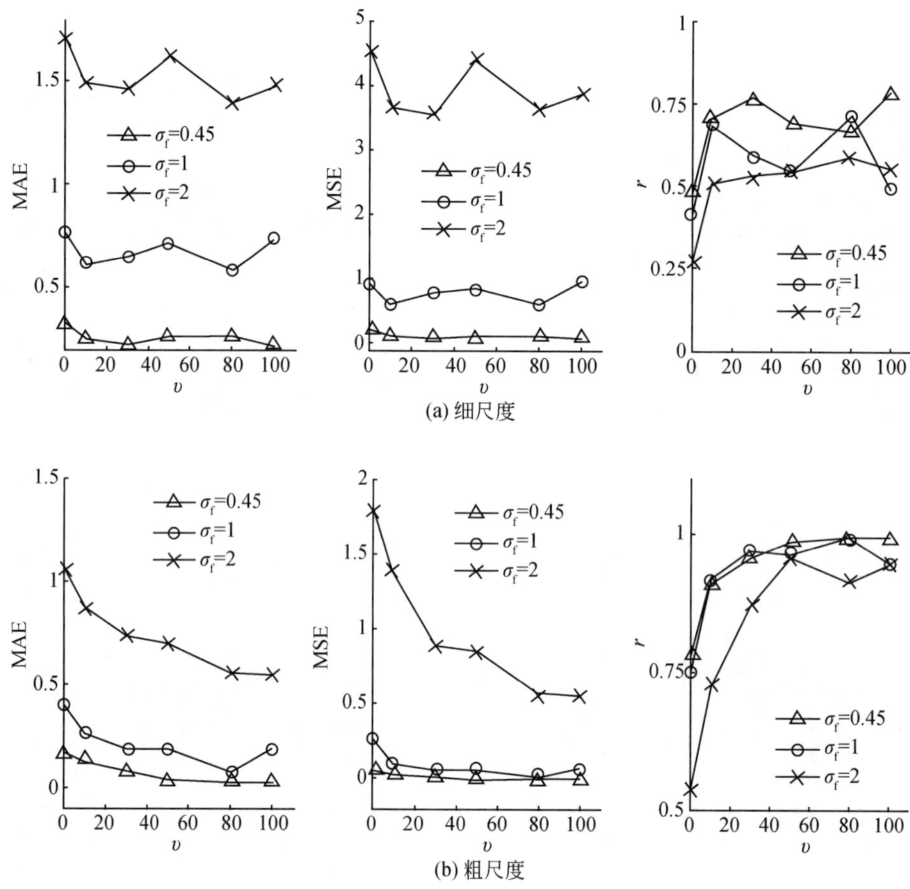

图 2-33　三种不同标准差条件与六种不同各向异性条件组合下的细尺度和粗尺度上的模拟值与真实值之间的误差模和相关系数

注：σ_f为 $\ln K_s$的标准差，v 为 K_s场沿 x 方向与沿 y 方向的相关长度之比，代表各向异性的程度。

2.3.4.4　饱和水力传导度场的先验分布的参数扰动对模拟结果的影响

在运用我们所构建的多尺度数据整合方法对饱和水力传导度进行空间模拟时，需要在 Bayesian 层次模型框架下建立该参数的后验分布，而该参数的先验信息（包括均值、标准差、相关长度）对于建立后验分布是必不可少的。这样的先验信息能够通过容易测得的土壤特性来间接估计或者通过野外工作的经验来估算。尽管如此，实际中要想获得关于饱和水力传导度的准确的先验信息几乎是不可能的，因为在野外条件下该参数具有高度的变异性（Si and Kachanoski，2000），因而对先验分布中参数的估计往往具有一定的偏差。当我们使用了不准确的先验信息时，利用多尺度数据整合方法重构得到的饱和水力传导度场的精度或许会受到影响。为了探讨该方法在饱和水力传导度场（待求参数）的先验信息存在一定误差时的应用潜力，本节通过在模拟中对先验分布中的参数增加一定误差来估计先验信息的不确定性对模拟结果的影响。类似于最常用的敏感性分析模式中的独立参数扰动法

(Zheng and Bennett, 2002), 我们假设先验分布中的均值、标准差、相关长度这三个参数相互独立, 并且每一次仅对其中一个参数进行扰动, 其他两个参数保持不变。在此, 我们对先验分布中的参数(均值、标准差和相关长度)分别作±10%的扰动, 即在模拟中取先验分布的真实参数的±10%进行数值试验。表 2-16 中列出了在这三个参数分别进行±10%的扰动下, 所得到的模拟精度(MAE、MSE 和 r), 同时我们也列出了未扰动情形下的模拟精度以作对比。从这个表可以看出, 当先验参数改变时, 重构的细尺度场和再现的粗尺度场的精度都会受到一定程度的影响。这是因为先验参数的改变, 会对所建立的后验分布产生相应的影响。然而, 与没有扰动的情形对比, 即使是在±10%的扰动下, 其模拟的精度, 即 MAE、MSE 和 r 值并没有大幅度的变化。为了进一步定量化地度量先验参数的改变对模拟精度的影响, 我们在图 2-34 中将参数扰动情形与未扰动情形下的 MAE、MSE 和 r 值进行对比, 即计算扰动情形下的 MAE、MSE 和 r 值相对于未扰动情形下的这些统计量的相对误差。对于重构的细尺度场的精度来说, 其相对误差没有超过 15%; 对于再现的粗尺度场的精度来说, 其相对误差没有超过 25%。以上分析表明, 至少在我们所设计的这几种算例中, 所用的方法对于先验参数似乎并不敏感。这一信息是有用的, 因为这意味着即使是一个近似的先验估计, 也能够得到满意的模拟结果。

表 2-16 对先验参数进行扰动与未扰动情形下的模拟精度
(平均绝对误差 MAE、平均平方误差 MSE、相关系数 r)之间的对比

数值算例	细尺度上的模拟			粗尺度上的模拟		
	MAE	MSE	r	MAE	MSE	r
未扰动情形	0.7405	0.8576	0.6297	0.3972	0.3285	0.8262
M(10%)	0.7749	0.9591	0.5870	0.4607	0.3757	0.7920
D(10%)	0.7656	0.9546	0.5807	0.4563	0.4061	0.7714
L(10%)	0.7452	0.8790	0.6129	0.4404	0.3442	0.8150
M(-10%)	0.6805	0.7626	0.6625	0.3888	0.3076	0.8298
D(-10%)	0.7318	0.8667	0.6304	0.4013	0.3554	0.8072
L(-10%)	0.7810	0.9484	0.5930	0.4455	0.3774	0.7932

注: M、D 和 L 分别表示细尺度上饱和水力传导度的先验分布中的参数: 均值($\hat{m}$)、标准差(σ_f)和相关长度($\lambda_x = \lambda_y$)[这三个参数的解释参见式(2-4)和式(2-5)]; M(±10%)表示在模拟中对先验参数 $\hat{m}$ 作±10%的扰动; D(±10%)和 L(±10%)同上; 未扰动情形指在模拟中没有对先验参数进行扰动。

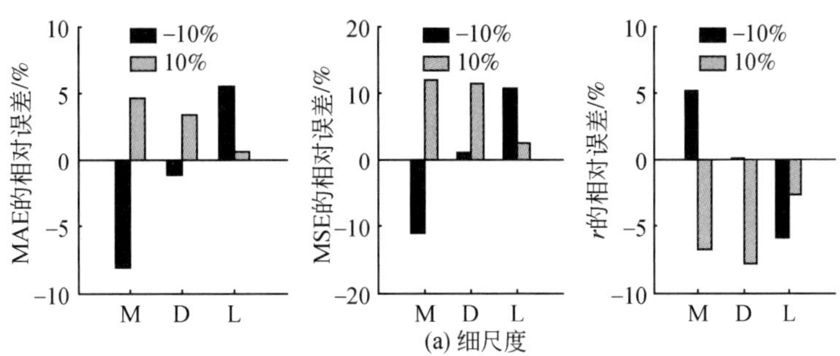

(a) 细尺度

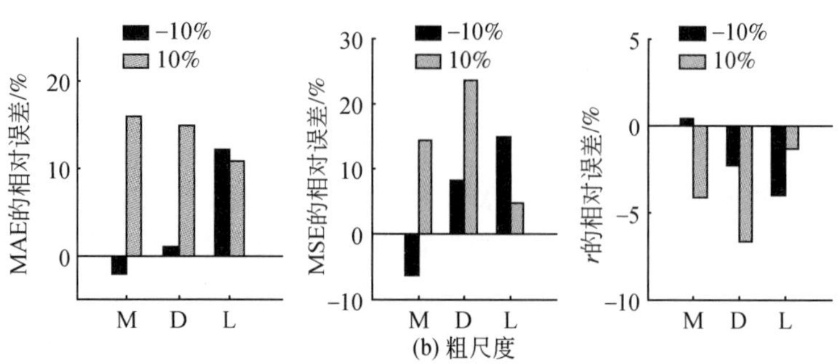

图 2-34 对三个先验参数进行扰动情形下的 MAE、MSE 和 r 值相对于未扰动情形下的这些统计量的相对误差

注：三个先验参数分别为：M 为饱和水力传导度对数值的均值（$\hat{m}$）；D 为饱和水力传导度对数值的标准差；L 为饱和水力传导度场的相关长度（$\lambda_x = \lambda_y$），这些参数的定义见式（2-49）和式（2-50）。

2.3.5 结语

土壤饱和水力传导度是土壤物理和水文科学模拟中最重要的参数之一。利用来自粗尺度的信息在细尺度上对二维饱和水力传导度场进行映射，这是一个在地下水文学和水资源管理中非常重要但是却困难的问题。在本节（可参见 Li and Ren，2010），我们借鉴和发展了储油层渗透率场定量化研究中的一种多尺度数据整合方法，将该方法推广应用到不同尺度饱和水力传导度数据之间的整合问题。在 Bayesian 层次模型框架下，结合一种尺度提升算法和一种有效的抽样算法，以粗尺度上的饱和水力传导度为条件，定量化地模拟该参数在细尺度上的空间变异性。利用 Bayesian 理论，基于粗尺度上的饱和水力传导度数据和细尺度上该参数的先验信息，我们建立了细尺度上饱和水力传导度场的后验分布。后验分布复杂的结构特点，加之不同位置上饱和水力传导度之间的空间相关性，造成了对后验分布进行模拟抽样时在计算上的困难和挑战。为此，我们采用一种有效的自适应 Markov 链蒙特卡罗（Markov Chain Monte Carlo，MCMC）方法，即延迟拒绝自适应 Metropolis（Delayed Rejection Adaptive Metropolis，DRAM）算法，在一定程度上克服了计算上的困难。我们不仅用人工算例详细地展示了方法的建模过程和执行步骤，而且将其应用到我国西北石羊河流域的一个野外实例中进行了进一步的验证。特别是我们还进行了一系列的数值试验，评价了该方法在不同的空间变异性条件下的适用性和局限性，为该方法提供了一个广泛的数值验证。数值试验在一系列假想的土壤中进行，其中的饱和水力传导度场具有不同的空间变异结构条件，主要包括：不同水平的标准差、不同的相关长度以及不同程度的各向异性。在这些数值算例中，为了充分说明空间的变异性对模拟结果的影响，我们探讨了不同程度的非均质性与相关长度条件的多种组合所带来的影响，以及不同程度的非均质性与各向异性条件的多种组合所带来的影响。此外，从实际应用的角度，通过对先验分布中的参数增加一定的误差，我们还探讨了先验信息的不确定性对模拟结果的影响。

大量的算例得出如下结果。

1）结合尺度提升算法和 DRAM 抽样策略的 Bayesian 层次模型为整合不同尺度的饱和水力传导度提供了一种高效而又强有力的模拟框架。特别是该方法在野外实测数据中的应用进一步说明其在野外应用中的能力和适用性。

2）饱和水力传导度场的空间变异性对于模拟结果有明显影响，即饱和水力传导度场的变异性越强，重构的细尺度场的精度越低。虽然在大部分情形下，所用的方法在细尺度上都得到了合理的重构结果，然而，当饱和水力传导度场的变幅达到 7 个数量级时，模拟失败。

3）在文中所设置的弱、中、强三种非均质条件下，模拟的精度随着饱和水力传导度场的相关长度的增大或统计上各向异性程度的增大而略微提高。

4）当非均质性较强时，该多尺度数据整合方法所得到的模拟精度对于相关长度和统计上的各向异性程度具有更加强烈的敏感性。

5）当先验分布中的参数在一定范围内（±10%）进行扰动时，这种扰动对模拟结果的影响甚微。这一信息或许意味着，即使是一个较为粗糙的先验估计，也能够得到满意的模拟结果，这反映出该方法在待求参数的先验信息存在一定误差时的应用潜力。

此外，将所构建的多尺度数据整合方法继续推广，使其能够处理基于测量的状态变量，例如土壤水势或土壤含水量，来估计水力参数的空间分布，是我们下一步要开展的工作。这种推广研究还需要更多的模拟工作及其验证。

第3章 用水竞争型缺水地区作物高效用水理论与技术研究

3.1 海河流域华北高产农业区主要作物节水高效灌溉机理与技术研究

海河流域的华北高产区是我国重要的小麦、玉米粮食生产基地，该区农业高产稳产依赖于灌溉，但由于该区地表水开发潜力小，主要靠超采地下水维持农业灌溉，许多地区地下水开采率已超过150%。超采范围已近9万km^2，占平原面积的70%。累计超采地下水1000亿m^3余，已分别形成以北京、石家庄、保定、邢台、邯郸、唐山为中心，总面积达4.1万km^2的浅层地下水漏斗区。水资源短缺局面难以支撑该区域经济长期可持续发展。因而解决农业水资源匮乏问题还需要从农业上着手解决，也就是要提高农业用水的效率，解决农业缺水问题（Cheng et al.，2009）。

随着作物品种更新、化肥施用量增加、病虫草控制以及耕作技术的发展，该区粮食作物单产逐渐增加，而农田耗水量增加不显著，农田水分利用效率得到显著提高。位于河北栾城试验站长期定点试验结果显示冬小麦、夏玉米总耗水量从20世纪80年代到现在维持较稳定水平，冬小麦从80年代的400mm左右增加到现在的450mm左右，增加了12.5%，而产量增加了46%；玉米耗水量从80年代的380mm增加到现在的400mm左右，总耗水增加了不到10%，而产量增加了60%。产量增幅远远大于耗水量的增加（Zhang et al.，2011）。得益于农业生产条件改善，冬小麦、夏玉米水分利用效率得到大幅度提高。根据李保国和彭世琪（2009）的1998~2007年中国农业用水报告，华北粮食生产的平均水分生产效率1997平均为1.0kg/m^3，2007年增加到1.2kg/m^3左右。

上述分析显示，随着农业生产条件改善，作物产量提高，水分利用效率不断增加，实现了在农业用水量不增加或少增加条件下，粮食单产和总产的不断提升。根据华北平原各试验台站的研究结果，冬小麦、夏玉米通过选用优良品种、优化灌溉制度、秸秆覆盖保墒、生育期搭配等措施，小麦、玉米水分利用效率分别能够达到1.6~1.7kg/m^3和1.9~2.2kg/m^3（Fang et al.，2009）。而目前本区域小麦、玉米大田水平水分利用效率分别为1.2~1.4kg/m^3和1.5~1.8kg/m^3，与优化管理水平还存在着较大差距，节水潜力巨大。因此进一步优化华北高产区小麦、玉米灌溉制度和田间管理措施，提高农田水分利用效率对华北节水农业发展有重要意义。

本节以位于华北太行山前平原的栾城试验站多年冬小麦、夏玉米灌溉试验研究结果进行分析，明确通过优化灌溉进行调控的机理、途径和节水潜力。中国科学院栾城农业生态系统试验站位于东经 114°40′，北纬 37°50′，海拔 50.1m，属暖温带半湿润季风气候，代表海河流域典型潮褐土高产农业生态类型区。该区年平均降水量 480mm，且年内分布不均匀，降雨多集中在 6 月、7 月、8 月，小麦生长季降水较少，一般年份平均为 100 ~ 130mm。土壤为褐土类灰黄土种，质地随土层深度变化依次为轻壤、中壤和黏壤。土壤肥力条件较好，有机质含量 1.5% ~ 1.7%，全氮含量 0.07% ~ 0.08%，碱解氮 60~ 80mg/kg，速效磷 15~ 20mg/kg，速效钾 100~ 120mg/kg。0~ 2m 土壤平均容重 1.53g/cm^3，饱和含水量 44.1%，田间持水量为 35.4%，凋萎系数为 13.2% （V/V），土壤持水能力强。该区主要种植作物冬小麦夏玉米一年两季，年平均耗水量 850mm 左右，每年灌溉需水量 300~ 350mm，灌溉水来源于地下水，导致地下水位急剧下降，年下降速率超过 1m，已威胁到本区灌溉农业的持续发展。

3.1.1 小麦玉米周年农田耗水和灌溉需水规律

3.1.1.1 小麦玉米周年耗水规律

根据栾城试验站 1980 ~ 2010 年近 30 年冬小麦、夏玉米在充分灌溉下农田耗水量测定结果（图 3-1），20 世纪 80 年代冬小麦、夏玉米平均耗水量分别为 401.4mm 和 375.7mm、90 年代平均为 417.3mm 和 381.1mm、21 世纪初 10 年平均为 458.6mm 和 396.2mm；作物系数 K_c（根据联合国粮农组织推荐的 Penmen-Monteith 公式计算参考作物蒸散量与实际耗水量的比值）(Allen et al.，1998）三个 10 年平均冬小麦分别为 0.75、0.81 和 0.85；夏玉米分别为 0.88、0.88 和 0.94。结果显示冬小麦夏玉米农田周年耗水从 80 年代的 777mm 增加到现在的 855mm，耗水量增加 10%。图 3-2 显示参考作物蒸散量 ET_0（大气蒸散力）多年来变化不显著，那么农田蒸散量的增加主要是生产条件改变带来的产量增加。根据测定结果从 80 年代到现在三个 10 年平均冬小麦产量分别为 4790kg/hm^2、5501kg/hm^2 和 6685kg/hm^2，夏玉米平均产量为 5054kg/hm^2、7041kg/hm^2 和 7874kg/hm^2。相同时期小麦玉米周年产量增加了 48%。虽然随着产量增加冬小麦、夏玉米农田耗水量有所增加，但产量增加幅度更大，使农田水分利用效率得到明显提高。

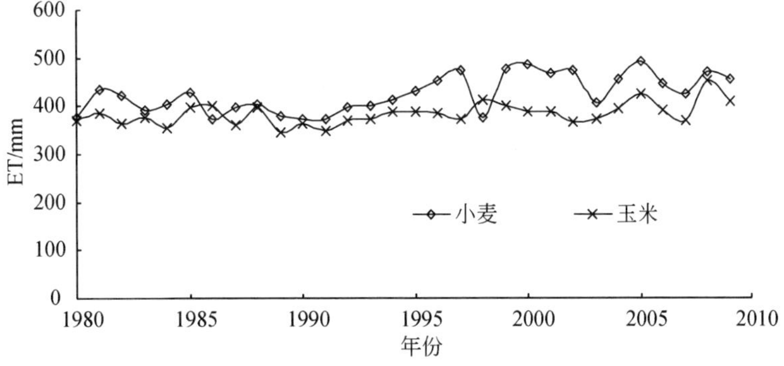

图 3-1 1980 ~ 2010 年近 30 年冬小麦、夏玉米充分灌溉下农田耗水量（ET）变化

资料来源：Zhang et al.，2011

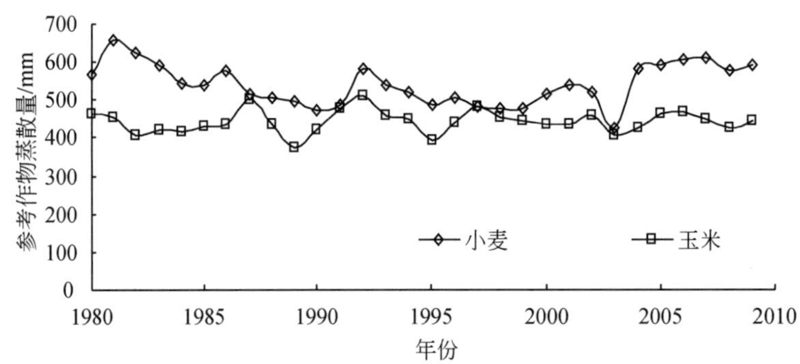

图 3-2　1980 ~ 2010 年近 30 年冬小麦、夏玉米生长时期参考作物蒸散量变化

注：据栾城试验站气象数据结果计算。

3.1.1.2　冬小麦、夏玉米灌溉需水量

以华北石家庄 1966 ~ 2010 年小麦、玉米生长期间降水变化分析两种作物的灌溉需水量，冬小麦生长期间降水有稍微增加趋势，平均年增加 0.76mm，夏玉米生长期间降水减少趋势明显，平均 2.0mm/a。根据大气蒸散力、作物系数和作物生长期间降水量计算的冬小麦、夏玉米灌溉需水量如图 3-3 所示，由于玉米生长季有降水减少趋势，其生长季节的灌溉需水量增加比较明显，平均灌溉需水量 34mm/季，1/3 年份降水能够满足玉米需求，1/3 年份需要灌溉一次水，另 1/3 年份需要灌溉两次水。冬小麦需水与降水差值较大，平均季节灌溉需水量 365mm/季，仅有个别年份需水要求小于 200mm/季。结果显示本区域维持小麦、玉米充分灌溉的年灌溉需水量要求在 400mm 左右，充分灌溉下的小麦玉米周年需水远远大于当地水资源供给条件。因此，根据作物不同生育期的缺水响应，建立节水优化灌溉制度，减少灌溉用水量对华北缺水区域水资源持续利用和保护有重要意义。

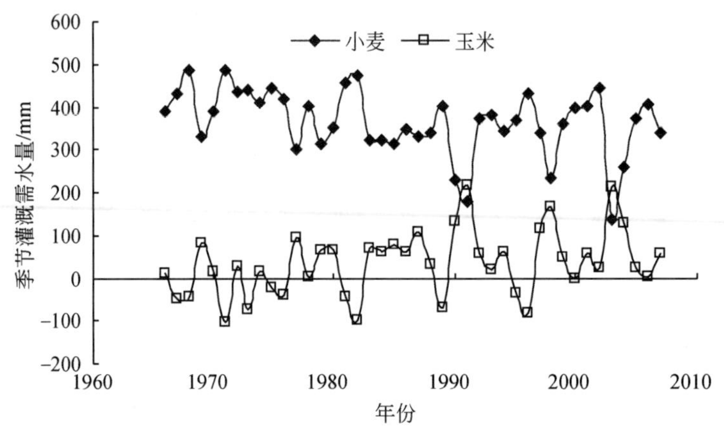

图 3-3　根据大气蒸散力、作物系数和作物生长期间降水量计算的冬小麦、夏玉米充分灌溉条件下的灌溉需水量

注：负值表示盈余；栾城试验站结果。

由于华北降水季节性分配明显，冬小麦依赖于灌溉，而夏玉米生育期降水多，需要的灌水量相对较小，因此冬小麦实施节水灌溉制度、夏玉米生育期通过保蓄雨季降水对该区域减少农田灌溉需水量、提高水分利用效率有重要意义。

3.1.2 作物节水高效灌溉调控机理

(1) 水分亏缺对作物形态的影响

作物的生长和发育依赖于细胞的分生和分化，细胞分生和增大，作物从小变大，从幼苗长成植株。在这一过程中，离不开水的参与。原生质需要充足的水分供应，才能进行活跃的代谢活动，进行其结构物质的复杂合成过程，进行细胞分裂时期的各种变化；而细胞的扩张期对水分要求更高，这时细胞体积的扩大主要依靠进入细胞的水分，水分不足时，细胞扩张期过早结束，细胞生长得小，结果是植株叶片小，植株也矮小。

一般来说，随着水分的亏缺，细胞的扩张速度递减，当水分亏缺发展到一定程度，即使细胞膨压还是正值，细胞扩张也停止。可用式（3-1）描述生长对水分亏缺的敏感性（Begg and Turner，1976），即

$$G = E(P - P_{\min}) \tag{3-1}$$

式中，G 为生长速度；E 为细胞壁的扩张系数；P 为细胞膨压；$P_{\min}$为生长停止时的膨压。

从式（3-1）可以反映出在细胞膨压还没有降低至0时，生长就停止了。而且 E 和 $P_{\min}$并不是常数，随着水分亏缺程度在进行调整，使细胞在膨压较低时也能生长。但是在水分严重亏缺，膨压变为0时，这两个参数的调整也不能使细胞恢复生长。

细胞扩张对水分亏缺的敏感性表现在当作物稍经历水分亏缺，其叶面积生长就受到抑制，因此叶的生长对水分敏感程度大于气孔和光合。一定的水分亏缺可能对气孔和光合没有影响，但已经减少了作物的叶面积指数（山仑，2003）。同时水分亏缺也加快了叶片死亡速度，这对于像小麦一样有限花序作物，其叶面积在开花期已固定，水分亏缺导致开花后叶片死亡速度的增加，将明显影响产量。

一般在水分亏缺时，虽然地上部分生长受到抑制，但地下部分根系的生长却相对增强，特别是根冠比增大。但作物一般在生殖生长阶段根系生长受到抑制，在根系生长减缓时，土壤水分向根系流动的速度必须加快，才能满足地上部分旺盛的蒸腾要求，这时如果发生水分亏缺，对作物的生长产生明显影响。这也许可以解释在作物生殖生长阶段，因为根系生长受到抑制，必须保证充足的水分供应才不至于使地上部分受到水分亏缺的影响。

水分亏缺对作物形态的影响主要表现在株高降低、叶面积指数变小。从株高指标看，在冬小麦同一生长时期内调亏，株高随着土壤含水量的减少而降低。栾城试验站盆栽试验结果显示，冬小麦在四个水分供应水平下（充分、轻度亏缺、中度亏缺、重度亏缺），在4月2日到4月22日（拔节至孕穗）平均每5天的株高增加量分别为3.0cm、2.9cm、2.7cm和2.1cm，土壤水分对株高影响显著。同时复水效应在株高变化上也十分明显。例如，返青—拔节期，4月17~22日开始复水，冬小麦株高有一个很明显的突增，说明作物对水分亏缺产生一种补偿效应（赵丽英等，2004）。但重度水分亏缺处理株高增加量明显

低于其他处理，说明当水分亏缺严重到一定程度，复水后就不会产生补偿效应。复水后虽然株高都有明显的增加，但都低于对照，说明作物的自我调节和恢复能力也是有一定限度的。充分供水下作物株高过高也会导致作物徒长和易倒伏。很多研究显示小麦返青起身控水和玉米苗期控水，都能适当增加其抗倒伏能力。

水分条件对单叶叶面积大小影响明显，图 3-4 显示冬小麦、夏玉米不同灌溉处理条件下，不同位置叶片的大小差异显著，灌溉次数多的叶片均比灌溉次数少的大，表明充分供水利于作物增加其光合面积。但叶面积过大会导致群体郁闭，通风透光变差，反而不利于光合作用，同时导致作物易受病虫害威胁。在冬小麦田间管理上，主张返青起身控制水分供应，调控到 2 叶和 3 叶叶片大小，塑造合理株型结构，提高作物抗逆能力。

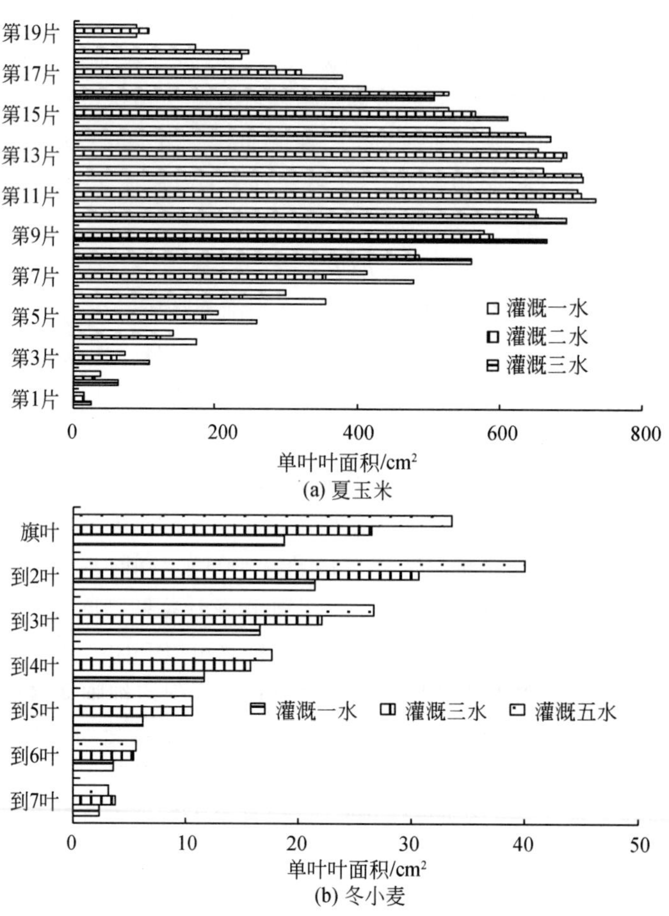

图 3-4　夏玉米、冬小麦在不同灌溉条件下不同位置叶片（从下向上排序）叶面积大小比较

注：栾城试验站 2008 ~ 2009 年试验结果。

虽然小麦、玉米叶面积株高等形态指标对水分亏缺反应敏感，但通过适当时间的水分亏缺调控，可塑造合理株型，改善群体透光通风条件，提高叶片光合效率，增强作物抗倒伏、抗逆能力。

(2) 作物生理生态指标对水分亏缺响应

当植物蒸腾速率超过根系吸水速率，植物就发生了水分亏缺。植物发生水分亏缺的一个最主要因素是土壤有效供水的不足。通过灌溉来弥补这种因为降水不能满足植物需水要求而产生的水分亏缺是农田水分管理中最重要的一个手段。对于灌溉作物，不仅供水总量对作物生长发育产生影响，而且由于作物不同生育时期对水分亏缺敏感程度不同，因此灌水时间对作物产量和水分利用效率、收获指数等也产生显著影响。根据水与作物生长、发育及产量形成间的关系，通过有限水量在作物生育期间的最优分配，提高有限灌溉水量向作物根系吸水转化和光合产物向经济产量转化效率，进而达到高产和高水分利用效率的目的（Fereres and Soriano，2007；Geerts and Raes，2009）。

随着水资源短缺加剧，水分胁迫对作物影响及其提高水分生产效率的机理已成为当前研究热点，植物高效用水生理调控与非充分灌溉理论研究不断深入，补水调控（灌溉调控）已由传统的丰水高产型灌溉转向节水优产型灌溉（Du et al.，2010）。大量研究结果表明，植物各个生理过程对水分亏缺反应各不相同，而且水分胁迫可以改变光合产物分配。同时一些研究还表明，水分胁迫并非完全是负效应，特定发育阶段、有限水分胁迫对提高产量和品质是有益的。很多研究结果证明作物在某些阶段经受适度水分胁迫，对于有限缺水具有一定的适应性和抵抗性效应。一般认为，植物在水分胁迫解除后，会表现出一定的补偿生长功能。在某些情况下，水分亏缺不仅不降低作物的产量，反而能增加产量、提高水分利用效率。水分亏缺对作物生长过程的影响顺序是：生长—气孔—蒸腾—光合—运输。作物的生长对水分亏缺最敏感，而物质运输对水分亏缺反应迟钝，如一定程度的土壤干旱可以促进小麦的灌浆过程，提高其经济系数，只有持续干旱才会使物质运输受到抑制（山仑，2003）。

作物的生理过程对水分亏缺的反应与生长对水分亏缺的反应不同，生长对水分亏缺很敏感，而作物的一些生理过程对水分亏缺有一个阈值反应，只有当水分亏缺达到一定程度时，作物的生理过程才受到影响。如图 3-5 所示为冬小麦气孔阻力、叶片水势、光合速率对土壤水分变动的阈值反应。气孔最主要的一个特征是可以开闭，水分使保卫细胞发生涨缩改变气孔大小。当作物吸水不能满足蒸腾需水要求时，保卫细胞通过调整其膨压而调节气孔的开关程度。但是当叶水势或土壤有效含水量在一定界限值以上时，气孔的开度不受这些因素的影响。只有当这些因素低于一定的界限值时，气孔开度才受到影响，并在很窄的土壤含水量或叶水势变化范围内关闭。如图 3-5 所示，在一定土壤水分范围内，冬小麦气孔阻力基本维持稳定状态，在土壤水分降低到一定程度时，气孔阻力随着土壤含水量的降低而明显增加。图 3-5 显示当土壤重量含水量高于 16% 时（相当于占田间持水量的 68%），气孔阻力维持一个比较恒定的状态。在此界限值以下，随着含水量降低，气孔阻力明显增加。

水分亏缺导致光合速率降低，有气孔因素和非气孔因素：一是在水分亏缺时，气孔部分关闭，即气孔阻力增加，使二氧化碳从叶面通过气孔扩散到叶内室及细胞间隙受阻，二氧化碳传输量减少，引起光合速率的下降；二是叶肉细胞光合活性下降，使二氧化碳同化受到阻碍，主要是因为水分亏缺影响了 RuDP 羧化酶固定二氧化碳的能力；三是在水分亏

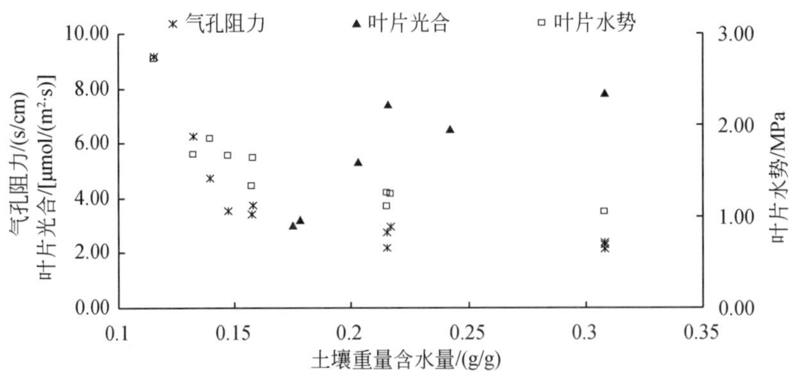

图 3-5　冬小麦气孔阻力、叶片水势、光合速率对土壤水分变动的阈值反映

资料来源：张喜英，2000

缺状态下，叶片的扩张受到影响，叶片光合面积变小，使光合产物减少。有些植物的 RuDP 羧化酶活性较强，且在二氧化碳固定及同化中形成的 C4 酸如苹果酸很易从叶肉细胞转移到维管束鞘细胞，在那里脱羧放出二氧化碳，虽然缺水时气孔阻力增大，但仍可提供 RuDP 羧化酶较大量的二氧化碳，促进其固定；另外一般作物气孔开度对水分亏缺均有明显的阈值反应，因此叶片光合速率对水分亏缺也有一个阈值反应过程，在一定土壤含水量水平上，光合速率不随土壤含水量的变动而变动。研究结果显示，冬小麦在土壤含水量大于 70% 田间持水量时，光合速率维持稳定状态。

在土壤-植物-大气连续体中，各个环节上的水分均可用水势来反映其状态，但是叶水势并不是随着土壤含水量的变动而变动，作物体本身对水流阻力有一种调节功能。作物在一定土壤含水量范围内，通过调节作物本身的水流，来减少土壤水分降低对蒸腾需水的要求，而不是降低叶水势，因为较高的叶片水势对维持叶片的渗透调节作用有重大影响。渗透调节的意义在于维持细胞膨压，细胞膨压对保持细胞延伸、气孔开放和光合作用有重要意义。只有当土壤含水量降低到一定程度时，作物本身无法对水流进行调节满足蒸腾需水要求时，作物叶片水势才降低，土-叶间水势驱动势增强，根系吸收土壤水分能力增强。图 3-5 的叶片水势随土壤水分变动反映出叶水势对土壤水分也有一明显的阈值反应。

（3）干物质积累和分配对水分亏缺的响应

上述结果显示，冬小麦生理生态指标对土壤水分有一个明显的阈值反应，当土壤含水量在一定范围之上时，含水量的降低对作物一些生理生态指标不产生影响。对于作物干物质积累和分配过程，也存在同样的水分响应规律。作物并不是灌溉水分越多越好，而是适度亏缺对干物质形成和向籽粒产量的转移更有利，特别是对于华北冬小麦，灌浆期短，灌浆后期容易受干热风影响，使产量潜力不能充分发挥。而在适度亏缺条件下冬小麦生长发育过程提前，灌浆期适度延长，更有利于花后干物质积累和向籽粒产量的转移。图 3-6 为 2006 ~ 2007 年、2007 ~ 2008 年和 2008 ~ 2009 年三个冬小麦生长季不同灌水次数下的冬小麦产量和水分利用效率（WUE），这三个生长季节降水都比常年偏高，属于湿润年型，灌溉一水或二水就能取得最高产量，而 WUE 一般在灌溉次数少的时候较高，随着灌溉次数的增加而出现降低的趋势，充分说明作物灌溉并不是越多越好。

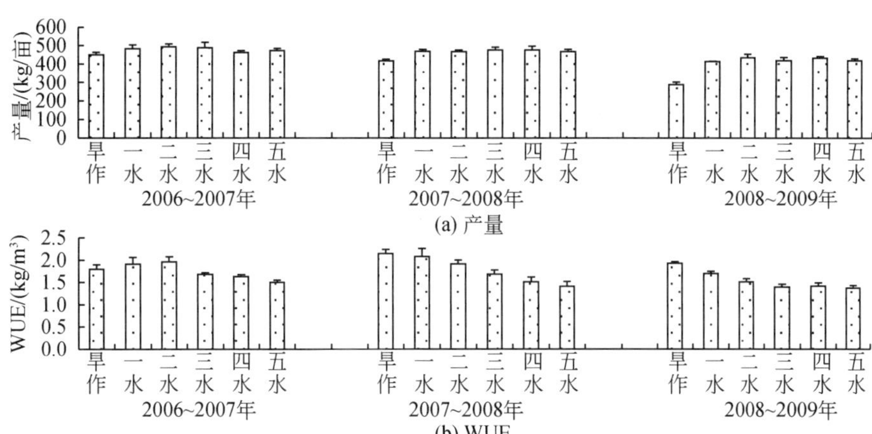

图 3-6　冬小麦不同灌溉次数下产量和水分利用效率（WUE）（栾城试验站结果）

作物产量和 WUE 对供水条件的响应与作物营养生长、生殖生长阶段的干物质形成和向籽粒产量的转移过程有关。图 3-7 显示，随着耗水量的增加，冬小麦抽穗前的干物质积累、收获期的总干物质量和抽穗后的干物质积累随着蒸散量的增加而增加，当增加到一定程度，生物量达到最高后，不再随着耗水量的增加而增加，说明在华北平原冬小麦生育期比较短的条件下，最优生物量的取得不需要充分的水分供应。

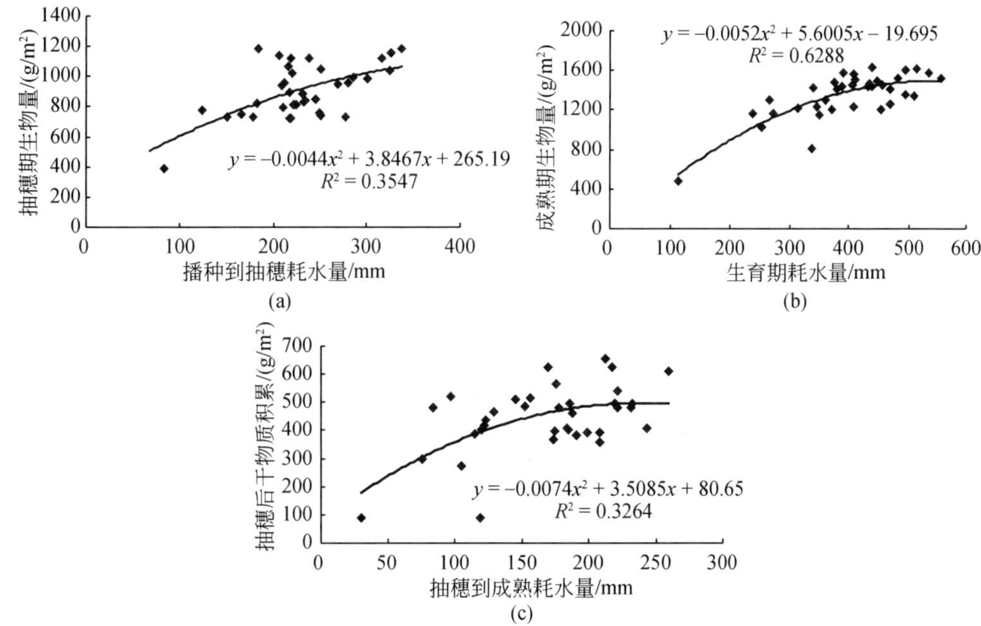

图 3-7　不同灌溉条件下冬小麦在抽穗期和成熟期地上部分生物量以及抽穗后生物量的积累与相应阶段耗水量的关系

资料来源：Zhang et al.，2008

冬小麦最终产量与收获期的生物量关系是二次曲线关系（图3-8），在总生物量低时，随着生物量的增加，冬小麦产量直线递增；当冬小麦生物量达到一定水平后，产量不再增加，反而下降，说明冬小麦最高产量的取得不需要达到最大的生物量。同时作物经济产量与收获指数关系密切。冬小麦收获指数与灌浆期间干物质向籽粒产量的转移效率（DMRE）有明显的相关关系（图3-9），而DMRE受到作物生育期水分条件的影响。结果显示冬小麦生长期间需要适度的水分亏缺取得最优生物量和最高经济产量（Zhang et al.，2008）。

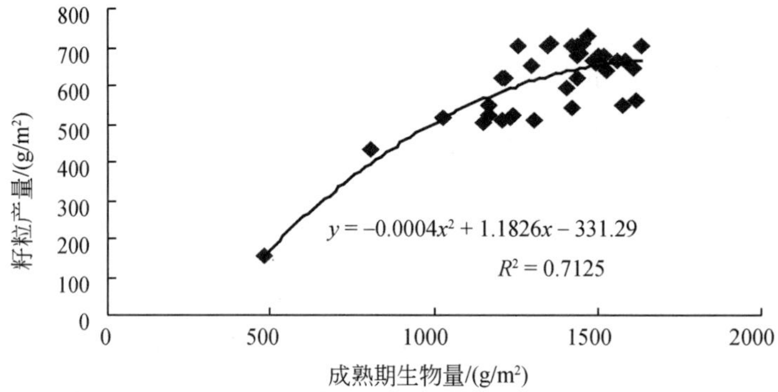

图3-8 不同灌溉条件下冬小麦成熟期生物量与经济产量的关系

资料来源：Zhang et al.，2008

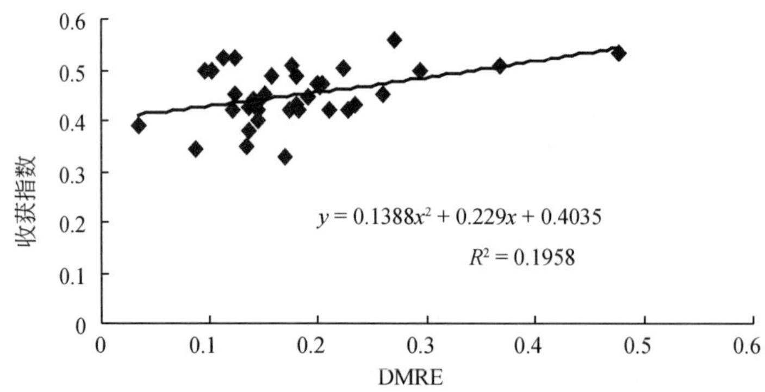

图3-9 在不同灌溉条件下灌浆期间DMRE与收获指数的关系

资料来源：Zhang et al.，2008

（4）生长发育进程对水分亏缺响应

由于华北气候条件下冬小麦灌浆时间较短，亏缺条件下冬小麦生长发育加快，开花期提前（图3-10），这样可适当延长灌浆期，利于干物质向经济产量转移。如图3-11所示灌溉次数适度处理的冬小麦籽粒重较高，千粒重在旱作条件下并没有明显减少，甚至高于充分灌水处理，灌溉次数过多的处理千粒重反而有下降趋势。一般华北北部冬小麦灌浆期从5月初到6月上旬，持续仅一个月，灌浆后期经常遇到升温过快产生干热风，导致累积的干物质不能充分转移到籽粒，收获指数降低；同时干热风也导致植株早衰，光合产物形成减少，降低粒重。适度水分亏缺可促进冬小麦发育进程加快，开花期提前，利于稳定和增加粒重。栾城试验站结果也显示冬小麦品种更新带来产量和水分利用效率提高，其中新品种比老品种生育进程提前、灌浆期长是增加收获指数和粒重的一个重要因素（Zhang et al. , 2010）。因此，通过适度水分亏缺调控作物生育期是提高冬小麦灌溉效率的一个重要方面。

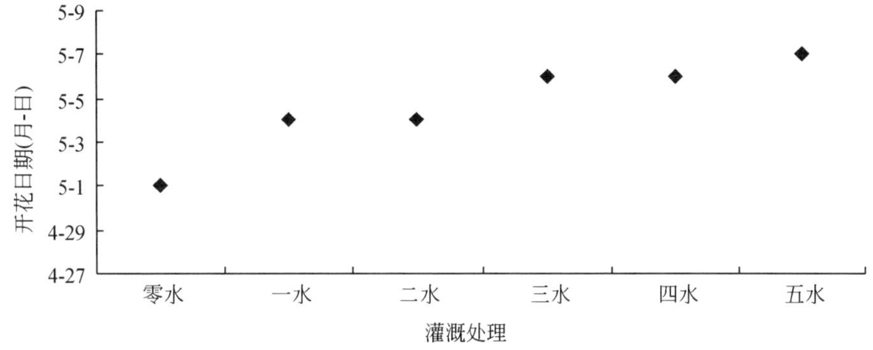

图 3-10　不同灌溉条件下冬小麦开花日期（2008～2009 年冬小麦生长季，栾城试验站结果）

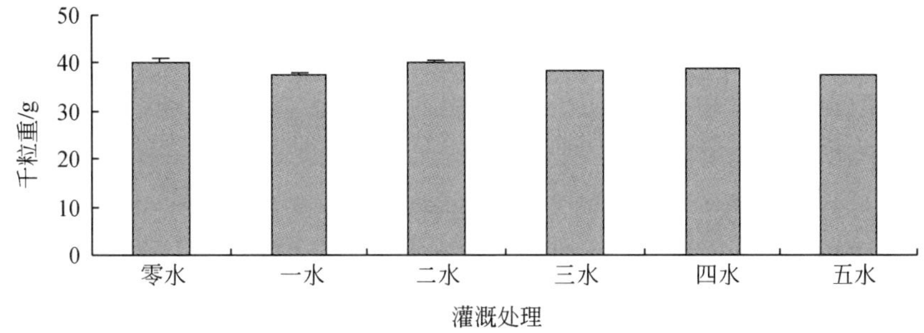

图 3-11　不同灌溉次数下冬小麦千粒重（2008～2009 年冬小麦生长季，栾城试验站结果）

（5）作物不同阶段对缺水的敏感性

上述结果显示冬小麦生长发育、干物质积累分配、生理生态指标等对水分亏缺有一定的响应规律。研究结果显示作物不同生育阶段水分亏缺和亏缺程度对产量和水分利用效率产生明显影响。Vaux 和 Pruitt（1983）提出了一个关系式描述作物蒸散量的变化可能带来的对经济产量影响，也就是产量反应系数 K_y，即

$$1 - \frac{Y_a}{Y_m} = K_y \times \left(1 - \frac{ET_a}{ET_m}\right) \tag{3-2}$$

式中，Y_a为实际产量；Y_m为最大产量；K_y为产量反应系数；ET_a为实际蒸散；ET_m为最大蒸散。

式（3-2）可以反映出不同供水水平可能导致的产量降低，也就是作物本身对水分亏缺的忍耐程度。如果水分亏缺发生在作物的不同生育期，作物对水分亏缺的反应与发生水分亏缺的生育期对缺水的敏感性有密切关系，Jensen（1968）提出了一个关系式来描述不同生育时期水分亏缺对产量的影响，即水分敏感指数 λ_i：

$$\frac{Y}{Y_m} = \prod_{i=1}^{n}\left(\frac{ET_i}{ET_{im}}\right)^{\lambda_i} \tag{3-3}$$

式中，Y 为实际产量；Y_m 为没有水分亏缺时的最大产量；n 为作物的生育时期数量；ET_i 为在第 i 个生育时期的实际蒸散量；ET_{im} 为第 i 个生育时期的潜在蒸散量；λ_i 为第 i 个生育时期作物对缺水的反应指数。

许多作物有些时段对水分特别敏感，有些时段就不敏感，对水分敏感的时期主要在生殖生长阶段，这个时候缺水造成的减产比其他任何阶段缺水导致的减产更大。华北主要作物夏玉米在授粉、开花和籽粒分化期间对水分亏缺很敏感，如果缺水状况严重，供水后作物生长也很难再恢复。灌浆期对水分的敏感程度较低，而营养生长阶段对水分亏缺的敏感程度最低。冬小麦归于耐旱作物，因此各生育期对水分的敏感程度相比玉米都较低，但冬小麦在拔节至开花时期对缺水的反应更敏感一些。小麦即使经过严重的水分亏缺，如果灌水，它也能很快恢复过来。

表 3-1 是冬小麦返青后不同生育时期水分亏缺对其产量的影响，在返青—起身期间和灌浆后期控制水分供应，冬小麦产量反而比无水分亏缺处理增产 8.5%，而拔节期间控制水分供应，产量降低幅度最大，表现为不同生育时期对水分亏缺产生了不同反应。用 Jensen 模型分析冬小麦产量与各生育阶段耗水量关系的水分生产函数，从中计算冬小麦各生育时期对水分亏缺敏感程度的指数 λ_i 见表 3-2。λ_i 越大，表明此阶段对水分亏缺更敏感，对产量影响也越大。表 3-2 表明冬小麦对水分最敏感生育时期是拔节期，其次是孕穗至灌浆前期，而返青—起身期间和灌浆后期 λ_i 是负值，在这些生育期适当控制水分供应对产量更有利。特别是返青—起身期间，λ_i 的负值较大，原因可能是由于一般年份在试验所在的山前平原，春季土壤处于消融阶段，利于土壤水分向土壤上层运动，土壤水分含量较高，这个时期灌溉使春季无效分蘖增加，群体郁闭，通风透光差，并削弱了后期的养分供应，最终影响产量，故 λ_i 负值偏大。

表 3-1　冬小麦返青后不同时期控水对产量的影响（栾城试验站数据）

调亏时期	返青—起身	拔节	孕穗	抽穗—灌浆	灌浆后期	无水分亏缺（对照）
产量/(kg/hm^2)	7059	6197	6237	6379	6575	6503
与对照差异/%	+8.5	−4.7	−4.1	−1.9	+1.1	—

表 3-2　用 Jensen 模型计算的冬小麦返青后各生育期水分敏感指数 λ_i（栾城试验站数据）

生育时期	返青—起身	拔节期间	孕穗期间	抽穗—灌浆	灌浆后期
λ_i	−0.1213	0.3145	0.2721	0.1016	−0.087

根据在栾城试验站多年夏玉米灌溉试验结果，在干旱降雨年型下，夏玉米的灌溉增产效果明显。而在湿润年型下，灌溉的增产效应并非是无限的，当灌溉达到一定程度，再增加灌溉量反而导致产量降低，如图 3-12 所示 8 个生长季夏玉米生长期间不同灌溉处理的产量和水分利用效率，夏玉米对水分亏缺比冬小麦敏感，一般条件下随着灌溉次数增多，产量增加；但当灌溉次数达到一定程度，再增加灌溉量，产量并不随着灌溉次数增加而增加。水分利用效率随着灌溉次数增加出现减少趋势。

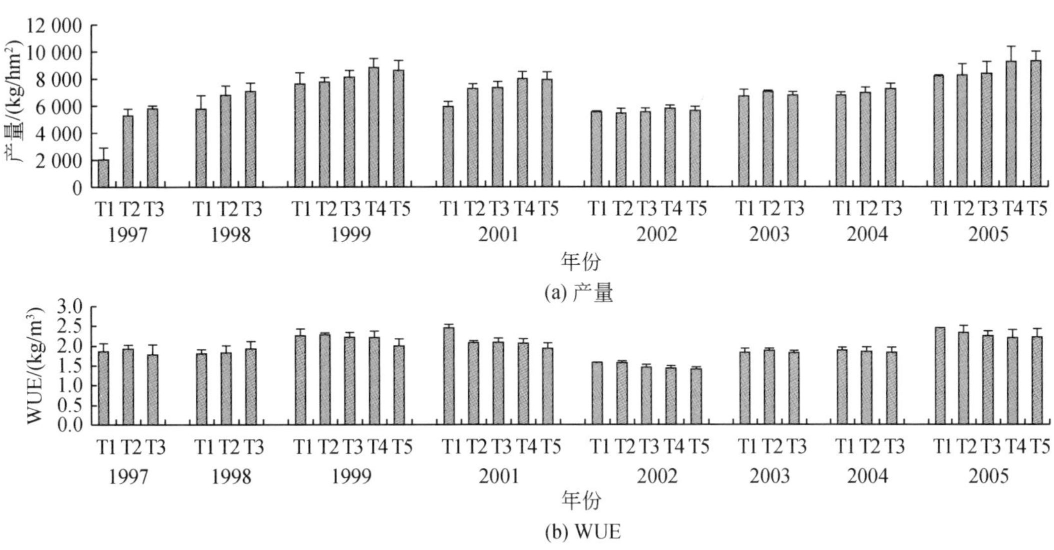

图 3-12　夏玉米 1997 ~ 2005 年不同灌溉条件下产量和水分利用效率（WUE）

注：T1 ~ T5 分别代表灌溉一水到五水。

资料来源：邵立威等，2009

用 Jensen 模型分析夏玉米不同生育时期对水分亏缺的反应结果见表 3-3。夏玉米不同生育时期对水分亏缺的敏感指数 λ_i 值从大到小的顺序为（3）→（2）→（1）→（4），说明夏玉米缺水减产敏感阶段出现在抽穗—灌浆阶段，其次是拔节—抽穗阶段，最低值在灌浆—成熟阶段。这也符合夏玉米生长发育的实际情况，如果抽穗时缺水就会出现卡脖旱，缺水严重影响夏玉米产量；其次拔节—抽穗阶段是夏玉米植株生长发育的关键时期，与后期产量形成关系很大，也应有充足的土壤水分；苗期不缺水只有灌好造墒水，才能保证苗全苗壮，在苗全苗壮的基础上夏玉米可以适当蹲苗，此期的 λ_i 值较后两个阶段小，适量缺水不会对夏玉米造成严重减产；灌浆后夏玉米产量已基本形成，对水分亏缺不如前几个阶段那么敏感，λ_i 值也较小。所以在夏玉米苗全苗壮的基础上，灌溉时应首先保证夏玉米抽穗前期不缺水，才能使夏玉米不会造成严重减产。上述 λ_i 值变化规律与夏玉米缺水生理反应是一致的，与该类型区的夏玉米灌溉生产实践相吻合，这说明采用 Jensen 模型来指导该区的夏玉米灌溉是合理可行的。

表 3-3　干旱年夏玉米各生育阶段水分敏感指数 λ_i（栾城试验站数据）

生育阶段	播种—拔节（1）	拔节—抽穗（2）	抽穗—灌浆（3）	灌浆—成熟（4）
λ_i	0. 1496	0. 2061	0. 3645	0. 1116

3. 1. 3　针对不同目标的灌溉制度

3. 1. 3. 1　冬小麦、夏玉米优化灌溉制度

上述结果说明，冬小麦适度水分亏缺对干物质形成和向籽粒产量的转移更有利，同时不

同生育阶段对水分亏缺的响应也存在明显差异。根据栾城试验站多年结果，冬小麦最优产量的取得是在生育期耗水量420mm，相当于最大耗水量的0.84（图3-13）。最大水分利用效率是在耗水量250mm时（图3-14），根据华北北部山前平原高产区的季节降水量（100～130mm）和土壤可供水量（100～150mm），冬小麦节水高产的优化灌溉模式是灌溉水量为120～150mm。据此建立了冬小麦节水高产灌溉制度：湿润年一水、平水年二水、干旱年三水（表3-4）。冬小麦实施调亏灌溉比当地普遍使用的灌溉制度可减少生育期灌溉次数1～2次，产量提高5%～8%，农田耗水量减少20～40mm，水分利用效率提高8%～10%。

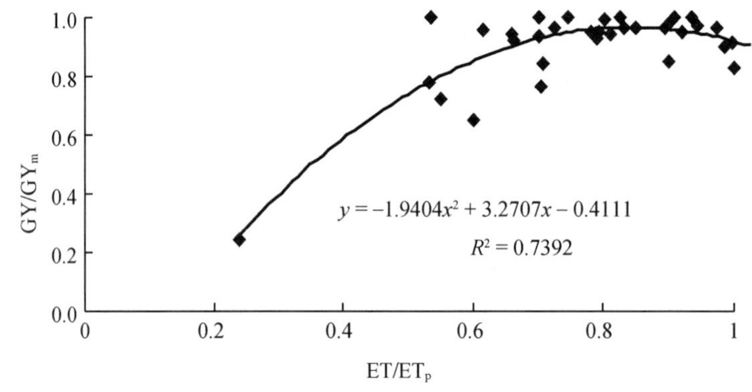

图3-13　冬小麦不同灌溉条件下相对产量（产量/最大产量，GY/GY$_m$）与相对耗水量（蒸散量/最大蒸散量，ET/ET$_p$）的关系

资料来源：Zhang et al.，2008

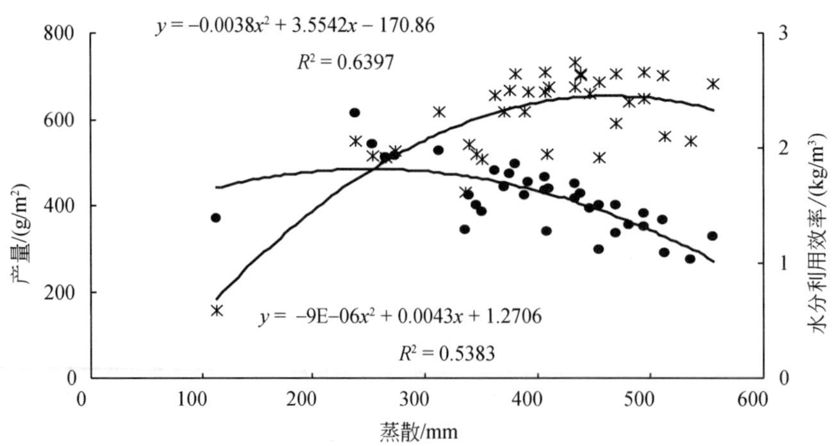

图3-14　冬小麦不同灌溉条件下耗水量与产量和水分利用效率关系

资料来源：Zhang et al.，2008

表3-4　冬小麦节水高产的优化灌溉制度（栾城站多年试验结果）

年型/mm	灌溉次数	每次灌溉量/m^3	总灌溉量/m^3	灌溉时期
湿润季节（>130mm）	1	40～45	40～45	拔节前后
正常年份（90～130mm）	2	40～45	80～90	拔节前后，抽穗—扬花
干旱年（<80mm）	3	40～45	120～140	拔节前后，孕穗—抽穗，灌浆前期

对于华北地区的夏玉米，虽然其生长在雨季，但由于降雨分布不稳定，为维持稳定高产水平，灌溉仍然显得非常重要。根据栾城试验站结果分析夏玉米不同生育期时期对水分亏缺的敏感指数，夏玉米在抽雄吐丝期对水分亏缺最敏感。图 3-15 也反映出不同灌溉水分条件下夏玉米产量与耗水之间的关系，它们之间的关系更接近直线关系，玉米水分供应越充足，产量越高。栾城试验站 8 年的定位试验结果显示，在没有灌溉条件下，玉米生长季降水总量与产量的相关关系为 0.5563，而 8 月的降水和产量呈显著的正相关（$r=0.7289^{*}$）（* 和 ** 代表显著性，* 表示 $P<0.5\%$，** 表示 $P<0.1\%$，下同）从 7 月 20 日到 8 月 25 日的降水与产量的相关系数为 0.815^{**}，7 月和 8 月的降水量与产量的相关系数为 0.846^{**}（图 3-16），说明玉米对 7 月、8 月降水敏感程度高于全生育期的降水量。

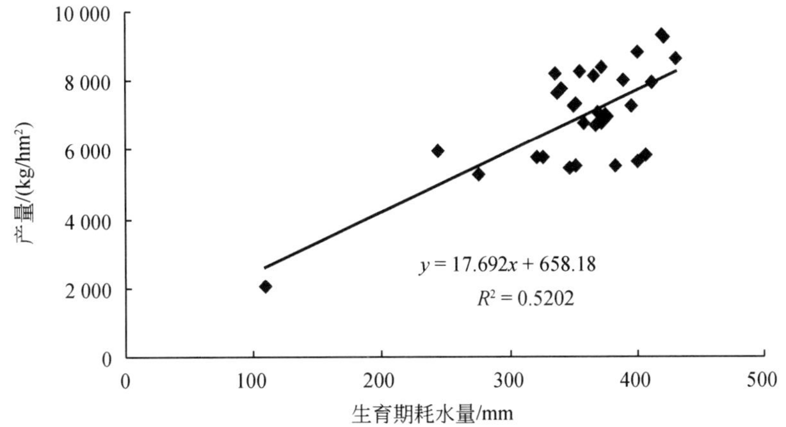

图 3-15　夏玉米生长期间耗水量与产量关系（栾城站多年结果）

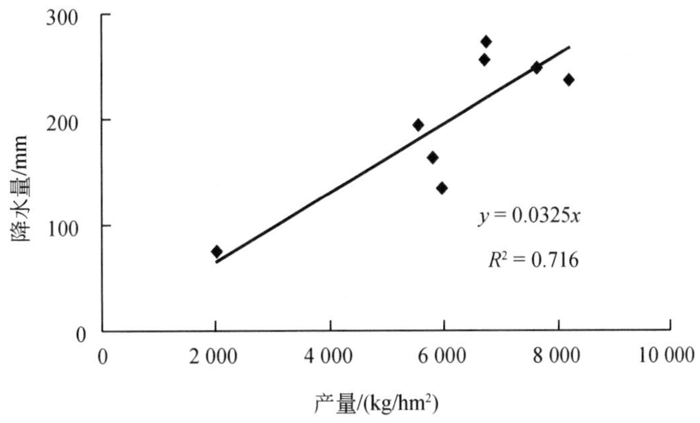

图 3-16　不灌溉条件下玉米产量与 7 月、8 月降水量的关系

根据试验结果夏玉米优化灌溉制度为：干旱年份，除了出苗期一次灌溉外，在拔节和扬花期实施两次灌溉；其他年份，除了出苗期的一次灌溉，在抽穗到扬花期的 8 月初实施一次灌溉。同时，根据土壤含水量和产量之间的关系确定不同生育时期土壤含水量下限指标为：苗期土壤水分在田间持水量的 55% 以上，拔节期间土壤水分在田间持水量的

65% ~70%以上，抽雄吐丝期土壤含水量在田间持水量的65%以上，灌浆期和灌浆后期到收获土壤含水量在田间持水量的60%以上，对产量不会产生明显的影响。

3.1.3.2 冬小麦、夏玉米最小灌溉制度

冬小麦、夏玉米实施上述节水高产灌溉制度，年耗水量也大于800mm，灌溉需水量大于当地地下水的年补给量，而导致地下水位下降。如果用实现地下水平衡条件下的灌溉水量，也就是在最小灌溉条件下，冬小麦、夏玉米产量又是怎样的呢？最小灌溉指的是保证作物出苗，在播前或播后给予一定量的灌溉，而以后在整个生长期间不再进行灌溉。如果没有播种时的灌溉，因为上一季作物对土壤水分利用，导致上层土壤水分含量很低，将会对作物正常出苗和建立群体产生影响，特别是冬小麦生长期间，对土壤水分利用无论干旱年份还是湿润年份都很高，如果没有播前对夏玉米的灌溉，夏玉米就很难适期建立群体。

栾城试验站多年的结果显示，华北山前平原一年两作的种植方式在最小灌溉方式下平均冬小麦最小灌溉量需要107mm，夏玉米需要116mm；而充分灌溉条件下两季作物分别需要270mm和203mm，充分灌溉比最小灌溉多用灌溉水量53%（Zhang et al.，2006）。在最小灌溉条件下，冬小麦11个生长季产量和水分利用效率变动在5000 ~6800kg/hm^{2}和1.5 ~1.8kg/m^3，在充分灌溉条件下变动为5200 ~7100kg/hm^{2}和1.41 ~1.56kg/m^3。夏玉米在最小灌溉条件下产量和水分利用效率变动为5200 ~8200kg/hm^{2}和1.5 ~2.5kg/m^{3}及5600 ~9200kg/hm^{2}和1.3 ~2.2kg/m^3。平均最小灌溉冬小麦比充分灌溉减产14%，夏玉米减产13%；在一些特别干旱年份，冬小麦和夏玉米在最小灌溉条件下的减产率为20% ~25%，而有一些年份产量并没有显著减少（图3-17）。

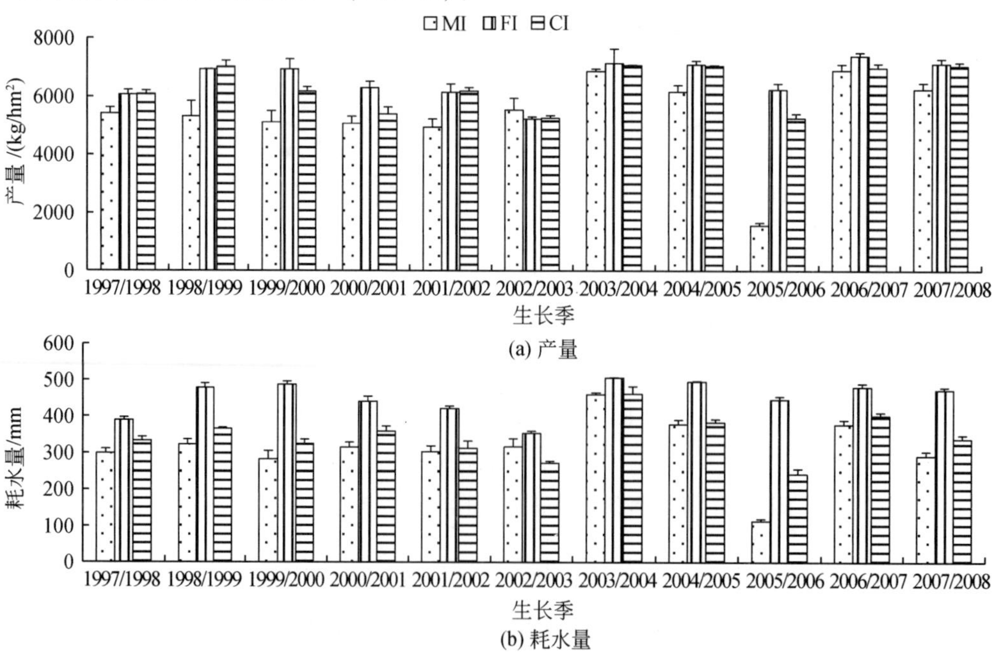

图3-17 冬小麦在最小灌溉（MI）、充分灌溉（FI）、关键期补水灌溉（CI）11个生长季平均总耗水量和产量的比较

最小灌溉和充分灌溉条件下对耗水量的比较显示，平均最小灌溉的农田耗水量比充分灌溉冬小麦少25%，夏玉米少21%，与产量降低幅度相比，耗水量降低幅度更大一些，最终最小灌溉条件下作物水分利用效率较高，平均冬小麦最小灌溉条件下水分利用效率提高15%，夏玉米提高10%。

最小灌溉下冬小麦产量减少与单位面积穗数和穗粒数减少明显相关，多年平均显示充分灌溉比最小灌溉穗数和穗粒数分别高12%和7.8%，但是千粒重平均最小灌溉处理比充分灌溉处理高6%，说明一定水分亏缺利于干物质向经济产量的转化。充分灌溉和最小灌溉夏玉米产量的差异是由最小灌溉的空秆率增加和穗粒数的减少造成的，而粒重两个处理之间没有明显差异。

在最小灌溉条件下，冬小麦和夏玉米产量与季节降水量有明显关系，在湿润年份，最小灌溉与充分灌溉产量差异不显著；而在干旱年份，最小灌溉产量减少较多，同时生育期降水的分配对最小灌溉的作物产量也有很大影响，因为作物不同生育期对水分亏缺的响应不同，因此灌溉制度的建立要与季节降水分布和作物不同生育时期对水分亏缺的反应结合起来。

最小灌溉与充分灌溉的耗水量相比，在最小灌溉条件下冬小麦和夏玉米一年两作总耗水量为550～820mm，充分灌溉年耗水量为760～920mm。多年平均最小灌溉年耗水量为654mm，充分灌溉为850mm。年总耗水量与平均年降水量的差值分别为237mm和433mm。根据对山前平原地下水年补给量的测算，平均为195mm，这样在最小灌溉条件下灌溉水量与地下水补给量基本维持平衡，如果在山前平原实施最小灌溉方式，有可能保证地下水的持续利用。虽然在最小灌溉条件下，对地下水补给量会比充分灌溉小，但在这种灌溉方式下，年灌溉水量可缩减40%～50%。同时随着灌溉成本增高，这种最小灌溉节省的灌溉费用，对减产也具有一定补偿作用。

3.1.3.3 关键生育期补水灌溉制度

节水优化灌溉制度因为涉及降水年型以及作物不同生育期对水分亏缺的响应，农民在应用时比较麻烦。实施最小灌溉，应用最简单，但一些年份会导致较大幅度减产。根据冬小麦对水分亏缺响应，拔节期是缺水最敏感时期，而且也是冬小麦追肥时期，如果结合这次施肥，只进行一次灌溉，无论干旱年还是平水年，减产幅度会很小。最近8年冬小麦关键期只灌溉一次的试验结果显示，平均产量比充分灌溉减少3%，而总耗水量减少21%，水分利用效率提高24%，而且比最小灌溉水分利用效率增加7%，产量提高13%（图3-17）。因此，在山前平原，可以实施冬小麦播前底墒好的基础上，无论何种年型，冬小麦只灌溉关键期一水，这一水可在拔节期前后；大多年份可不减产，但可以节约灌溉水量90mm。

从上面分析可以看到，在山前平原冬小麦-夏玉米实施最小灌溉，农田耗水与降水和地下水年补给量基本相等，当地根层土壤高的土壤持水能力和土体结构利于根系生长发育是这种最小灌溉制度实施的基础条件。充分灌溉下农田耗水比当地实际供给能力多200mm以上，而导致地下水连年超采和持续下降。实施最小灌溉有些年份会造成明显减产，通过补水灌溉在作物关键生长期，根据降水分布，建立高产、高水分利用效率的亏缺灌溉制度是水资源短缺地区灌溉农业的发展方向。

3.1.3.4 限量灌溉下灌溉水的优化分配

前面的结果显示，在最小灌溉条件下，增加一次关键需水期灌溉，作物产量和水分利用效率都得到显著提高。如果只灌溉一水，冬小麦和夏玉米灌溉在播种之前，形成好的底墒条件对作物产量有利，还是这一次水灌溉在冬小麦拔节期或夏玉米大喇叭口期有利于作物产量的提高？2006~2007 年和 2007~2008 年的研究结果显示，冬小麦和夏玉米在灌溉一次水的条件下，这一次水灌溉在播种时和灌溉在冬小麦的拔节期及夏玉米的大喇叭口期对总耗水量、产量和 WUE 没有影响（表 3-5）。2006~2007 年、2007~2008 年冬小麦两个生长季节的降水量分别为 157mm 和 212mm，属于湿润年型；2007 年和 2008 年夏玉米生长期间的降水量分别为 232mm 和 310mm，属于旱年和正常年型。而在干旱年型下（2005~2006 年、2008~2009 年），冬小麦生育期仅灌溉一水，灌溉在关键生育期拔节期的处理要比灌溉在播种期的产量和水分利用效率明显提高（表 3-6）。因此，限水灌溉条件下灌溉在关键生育期的处理对作物产量形成和水分利用效率提高更有利。

表 3-5 限量灌溉条件下（仅灌溉一水）灌溉时间对冬小麦、夏玉米产量、耗水量和水分利用效率（WUE）的影响

季节	处理	冬小麦			夏玉米		
		产量/(kg/hm^2)	耗水量/mm	WUE/mm	产量/(kg/hm^2)	耗水量/mm	WUE/mm
2006~2007 年	储水	6361.5a*	383.1a	1.66a	5056.5a	337.1a	2.07a
	关键期	6379.5a	377.2a	1.69a	5206.5a	347.1a	2.01a
	雨养	4416.0b	289.9b	1.52b	3805.5b	253.7b	1.89b
2007~2008 年	储水	6885.0a	361.3a	1.91a	8889.0a	341.0a	2.60b
	关键期	7047.0a	352.9a	1.99a	9001.5a	397.5a	2.26a
	雨养	3559.5b	217.8b	1.63b	6477.0b	313.8b	2.07a

* 同一列同一季节数字后面的字母相同，表示统计分析不显著（$P<0.05$）。

表 3-6 限量灌溉条件下（仅灌溉一水）灌溉时间对冬小麦产量、耗水量和水分利用效率（WUE）的影响

生育期	处理	产量/(kg/hm^2)	耗水量/mm	WUE/mm
2005~2006 年（降水 83.1mm）	储水灌溉	280.9a*	268.4a	1.57a
	关键生育期灌溉	352.9b	248.5a	2.13b
2008~2009 年（降水 80.5mm）	储水灌溉	351.6a	354.0a	1.49a
	关键生育期灌溉	413.6b	364.9a	1.70b

* 同一列同一季节数字后面的字母相同，表示统计分析不显著（$P<0.05$）。

3.1.3.5 作物亏缺灌溉策略

图3-18显示三个生长季（2008～2011年）冬小麦在生长期内不灌溉至灌溉五水共六个灌溉水平下的产量和水分利用效率变化，三个生长季降水量分别为80.1mm、63.1mm和65.7mm，均属于干旱年型。灌溉增产效应明显，但随着灌溉次数增多，灌溉增产效应降低。在2008～2009年生长季，灌溉两水就能取得最高产量，再增加灌溉水量，对产量的影响很小。2009～2010年灌溉四水产量最高，2010～2011年灌溉五水达到最高产量。产量变化与季节降水分配关系密切。水分利用效率则是随着灌溉水量增加而降低。三个生长季平均从不灌溉到灌溉一水增产136kg/亩，从一水到二水增产34kg/亩，从二水到三水增产33kg/亩，从三水到四水增产14kg/亩，从四水到五水产量增加1kg/亩。结果显示出冬小麦从不灌溉到灌溉一次水增产幅度最大，因此在水资源有限情况下，通过减少已有灌溉面积的灌溉定额，扩大灌溉面积对粮食生产更有利。

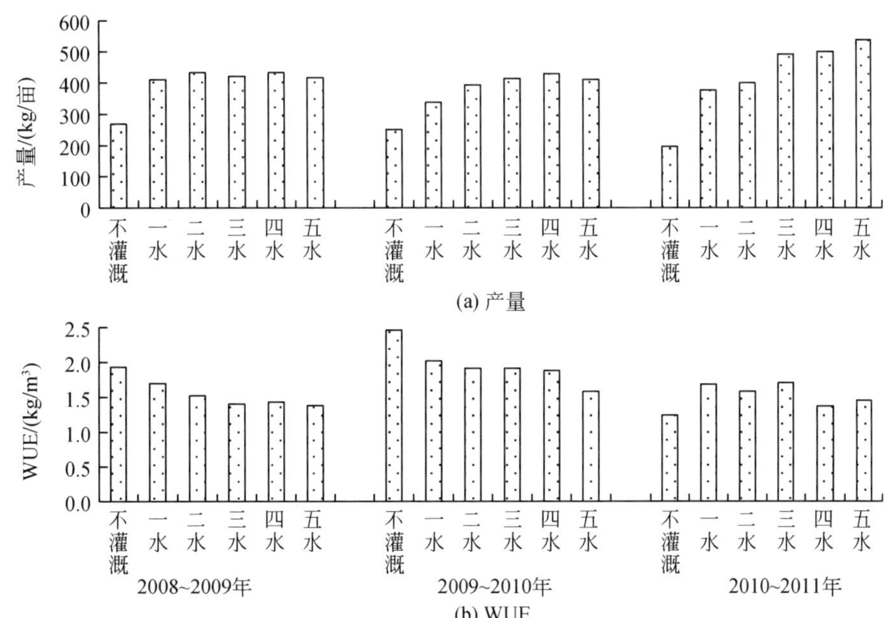

图3-18 冬小麦三个生长季从生育期不灌溉到灌溉五水产量和水分利用效率（WUE）变化（栾城试验站数据）

3.1.3.6 种植制度调整对年总耗水量的影响

上面结果显示冬小麦、夏玉米生育期仅灌溉一次水就能明显提高作物产量，而不灌溉仅靠雨养条件，冬小麦、夏玉米一年两季的产量较低。如果完全没有灌溉，种植冬小麦和夏玉米与只种植一季春玉米相比，哪一种种植效果更好？表3-7的结果显示2006～2007年两季的产量之和比一季春玉米的产量多4%，总用水量多150mm；而2007～2008年的结果显示一季春玉米的产量远小于冬小麦、夏玉米的产量之和，可能与2007年春玉米灌浆期出现倒伏，影响其产量有关；另外 2008 年夏季降水量多，夏玉米产量在完全雨养条件下也表现较好。表 3-7 的结果显示种植一季春玉米耗水量在 400mm 左右，低于当地年平均降水量，是资源可持续利用下的种植制度。考虑到种植两季作物的化肥、农药、机械、种子等投入，从经济效益方面考虑，在雨养条件下种植一季作物春玉米比种植两季作物的经济效益高。

表 3-7　完全雨养条件下冬小麦、夏玉米一年两作与一季春玉米产量、耗水量比较

季节	处理	小麦		玉米		合计	
		产量/(kg/hm²)	耗水量/mm	产量/(kg/hm²)	耗水量/mm	产量/(kg/hm²)	耗水量/mm
2006 ~ 2007 年	两季	4 416.0	289.9	3 805.5	253.7	8 221.5	543.6
	一季	—	—	7 921.5	395.5	7 921.5	395.5
2007 ~ 2008 年	两季	3 559.5	217.8	6 477.0	313.8	10 036.5	531.6
	一季*	—	—	6 555.0	388.5	6 555.0	388.5

*2008 年春玉米出现倒伏，影响其产量。

3.1.4　主要结论

多年田间试验结果显示，在充分供水条件下，海河流域华北高产区冬小麦-夏玉米的年平均需水量为 855mm，随着产量增加，农田耗水量有增加趋势。水分利用效率随着生产条件的改善不断提高，冬小麦水分利用效率从 20 世纪 80 年代的 1.0kg/m³ 提高到现在的 1.4 ~ 1.5kg/m³；夏玉米从过去的 1.0 ~ 1.3kg/m³ 提高到现在的 1.8 ~ 2.2kg/m³；农田水分利用效率的提高得益于品种改良、优化灌溉制度、耕作覆盖保墒以及农田养分条件的改善（Zhang et al.，2005）；根据国内外的研究，冬小麦在优化管理条件下水分利用效率可达到 1.7kg/m³、夏玉米可达到 2.7kg/m³（Zwart and Bastiaanssen，2004）。本区域主要作物小麦、玉米存在着巨大的节水潜力。

海河流域华北高产区缺水严重，在缺水严重地区灌溉策略应该是亏缺灌溉；作物在亏缺灌溉条件下，通过关键生育期补水，可显著提高产量和水分利用效率，降低对灌溉水的依赖；作物在合理的亏缺灌溉条件下，甚至能够取得比充分灌溉要高的产量和大幅度增高的水分利用效率。因为作物对水分亏缺有一个阈值反映，水分亏缺并不总是降低产量，一定阶段、一定程度的水分亏缺反而利于作物干物质分配向经济产量的转移，如冬小麦早春灌溉时间越晚，灌溉次数越少，冬小麦抽穗期越早，灌浆期亦越长。拔节期灌溉比返青期灌溉早抽穗 1.5 天，灌浆日期多 2 天。前期浇一水比浇二水和三水早抽穗 2~6 天，灌浆期长 1 ~5 天。因此，通过灌溉计划，可以调整小麦发育进程。即采取压缩前期灌水量，推迟早春灌水时期的措施，可促早发育增产稳产和提高水分利用效率。

研究结果显示，冬小麦实施调亏灌溉反而利于产量和水分利用效率提高。根据山前平原多年的实验结果，冬小麦取得最高产量的灌溉制度是平水年二水、湿润年一水、干旱年三水，比当地普遍使用的灌溉制度减少灌溉次数 1 ~2 次，产量提高 10%，水分利用效率提高 15% 左右。

海河流域冬小麦、夏玉米一年两作农田必须需要一定的灌溉才能保证作物生长，特别是冬小麦收获后，上层土壤很干燥，必须进行灌溉才能保证夏玉米及时出苗，因此适当补水调控对冬小麦、夏玉米及时建立良好的作物群体有重要作用。在最小灌溉，也就是冬小麦和夏玉米播种时根据当时土壤墒情，通过适当灌溉，形成有利作物出苗的土壤墒情条件，其他时间不再进行灌溉条件下，在山前平原土壤深厚、持水能力强的土壤上，冬小麦-夏玉米实施最小灌溉，平均比充分灌溉产量减少 13% ~ 15%，但总耗水量减少 200mm，水分利用效率提高了 15%，在这种灌溉情况下，可望实现地下水采补平衡。

为了弥补最小灌溉在特别干旱年份带来的减产问题，实施关键生育期补水灌溉制度，即无论何种降水年型，应用关键期只补充灌溉一水，保证播种时土壤墒情较好的条件下，冬小麦产量只比充分灌溉产量少 3%，而水分利用效率高 21%，比充分灌溉少用水 90mm。这一次关键期灌水在拔节期，结合施肥。这样农民应用起来简单，利于大面积推广应用。上述结果显示，通过优化灌溉制度实现农田节水的潜力巨大。

3.2 海河流域中原高产农业区主要作物节水高效灌溉机理与技术研究

本节围绕“节水高效”这一中心，以河南新乡地区的研究结果为例，论述了不同水分调控措施对该区主要种植作物小麦、玉米、棉花和设施蔬菜（番茄）形态指标、生理特性、耗水规律、产量、品质及水分利用效率的综合影响效应，揭示了海河流域中原高产农业区主要农作物的节水高效灌溉机理，进而提出了几种作物的节水高效灌溉制度。

3.2.1 水分调控对中原高产农业区主要作物形态指标的影响

作物的生长发育与土壤水分状况密切相关，水分亏缺总是延缓、停止或破坏作物正常的生长发育，加快或促进植株组织、器官和个体的衰老、脱落或死亡，而且随着水分亏缺程度的加剧或延长，这种趋势随之增强。在短历时或适度水分胁迫下，恢复供水后植株一般均可恢复，甚至超过原来的生长水平，补偿一部分在缺水期的损失，即作物的生长补偿效应。但在长时期的或严重的胁迫下，常常造成不可逆的代谢失调，严重地影响生长发育及产量和品质，甚至造成植株局部或整株死亡。

株高和叶面积都是反映作物生长性状的有效指标，叶面积指数是一块地上作物叶片总面积与占地面积的比值，它是反映作物群体结构的一项重要参数，直接决定着生物群体对光能的截获能力，对作物产量的形成至关重要。对于冬小麦来说，相同时段内播种—拔节期干旱、拔节—抽穗期干旱、抽穗—灌浆期干旱、灌浆—成熟期干旱都会不同程度的降低植株株高和叶面积，其株高分别比适宜水分处理降低 2.3% ~5.1%、7.6% ~11.9%、1.2% ~6.3% 和 3.7% ~3.8%；叶面积指数分别比适宜水分处理降低 6.4% ~11.2%、5.6% ~12.8%、5.0% ~5.7% 和 3.1% ~12.1%（图 3-19）。可见干旱对冬小麦株高和叶面积影响最大的时期均是拔节—抽穗期，后期的干旱会造成叶片的快速衰老，缩短功能期，对叶面积指数的影响也很大。从收获时的株高来看，拔节—抽穗期干旱的株高最低，抽穗—灌浆期干旱的次之。

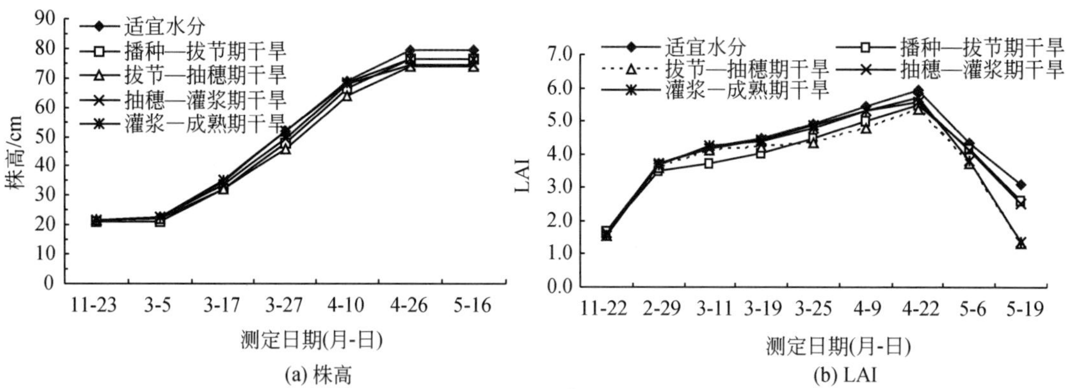

图 3-19　不同生育期干旱下冬小麦株高和叶面积指数（LAI）变化过程线（2007～2008 年）

对于夏玉米来说，相同时段内苗期干旱、拔节期干旱、抽雄期干旱、灌浆成熟期干旱的株高分别比适宜水分处理降低 18.8%～23.2%、9.1%～21.3%、6.3%～9.4% 和 1.1%～2.2%；其叶面积指数分别比适宜水分处理降低 23.7%～38.3%、21.0%～30.0%、12.1%～18.0% 和 9.3%～22.7%（图 3-20）。随着干旱时期的后移，干旱对株高和叶面积指数的影响程度逐渐降低，苗期受旱影响最大，其次拔节期。从收获时的株高来看，全生育期连续轻旱处理的株高最低，适宜水分处理的最高，拔节期干旱的处理对株高影响最大，抽雄期干旱处理的次之；在任一生育时期受旱对株高都会造成一定的影响，受旱越重，株高越低。

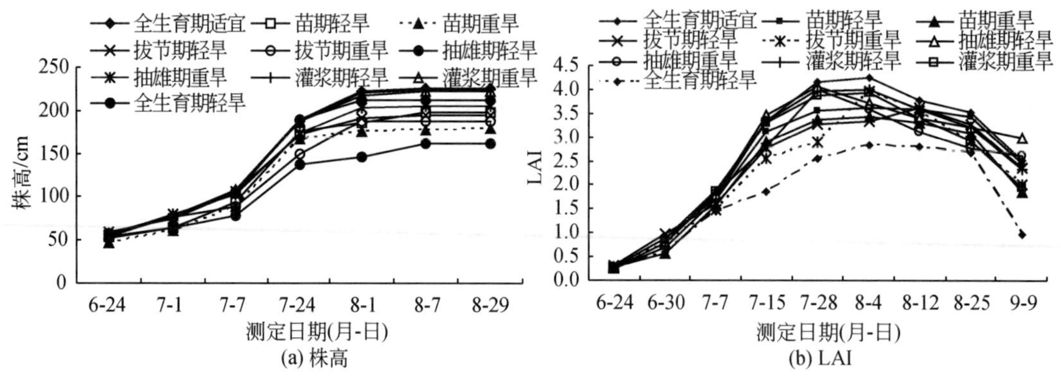

图 3-20　不同生育期干旱下夏玉米株高和叶面积指数（LAI）变化过程线（2008 年）

同冬小麦和夏玉米一样，不同生育阶段水分胁迫亦会对棉花（麦后移栽棉）的株高和叶面积指数存在明显影响（图 3-21）。蕾期是棉花植株株高和叶面积的快速生长阶段，当棉花在蕾期遭遇水分胁迫后（T4 和 T5），其株高和叶面积指数与适宜供水处理（T3）差异逐渐增大，即便复水后仍存在明显差异，且株高和叶面积指数随水分胁迫程度的增大而减小，即 T5<T4<T3。当棉花进入花铃期后，株高和叶面积生长速度逐渐放缓，因而该阶段水分胁迫仅对后期植株长势有明显影响，各处理植株在生育前期无明显差异。由此可见，蕾期水分胁迫对棉花株高和叶面积指数的影响程度大于花铃期，但不论是蕾期还是花铃期，水分胁迫均会抑制株高和叶面积指数的正常生长。

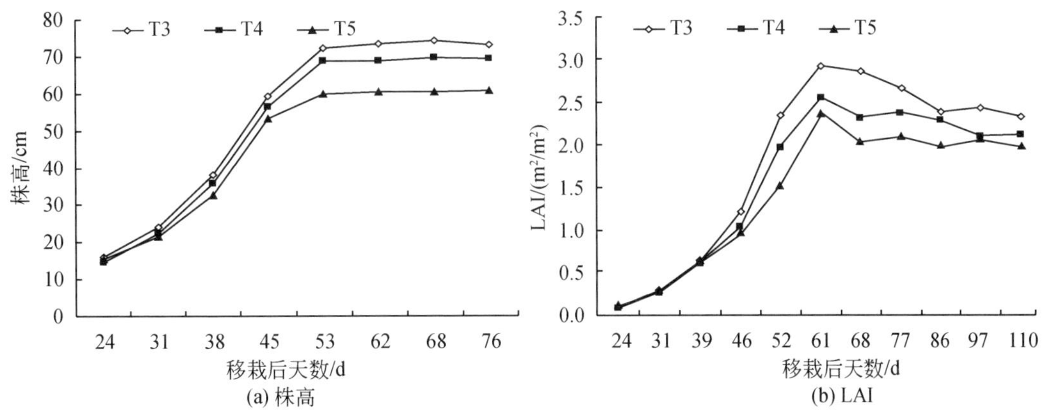

图 3-21　蕾期不同水分条件下夏棉株高和叶面积指数（LAI）变化过程线（2010 年）

棉花单株成铃数是皮棉产量构成的一项要素，然而在生长过程中，棉花蕾铃的发育和消长极易受外界环境条件的影响，其中，土壤水分状况是影响蕾铃脱落率的环境因子之一。试验结果显示（图 3-22），蕾期和花铃期水分亏缺均会减少夏棉蕾铃数，蕾铃数随着水分亏缺程度的增大而减小。蕾期水分亏缺虽然降低了前期脱落率，却增大了后期脱落率；而花铃期水分亏缺延迟了蕾铃生长，虽然现蕾数不少，却也增大了花铃后期脱落率，造成成铃数减小，势必降低最终产量。

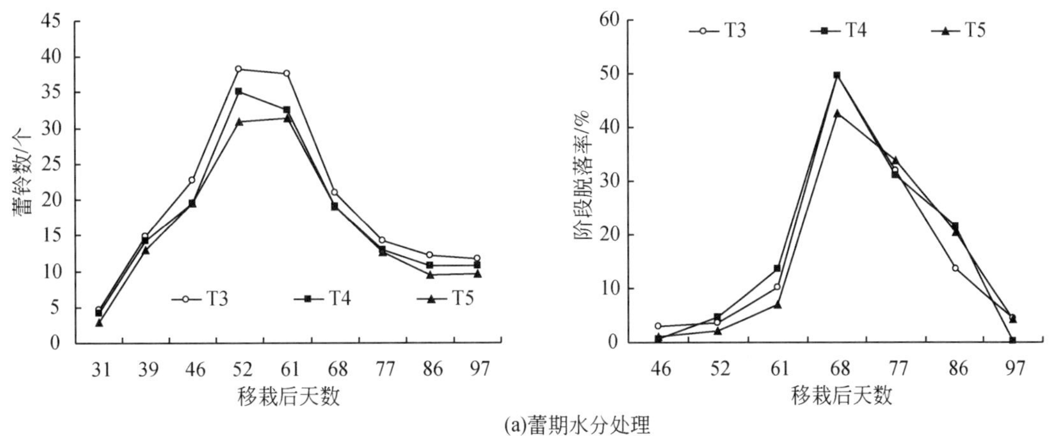

(a)蕾期水分处理

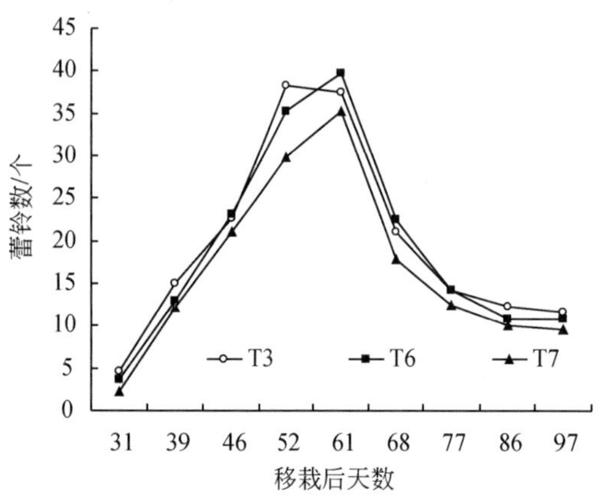

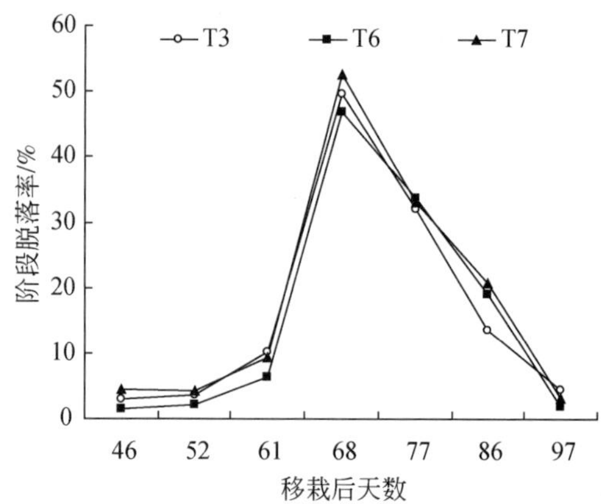

(b)花铃期水分处理

图 3-22　不同水分状况下夏棉蕾铃数及脱落率的变化过程

注：T3 为适宜供水处理，即苗期、蕾期、花铃期和吐絮期水分控制下限分别为田间持水量的 60%、70% 和 55%；T4 和 T5 为蕾期水分胁迫处理，灌水控制下限分别为田间持水量的 60% 和 50%；T6 和 T7 为花铃期水分胁迫处理，灌水控制下限分别为田间持水量的 65% 和 60%；其他生育期水分管理同 T3。本节夏棉处理编号的含义同此。

对温室滴灌番茄来说（表 3-8），苗期土壤水分状况对株高的影响比较明显。番茄定植后 13 天之内处理 T1、T2、T3 株高没有明显差别，这是因为此时段水分基本一致，各处理水分尚未拉开，但从第 18 天处理 T3 灌水后，其株高明显高于 T1、T2 处理，在整个生育期内番茄的株高随土壤含水率增大而增大，即 T1<T2<T3。在番茄开花坐果期进行土壤水分调控，T2 和 T6 的株高在整个生长发育阶段均无明显差异，但略高于 T5 处理，而明显高于 T4 处理，番茄株高随水分胁迫程度的增大而减小；即使 T4 复水后，其株高也未出现反弹，说明此阶段为番茄植株生长对水分需求的敏感时期。当番茄进入成熟采摘期，营养生长已基本结束，主要以生殖生长为主，在此阶段进行土壤水分调控，对番茄的株高影响较小，主要表现在水分亏缺加快了植株的衰老。

表 3-8　不同水分处理对番茄株高和叶面积指数的影响

项目	日期（月-日）	T1 T50-70-70	T2 T60-70-70	T3 T70-70-70	T4 T60-50-70	T5 T60-60-70	T6 T60-80-70	T7 T60-70-50	T8 T60-70-60	T9 T60-70-80	CK T80-80-80
株高/cm	3-26	24.8	23.7	26.9	25.6	25.2	26.1	21.6	22.1	22.1	25.4
	4-2	32.5	33.0	37.8	32.8	32.2	33.7	29.2	29.5	31.5	32.1
	4-9	43.0	45.0	49.2	45.0	45.8	45.4	41.6	42.7	44.7	46.1
	4-16	56.4	60.2	63.4	56.2	56.3	56.8	57.5	57.4	58.4	59.1
	4-23	72.4	75.1	80.1	68.0	69.9	73.3	71.5	69.3	73.8	78.6
	4-30	81.6	82.9	89.3	74.0	79.9	81.3	85.6	84.2	87.4	87.4
	5-7	85.9	89.0	93.4	78.4	84.2	87.9	90.0	90.1	92.5	96.2
	5-22	90.2	95.1	97.6	82.7	88.5	94.6	94.4	95.9	97.7	98.2
	6-5	90.6	97.2	100.1	82.8	89.0	98.1	96.6	95.6	100.2	102.2

续表

项目	日期（月-日）	T1 T50-70-70	T2 T60-70-70	T3 T70-70-70	T4 T60-50-70	T5 T60-60-70	T6 T60-80-70	T7 T60-70-50	T8 T60-70-60	T9 T60-70-80	CK T80-80-80
叶面积指数	3-26	0.202	0.296	0.212	0.202	0.242	0.260	0.303	0.278	0.262	0.284
	4-2	0.309	0.494	0.380	0.445	0.402	0.500	0.482	0.445	0.484	0.478
	4-9	0.597	0.885	0.851	0.851	0.926	1.023	0.850	0.846	0.910	0.883
	4-16	0.990	1.382	1.427	1.414	1.325	1.539	1.326	1.282	1.218	1.126
	4-23	1.360	2.148	2.242	2.019	1.911	2.220	2.298	2.158	2.048	2.055
	4-30	2.178	2.718	2.901	2.182	2.443	2.860	2.888	2.807	2.939	2.746
	5-7	3.024	3.500	3.447	2.451	3.008	3.507	3.554	3.556	3.433	3.469
	5-15	3.478	3.679	4.032	2.673	3.250	3.556	3.763	3.820	3.858	3.935
	5-22	3.936	3.752	4.118	2.736	3.527	3.705	3.788	3.836	3.740	4.057
	5-29	3.849	3.593	4.114	2.574	3.346	3.489	3.377	3.485	3.709	4.047
	6-5	3.582	3.241	3.859	2.624	3.154	3.264	3.081	3.182	3.417	4.769

注：表中处理一项中的数字 50、60、70、80 表示土壤水分控制下限占田间持水量的比例（%），如 T60-70-70 表示苗期、开花坐果期、成熟采摘期三个时期的土壤水分控制下限分别为田间持水量的 60%、70% 和 70%，本节番茄处理编号的含义同此。

从表 3-8 还可看出，苗期和开花坐果期水分处理对番茄叶面积指数的影响，与水分处理对株高的影响基本相似，叶面积指数基本上随着土壤含水率的增大而增大，苗期水分亏缺处理 T1 在后期复水后表现出生长补偿效应；开花坐果期叶面积指数均表现出随土壤含水量的增大而增大，即 T6>T2>T5>T4，即使严重水分亏缺处理 T4 后期复水，其叶面积指数也未表现出补偿效应；成熟采摘期番茄以生殖生长为主，叶面积的增长速率减缓，水分处理对叶面积指数的影响不大，各水分处理之间差异主要表现为土壤含水量越低叶片老化越快。

作物从土壤中吸收水分和养分的强弱，在很大程度上取决于次生根的数量。图 3-23 所示是冬小麦不同生育阶段水分亏缺结束时测定的各处理的单株平均次生根数。总体上看，不论土壤水分状况如何，随生育阶段推进，次生根数的变化曲线均呈倒“V”形；在Ⅳ阶段（拔节—抽穗）以前，各处理的次生根数均随生育阶段推进而增加，至Ⅳ阶段达最大值，之后开始下降，只是随水分亏缺度加重次生根数下降速度减慢，说明水分亏缺可延缓根系衰老。

由图 3-23 还可看出，不论水分亏缺度如何，Ⅱ期（越冬—返青）、Ⅲ期（返青—拔节）和Ⅳ期都是次生根发根的主要阶段，只是随水分亏缺度加重，次生根发根数减少。Ⅰ期（三叶—越冬）水分亏缺对次生根的发根数影响较小；Ⅱ期各水分亏缺处理次生根数均较 CK 减少，减少幅度为 2.1% ~17.2%，轻度水分亏缺（L）、中度水分亏缺（M）与适宜水分（CK）差异不显著（$P>0.05$），重度水分亏缺（S）与 CK 差异达显著水平（$P<0.05$）；Ⅲ期和Ⅳ期水分亏缺对次生根数的影响强度较前两期明显增大，Ⅲ期轻、中、重 3 个水分亏缺处理次生根数分别比 CK 减少 21.5%、28.9% 和 32.6%，与 CK 差异均达极显著水平（$P<0.01$）；Ⅳ期分别减少 18.2%、28.3% 和 30.6%，与 CK 差异也均达极显著水平；Ⅴ

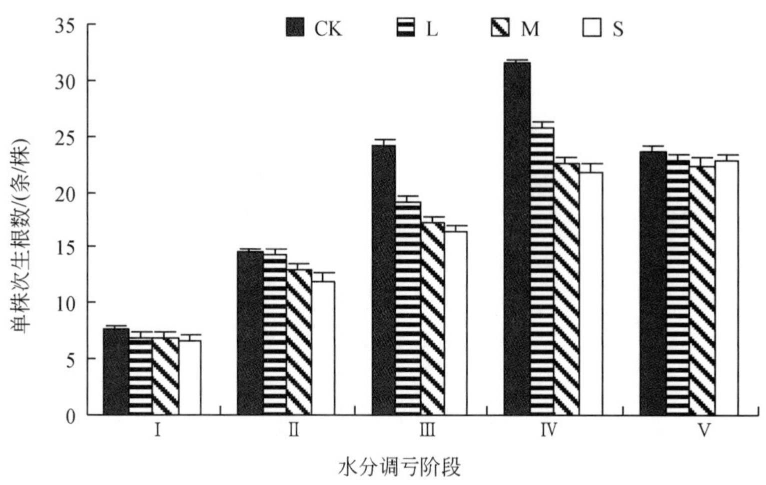

图 3-23　水分亏缺对冬小麦次生根数的影响

期（抽穗—成熟）水分亏缺对次生根数影响程度大幅度减小，各水分亏缺处理次生根数较CK 分别减少 3.4%、5.1%和 3.8%，差异达不到显著水平。说明水分亏缺对冬小麦植株次生根发根数的抑制作用主要集中在Ⅲ期和Ⅳ期，即返青—拔节阶段和拔节—抽穗阶段。

冬小麦各生育阶段次生根数与土壤相对含水量关系的拟合模型可表示为

$$y = bx + a \tag{3-4}$$

式中，y 为次生根数；x 为土壤相对含水量（%）；a 为回归截距；b 为线性回归系数。从拟合模型参数（表 3-9）可以看出，Ⅰ、Ⅲ和Ⅳ生育阶段次生根数均与土壤水分呈极显著线性相关，Ⅱ期次生根数与土壤水分呈显著线性相关，Ⅴ期二者无显著相关关系。而回归直线的斜率表示次生根数对土壤水分变化的敏感程度，即回归直线斜率越大，表示次生根数对水分亏缺越敏感。由此也可以看出，Ⅲ期和Ⅳ期次生根数对水分亏缺较为敏感（回归直线斜率分别为 0.2021 和 0.2523）。

表 3-9　冬小麦不同生育阶段次生根数与土壤相对含水量关系拟合模型

生育阶段	回归方程	决定系数	斜率	样本数
Ⅰ	y=0.0271x+5.4143	R^2=0.9956**	0.0271	4
Ⅱ	y=0.0620x+9.8600	R^2=0.8478*	0.0620	4
Ⅲ	y=0.2021x+7.5349	R^2=0.9626**	0.2021	4
Ⅳ	y=0.2523x+10.861	R^2=0.9657**	0.2523	4
Ⅴ	y=0.0264x+21.342	R^2=0.7444	0.0264	4

注：表中 * 和 ** 分别表示在 0.05 和 0.01 水平上的差异显著，本节相同标注含义同此。

根与冠是植物的结构和功能的基础，二者的相互调节对提高作物水分利用效率具有重要作用。由于作物水分利用效率主要取决于单位叶面积的蒸腾速率和根系吸水能力，因此，作物高效用水的实质是如何使根、冠结构和功能达到最优匹配。如何协调二者的生长关系实现资源的高效利用是一个亟待研究的问题。

根、冠生长动态是由作物自身遗传特性和环境因素共同决定的。图3-24显示的是冬小麦各生育期不同水分亏缺阶段结束时测定的根/冠比（*R/S*）。从全生育期看，各处理的*R/S*随生育期的推进均呈下降趋势，灌浆阶段最低，说明随着根系的生长发育，吸收水分和养分能力增强，促进了地上部生长发育，*R/S*逐渐下降，直到收获时降至最小，以形成最大的经济产量为目标。这与苗果园等的结论一致。从不同生育阶段看，水分变化显著影响干物质在根、冠间的分配比例，水分亏缺均增大*R/S*，且随水分亏缺度加重，*R/S*呈明显增大趋势；*R/S*最大值出现在Ⅰ期的重度水分亏缺（S），比同期CK增加38.4%，达极显著水平；轻度水分亏缺（L）比CK增加6.6%，差异不显著；中度水分亏缺（M）比CK增加18.8%，差异达显著水平。Ⅱ期各水分亏缺处理（L、M、S）的*R/S*分别比同期CK增加13.0%、33.7%和56.1%，轻度水分亏缺达显著水平，中、重度水分亏缺达极显著水平。Ⅲ期各水分亏缺处理分别增加23.2%、55.7%和83.2%，均达极显著水平。Ⅳ期和Ⅴ期*R/S*较CK增加不显著。说明当出现一定程度水分亏缺时，根系吸水困难，根系从土壤中获得的水分被优先保证根系生长发育需求，使根系受害较地上部分轻，故根冠比增大；同时表明在冬小麦生育前期（拔节以前）实施适度的水分亏缺有利于增强根系的发育，控制地上旺长，提高小麦抗旱能力。

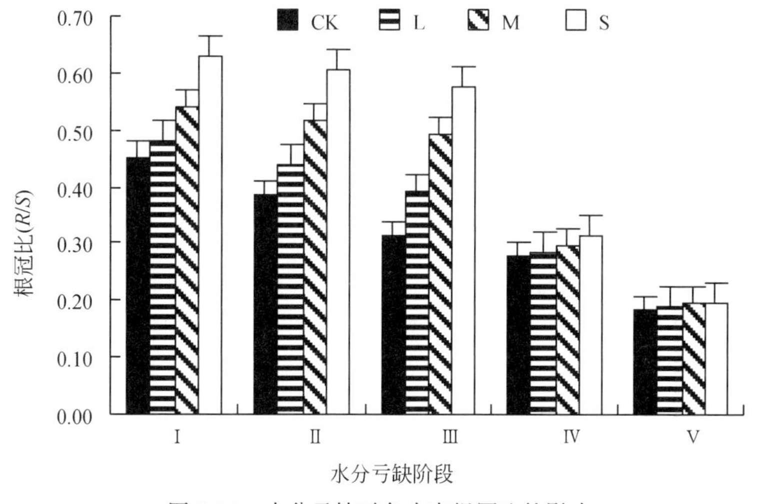

图3-24　水分亏缺对冬小麦根冠比的影响

3.2.2　水分调控对中原高产农业区主要作物生理特性的影响

光合速率和蒸腾速率作为表征叶片生理活性的最主要指标之一，通过合理的水分控制提高光合速率和光合效率是节水高效灌溉追求的目标之一。

光合作用是绿色植物通过叶绿体，利用光能，把二氧化碳和水转化成储存着能量的有机物，并且释放出氧的过程，其大小可用光合速率（Pn）表示，光合速率大小与光强、温度、二氧化碳浓度、必需矿质元素和水等因素有关。在气象因子一定的条件下，土壤水分状况是影响光合速率最主要的可控因素。在晴朗的天气条件下，Pn 从早上 8：00 以后开始逐渐上升，在 11：00 ~ 14：00 达到最大值，随后开始逐渐下降，当土壤水分出现胁迫时，Pn 峰值出现的时间有随着水分胁迫程度的增加而提前出现的趋势（图 3 -25）。视土壤水分条件的差异以及天气条件的变化，光合作用有时出现午休现象，即正午期间有一个低值，其日变化曲线呈双峰型。光合速率随着土壤水分降低而降低，在早上和傍晚不同处理间的 Pn 差异较小，10：00 ~ 16：00 不同处理间的 Pn 差异很大，在 12：00 左右差异最大。从不同生育期来看，在土壤水分相当的情况下，灌浆期的光合速率略大于拔节期，但当土壤水分出现胁迫时，灌浆期的光合速率比拔节期的下降早，下降的速度快。

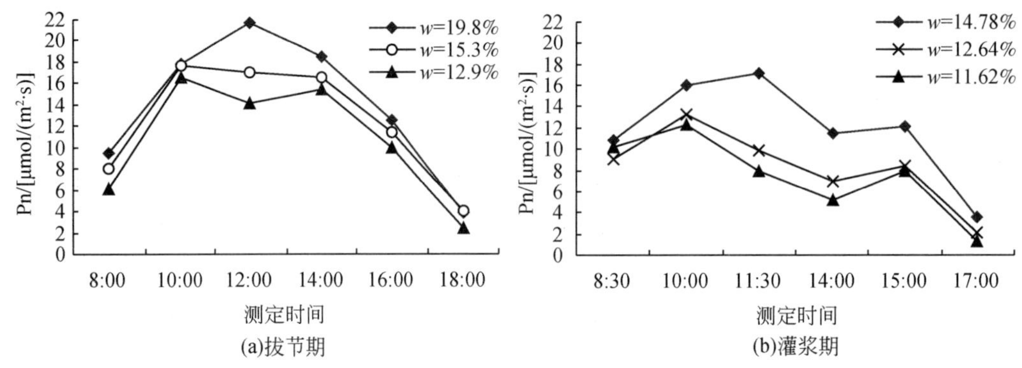

图 3-25　不同土壤水分含量处理下冬小麦光合速率（Pn）日变化

根据试验测定结果对冬小麦各生育阶段植株光合速率与土壤水分的关系进行拟合，结果见表 3-10。可以看出，拔节期水分亏缺期间光合速率与土壤水分关系呈极显著二次曲线关系，说明这一阶段植株光合速率对土壤水分变化反应敏感；返青期和抽穗期水分亏缺期间的光合速率与土壤水分状况呈微弱二次曲线关系，但复水后的光合速率与水分亏缺度间呈极显著二次曲线关系，说明水分亏缺对光合速率的影响不是孤立的，某阶段水分亏缺不仅对本阶段产生影响，而且对以后阶段也有明显影响，即存在“后效性”；负的相关系数表明，水分亏缺期间水分亏缺度越重（土壤水分控制下限越低），复水后光合速率越高，即水分亏缺处理复水后光合速率具有补偿或超补偿效应。

表 3-10　冬小麦不同生育阶段光合速率与土壤相对含水量关系拟合模型

水分亏缺阶段	模拟方程	相关系数 R	决定系数 R^2
返青期	水分亏缺期间：$y=-3.8958x^2+6.8176x+2.9597$	0.7478	0.5592
	复水后：$y=-5.2083x^2+12.746x+6.4218$	0.9981 **	0.9962 **
拔节期	水分亏缺期间：$y=-17.75x^2+37.313x-5.2564$	0.9990 **	0.9980 **
	复水后：$y=-60.382x^2+76.395x-13.235$	-0.9373	0.8786
抽穗期	水分亏缺期间：$y=35.417x^2-21.572x+4.1588$	0.9422	0.8878
	复水后：$y=75.937x^2-91.928x+30.604$	0.9908 **	0.9817 **

农田覆盖是一项人工调控土壤、作物间水分条件的栽培技术，具有保墒、抑蒸、调温和改善土壤理化性状等综合作用。不同覆盖措施和水分处理组合条件下夏玉米营养生长期光合速率响应过程线如图3-26(a)所示。高水分条件下（控制灌水下限为田间持水量的75%）PM1、SM12、CK1处理夏玉米的光合速率比低水分条件下（控制灌水下限为田间持水量的55%）PM3、SM32、CK3处理的大，高、低水分间CK（无覆盖）处理的光合速率相差2.3～18.9μmol/(m^2·s)，PM（地膜覆盖）处理相差3.5～18.0μmol/(m^2·s)，SM2（秸秆覆盖7500kg/hm^2）处理相差0.9～16.4μmol/(m^2·s)。在高水分和低水分条件下，全天平均光合速率的大小顺序均为PM>SM2>CK。高水分条件下，PM和SM2处理夏玉米光合速率较对照分别增加20.41%和13.18%；低水分条件下，PM和SM2处理夏玉米光合速率较对照分别增加了31.01%和23.08%；和高水分条件相比，低水分条件下各覆盖处理光合速率的差异较大。这是因为低水分条件下，对照水分明显不足，地膜和秸秆覆盖措施由于提供了较多的土壤水分，使得夏玉米受到干旱威胁的程度减小。而在高水分条件下，各处理的土壤中保持有相对充足的水分状况，夏玉米的生命活动未受干旱胁迫，其光合作用基本处于正常状态。

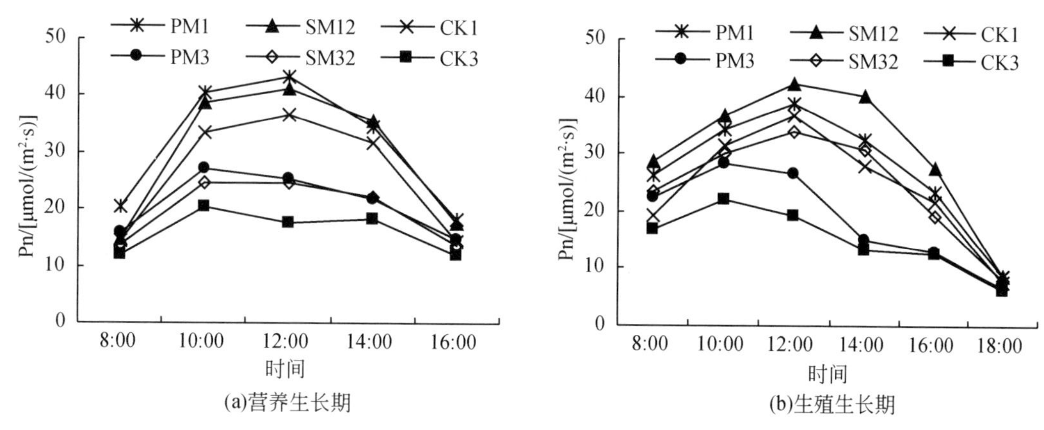

图3-26　不同水分和覆盖处理对夏玉米光合速率（Pn）的影响

生殖生长期夏玉米光合速率的日变化基本存在着与营养生长期相似的规律［图3-26(b)］。其不同点是SM2处理的光合速率超过了PM处理，高水分和低水分条件下光合速率的大小顺序均为SM2>PM>CK。这是由于生殖生长期秸秆覆盖处理夏玉米植株长势超过地膜覆盖处理。

图3-27为温室番茄苗期、开花坐果期、成熟采摘末期不同土壤水分状况下番茄光合速率的日变化规律。各生育阶段内不同土壤水分状况对叶片光合速率的影响主要表现在中午12：00左右，总的变化趋势是随土壤含水率的增加而增大，说明温室番茄光合速率在中午处于稳定阶段。而T2处理（控制灌水下限为：苗期60%、开花坐果期70%、成熟采摘期70%）与高水分处理（T3、T6、T9）相比，差异较小，但明显高于低水分处理，说明处理T2有利于提高番茄叶片的光合速率，适度的水分亏缺并没有严重影响叶面的光合作用，只有当土壤水分达到中度亏缺以下程度时才开始对番茄叶片的光合作用产生明显影响。纵观整个生育时期，番茄叶片光合速率表现出前期小、中期大、后期又减小的变化规

律，这主要是叶片的叶龄引起，一般而言，从叶片的发生至衰老凋萎，其光合速率呈单峰曲线变化，新形成的嫩叶由于组织发育不健全、叶绿体片层结构不发达、气孔开度低、细胞间隙小、呼吸作用旺盛等因素的影响，光合速率较低。

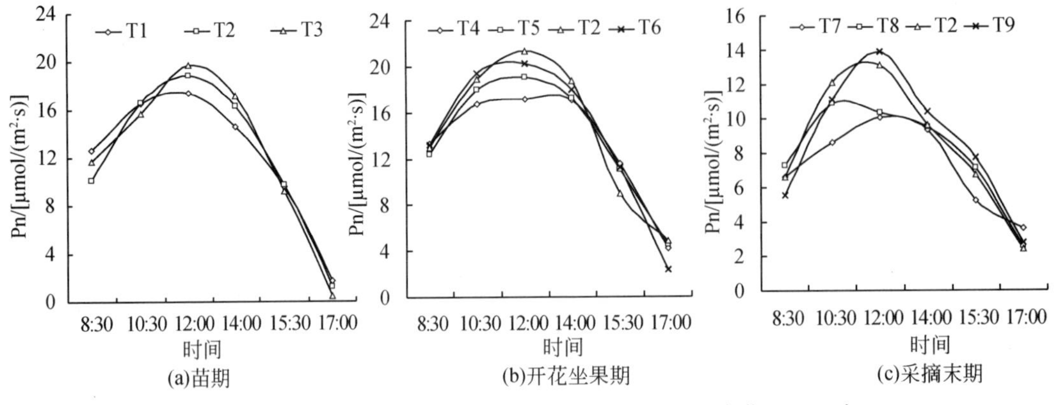

图 3-27　不同水分处理番茄叶片光合速率（Pn）的日变化（2008 年）

蒸腾是作物的重要生理活动之一，它既促进作物体内的水分传输与物质输送，维持一定的体温，又保证作物进行光合作用的需要，是形成生物产量和经济产量的基础。蒸腾速率（Tr）大小受植物形态结构和多种外界因素的综合影响，其中土壤水分状况是影响其大小的重要因素之一。由图 3-28 可知，不同水分处理冬小麦的 Tr 和 Pn 一样有着非常明显非常相似的日变化规律。当土壤水分出现胁迫时，Tr 峰值出现的时间有随着水分胁迫程度的增加而提前出现的趋势。视土壤水分条件的差异以及高温、强光天气条件，作物的蒸腾作用有时会因气孔的关闭现象在正午期间出现一个低谷，以减少蒸腾耗水来进行自我保护，其日变化曲线出现双峰型。在早上和傍晚不同处理间的 Tr 差异较小，10：00～16：00不同处理 Tr 差异很大，在正午前后差异最大，不同时刻的 Tr 都有随着土壤水分的降低而降低的趋势。从不同生育期来看，在土壤水分相当的情况下，灌浆期的蒸腾速率明显大于拔节期，可能是由于灌浆期气温明显高于拔节期的气温所致。

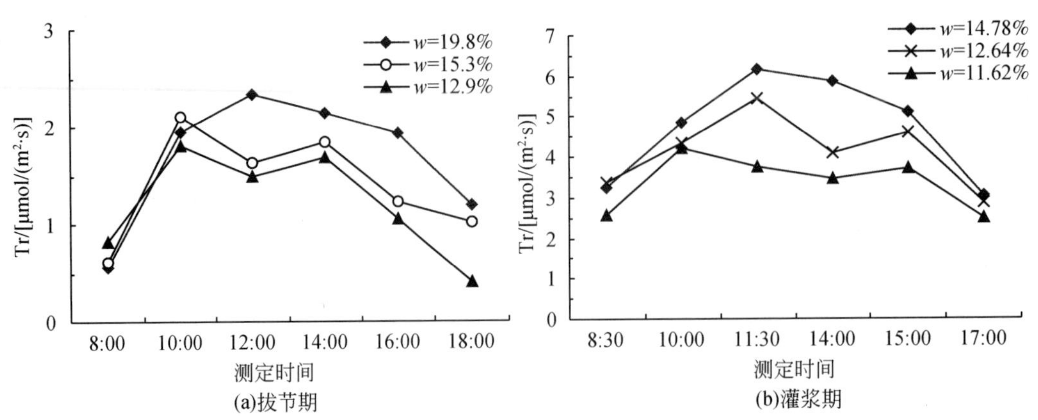

图 3-28　不同土壤水分含量处理下冬小麦拔节期蒸腾速率（Tr）日变化

气孔导度是指植物气孔传导 CO_2 和水汽的能力。植物通过改变气孔的开度等方式来控制与外界的 CO_2 和水汽交换，从而调节光合速率和蒸腾速率，以适应不同的环境条件，特别是土壤供水状况和空气湿润程度。正因如此，冬小麦、夏玉米、棉花等作物的气孔导度对土壤水分的响应过程呈现出与光合速率相似的变化规律。以冬小麦监测结果（图 3-29）为例，可以看出，从早上开始，气孔导度逐渐增加，到 10：00 ~ 12：00 达到最大值，随后开始下降，当土壤水分出现胁迫时，在 12：00 左右会出现一个低谷，随后缓慢上升，14：00 左右又开始下降；气孔导度峰值出现的时间有时在受到较重的水分胁迫时会提前。水分胁迫不同程度的降低冬小麦的气孔导度，但在早上和傍晚不同处理间的气孔导度差异较小，10：00 ~ 15：00 不同处理间差异很大，正午前后差异最大。

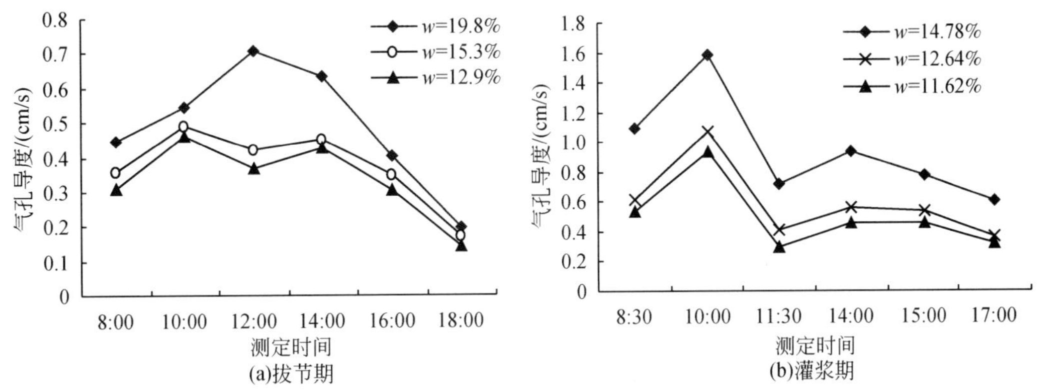

图 3-29　不同土壤水分含量处理下冬小麦气孔导度日变化过程

很多学者研究指出，叶水势（LWP）和细胞液浓度（CSC）是两项能直接反映作物水分状况的良好指标。对冬小麦的测定结果（图 3-30）验证了这一结论。不同水分处理冬小麦叶水势日变化规律是：从早上 8：00 开始，随着太阳辐射的增强、气温的升高及空气相对湿度的下降逐渐降低，至 14：00 左右达到最低值，随后又随着蒸腾的减弱、气温的降低、辐射的变弱，LWP 开始逐渐回升。不同时刻的 LWP 均随着土壤水分的降低而降低。细胞液浓度的变化方向与叶水势相反，且不同时刻的 CSC 均随着土壤水分的降低而增加。

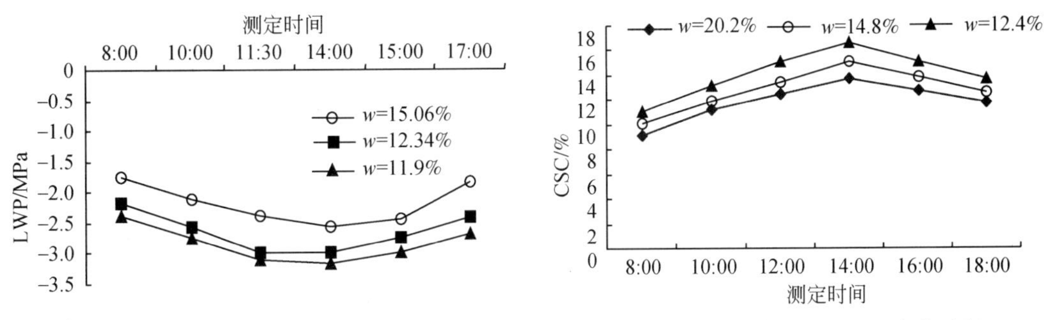

图 3-30　不同土壤水分含量处理冬小麦叶水势（LWP）和细胞液浓度（CSC）日变化过程

3.2.3 水分调控对中原高产农业区主要作物产量和品质性状的影响

（1）对主要作物产量的影响

不同水分调控处理对作物植株生长发育和生理特性的影响效应最终会体现在产量和品质上。不同时期和不同程度的水分亏缺处理冬小麦的生物产量大多比对照（CK）低（图3-31），下降幅度为5.10%～51.65%，其中以拔节—抽穗和抽穗—成熟阶段的中（M）、重（S）度水分亏缺下降幅度最大，经LSD检验，与CK差异达极显著水平。这是因为这两个阶段为营养生长和生殖生长旺盛阶段，水分亏缺使营养生长和生殖生长均受到强烈抑制。但三叶—越冬阶段的重度水分亏缺生物产量高于对照，越冬—返青阶段的中、重度水分亏缺生物产量与对照无差异。这可能因为早期水分亏缺复水后，小麦光合产物具有补偿或超补偿积累，因而营养生长和生殖生长具有补偿或超补偿效应，补偿了水分亏缺阶段生物产量的损失。这一结果尚有待于进一步试验验证。籽粒重三叶—越冬和越冬—返青轻（L）、中、重度水分亏缺均高于对照，但经LSD检验差异达不到显著水平；返青-拔节各水分亏缺处理均接近对照，拔节后的各水分亏缺处理均低于对照，差异均达极显著水平。这又说明水分亏缺生物产量的下降是营养器官干物质下降起主导作用，水分亏缺有利于小麦植株光合产物向籽粒运转和分配，其中以返青前的水分亏缺优势最为明显。

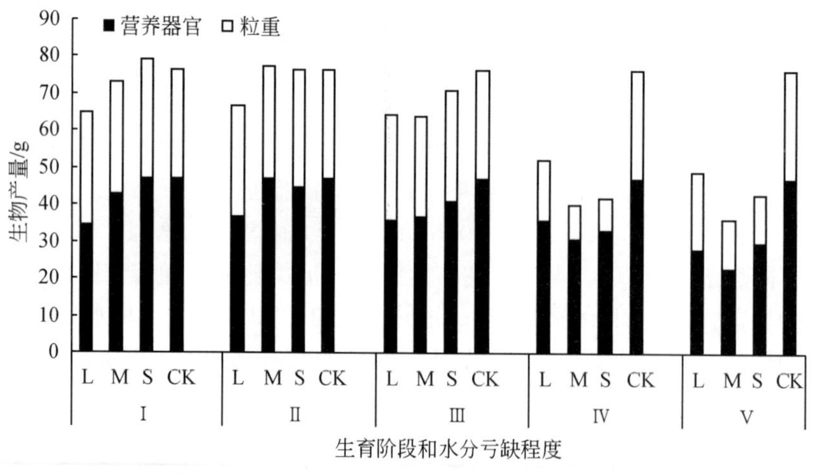

图3-31 水分亏缺下冬小麦光合产物积累与分配

不同生育时期干旱对冬小麦穗部性状的影响程度不一样（表3-11），拔节—抽穗期的干旱主要影响有效穗数和千粒重，其有效穗数最低、千粒重最大；抽穗—灌浆期干旱处理的千粒重较大，居第二；灌浆—成熟期干旱处理的千粒重最低。对产量来说，生长前期受旱减产最少，随着干旱时期的后移，减产逐渐增多，因为受旱越早，复水后产生的补偿效应越大，受旱越晚，补偿效应越小。本研究中，播种—拔节期干旱的处理减产最少，而灌浆—成熟期干旱的处理由于干旱时间长，没有复水，无补偿效应，即使复水，补偿效应亦很小，还易造成倒伏，导致千粒重进一步降低，故其产量最低。

表 3-11　不同生育期干旱处理对冬小麦产量性状的影响（2007 ~ 2008 年）

处理	茎粗/cm	有效穗数/(万/hm²)	穗长/cm	小穗数/个	不孕小穗数/个	穗粒数/粒	千粒重/g	产量/(kg/hm²)	减产率/%
适宜水分	0.33	612.5	8.21	18.93	3.00	32.73	43.27	8325.0a	0
播种—拔节期干旱	0.36	598.5	8.62	18.93	1.93	33.07	42.98	8025.0a	3.60
拔节—抽穗期干旱	0.35	533.8	8.24	19.50	3.27	32.23	45.54	7568.8b	9.08
抽穗—灌浆期干旱	0.35	543.8	8.59	19.87	2.60	34.97	43.99	7481.3b	10.14
灌浆—成熟期干旱	0.41	572.5	8.90	19.47	2.23	34.30	40.81	7375.0c	11.41

注：表中同列数值后小写字母不同者，表示差异显著（LSD 检验，$P<0.05$）；反之表示差异不显著。

不同农田覆盖措施和水分调控处理对夏玉米产量的影响效应如表 3-12 所示。从水分调控来看，高水分处理的果穗长、穗粗、百粒重以及产量优于中水分的处理，低水分处理的最差；就农艺措施而言，地膜覆盖（PM）和秸秆覆盖（SM）可以明显增加夏玉米的产量。在高水分时，SM 处理的产量与 PM 处理的差异不显著，但在中、低水分时，SM 处理与 PM 处理的产量差异达到了极显著水平。在中水分时，PM 和 SM 的增产效果最高，增产率分别为 29.46% 和 44.80%；低水分处理的次之，增产率为 19.55% 和 35.15%；高水分处理的增产效果最差，增产率仅为 9.32% 和 12.13%。

表 3-12　不同水分和覆盖处理对夏玉米穗部性状及产量的影响（2007 年）

水分处理	覆盖方式	果穗长/cm	秃尖长/cm	穗粗/cm	行数	百粒重/g	产量/(kg/hm²)	增产率/%
高水分(E-75%)	CK	17.20	0.34	5.18	15.6	27.37	7565.0b B	—
	PM	17.84	1.82	5.14	16.4	28.56	8270.0a A	9.32
	SM	17.30	0.78	5.24	16.0	28.33	8482.5a A	12.13
中水分(E-65%)	CK	15.18	1.92	4.81	15.2	24.44	4905.0f F	—
	PM	16.70	1.28	5.05	14.8	25.98	6350.0d D	29.46
	SM	16.18	0.69	5.10	15.8	27.42	7102.5c C	44.80
低水分(E-55%)	CK	15.08	0.86	4.62	16.8	21.02	3990.0g G	—
	PM	15.36	0.36	4.47	15.6	21.43	4770.0f F	19.55
	SM	16.09	0.75	4.73	15.9	23.07	5392.5e E	35.15

注：表中 CK、PM、SM 分别代表无覆盖、地膜覆盖和麦秸覆盖（覆盖量 7500kg/hm²）；同列数值后小写和大写字母不同者，分别表示差异达显著（$P<0.05$）和极显著（$P<0.01$），本节图表类似标注含义同此。

不同耕作方式及不同生育阶段水分亏缺对麦后移栽棉籽棉产量及产量构成因子的影响见表 3-13，可以看出，各处理蕾铃总脱落率和衣分率均无显著差异，说明衣分率的大小主要取决于棉花品种的遗传性状，而脱落率主要取决于环境气象条件，受耕作方式和水分亏缺的影响较小；除蕾期重度水分亏缺（T5）显著降低了棉花百铃重外，其他不同耕作方式和水分处理之间百铃重均无显著差异。适宜供水条件下不同耕作方式虽对棉株果枝数无显著影响，但对棉花籽棉产量及构成因子均有明显影响，其中翻耕（T1）和少耕（T3）

处理的棉花籽棉产量和产量构成因子均无显著差异，而免耕（T2）显著降低了成铃数，最终表现出显著降低了籽棉产量。从表 3-13 中还可以看出，与 T3 相比，T4 和 T5 处理的成铃数分别降低 8.57% 和 17.14%，籽棉产量分别降低 11.57% 和 21.98%，T6 和 T7 处理的成铃数分别降低 7.62% 和 18.10%，籽棉产量分别降低 8.47% 和 15.66%，蕾期和花铃期进行水分亏缺均显著降低了成铃数和籽棉产量，且成铃数和籽棉产量虽水分亏缺程度的增大而减小。

表 3-13　不同耕作方式和水分亏缺对棉花产量及构成因子的影响（2010 年）

处理	编号	籽棉产量/(kg/hm^2)	果枝数/N	成铃数/N	脱落率/%	百铃重/g	衣分率/%
翻耕适宜水分	T1	2818.81a	12.8a	11.8a	73.82a	500.94ab	38.56a
免耕适宜水分	T2	2448.27c	12.0ab	9.0c	74.94a	518.01a	40.20a
少耕适宜水分	T3	2848.70a	12.6a	11.6a	71.46a	514.86a	39.28a
少耕蕾期轻旱	T4	2519.14bc	12.2ab	10.7b	73.16a	502.74ab	39.52a
少耕蕾期重旱	T5	2222.64d	11.8b	9.7c	70.75a	485.19b	40.11a
少耕花铃期轻旱	T6	2607.50b	12.1ab	10.8b	74.82a	510.87a	39.38a
少耕花铃期重旱	T7	2402.65c	11.4b	9.6c	71.41a	511.26a	39.82a

番茄产量的形成过程，是植株的各个器官相互协调的过程，获得一定产量应有一定的生长作为基础，而不同生长阶段不同程度的水分亏缺对温室番茄产量的形成影响角度和程度是不同的。番茄果实按单果质量（MF）可划分为 4 个级别：MF≥200g 为特大（A 级）、150g≤MF<200g 为大（B 级）、100g≤MF<150g 为中（C 级）、MF<100g 为小（D 级）。

通过试验（表 3-14）发现，苗期土壤水分调控对番茄总产量影响不大，但对果实等级分配有明显影响，番茄果实呈现出随土壤含水率的增大而增大的变化规律。各处理果实形成量（坐果数）亦存在显著性差异，T1 处理生产的果实数量明显高于 T2 和 T3 两个处理，说明苗期水分亏缺可以提高果实坐果数。开花坐果期和成熟采摘期土壤水分控制下限对番茄产量调控有一阈值（田间持水量的 70%），当土壤水分高于此值，番茄产量无显著增加，当土壤水分低于此值，番茄产量会随土壤含水率的降低而显著降低。

表 3-14　不同生育期土壤水分调控对番茄产量组成的影响（2008 年）

水分处理阶段	处理	编号	各级别产量(M_F)/(t/hm^2)				总产量/(t/hm^2)	单株果数/个
			A	B	C	D		
苗期	T50-70-70	T1	41.43b	32.00b	32.78a	11.19a	117.26a	13.16a
	T60-70-70	T2	44.58b	42.32a	24.98b	9.88a	121.76a	12.24b
	T70-70-70	T3	50.28a	32.32b	27.37ab	10.74a	120.71a	12.47b
	T80-80-80	CK	42.26b	32.90b	30.23a	13.57a	118.96a	13.80a

续表

水分处理阶段	处理	编号	各级别产量 (M_F) /(t/hm^2)				总产量 /(t/hm^2)	单株果数/个
			A	B	C	D		
开花坐果期	T60-50-70	T4	35.82b	34.25b	27.30ab	10.11a	107.49c	11.38c
	T60-60-70	T5	38.60b	36.68b	29.28ab	11.19a	115.87b	11.97b
	T60-70-70	T2	44.58a	42.32a	24.98b	9.88a	121.76a	12.24ab
	T60-80-70	T6	46.91a	34.88b	31.29a	8.75a	121.84a	12.30a
	T80-80-80	CK	42.26a	32.90b	30.23a	13.57a	118.96a	13.80a
成熟采摘期	T60-70-50	T7	32.37c	27.82c	26.60a	10.72a	97.50c	10.86c
	T60-70-60	T8	35.61c	32.57b	26.04a	11.19a	105.42b	11.45b
	T60-70-70	T2	44.58b	42.32a	24.98b	9.88a	121.76a	12.24a
	T60-70-80	T9	52.03a	31.14b	27.14a	8.29a	118.59a	11.95ab
	T80-80-80	CK	42.26b	32.90b	30.23a	13.57a	118.96a	13.80a

(2) 对主要作物品质的影响

水分不仅影响作物的产量，也是影响作物品质形成的关键因子之一。土壤水分状况、降雨量和灌溉等对冬小麦籽粒品质形成尤其是对蛋白质含量均有显著的调控作用。国内外许多研究认为，土壤含水量与小麦蛋白质含量呈负相关，主要原因在于，土壤水分过多容易冲掉小麦根部的硝酸盐，使氮素供应不足和延长营养运转时间而降低蛋白质产量。随着灌水量增加，籽粒产量和蛋白质产量增加，而由于淀粉的“稀释效应”使蛋白质含量有所下降，干旱多数情况下会使蛋白质含量有所提高，却使籽粒产量和蛋白质产量有所下降。

由表 3-15 可以看出，不同时期干旱处理对冬小麦籽粒品质具有显著的影响。灌浆—成熟期干旱处理的粗蛋白质、氨基酸总量、湿面筋含量、总磷量最高，分别比适宜水分处理提高 5.52%、11.72%、9.94%、1.5%，粗蛋白质和湿面筋含量与其他处理间的差异达到了显著水平，蛋白质产量最低，比适宜水分处理降低 13.37%，而含钾量居中。拔节—抽穗期干旱处理的粗蛋白质、湿面筋含量、总磷和含钾量最低，其氨基酸总量也很低。不同处理的降落值差异较小，灌浆—成熟期干旱处理的降落值最大，比适宜水分处理高 6.1%，抽穗—灌浆期干旱次之，拔节—抽穗期干旱处理最小。拔节—抽穗期干旱处理的面团的形成时间和稳定时间最小，弱化度最大，且与其他处理间差异显著，而其他不同处理间无显著差异。从表 3-15 还可以看出，与灌浆—成熟期干旱处理相比，拔节—抽穗期干旱处理因晚浇灌浆水使得籽粒蛋白质、氨基酸和湿面筋含量分别降低 9.23%、9.54% 和 9.24%，面团形成时间和稳定时间分别减少 30.68% 和 33.93%，弱化度显著增加 18.99%，其籽粒品质最差。与适宜水分处理相比，不同时期干旱均能增加面粉的吸水量，降低出粉率，播种—拔节期干旱处理的出粉率最低。

表 3-15　不同生育期干旱对冬小麦籽粒品质特性的影响

指标	处理					CV/%
	适宜水分	播种—拔节期干旱	拔节—抽穗期干旱	抽穗—灌浆期干旱	灌浆—成熟期干旱	
蛋白质产量	1114. 3a	1025. 2b	996. 7bc	1029. 3b	965. 3c	5. 32
粗蛋白质	13. 76bc	13. 47cd	13. 18d	14. 12b	14. 52a	3. 75
氨基酸总量	12. 20b	12. 44b	12. 33b	13. 37a	13. 63a	5. 25
总磷/(g/kg)	4. 01ab	4. 03ab	3. 96b	4. 03ab	4. 07a	1. 43
钾/(g/kg)	4. 18a	4. 21a	3. 47c	3. 88b	3. 87b	7. 68
湿面筋/%	31. 20c	31. 43c	31. 13c	32. 73b	34. 30a	4. 02
降落数值/s	426. 0c	437. 3b	424. 0c	450. 0a	452. 0a	2. 87
形成时间/min	7. 70a	7. 60a	5. 13b	7. 83a	7. 40a	16. 52
稳定时间/min	7. 80a	8. 30a	5. 53b	8. 40a	8. 37a	16. 15
弱化度/(F. U.)	88. 3b	88. 0b	110. 3a	95. 0b	92. 7b	9. 8
吸水量/(mL/100g)	59. 8b	61. 0a	61. 4a	60. 5ab	60. 7a	1. 14
出粉率/%	74. 00a	71. 70b	72. 90ab	72. 37b	72. 30b	1. 44

从不同品质性状的变异系数（CV）来看，吸水量、出粉率、总磷量的 CV 均很小（<2. 0%），表明它们主要受品种遗传特性影响，土壤水分条件对其调控作用不大；降落值的 CV 低于 3%，受品种遗传特性的影响也很大。蛋白质产量、粗蛋白质和湿面筋含量的 CV 也较小（3. 75% ~5. 32%），表明它们受遗传基因型的影响大些，而受土壤水分环境的影响小些。弱化度和钾的变异系数居中，分别为 9. 8% 和 7. 68%。而面团形成时间、稳定时间具有很大的变异系数（16. 15% ~16. 52%），说明它们对土壤水分状况很敏感，通过土壤水分调控，特别是冬小麦生长后期的水分调控，可大大地改善面粉的特性。

由籽粒产量与品质性状间的相关分析可知（表 3-16），籽粒产量与粗蛋白质、氨基酸总量、湿面筋、降落数值呈极显著负相关，与总磷、面团形成时间、稳定时间、弱化度、吸水量的负相关系数不显著，表明在采取栽培措施提高产量的同时往往会降低部分品质特性，特别是湿面筋含量、氨基酸、降落数值和蛋白质含量；籽粒产量与钾含量、出粉率呈正相关关系，但相关性不显著。湿面筋含量、氨基酸、降落数值、稳定时间和蛋白质含量相互间呈极显著正相关；形成时间与总磷、钾和稳定时间呈显著或极显著正相关，与弱化度呈极显著负相关。稳定时间与粗蛋白质、氨基酸总量、总磷、钾、湿面筋、降落数值和形成时间呈显著或极显著正相关，与弱化度呈极显著负相关。吸水量只与弱化度呈极显著正相关，与其他性状的关系均很小；而出粉率与各种性状的关系均不显著。

茄果类蔬菜的外观品质是其果实商品品质的重要组成部分，其主要包括果实的大小、形状、色泽、表面特征、鲜嫩程度、整齐度、成熟一致性、有无裂痕和损伤等，这些指标

表 3-16　冬小麦籽粒产量和几个品质指标相互间的相关系数

	产量	粗蛋白质	氨基酸	总磷	钾	湿面筋	降落数值	形成时间	稳定时间	弱化度	吸水量	出粉率
产量	1											
粗蛋白质	-0.64**	1										
氨基酸	-0.80**	0.87**	1									
总磷	-0.45	0.51*	0.36	1								
钾	0.32	0.10	-0.21	0.11	1							
湿面筋	-0.88**	0.91**	0.93**	0.54*	-0.11	1						
降落数值	-0.77**	0.80**	0.91**	0.47	0.05	0.87**	1					
形成时间	-0.06	0.48	0.26	0.59*	0.78**	0.29	0.45	1				
稳定时间	-0.29	0.68**	0.51*	0.65**	0.59*	0.53*	0.67**	0.80**	1			
弱化度	-0.08	-0.50*	-0.24	-0.36	-0.72**	-0.24	-0.37	-0.67**	-0.81**	1		
吸水量	-0.28	-0.47	-0.13	0.09	-0.33	-0.10	-0.09	-0.30	-0.43	0.62**	1	
出粉率	0.39	-0.15	-0.33	-0.39	-0.11	-0.30	-0.36	-0.19	-0.21	0.03	-0.37	1

与果实的风味品质（果实入口后给予口腔的触、温、味和嗅的综合感觉）相比更容易理解和掌握，因而它是衡量果实商品品质及价值的最普遍、最直接的标尺，也是果实进行等级划分的重要依据。从表 3-17 的试验结果可以看出，番茄苗期过度水分亏缺（田间持水量的 50% ~55%）对总产量并没有显著影响，且畸形果形成减少，但果实总体偏小，不利于提高果实的外观品质；开花坐果期过度水分亏缺（田间持水量的 65% 以下）易形成小果和畸形果，水分过高（田间持水量的 80% 以上）也不利于果实外观品质的提高；成熟采摘期过度水分亏缺（田间持水量的 65% 以下）使畸形果增加，且果实偏小。当土壤水分（占田间持水量的比例）下限控制在苗期 60% ~65%、开花坐果期 70% ~75%、成熟采摘期 70% ~75% 时，在不降低番茄产量同时，降低了畸形果形成量，且果实较大，在一定程度上改善了果实的外观品质，进而有利于提高番茄的商品价值。

表 3-17　不同水分处理番茄果实的外观品质（2009 年）

处理	编号	总产量 /(t/hm^2)	畸形果重 /(t/hm^2)	单果重/g	横径/cm	纵径/cm	单株果数 /(个/株)
T50-70-70	T1	114.28	6.42	149.76	6.66	5.11	12.43
T60-70-70	T2	116.81	6.48	151.76	6.79	5.23	12.70
T70-70-70	T3	115.64	6.45	150.54	6.62	5.15	12.68
T60-50-70	T4	105.34	7.98	145.46	6.42	5.02	11.95
T60-60-70	T5	110.83	5.93	148.98	6.53	4.99	12.28
T60-80-70	T6	117.05	6.82	151.47	6.62	5.22	12.75
T60-70-50	T7	104.75	8.11	145.25	6.59	5.01	11.90
T60-70-60	T8	111.33	7.02	150.88	6.66	5.16	12.18

续表

处理	编号	总产量 /(t/hm²)	畸形果重 /(t/hm²)	单果重/g	横径/cm	纵径/cm	单株果数 /(个/株)
T60-70-80	T9	115.55	5.29	153.71	6.81	5.28	12.40
T80-80-80	CK	115.42	5.47	144.06	6.45	5.01	12.95

硬度是果蔬品质评价的重要指标之一，与采后果实储运藏特性有密切关系，保持果实硬度是提高其货架寿命的有效途径之一。两年的试验结果（表 3-18）表明，各处理番茄果实硬度变化范围为 2.13 ~ 2.75kg/cm²，开花坐果期重度水分亏缺处理（T4）硬度最大，对照处理（CK）硬度最小，说明开花坐果期水分亏缺对果实硬度影响最为敏感。苗期水分亏缺对番茄果实硬度无明显影响，开花坐果期和成熟采摘期不同水分处理对番茄果实硬度均有明显影响，果实硬度随土壤含水率的增大而降低。

表 3-18　不同水分处理番茄果实的硬度和营养品质指标

年份	处理	编号	硬度 /(kg/cm²)	可溶性糖/%	酸度/%	糖酸比/%	硝酸盐 /(mg/kg)	维生素 C /(mg/kg)	蛋白质/%
2008	T50-70-70	T1	2.51	2.38	0.393	6.05	120.33	—	—
	T60-70-70	T2	2.39	2.30	0.392	5.87	127.90	—	—
	T70-70-70	T3	2.41	2.26	0.395	5.73	124.90	—	—
	T60-50-70	T4	2.75	2.73	0.477	5.73	183.48	—	—
	T60-60-70	T5	2.57	2.53	0.419	6.05	169.35	—	—
	T60-80-70	T6	2.29	2.06	0.349	5.89	122.09	—	—
	T60-70-50	T7	2.64	2.58	0.475	5.43	177.71	—	—
	T60-70-60	T8	2.50	2.43	0.429	5.67	156.74	—	—
	T60-70-80	T9	2.19	2.07	0.368	5.62	134.02	—	—
	T80-80-80	CK	2.13	2.07	0.366	5.65	123.32	—	—
2009	T50-70-70	T1	2.42	2.22	0.504	4.40	230.06	157.52	0.669
	T60-70-70	T2	2.42	2.35	0.514	4.57	230.51	151.28	0.704
	T70-70-70	T3	2.47	2.31	0.516	4.49	232.24	152.82	0.685
	T60-50-70	T4	2.53	2.75	0.653	4.21	278.26	174.68	0.701
	T60-60-70	T5	2.58	2.61	0.580	4.50	256.91	155.75	0.727
	T60-80-70	T6	2.22	2.10	0.506	4.15	225.39	138.74	0.654
	T60-70-50	T7	2.47	2.68	0.634	4.23	253.18	194.74	0.749
	T60-70-60	T8	2.37	2.51	0.585	4.30	246.47	174.38	0.688
	T60-70-80	T9	2.31	2.17	0.525	4.13	230.61	155.59	0.664
	T80-80-80	CK	2.25	2.08	0.513	4.06	217.85	141.74	0.663

茄果类蔬菜的营养品质主要指果实中的营养成分，如维生素 C 含量、可溶性糖含量、有机酸含量、蛋白质含量、硝酸盐含量等，这些营养品质指标与果实的外观品质相比属于“隐性”指标，不能通过观、听、嗅等感官上进行判断，需要通过实验分析才能确定，但这些指标是果实食用及风味优劣的重要依据，因而也是衡量果实综合品质的重要指标。

通过表 3-18 可见，苗期进行土壤水分调控对番茄果实可溶性糖含量、有机酸含量及糖酸比的影响程度较小，而开花坐果期和成熟采摘期水分调控的影响程度较大。以开花坐果期为例，中度（T5）和重度水分亏缺处理（T4）均显著（$P<0.05$）提高了番茄果实可溶性糖含量和有机酸含量，与对照处理（CK）相比，T2、T5 和 T4 处理的可溶性糖的含量分别提高 12.81%、25.49%、31.91%，而酸度分别提高 0.12%、13.05%、27.18%。由此说明酸度随水分亏缺的增长速度快于可溶性糖含量的增长速度，因而当番茄受到重度水分亏缺（T4），其糖酸比显著（$P<0.05$）低于轻度（T2）和中度（T5）水分亏缺处理。故不论是开花坐果期还是成熟采摘期，温室番茄果实糖酸比随土壤水分的增大均表现出先增大后减小的变化规律，过度水分亏缺和土壤水分过高均不利于番茄果实糖酸比的提高。

硝酸盐是作物氮素的主要来源，其含量水平反映作物的氮素营养状况，在大多数情况下它是作物丰产优质的积极因素，但果实中过多的硝酸盐危害人体健康。试验结果显示，苗期水分调控对番茄果实硝酸盐含量的影响较小，而开花坐果期和成熟采摘期的影响较大，果实内硝态氮含量随水分亏缺程度的增大而增加。

土壤水分调控对番茄果实可溶性蛋白含量的影响较小，水分亏缺虽可在一定程度上提高番茄果实的可溶性蛋白含量，但过度水分亏缺不能显著提高番茄果实可溶性蛋白含量。

与对照处理（CK）相比，开花坐果期除高水分处理（T6）外，其余各水分处理均显著提高了番茄果实的维生素 C 含量，其大小顺序为：T4>T5>T2>CK>T6；成熟采摘期各处理均明显提高了维生素 C 含量，其大小顺序为 T7>T8>T2>T9>CK，也就是说，不论开花坐果期还是成熟采摘期，水分亏缺均可提高番茄果实维生素 C 含量，且随着水分亏缺程度的增大而增大。从表中还可以看出，两个生育阶段同一程度水分亏缺对果实维生素 C 含量的影响程度不同，成熟采摘期重度（T7）和中度（T8）水分亏缺处理的维生素 C 含量较开花坐果期重度（T4）和中度（T5）水分亏缺处理分别高出 11.48% 和 11.97%，番茄果实维生素 C 含量高于开花坐果期，说明在番茄成熟采摘期进行水分亏缺更有利于番茄果实维生素 C 含量的提高。

3.2.4 水分调控对中原高产农业区主要作物耗水量和水分利用效率的影响

（1）主要作物的耗水量和耗水规律

作物的耗水量是指在作物生长发育过程中植株实际的蒸腾量、棵间蒸发量以及构成作物体的水量之和。由于构成作物体的水量很少，一般忽略不计，因此作物的耗水量为植株蒸腾量与棵间蒸发量之和。作物耗水量采用水量平衡法计算耗水量，公式为

$$\mathrm{ET} = I + P + G - S - \Delta W \tag{3-5}$$

$$\Delta W = W_t - W_0 \tag{3-6}$$

式中，ET、I、P、G、S、ΔW 分别为耗水量、灌水量、降水量、地下水补给量、渗漏量和土壤储水变化量（mm）；W_0、W_t 分别为时段初和时段末的土壤储水量（mm）。由于试验是在防雨棚下的测坑和温室大棚中进行的，测坑试验则用塑料软管灌水，温室蔬菜采用滴灌，通过灌水前后取土根据水量平衡法分析得出，灌溉基本上不产生深层渗漏，因此深层渗漏量 S 为0。当地的地下水位较深（一般在5.0m以下），作物无法吸收利用，故地下水利用量 $G=0$。

表3-19为不同生育期干旱处理条件下冬小麦各生育期的耗水量。冬小麦的耗水量和耗水规律受干旱时期的影响较大，任何生育阶段受旱都会造成该阶段耗水量的减少，受旱越重，耗水量越少，并对以后的阶段产生一定的后效影响，从而造成全生长期耗水量的降低，抽穗—灌浆期重旱的耗水量最低，拔节—抽穗期干旱与抽穗—灌浆干旱处理的耗水量差异不大，适宜水分处理的阶段耗水量和全期耗水量最高。

表3-19　不同生育期干旱处理下的冬小麦耗水量（2008～2009年）

处理	阶段耗水量/mm						全生育期/mm
	播种—越冬	越冬—返青	返青—拔节	拔节—抽穗	抽穗—灌浆	灌浆—成熟	
适宜水分	89.40	25.24	33.84	135.07	57.68	119.20	460.43
播种—拔节期轻旱	83.33	22.05	28.68	127.08	55.73	112.17	429.03
播种—拔节期重旱	82.51	19.31	26.39	113.52	54.26	121.20	417.20
拔节—抽穗期轻旱	86.01	20.87	30.20	105.43	52.10	60.70	355.31
拔节—抽穗期重旱	90.31	20.47	31.95	97.14	50.37	58.21	348.45
抽穗—灌浆期轻旱	80.13	21.68	29.33	124.11	43.28	71.33	369.86
抽穗—灌浆期重旱	87.06	21.70	30.46	128.53	35.17	39.60	342.52
灌浆成熟期轻旱	76.32	24.20	32.56	132.06	54.34	51.92	371.41
灌浆成熟期重旱	84.36	22.81	33.94	133.83	52.41	33.05	360.40

从日耗水量变化过程线（图3-32）来看，冬小麦播种出苗以后，其日耗水量有个逐渐增加的过程，随后随着气温的降低其日耗水量逐渐减少，到越冬—返青期间达到最低值，返青以后，随着气温的升高、植株的快速生长，日耗水量逐渐增加，到抽穗—灌浆期间达到最大值，此后，随着叶面积的下降，日耗水量逐渐降低；不同生育时期的干旱同样造成该阶段日耗水量的降低，受旱越重，日耗水量越少；在冬小麦生长的前期（拔节以前），各处理的日耗水量差异不大，到了拔节以后，各处理间的差异逐渐变大，到灌浆成熟期其差异达到最大。

表3-20为不同灌水次数下冬小麦各生育期的耗水量。冬小麦的阶段耗水量和全期耗水量随着灌水次数的减少均呈现减少的趋势。灌三水的耗水量最高，为394.67mm；在灌水次数相同时，灌水时期早的处理耗水量高些，因为灌水时期早有利于冬小麦群体的增大，促进蒸腾耗水。不同灌水次数处理的日耗水量变化规律与不同生育期干旱处理的相似，任何一个生育阶段不灌水均会导致该阶段冬小麦日耗水量的降低，并对以后阶段的日耗水产生一定的后效影响（图3-33）。

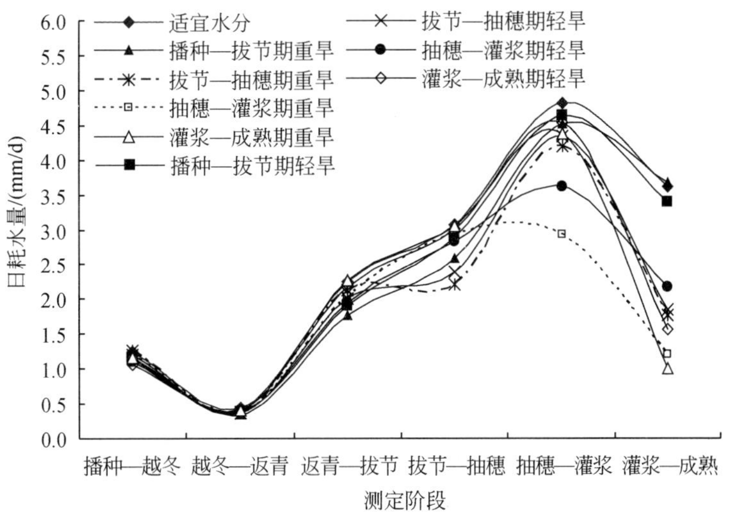

图 3-32　不同生育期干旱处理下冬小麦的日耗水量变化过程线（2008 ~ 2009 年）

表 3-20　不同灌水次数处理下的冬小麦耗水量

处理	阶段耗水量/mm						全生育期/mm
	播种—越冬	越冬—返青	返青—拔节	拔节—抽穗	抽穗—灌浆	灌浆—成熟	
拔节水、孕穗水、灌浆水	78.51	33.31	30.49	114.74	58.32	79.30	394.67
孕穗水、灌浆水	77.52	33.10	28.81	96.21	55.32	70.54	361.50
拔节水、灌浆水	75.21	30.42	29.54	98.21	53.45	69.43	356.26
拔节水、孕穗水	81.20	28.93	27.51	95.21	43.21	58.43	334.49
拔节水	76.65	29.32	25.12	94.11	40.21	55.43	320.84
孕穗水	73.61	30.32	28.81	85.32	45.32	53.45	316.83
灌浆水	77.59	29.44	27.11	67.34	50.32	60.56	312.36

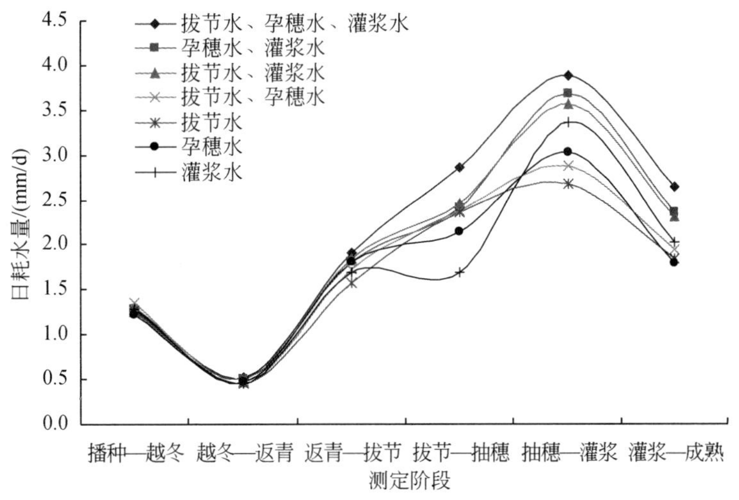

图 3-33　不同灌水次数处理下冬小麦的日耗水量变化过程线

通过表 3-21 可以看出，夏玉米耗水量多少亦受干旱时期和干旱程度的影响，适宜水分处理的最高，为 384.08mm，全生育期连续轻旱的最低，256.11mm，从不同生育期干旱来看，拔节期重旱处理的耗水量最低，为 258.09mm；任一生育阶段，干旱越重，其阶段耗水量和全期耗水量越少。不同处理日耗水量的变化趋势均为播种出苗后逐渐增加，到抽雄—灌浆期达到高峰，随后逐渐降低；任何生育阶段受旱，其日耗水量均随干旱程度的加重而降低（图 3-34）。

表 3-21　不同生育期干旱处理下夏玉米的耗水量（2009 年）

处理	阶段耗水量/mm				全生育期/mm
	播种—拔节	拔节—抽雄	抽雄—灌浆	灌浆—成熟	
适宜水分	112.34	92.13	65.28	114.33	384.08
苗期轻旱	96.40	80.39	53.14	89.87	319.80
苗期重旱	60.81	72.65	50.62	74.01	258.09
拔节期轻旱	113.86	71.40	45.09	61.92	292.27
拔节期重旱	111.82	62.46	44.33	61.19	279.80
抽雄期轻旱	110.05	88.36	46.54	84.05	329.00
抽雄期重旱	109.69	84.43	33.59	64.10	291.81
灌浆期轻旱	107.60	88.03	60.70	64.55	320.87
灌浆期重旱	110.74	87.83	56.75	54.65	309.96
全生育期轻旱	93.91	64.83	45.59	51.78	256.11

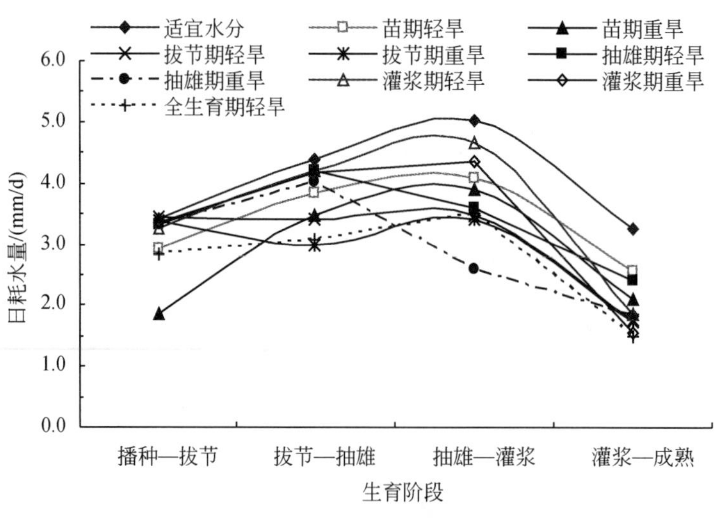

图 3-34　不同生育期干旱处理下夏玉米的日耗水变化过程线（2009 年）

表 3-22 为不同灌水次数下夏玉米各生育期的耗水量。夏玉米的阶段耗水量和全期耗水量随着灌水次数的减少也呈减少的趋势，灌四水的耗水量最高，为 378.93mm，苗期、灌浆二水处理的最低为 239.34mm，灌三水处理的耗水量为 278.61 ~ 315.66mm。同样是灌

三水，灌水定额相同，由于灌水时期组合不同都会造成耗水量出现较大的差异，凡是在三个连续生育阶段灌水的处理（拔节、抽雄、灌浆三水，苗期、拔节、抽雄三水）耗水量最高，中间出现哪个生育阶段不灌水，就会造成耗水量的降低，如苗期、抽雄、灌浆三水和苗期、拔节、灌浆三水处理，其中灌水时期早的耗水量就大些。在灌二水的处理中，只要两个连续的生育阶段不灌水，就会造成其耗水量最低，如苗期、灌浆二水的处理。不同灌水次数处理的日耗水量变化规律与不同生育期干旱处理的相似，哪个生育阶段不灌水均会导致该阶段日耗水量的降低，并对以后阶段的日耗水产生一定的后效影响，苗期、灌浆二水处理的日耗水量最低，灌四水处理的最高（图 3-35）。

表 3-22　不同灌水次数处理下夏玉米的耗水量（2009 年）

处理	阶段耗水量/mm				全生育期/mm
	播种—拔节	拔节—抽雄	抽雄—灌浆	灌浆—成熟	
苗期、拔节、抽雄、灌浆四水	113.01	93.92	64.01	107.99	378.93
拔节、抽雄、灌浆三水	84.89	85.56	58.65	86.56	315.66
苗期、抽雄、灌浆三水	100.65	60.48	45.07	72.42	278.61
苗期、拔节、灌浆三水	106.55	87.76	43.81	61.74	299.86
苗期、拔节、抽雄三水	108.35	86.59	60.36	59.08	314.38
苗期、拔节二水	106.64	94.82	36.83	46.40	284.68
苗期、抽雄二水	104.76	63.38	46.83	77.62	292.59
苗期、灌浆二水	107.70	46.73	31.13	53.79	239.34

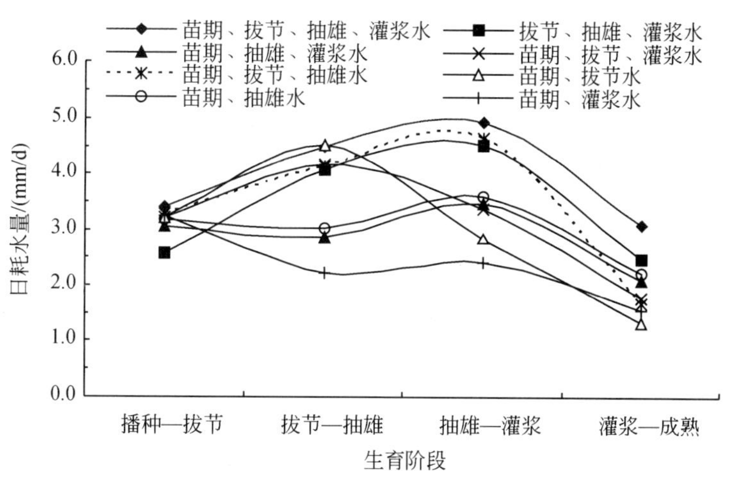

图 3-35　不同灌水次数处理下夏玉米的日耗水量变化过程线（2009 年）

适宜供水条件下的翻耕（T1）和少耕（T3）两种耕作制度对棉花的阶段耗水量和全生育期耗水量均无明显差异。免耕（T2）明显降低了每个生育阶段的阶段耗水量及全生育期耗水量，全生育期耗水量较 T1 和 T3 降低了约 20%。从表 3-23 中还可以看出，任何时期水分亏缺，全期耗水量、阶段耗水量和日耗水强度都随着受旱程度的增加而下降，水分亏缺导致土壤中毛管传导度减小，棉花根系吸水速率降低，引起叶片含水量减小，保卫细胞失水而收缩，气孔开度减小，经过气孔的水分扩散阻力增加，从而导致叶面蒸腾强度低于无水分亏缺时的蒸腾强度；另外，水分亏缺明显抑制了棉花叶面光合速率，降低光合产物的形成及向叶片的运移和转换，植株蒸腾面积相应减小，加之水分亏缺降低表层土壤含水率，抑制了棵间土壤蒸发量，从而降低了蒸发蒸腾量。

表 3-23　不同耕作方式和不同水分状况下棉花耗水规律（2010 年）

处理	编号	项目	苗期 24 天	蕾期 23 天	花铃期 42 天	吐絮期 41 天	全生育期 130 天
翻耕适宜水分	T1	阶段耗水量/mm	59.83	76.73	181.56	75.81	393.93
		日耗水强度/(mm/d)	2.49	3.34	4.32	1.85	3.03
免耕适宜水分	T2	阶段耗水量/mm	51.57	62.40	128.81	72.54	315.32
		日耗水强度/(mm/d)	2.15	2.71	3.07	1.77	2.43
少耕适宜水分	T3	阶段耗水量/mm	58.01	69.69	174.71	90.03	392.44
		日耗水强度/(mm/d)	2.42	3.03	4.16	2.20	3.02
少耕蕾期轻旱	T4	阶段耗水量/mm	60.17	60.53	168.06	85.64	374.41
		日耗水强度/(mm/d)	2.51	2.63	4.00	2.09	2.88
少耕蕾期重旱	T5	阶段耗水量/mm	48.47	43.40	158.03	53.93	303.83
		日耗水强度/(mm/d)	2.02	1.89	3.76	1.32	2.34
少耕花铃期轻旱	T6	阶段耗水量/mm	55.69	66.45	163.34	84.12	369.60
		日耗水强度/(mm/d)	2.32	2.89	3.89	2.05	2.84
少耕花铃期重旱	T7	阶段耗水量/mm	55.24	64.75	126.80	66.77	313.56
		日耗水强度/(mm/d)	2.30	2.82	3.02	1.63	2.41

在滴灌条件下，温室番茄的耗水量与供水量有很大的关系，不论是总耗水量还是阶段耗水量均随着土壤水分的提高呈增加的趋势。由表 3-24 可以看出，滴灌条件下温室番茄高水分处理的耗水量最大，为 329.19mm，受旱处理的全期耗水量、阶段耗水量和日耗水量都随着受旱程度的增加而下降；番茄在生育中期和后期水分高的处理耗水量较大，水分重度亏缺的处理耗水量都很小。番茄日耗水量随着生育进程的推进逐渐增加，从苗期到开花坐果期增加最快，随后增加较慢，到结果采收期达到生育期中的最大值。结果采收期水分亏缺处理的日耗水高峰在开花坐果期，为 2.82～2.85mm/d，而其他处理的日耗水高峰均在结果采收期。

表 3-24　温室滴灌番茄不同处理的阶段耗水量与日耗水量（2008 年）

处理	苗期		开花坐果期		结果采收期		总耗水量 /mm
	耗水量 /mm	日均耗水 /(mm/d)	耗水量 /mm	日均耗水 /(mm/d)	耗水量 /mm	日均耗水 /(mm/d)	
T50-70-70	45.43	1.20	93.63	2.75	150.19	3.13	289.25

续表

处理	苗期		开花坐果期		结果采收期		总耗水量/mm
	耗水量/mm	日均耗水/(mm/d)	耗水量/mm	日均耗水/(mm/d)	耗水量/mm	日均耗水/(mm/d)	
T60-70-70	56.10	1.48	95.50	2.81	145.73	3.04	297.32
T70-70-70	66.92	1.76	98.51	2.90	160.93	3.35	326.36
T60-50-70	57.56	1.51	62.46	1.84	138.11	2.88	258.13
T60-60-70	57.72	1.52	70.72	2.08	143.98	3.00	272.42
T60-80-70	57.15	1.50	101.73	2.99	152.25	3.17	311.14
T60-70-50	60.65	1.60	95.71	2.82	99.45	2.07	255.81
T60-70-60	59.46	1.56	96.83	2.85	118.78	2.47	275.07
T60-70-80	59.52	1.57	97.24	2.86	169.83	3.54	326.58
T80-80-80	68.35	1.80	100.65	2.96	160.19	3.34	329.19
平均	58.89	1.55	91.30	2.69	143.94	3.00	294.13

（2）主要作物水分利用效率

作物的水分利用效率指作物单位耗水量产出的籽粒产量，反映了灌水技术及综合栽培措施的合理程度，是评价节水效果的一项重要指标，计算公式为

$$\mathrm{WUE} = Y/\mathrm{ET} \tag{3-7}$$

式中，WUE 为作物水分利用效率（$\mathrm{kg/m^3}$）；Y 为单位面积产量（$\mathrm{kg/hm^2}$）；ET 为作物生育期耗水量（$\mathrm{m^3/hm^2}$）。

不同生育时期的干旱对冬小麦 WUE 的影响程度也不一样（表 3-25），以拔节—抽穗期轻旱的 WUE 最高，为 1.860kg/m³，比适宜水分处理提高 21.56%，抽穗—灌浆期重旱的次之，灌浆—成熟期重旱的最低，为 1.495kg/m³。拔节期开始后干旱的耗水量都会减少 19.32% ~25.61%，差异不大，但由于不同时期干旱的产量差异大，因而其 WUE 有着较大的差异（-2.3% ~21.56%）；拔节—灌浆期干旱的 WUE 很高，这是牺牲产量获得的，在生产不能采用此种水分管理方式，从获得较高产量和提高一定的 WUE 而言，应采用前期适当控水的方式，即在拔节以前采取轻旱的农田水分管理方式。

表 3-25　不同生育期干旱处理下冬小麦的水分利用效率（2008 ~2009 年）

处理	产量/(kg/hm²)	耗水量/(m³/hm²)	耗水减少/%	WUE/(kg/m³)	ΔWUE/%
适宜水分	7062.50	4603.6	0	1.534	0
播种—拔节期轻旱	6794.17	4290.3	6.81	1.584	3.50
播种—拔节期重旱	6554.17	4172.0	9.37	1.571	2.68
拔节—抽穗期轻旱	6607.50	3552.6	22.83	1.860	21.56
拔节—抽穗期重旱	6187.50	3484.5	24.31	1.776	16.06
抽穗—灌浆期轻旱	6381.25	3698.6	19.66	1.725	12.77
抽穗—灌浆期重旱	6050.00	3424.7	25.61	1.767	15.46
灌浆—成熟期轻旱	6231.25	3714.3	19.32	1.678	9.65
灌浆—成熟期重旱	5387.50	3604.2	21.71	1.495	-2.30

随着灌水次数的减少，耗水量呈减少趋势，WUE 呈增加趋势；以灌三水的 WUE 最低，为 1.660kg/m³，灌一水的最高，为 1.918kg/m³，比灌三水的提高 15.56%；在灌水次数相同时，因灌水时期分布的差异，也造成 WUE 的差异，灌二水处理的以孕穗水、灌浆水的 WUE 最高，拔节水、孕穗水的次之，拔节水、灌浆水的最低。从产量、节水和提高 WUE 的效果来看，采用拔节水、孕穗水的组合最好，减产 6.44%，可节水 14.28%，WUE 提高 9.16%（表 3-26）。

表 3-26　冬小麦不同灌水次数处理下的水分利用效率（2008～2009 年）

灌水时期	产量/(kg/hm²)	耗水量/(m³/hm²)	节水/%	WUE/(kg/m³)	ΔWUE/%
拔节水、孕穗水、灌浆水	6700.00	4035.6	0	1.660	0
孕穗水、灌浆水	6012.50	3232.5	-19.90	1.860	12.05
拔节水、灌浆水	5696.88	3426.9	-15.08	1.662	0.15
拔节水、孕穗水	6268.75	3459.5	-14.28	1.812	9.16
孕穗水	5402.50	2816.2	-30.22	1.918	15.56

由表 3-27 可知，夏玉米拔节期轻旱处理的 WUE 最高，比适宜水分处理提高 11.41%，其次是苗期重旱的处理，抽雄期重旱的处理 WUE 最低，适宜水分处理的居中。可见在夏玉米的苗期适当地进行水分胁迫可以提高水分利用效率（8.23%），产量减少 9.88%，节水 16.73%。

表 3-27　不同生育期干旱处理下夏玉米的水分利用效率（2009 年）

处理	适宜水分	苗期轻旱	苗期重旱	拔节期轻旱	拔节期重旱	抽雄期轻旱	抽雄期重旱	灌浆期轻旱	灌浆期重旱	全生育期轻旱
产量/(kg/hm²)	7590.0	6840.0	5535.0	6435.0	5360.0	6350.0	5110.0	6455.0	5885.8	5460.0
耗水量/(m³/hm²)	3840.6	3198.0	2580.9	2922.7	2798.0	3290.0	2918.1	3208.7	3099.6	2561.1
节水/%	0.00	16.73	32.80	23.90	27.15	14.34	24.02	16.45	19.29	33.32
WUE/(kg/m³)	1.976	2.139	2.145	2.202	1.916	1.930	1.751	2.012	1.899	2.132
ΔWUE/%	0	8.23	8.52	11.41	-3.06	-2.33	-11.39	1.80	-3.91	7.88

从灌水次数对夏玉米 WUE（表 3-28）的影响可知，随着灌水次数的减少，WUE 有由增加到减少的趋势，而产量和耗水量呈降低趋势，灌四水的产量最高，WUE 居中，为 2.143kg/m³，苗期、抽雄、灌浆三水处理的 WUE 最高，为 2.695kg/m³，比灌四水的提高 25.78%；灌四水的 WUE 与苗期、拔节、灌浆期三水的相当；在灌三水的处理中，耗水量的减少率为 16.7%～26.47%，WUE 的增加率为 1.46%～25.78%，其中以灌抽雄水的 WUE 高，没灌抽雄水的最低，WUE 的变化率是耗水量的两倍多，可见产量变化大是影响 WUE 变化的主要原因；灌二水处理中以苗期、拔节二水的 WUE 最低，为 1.769kg/m³，比灌四水的减少 17.47%，以苗期、抽雄二水的最高，为 2.222kg/m³，比灌四水的增加

3.66%。不论从产量还是从WUE来看，灌抽雄水比拔节水和灌浆水重要。

表3-28　不同灌水次数处理下夏玉米的水分利用效率（2009年）

灌水时期	产量/(kg/hm²)	耗水量/(m³/hm²)	节水/%	WUE/(kg/m³)	ΔWUE/%
苗期、拔节、抽雄、灌浆四水	8120.0	3789.27	0	2.143	0.00
拔节、抽雄、灌浆三水	7480.0	3156.65	16.70	2.370	10.57
苗期、抽雄、灌浆三水	7510.0	2786.13	26.47	2.695	25.78
苗期、拔节、灌浆三水	6520.0	2998.63	20.87	2.174	1.46
苗期、拔节、抽雄三水	7565.0	3143.85	17.03	2.406	12.29
苗期、拔节二水	5035.0	2846.82	24.87	1.769	-17.47
苗期、抽雄二水	6500.0	2925.90	22.78	2.222	3.66
苗期、灌浆二水	4435.0	2393.44	36.84	1.853	-13.53

不同耕作方式和不同生育阶段水分亏缺均对夏棉水分利用效率有明显影响（表3-29），但翻耕（T1）和少耕（T3）耕作方式之间水分利用效率无显著差异。与T1处理相比，免耕（T2）处理虽然节水达到19.96%，相应水分利用效率提高了8.51%，但是以牺牲籽棉产量为代价（籽棉产量降低了13.15%）。蕾期和花铃期水分亏缺虽均可起到节水效果，部分亏缺灌溉处理甚至可以提高水分利用效率（T5和T7），但相应籽棉产量却大幅度降低。

表3-29　不同耕作方式和水分亏缺棉花水分利用效率（2010年）

处理	编号	籽棉产量/(kg/hm²)	耗水量/mm	节水/%	WUE/(kg/hm²)	ΔWUE/%
翻耕适宜水分	T1	2818.81	393.93	0.00	0.72	0.00
免耕适宜水分	T2	2448.27	315.32	19.96	0.78	8.51
少耕适宜水分	T3	2848.70	392.44	0.38	0.73	1.45
少耕蕾期轻旱	T4	2519.14	374.41	4.96	0.67	-5.97
少耕蕾期重旱	T5	2222.64	303.83	22.87	0.73	2.24
少耕花铃期轻旱	T6	2607.50	369.60	6.18	0.71	-1.41
少耕花铃期重旱	T7	2402.65	313.56	20.40	0.77	7.09

在温室作物的栽培管理中，水分管理是决定蔬菜产量和灌溉水高效利用的关键。由表3-30可以看出，不同土壤水分控制下限对温室蔬菜作物的耗水量、产量和水分利用效率都具有明显的影响。番茄在蔬菜中属于比较耐旱的作物，前期和中期的水分胁迫都会提高水分利用效率，其不同生长阶段的土壤水分适宜控制下限为：苗期60%田间持水量、开花坐果期70%田间持水量、结果期70%田间持水量（即T60-70-70处理），该供水方案的产量和WUE都很高。如果在开花坐果期（中期）和结果采收期（后期）土壤水分过高都会使WUE偏低。T60-60-70处理的WUE最高，比T80-80-80处理提高17.69%，耗水量减少17.24%，产量减少2.60%；T80-80-80的WUE最低；T60-70-70处理的产量、WUE

都很高，比 T80-80-80 处理增产 1.20%，耗水量减少 7.9%，WUE 增加 9.89%。因此，土壤水分控制下限为苗期60%（占田间持水量的比例）、开花坐果期70%、结果期70%是番茄节水高产高效的供水方案。

表 3-30　番茄不同处理的产量、耗水量和水分利用效率（2008 年）

处理	产量/(t/hm²)	增产率/%	耗水量/mm	耗水减少/%	WUE/(kg/m³)	WUE 增加/%
T50-70-70	117.26a	-1.43	289.25	12.13	40.54	12.17
T60-70-70	121.76a	2.35	297.32	9.68	40.95	13.31
T70-70-70	120.71a	1.47	326.36	0.86	36.99	2.34
T60-50-70	107.49c	-9.64	258.13	21.59	41.64	15.22
T60-60-70	115.87b	-2.60	272.42	17.24	42.53	17.69
T60-80-70	121.84a	2.42	311.14	5.48	39.16	8.35
T60-70-50	97.50d	-18.04	255.81	22.29	38.11	5.46
T60-70-60	105.42c	-11.38	275.07	16.44	38.32	6.04
T60-70-80	118.59a	-0.31	326.58	0.79	36.31	0.48
T80-80-80	118.96a	0	329.19	0	36.14	0

3.2.5　中原高产农业区主要作物节水高效灌溉技术

(1) 作物产量与耗水量间的关系

作物水分生产函数是农田水分管理研究中的重要内容之一，用以描述农田水分供应量与作物产量间的关系或者水分消耗量与作物产量间的关系。它是确定非充分灌溉定额最重要的依据。根据防雨棚下的测坑试验和温室内的滴灌试验，建立了不同作物产量与全生育期耗水量之间的关系以及作物产量与分生育期耗水量之间的关系。

A. 作物产量与全生育期耗水量之间的关系

不同作物产量（Y）与全生育期耗水量（ET）均有着很好的二次曲线关系，其关系式见表 3-31，根据不同作物的关系式计算得出该作物产量达到最大时的耗水量以及经济耗水量，这里的经济耗水量是指作物水分利用效率达到最大时的耗水量，而不是经济收益最大时作物的耗水量。

表 3-31　不同作物产量与全期耗水量的关系及其经济耗水量

年份	作物	作物产量与全生育期耗水量关系式	相关系数 R	产量达到最大时的耗水量/mm	经济耗水量/mm
2007	冬小麦	$Y=-1.4\times10^{-3}ET^2+12.246ET-18304$	0.9088	432.5	361.6
	夏玉米	$Y=-5.0\times10^{-4}ET^2+4.325ET-3226.4$	0.9056	432.5	250.0

续表

年份	作物	作物产量与全生育期耗水量关系式	相关系数 R	产量达到最大时的耗水量/mm	经济耗水量/mm
2008	冬小麦	$Y=-7.0\times10^{-4}ET^2+6.5467ET-6920.0$	0.9248	467.6	314.4
	夏玉米	$Y=-0.1003ET^2+69.169ET-4509.8$	0.9070	344.8	212.0
	番茄	$Y=-6.408\times10^{-3}ET^2+3.9964ET-501.89$	0.9016	311.8	279.9
2009	冬小麦	$Y=-0.0565ET^2+48.594ET-3002.9$	0.9653	430.0	230.5
	夏玉米	$Y=-0.1026ET^2+86.308ET-9937.8$	0.8531	420.6	311.2
	番茄	$Y=-2.446\times10^{-3}ET^2+1.7033ET-180.19$	0.9825	348.2	271.4

由表 3-31 可知，不同作物产量与全期耗水量之间的水分生产函数关系式在年际具有一定的差异，这种差异可能是气象条件以及作物生长状况不同造成的。冬小麦产量达到最大时的耗水量 2008 年的最大，为 467.6mm，2009 年的最小，为 430.0mm，2008 年的略高于 2009 年；其经济耗水量以 2007 年的最高，为 361.6mm，2008 年的次之，2009 年的最小，为 230.5mm，不同年份间的经济耗水量差异很大。夏玉米产量达到最大时的耗水量以 2007 年的最大，为 432.5mm，2008 年的最小，为 344.8mm，2009 年的略低于 2007 年；其经济耗水量以 2009 年的最高，为 311.2mm，2007 年的次之，2008 年的最小，为 212.0mm。温室滴灌番茄产量达到最大时的耗水量为 311.8 ~ 348.2mm，2009 年的高于 2008 年，而经济耗水量为 279.9 ~ 271.4mm，2008 年的略高于 2009 年。相对于大田作物，温室蔬菜作物不同年份间的经济耗水量差异较小，这可能是供水方式、生长环境以及蔬菜作物的需水特性所决定的。

B. 作物产量与分生育期耗水量之间的关系

分析作物产量与分生育期耗水量之间的关系可以明确不同生育期供水状况对作物产量的影响程度，从而为非充分灌溉制度中灌水时间确定以及灌水量的分配提供理论依据。利用 Jensen 模型计算不同作物不同年份的水分敏感指数，其结果见表 3-32 至表 3-34。水分敏感指数越大，表明缺水造成的减产越多，由表 3-32 可以看出，冬小麦拔节—抽穗期（2008 年）、抽穗—灌浆期（2007 年、2009 年）的水分敏感指数最大，越冬—返青期的最小，播种—越冬期的也很小，年份间的差异可能是由气象条件或试验条件的差异引起的。因此，拔节—抽穗期和抽穗—灌浆期是冬小麦的需水关键期，在拔节以前可以适当地进行控水管理，只要保证需水关键期的需水要求就能获得高产。

表 3-32　冬小麦不同生育阶段的水分敏感指数 λ_i

年份	生育阶段					
	播种—越冬	越冬—返青	返青—拔节	拔节—抽穗	抽穗—灌浆	灌浆—成熟
2007	0.0736	0.0342	0.1368	0.2351	0.2859	0.2234
2008	0.1054	0.0624	0.1240	0.2752	0.2344	0.1536
2009	0.1092	0.0492	0.1235	0.2471	0.2637	0.1807

由表 3-33 可以看出，夏玉米抽雄—灌浆期的水分敏感指数最大，其次是拔节—抽雄期，播种—拔节期的最小，因此拔节—灌浆这一阶段是玉米的需水关键期，在农田水分管理上应满足该阶段的需水要求，而在其他阶段可以适当地进行水分亏缺，特别是苗期，这样在不减产的情况下有利于提高水分利用效率。

表 3-33　夏玉米不同生育阶段的水分敏感指数 λ_i

年份	生育阶段			
	播种—拔节	拔节—抽雄	抽雄—灌浆	灌浆—成熟
2007	0.0764	0.2598	0.2772	0.1874
2008	0.1068	0.2642	0.3754	0.2344
2009	0.1207	0.2705	0.3082	0.2518

相对于大田作物，蔬菜作物对水分比较敏感，缺水易造成减产。试验结果表明（表 3-34），番茄在开花坐果期（2008 年）和结果采收期（2009 年）的水分敏感期数最大，苗期的最小。可见，开花坐果期和结果采收期是蔬菜作物的需水关键期，而在苗期可以进行轻度的水分亏缺。

表 3-34　温室滴灌番茄不同生育阶段的水分敏感指数 λ_i

年份	生育阶段		
	苗期	开花坐果期	结果采收期
2008	0.1083	0.4220	0.3836
2009	0.1327	0.3652	0.3974

以往大多学者对常规棉的研究表明花铃期是棉花的关键需水期，但我们对该区麦后移栽棉的研究结果却显示，蕾期对水分亏缺更为敏感。可见，棉花的需水关键期可能会随棉花品种、气候条件以及栽培措施的不同而存在差异，相关问题有待进一步深入研究。

（2）节水灌溉条件下作物的需水指标

作物的产量在一定的范围内随着耗水量的增加而增加，当达到一定程度时，再增加耗水会导致产量的降低；在作物的生长前期适当地控制供水不会造成产量的显著下降，反而有利于水分利用效率的提高。综合分析作物生长性状和产量与作物需水过程中需水量、生理特性的关系，提出了节水灌溉条件下作物需水指标（表 3-35 ~ 表 3-38）。作物的需水指标并不是一个固定值，它随种植年份的气象条件、作物品种以及栽培管理水平的差异而存在一定的变化。

表 3-35　冬小麦节水灌溉条件下的需水指标

控制指标	苗期	出苗—越冬	返青—拔节	拔节—抽穗	抽穗—灌浆	灌浆—成熟	全生长期
需水量/mm	83.4	22.1	31.7	127.1	55.7	112.2	432.2
需水模系数/%	19.30	5.11	7.33	29.41	12.89	25.96	—
土壤水分下限（占田间持水量的比例）/%	60 ~ 70	55 ~ 60	60 ~ 65	60 ~ 65	65 ~ 70	55 ~ 60	—
计划层深度/cm	40	40	40	60	80	80	—

表3-36　夏玉米节水灌溉条件下的需水指标

控制指标	播种—出苗	出苗—拔节	拔节—抽雄	抽雄—灌浆	灌浆—成熟	全生长期
需水量/mm	34.2	68.1	92.1	65.4	104.3	364.1
需水模系数/%	9.39	18.70	25.30	17.96	28.65	—
土壤水分下限（占田间持水量的比例）/%	70～75	60～65	65～70	70～75	60～65	—
计划层深度/cm	40	40	60	80	80	—

表3-37　夏棉节水灌溉条件下的需水指标

项目	苗期	蕾期	花铃期	吐絮期	全生育期
需水量/mm	58.0	69.7	174.7	90.0	392.4
需水模系数/%	14.78	17.76	44.52	22.94	—
土壤水分下限（占田间持水量的比例）/%	60	70	70	55	—
计划层深度/cm	40	60	60	60	—

表3-38　温室滴灌条件下蔬菜的需水指标

控制指标	苗期	开花着果期	结果期	全生长期
需水量/mm	59.7	101.9	168.4	330.0
需水模系数/%	18.10	30.88	51.02	—
土壤水分下限（占田间持水量的比例）/%	60	70	70	—
计划层深度/cm	40	40	40	—

（3）主要农作物的非充分灌溉模式

在严格的控制条件下，探索防雨棚下测坑中冬小麦和夏玉米不同生育期干旱和灌水次数组合对作物产量、耗水量和水分利用效率的影响，在充分考虑作物产量、品质以及环境效应的基础上，建立节水灌溉条件下作物-水分模型，从而为非充分灌溉制度的确定提供了依据。

作物非充分灌溉模式包括的主要内容是确定灌水的时期，以及根据所采用的灌水方式和农艺措施确定灌水定额。作物非充分灌溉模式的确定需要考虑当地的水资源条件、灌水方式、作物种类以及种植模式，基于作物的需水特性和需水指标可以进行灌溉水量在生育期内的分配以及确定适宜的灌水时期，根据可供水资源量可以确定采用哪种灌水方式及灌水定额，同时制定相关的灌溉水最优分配方案以达到节水增产提高水分利用效率的目的。比较常用的非充分灌溉模式如下所述。

A. 灌关键水模式

根据作物不同生育期对水分亏缺的敏感性以及复水的补偿生长特性，在作物对水分不太敏感的阶段适当控水，而在需水关键期进行灌溉，灌水定额的多少根据灌溉方式确定。在豫北，冬小麦生长处于干旱季节，往往需要补充灌溉才能获得高产，其关键需水期为拔节—抽穗阶段，在整个生长期内一般需要灌二至三水，其灌水日期可以根据土壤水分控制下限指标确定，根据多年的试验结果，一般在拔节初期灌第一水，在孕穗期或抽穗期灌第二水，有的地方如果后期无降雨，可在开花期灌第三水。但最后一水不能灌得太晚，否则易造成倒伏，且品质大幅度下降。在灌第一至二水时，可以结合灌水进行追肥。夏玉米生长期大部分时间与雨水同步，播种出苗后一般只需要灌一至二水即可，其容易受旱的时期是苗期，此期若降水少需要进行一次灌溉，在大喇叭口期结合追肥则需要再灌一水，其他时期一般不需要灌水。根据前面的分析表明，夏玉米、棉花的需水关键期分别为拔节—抽雄期和花铃期，而蔬菜作物为开花坐果期和坐果采收期。在水资源有限的条件下，若不能满足作物整个生育期的需水要求，就应该把灌水时期确定在作物的关键需水期，这样能最大幅度地降低减产率，提高作物水分利用效率。灌关键水模式适合各种作物和所有的灌水方式，其基本原则是通过灌溉满足作物关键期的需水要求。

B. 小定额灌溉模式

小定额灌溉模式就是灌水定额小，灌水定额一般在60mm以下。该模式的实施往往需要适宜的灌水方式配合。例如，温室滴灌蔬菜和大田膜下滴灌棉花，其灌水定额可以控制在15～40mm。对于大田作物，如冬小麦、夏玉米、棉花也可采用喷灌方式，灌水定额为40～50mm。通过改变畦田规格，采用短畦和窄畦灌溉方式，其灌水定额可以控制在50～60mm。

宽行稀植作物（如玉米和棉花）可采用沟灌或隔沟交替灌溉方式，这样能实现小定额灌水，灌水定额为30～45mm，比一般的畦灌减少1/3～1/2的灌水定额。冬小麦采用垄作或垄膜沟种方式，运用沟灌供水，可减少1/3的灌水定额，而产量与平作畦灌持平或略有减产，但显著提高水分利用效率。小定额灌溉模式与灌关键水模式结合更能合理的分配水资源，减少灌用水量，提高灌溉水的有效利用。

C. 与农艺节水技术配合的非充分灌溉模式

通过在农田采用适宜的覆盖方式（地膜、秸秆、液体膜）减少土壤棵间蒸发、调控作物蒸腾与棵间蒸发的比例关系以达到节约用水提高水分利用效率的目的。对于中低产田可以施入土壤改良剂以及专用肥改善土壤结构，增加蓄水保墒能力。采用平衡施肥以及水肥耦合技术提高水分和养分的利用效率，地膜覆盖的作物可以采用滴灌、喷灌、沟灌和畦灌的灌水方式，秸秆覆盖的作物以采用喷灌和滴灌的方式最佳，若用地面灌易造成壅水和秸秆随水漂移的问题。把农艺节水技术与前两种模式（灌关键水模式和小定额灌溉模式）结合运用，更能发挥出非充分灌溉技术的节水增产优势，达到节约灌溉用水量，最大限度提高作物水分利用效率的目的。

（4）主要农作物的非充分灌溉制度

根据前面的分析确定了冬小麦和夏玉米产量最高时的耗水量以及水分利用效率最高时的耗水量。作物需要灌溉的水量为非充分灌溉时的耗水量与生育期内有效降雨量的差值。要想获得高产，就要充分满足作物的需水要求，但这在水资源相对较为充足的条件下才能满足需求，如果遇到连年干旱，或者当地的水资源量有限，可供调用的水量可能满足不了农业灌溉水量需求。这种情况下，不可能按作物的需求供水，而只能根据当地各个时期可供水量和需要灌溉的作物面积分配水量进行灌溉，即实施非充分灌溉。在非充分灌溉条件下，作物的减产程度随着不同作物及作物不同生育阶段的缺水程度而异，水分亏缺历时越长，程度越大，对作物产量的影响也越大。因此，研究限额供水的灌溉制度问题，就是要根据作物产量与各阶段耗水量的关系，在弄清作物在不同生长时期缺水减产程度的基础上，对可供水量进行最合理的分配，最终达到单位水量产值最大或区域总产量最大目标。在这种情况下，遵循的一条主要原则就是要浇好作物增产的关键水。

由于采用动态规划方法，可按时间顺序，将某种作物的整个生育期划分为若干个阶段，把作物灌溉制度的优化设计过程看做是一个多阶段决策过程，认为各阶段决策所组成的最优策略可使整个过程的整体效果达到最优，因此，研究时根据前述产量与阶段耗水量的关系（Jensen 模型），利用动态规划法对冬小麦和夏玉米的最优灌溉制度进行了分析，结果见表 3-39 和表 3-40。根据表 3-39 和表 3-40 把灌溉定额分配到不同生育时期，具体的灌水时间应根据当时的土壤水分状况而定，当某一生育阶段的土壤水分分别达到下限指标时，就应对其进行灌水。

表 3-39　不同典型水文年型的冬小麦优化灌溉制度

水文年型	灌溉可用水量/mm	生育阶段与灌水时期						Y/Y_m
		播种—越冬	越冬—返青	返青—拔节	拔节—抽穗	抽穗—灌浆	灌浆—成熟	
25%	0	0	0	0	0	0	0	0.9103
	60	0	0	0	60	0	0	0.9764
50%	60	0	60	0	0	0	0	0.8245
	120	0	0	0	60	60	0	0.9037
	180	0	60	60	0	60	0	0.9725
75%	60	0	0	0	60	0	0	0.7542
	120	0	60	0	0	60	0	0.8729
	180	0	60	0	60	0	60	0.9571
95%	120	0	0	0	60	60	0	0.7825
	180	0	60	0	60	0	60	0.8756
	240	60	60	0	60	0	60	0.9480

表 3-40　不同典型水文年型的夏玉米优化灌溉制度

水文年型	灌溉可用水量/mm	生育阶段与灌水时期				Y/Y_m
		播种—拔节	拔节—抽雄	抽雄—灌浆	灌浆—成熟	
25%	0	0	0	0	0	0.8215
	60	0	60	0	0	0.9316
	120	60	60	0	0	0.9582
50%	60	0	60	0	0	0.9238
	120	0	60	60	0	0.9282
	180	60	60	60	0	0.9824

续表

水文年型	灌溉可用水量/mm	生育阶段与灌水时期				Y/Y_m
		播种—拔节	拔节—抽雄	抽雄—灌浆	灌浆—成熟	
75%	60	0	60	0	0	0.9076
	120	60	0	60	0	0.8803
	180	60	60	60	0	0.9454
95%	60	60	0	0	0	0.8105
	120	60	60	0	0	0.8553
	180	60	60	60	0	0.8702

通过前面对不同耕作方式和水分处理棉花生长发育特性、蕾铃脱落率、产量和水分利用效率的影响分析表明，采用少耕耕作方式，并在蕾期和花铃期土壤水分控制下限控制在田间持水量的70%以上，不仅不破坏麦茬后土壤结构，减小水土流失，还可以实现节水和高产的统一。各生育阶段的适宜土壤水分控制下限指标见表3-41。

表3-41　夏棉适宜灌水控制下限指标

生育期	苗期	蕾期	花铃期	吐絮期
土壤水分控制下限（占田间持水量的比例）/%	60	70	70	55
计划湿润层/cm	40	60	60	60
灌水定额/mm	60	60	75	0

表3-42　温室滴灌番茄非充分灌溉模式

生育期	苗期	开花坐果期	成熟采摘期
灌水定额/mm	30	25	25
灌水周期/天	15	7～8	7～8
灌水次数	2	4	5

温室茄果类蔬菜整个生育期的灌溉应根据不同时期的需水规律和水文年份，结合前期土壤墒情、植株水分生理特性及天气情况等进行。苗期植株处于营养生长发育阶段，植株尚小，且温室内气温较低，太阳辐射强度较小，故需水量少，根据前期土壤墒情情况，番茄的灌溉定额以50～60mm为宜。开花坐果期是番茄营养生长与生殖生长并进、形成幼果的重要时期，需水量增大，灌溉定额以90～100mm为宜，成熟采摘期是果实产量和品质形成的重要时期，此阶段正值于5月下旬至6月，太阳辐射强、气温高，且历时较长，灌溉定额以110～120mm为宜，但在果实采摘末期，果实发育基本结束，并伴随着植株体的逐渐衰老，此阶段可适当减少灌溉或不灌溉。

本试验中，2008年、2009年和2010年全生育期温室内水面蒸发量分别为322.10mm、388.80mm和373.85mm，年际差异较大，由此可见，温室蔬菜灌水量还需考虑水文年的影响，因为不同水文年份间天气条件差异较大，间接影响需水量。表3-42为一般干旱年份的温室番茄的非充分灌溉模式，在苗期进行中度水分亏缺，灌水定额为 30mm，整个生育阶段灌水 2 次；开花坐果期均进行轻度水分亏缺，灌水次数为 4 次，灌水定额为 25mm；成熟采摘期也进行轻度水分亏缺，灌水次数为 5 次，灌水定额为 25mm；但在具体生产实践中应根据水文年份不同将每次灌水量增减 5mm 或增减 1 次灌水。

第 4 章　水分利用效率的尺度效应与计算方法

"'单株—群体—农田—农业'水分利用效率的尺度效应与不同尺度灌溉水利用效率的计算方法"的研究，主要通过测定与调查海河流域不同尺度上的水分利用效率，探讨水分利用效率的尺度效应并提出尺度转换方法，建立不同尺度灌溉水利用效率的定量计算方法，评估海河流域灌溉水利用效率，为海河流域农业水资源的高效利用提供理论基础。

4.1　水分利用效率的研究思路和方法

为了解海河流域农业灌溉用水情况，研究中采取实地考察、部门介绍、专家座谈与农民访谈等多种形式，进行了多次调研工作。调研区域涵盖山区、山前平原、中部平原和滨海等主要地形区，河北、天津、北京等主要行政区，包括引黄（位山灌区）、水库（滦下灌区）、井灌（馆陶县）、井渠结合（石津灌区）等典型灌区；考察内容涉及农业发展、用水方式、水量水质、用水效率、水费水价、节水改造、灌溉试验等方面。

(1) 不同尺度农业用水效率尺度统计资料收集、整理与分析

依照研究目标并考虑现有资料情况，对研究尺度进行进一步细化和调整，拟定"作物—田间—斗渠—支渠—干渠—灌区—省市行政区—海河流域"等各研究尺度，并以此为主要依据收集各尺度上的灌溉用水、灌溉面积、种植结构、作物产量、地下水位、土壤墒情、气象以及灌溉试验等相关资料，包括海河流域不同类型灌区的田间用水、灌区用水和农业生产等基础资料。

(2) 海河流域农业用水效率的遥感分析研究

为分析流域尺度上的农业用水效率，课题建立了适合海河流域自然地理特点以及MODIS 卫星数据特点的 SEBAL 遥感推求作物耗水量模型，并开展了相关田间试验标定和验证工作。在此基础上结合气象数据计算海河流域 2007 年度种植结构、主要作物耗水量等要素，获取流域尺度上农业用水效率及其空间分布特征。

(3) 灌区及灌区以下尺度农田灌溉用水效率试验研究

为探求典型灌区农田水分循环规律、农业水利用效率及其尺度效应，考察了中国农业大学曲周试验站、中国农业科学院新乡灌溉试验站、河北省灌溉试验总站与石津灌区试验站及其所在灌溉地区，最终选择石津灌区作为灌区及灌区以下尺度农业用水效率尺度效应的典型灌区，开展了为期两年的灌溉输配水、农田水分动态观测和作物监测。除灌区常规监测外，还于灌水期间进行加密观测，获取灌区各尺度较准确的灌溉用水、种植结构、作物产量、土壤墒情、降雨和地下水位动态等试验数据。同时还进行石津灌区主要渠系、典型试验田块渠系 GPS 定位与典型土壤水分物理特性参数的测定等工作。

(4) 海河流域农业用水效率评估及特征分析

为评估海河流域农业用水效率，课题组选取灌溉水分生产率、农田总供水水分生产率和灌溉水利用系数三个主要指标作为评估依据，并根据所收集的各类数据，计算海河流域田间、斗渠、支渠、分干、灌区、省级行政区和流域等多个尺度上的农业用水效率，并分析其统计特征和空间分布特征。

(5) 海河流域农业用水尺度效应分析

根据计算得到的各尺度农业用水效率，运用直接法、面积相关法和临近渐次累加法，分析得到海河流域农业用水效率的尺度效应，并分析了其与自然地理特征、灌区类型、灌溉用水量等影响因素之间的相互关系。

(6) 农业用水效率尺度效应机理推求与转换理论研究

为分析农业用水效率尺度效应产生的机理以及探求尺度转换方法，课题以石津灌区为背景，构建以推求灌溉水渗漏和地下水循环利用通量为核心、以基于土壤水运动学原理的 Hydrus 软件和基于地下水运动原理的 Modflow 软件为基本工具的分布式灌区农田水分循环模型，并综合运用各类统计资料、遥感数据和田间试验数据对模型进行标定验证，在此基础上获取海河流域典型灌区的农田水分循环特征、根系渗漏、地下水补给特征和地下水循环通量特征。运用 IWMI 水均衡框架进行灌区尺度的农业用水效率尺度效应研究和尺度转换理论研究，为农业用水效率的尺度转换提供理论依据和可能的解决途径，为不同尺度农业用水效率计算方法的深化奠定了基础。

4.2 海河流域农业用水特征

4.2.1 农业种植

海河流域以仅占全国 1.5% 的水资源承担着全国 11% 的耕地面积和 10% 的人口，是中国重要的粮食主产区之一（王志民，1999）。

海河流域的主要作物为冬小麦、夏玉米、棉花和油料，冬小麦-夏玉米种植模式比较普遍。近年来粮食作物种植面积下降，经济作物播种面积明显扩大，特别是蔬菜大棚面积逐年增加。据统计，占海河流域面积 70% 的河北省 2006 年粮食种植面积比例在 70% 左右，以小麦和玉米为主，经济作物占 30%，以蔬菜、棉花和小麦为主。河北省各类蔬菜大棚面积已达 650 万亩，蔬菜种植已成为带动农民增收的支柱产业（河北省人民政府办公厅，2007）。

4.2.2 农业水源

海河流域农业用水大致占总用水量的 70%，包括黄河客水、地表水、地下水三类主要水源。引黄水主要用于徒骇马颊河等主要引黄灌区，数量不大；地表水以各类水库为主，水资源的开发程度已经达到 90%，潜力很小，而且工业用水和生活用水的需求越来越大，农业用水势必被挤占；地下水是最主要的水源。由于水资源的紧缺，大多数渠灌区已经井渠结合；深层地下水超采导致严重的地质灾害和生态危机，已经施行了限采禁采措施。目前地下水已经普遍超采，浅层地下水开采程度达到117.2%，深层开采程度达到258.6%，形成大大小小的地下水漏斗。浅层地下水埋深仍以0.7m/a的速度下降，农业用水成本持续增加，在维持现状开采和补给条件下，浅层地下水资源超采疏干的时限不足80年，深层地下水资源超采疏干的时限不足10~15年（张光辉等，2004）。

4.2.3 用水方式和效率

来水量的减少和用水成本的增加使农业用水方式发生变化，最直接的表现是灌溉次数的减少。在河北，小麦浇水次数由7~8次改为3~4次，定额由350~400m^3/亩改为240m^3/亩，而夏玉米与棉花在正常年份，除底墒水外依靠降雨可以基本满足需水要求，因此很少灌溉。

尽管畦灌仍然是海河流域的最主要灌水方法，但是滴灌、喷灌等局部灌溉方法在经济作物中已经较多地采用。渠灌区在海河流域所占比例不大，井灌与井渠双灌是主要农业用水类型。井灌区基本采用“小白龙”和管道灌溉形式，在河北这种形式占90%以上。随着水资源的紧张趋势，许多渠灌区也多数井渠结合，如石津灌区已经有2/3地区为井渠结合。

海河流域2000年灌溉用水量平均为239m^3/亩，滦河流域和冀东沿海较高为346m^3/亩。渠灌区的渠系水利用效率为0.45~0.6，灌溉水利用效率为0.42~0.47；井灌区尽管较高，约为0.8，但达不到设计标准（0.85）。

受限于井水较高的抽水费用和制度管理，除稻田灌区，灌溉基本没有弃水现象。

4.2.4 农业节水措施

面对水资源紧缺情况，多种农业节水措施在海河流域各地得到实施。根据河北省水利厅资料，农业节灌率已经达到60%，节水措施中以管道灌溉和渠道防渗为主。此外，以水权体系建设、农民用水者协会建设和信息化改造为基础的节水措施在海河流域农业节水中也产生明显效果。

4.3 海河农业用水效率尺度效应研究思路和指标选择

4.3.1 研究思路

通过多次调研认识到：海河流域，河北省占70%，农业用水主要在平原，地下水又占供水水源的主体（66%），灌溉方法以地面灌溉为主；粮食作物以小麦和玉米为主；经济作物以蔬菜、棉花为主；灌溉对象以小麦为主；埋深以大埋深（>5m）为主。

考虑这些灌溉用水特征，课题组研究思路上确定了“数据收集—数据分析—规律揭示—理论推导—理论验证”的基本框架，其中基础资料获取方面以现有资料收集为主体、遥感数据为重要来源、试验数据为理论基础，三者相互支持验证；理论分析方面以经验性模型揭示规律、机理性模型分析内在联系、概念性模型指导使用的技术路线，具体如图 4-1 所示。

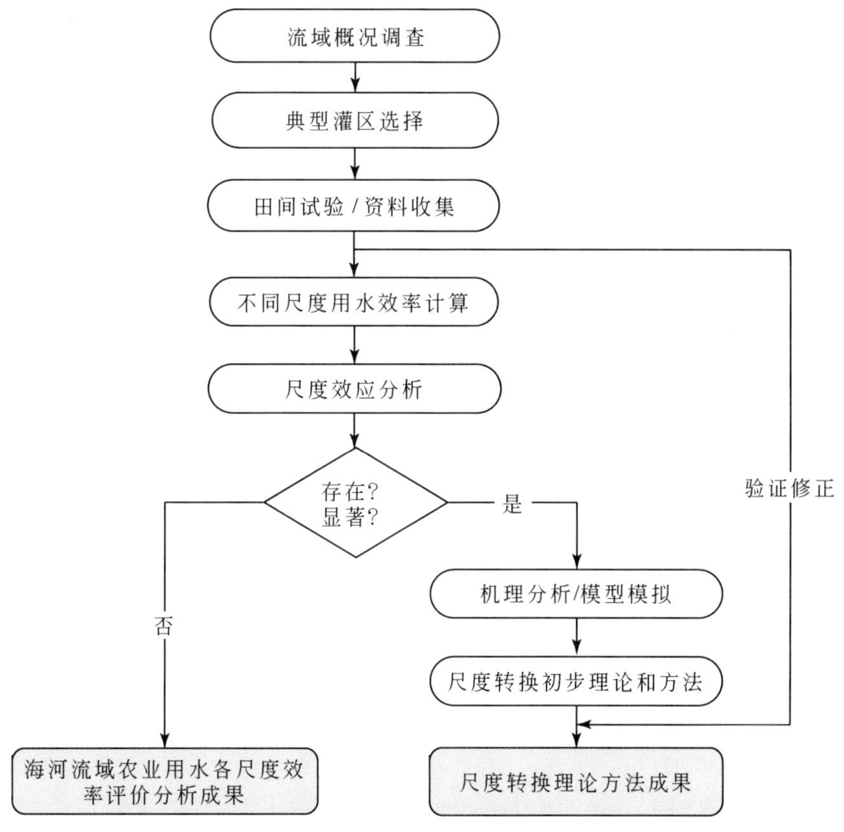

图 4-1 “海河农业用水效率尺度效应”研究框架图

4.3.2 农业用水效率指标选择

农业用水效率涉及农学、植物学、生物学、水文水资源学等研究领域，由于研究目的和尺度水平等因素的不同，所使用的定义和指标存在一定差别。

最早提出的用水效率评价指标为灌溉效率，目前在灌溉系统设计与工程规划中常用的田间水利用系数、渠系水利用系数和灌溉水利用系数皆属于此类指标（Bos，1979；郭元裕，2002）。它们能够反映灌溉水被输送到田间的损失情况和在田间的利用情况，也是反映灌溉工程状况、能力、灌溉管理和田间灌溉水平的较好指标，但是这些指标都未考虑回归水利用，使得田间尺度和灌溉系统尺度的评估结果产生差异，不能反映真实水分利用情况，因而不能为区域水管理和宏观决策提供参考。

考虑到传统指标在描述和评价水资源管理时的缺陷，一系列新的指标被提出，如Jensen（1977）提出净灌溉效率的概念；Willardson等（1994）则建议采用“比例”的表述，如消耗性使用比例、可重复利用比例等；Keller等（1995）提出“有效灌溉效率”定义。这些新的指标都考虑到了评价指标同尺度的关系，在反映对水的真实利用效率的功能上内涵更准确。

上述水量指标描述的只是水在物理上的数量关系，并没有反映灌溉的最终目的，即夺取高产、获得最大的经济效益，因此不少学者提出水分生产率的概念，描述作物产量与水分消耗量之间的响应关系（Molden，1997；Jensen，2007；Molden and Sakthivadivel，1999）。

由于对消耗水量考察的范围及着眼点的不同，目前国内外关于水分利用效率或水分生产率的解释有多种析义，总体概括起来，分为微观和宏观两个方面。微观尺度上的是针对作物生理学的，分为叶片水平、群体水平和产量水平；宏观尺度上的水分生产率是针对灌溉水管理方面，主要有农田总供水利用效率、田间水分利用效率、灌溉水利用效率、降水利用效率和腾发量水分生产率等（段爱旺，2005；沈荣开等，2001；王会肖和刘昌明，2000）。

无论是微观还是宏观的指标，都存在一定的局限性，相关的结果和理论都只能在一定范围内使用才合理；另外还有一些基于消耗水量不同计算方法的水分利用效率理论，在理论上可以实现，实际操作却难以完成，尤其在田间以上尺度开展研究时。近年来，水分利用效率的深入研究发现，仅进行田间以下尺度的作物水分利用效率或者进行传统意义上的灌溉水利用效率研究是不够的，必须进行不同尺度的水分利用效率研究，并研究不同尺度水分利用效率的相互关系，包括水量消耗和作物产量两个方面。只有这样，才能满足农业高效用水管理的需要，满足实际生产和宏观经济发展的需要（李远华和崔远来，2008；李远华等，2005）。

综上所述，本书联合使用灌溉效率和水分利用效率两类指标，评估海河流域农业水利用效率，并对其尺度效应进行研究。

（1）灌溉效率

灌溉效率是指水平衡要素之间的评估和比较，不涉及产量和效益，表示利用水量与供水量之间的比值，本书采用灌溉水利用系数。灌溉水利用系数是指某一时期灌入田间可被作物利用的灌溉水量与水源地灌溉取水总量的比值。它反映全灌区渠系输水和田间用水状况，是衡量从水源取水到田间作物吸收利用过程中灌溉水利用程度的一个重要指标，能综合反映灌区灌溉工程状况、用水管理水平、灌溉技术水平。本书采用首尾测算分析法进行计算，公式为

$$\eta_i = \frac{I_{净}}{I} = \frac{田间净灌溉用水量(\mathrm{m}^3)}{渠首总引水量(\mathrm{m}^3)} \tag{4-1}$$

（2）水分利用效率

水分利用效率又称水分生产率，定义为消耗单位水量所生产的经济产品数量。它是衡量农业生产水平和农业用水科学性与合理性的综合指标，本研究采用以下两个具体指标。

A. 灌溉水分生产率

灌溉水分生产率定义为

$$\mathrm{WUE_I} = \frac{W}{I} = \frac{\text{作物总产量(kg)}}{\text{灌溉水量(m}^3\text{)}} \tag{4-2}$$

式中，作物总产量指冬小麦或玉米的籽粒产量；灌溉水量为所统计尺度上的毛灌溉引水量（包括地下水等灌水量），不考虑可能发生的渗漏损失和地下水补给的影响。如果统计尺度为田间，即为田间灌溉水分生产率，如果统计尺度为灌区，则为灌区灌溉水分生产率，如此类推，下同。

B. 农田总供水水分生产率

农田总供水水分生产率定义为

$$\mathrm{WUE_a} = \frac{W}{P+I} = \frac{\text{作物总产量(kg)}}{\text{灌溉水量} + \text{整个生育期降雨量(m}^3\text{)}} \tag{4-3}$$

式中，整个生育期降雨量是指有效降雨量，其他同上。

4.3.3 不同尺度农业用水效率资料收集与整理分析

为进行不同尺度农业用水效率的评估，课题组通过田间试验、实地调查、数据共享、科研合作以及购买等多种形式收集海河流域田间、斗渠、支渠、干渠、灌区、省市行政区、流域等各个尺度（具体名称随灌区管理体制有所调整）、不同区域范围和时间范围的灌排水量、灌溉面积、种植结构、作物产量、地下水位、土壤墒情、气象、灌溉试验以及农业生产状况等基础数据（表 4-1）。此外，为进行用水效率尺度效应的机理分析，在石津灌区等典型灌区进行了为期两年的田间试验机理观测和水文地质等资料的收集工作。

表 4-1　海河流域农业用水效率尺度效应分析已收集资料清单

尺度	数据类型	数据内容	统计单位	区域范围	时间跨度
田间、斗渠尺度	试验数据	灌排水量	逐日	河北省石津灌区	2007～2008 年
		地下水埋深	1 天一次，灌溉季节加密		
		土壤墒情	10 天一次，0～2m		
		种植结构与作物产量	逐作物、逐田块、逐季		
		降雨量	逐日		
		常规气象	逐日		
	调查数据	主要作物净灌溉用水	逐次灌水	全流域 66 个田间调查点	2005 年
		灌溉定额	逐作物		
		降雨量及有效降雨量	逐月		
		单位亩产	逐作物		
		地下水埋深	生长季节平均埋深		

续表

尺度	数据类型	数据内容	统计单位	区域范围	时间跨度
支渠、干渠尺度	试验数据	灌排水量	逐日	河北省石津灌区王家井灌域	2007～2008 年
		降雨量	逐日		
		常规气象数据	逐日		
		地下水埋深	10 天一次、灌溉季节加密		
		灌溉面积	逐季节		
		种植结构与作物产量	逐季节		
		土壤墒情	一年 4 次		
	监测数据	灌排水量	逐日	河北省石津灌区	2004～2009 年
		降雨量	逐日		
		气象数据	逐日		
		地下水埋深	10 天一次		
		灌溉面积	逐季节		
		作物产量	逐季节		
灌区尺度（1）	监测数据	灌溉用水量（地表水）	逐干渠、逐灌次	河北省石津灌区	2004～2009 年
		灌溉面积	逐干渠		
		渠道水利用系数	逐干渠		
		作物作物粮食总产	逐灌域		
		末级斗口引水量	逐干渠、逐灌次		
		降雨量	40 个雨量站、逐日		
		常规气象	3 个气象站、逐日		
		地下水埋深	10 天一次		
	试验数据	主要作物净灌溉定额	主要作物		
	遥感数据	LANDSAT 作物种植结构、作物耗水量	一年 4 次		
灌区尺度（2）	调查数据	灌溉用水量	逐年	全流域 55 个各种类型灌区	2001～2005 年
		灌溉面积	逐年		
		渠道水利用系数	多年平均		
		作物作物粮食总产	逐年		
		末级斗口引水量	逐年		
		降雨量	逐月		
		主要作物净灌溉定额	主要作物		

续表

<table>
<tr><th>尺度</th><th>数据类型</th><th>数据内容</th><th>统计单位</th><th>区域范围</th><th>时间跨度</th></tr>
<tr><td rowspan="6">省市行政区及流域尺度</td><td rowspan="3">统计数据</td><td>灌溉用水量</td><td>逐年、分市</td><td rowspan="5">海河流域各省（直辖市）及河北省地级市</td><td rowspan="5">2004 ~ 2007 年</td></tr>
<tr><td>灌溉面积</td><td>逐年、分市</td></tr>
<tr><td>种植结构与作物产量</td><td>逐年、分市</td></tr>
<tr><td rowspan="2">监测数据</td><td>降雨量</td><td>逐日</td></tr>
<tr><td>常规气象</td><td>逐日</td></tr>
<tr><td>遥感数据</td><td>MODIS 作物种植结构、作物耗水量</td><td>10 天一次</td><td>海河流域</td><td>2004 ~ 2007 年</td></tr>
</table>

4.4 不同尺度农业用水效率研究

4.4.1 灌区及灌区以下尺度农业用水效率的试验研究

灌区及灌区以下尺度农业用水效率研究运用两类方法进行。一类是试验研究，旨在通过在典型灌区的精细试验观测，获得准确的试验数据，了解灌溉用水特点、水分循环特征，获取灌区及灌区以下尺度农业用水效率，该试验在河北省石津灌区进行，这一部分成果在本节介绍。另一类是调查研究，旨在通过收集流域内不同类型灌区的农业用水、农业生产、气象水文等调查数据，了解海河流域不同类型灌区用水特点、水分循环特征，获取相关尺度用水效率的空间分布特征、宏观统计特征及其与自然地理、灌溉等条件的关系，这一部分成果在下一节介绍。

4.4.1.1 石津灌区概况

(1) 地理位置

石津灌区是河北省最大的以农业灌溉为主、兼顾发电和城市工业供水的大型灌区。灌区位于滹沱河与滏阳河之间，属华北平原的一部分。地理位置处在北纬 37°30′ ~ 38°18′，东经 114°19′ ~ 116°30′。灌区工程控制土地面积 4144km²，设计效益面积 16.67 万 hm²，受益范围包括石家庄、衡水、邢台三市的 14 个县（市）。灌区位置和骨干渠道如图 4-2 所示。

(2) 地形、地貌

石津灌区的地貌类型可分为山麓平原、倾斜平原和冲积平原三个较大的地貌单元。

山麓平原位于灌区西部，太行山东侧，东至藁城、赵县与倾斜平原连接，自西向东地面海拔为 90 ~ 45m，坡度较陡，为 1/200 ~ 1/1200。

倾斜平原在灌区中部，西接山麓平原，东部以深州、辛集、宁晋一线与冲积平原相邻。海拔为 45 ~ 30m，坡度为 1/2000 ~ 1/4000。

冲积平原位于灌区东部，系滹沱河近代冲积而成，海拔高程 30 ~ 18m，坡度平缓，为 1/4000 ~ 1/6000。微地貌具有岗地、坡地、洼地交错的特点，历史上涝、碱灾害威胁比较严重。

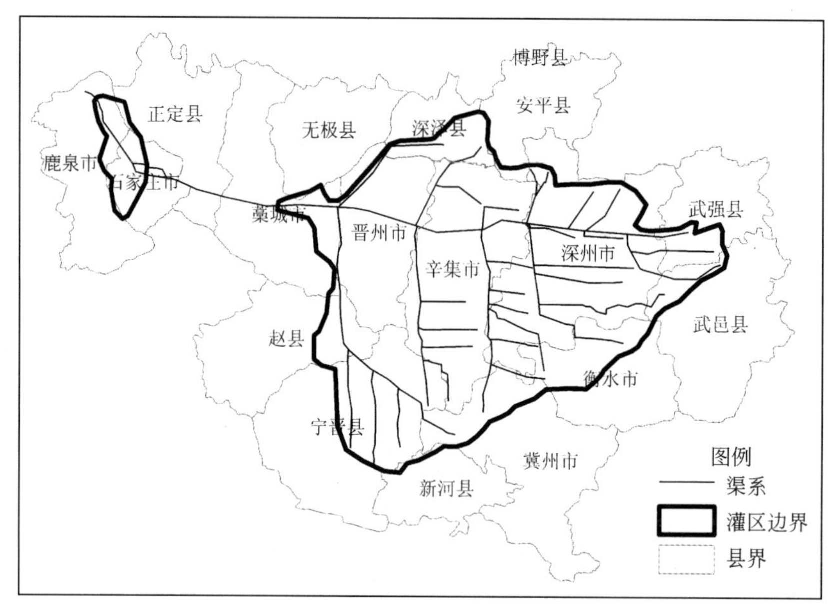

图 4-2　河北省石津灌区位置示意图

(3) 气象水文

灌区属温带大陆性季风气候区，其气候特征是：春季干旱多风，夏季炎热多雨，秋季凉爽少雨，冬季寒冷干燥。灌区处在河北省平原少雨区，多年平均降水量为 507.2mm，其中石家庄、藁城一带为500mm，衡水、深州一带为460mm。降雨量年内分配不均，多集中在6月、7月、8月三个月，占全年降水量的70%左右，并且多以暴雨形式出现，春季降水量占8%～12%。年蒸发量为1000～1200mm，年平均气温12～13℃，1月平均气温最低为-9℃，极端最低气温-22℃，7月平均气温32℃，极端最高气温41.9℃。年最大冻土深47cm。全年无霜期190～200天。年日照总时数为2629.5小时，日照率为59%，0℃以上日照总时数为2124.2小时，0℃以上积温为4600～5000℃。气象条件适宜冬小麦、夏玉米、棉花等多种作物及苹果、梨、桃等果树生长。

(4) 地下水与土壤

灌区内地下水按照河北省水文地质分区，以安平—辛集—宁晋一线为界，可分为东西两部分。西区约占灌区面积的1/3，水文地质条件较好，属于“全淡水区”，富水性较强，地下水矿化度小于2g/L。灌区井灌发达，部分地区实行井渠结合灌溉。近年来由于地下水严重超采，水位持续下降，浅层地下水埋深由20世纪60年代初期的2～4m，下降到目前的12～30m。东区地下水埋深较浅，多为1.2～2.5m，地下水多为微咸水或咸水，矿化度为2～5g/L或5～10g/L。

石津灌区所处平原系滹沱河洪积、冲积而成。由于滹沱河泛滥改道频繁，区域内土壤类型复杂多样，砂质、壤质、黏质土壤交错分布，层状结构较为明显。在山麓平原因洪积、沉积物分选不明显，以轻壤土为主，其中局部洼地和交接洼地以中壤土为主；在倾斜平原，洪积不够强烈，沉积物有一定的分选，以粉砂壤质和轻壤质土为主，夹砂现象多，而夹黏现象少。在冲积平原，沉积物质多变，一般因地而异，缓岗上多为粉砂壤质及轻壤质土壤，且多夹黏，微倾平地以轻壤土为主，洼地则以黏质土为主。

灌区历史上曾广泛分布有浅色草甸土和盐渍土，近年来，随着灌区灌溉水平的提高，运用科学合理的灌溉技术和手段，加之近年来地下水位下降等因素，盐碱地已基本上得到改良，长期以来严重影响农作物高产稳产、制约农业生产发展的土壤盐渍化问题已不明显。

(5) 灌区水资源

石津灌区的农业水资源主要有水库水、降水和地下水。

灌区水源工程为滹沱河上的岗南水库和黄壁庄水库。岗南水库和黄壁庄水库修建于1958 年，两库相连，年调节联合运用，总库容 27.8 亿 m^3，兴利库容 12.4 亿 m^3。进入 20 世纪 80 年代以后，华北地区降雨量连年偏少，加之滹沱河上游水资源开发利用以及被工业和生活用水挤占，灌区水源明显减少，致使灌区效益面积大幅度衰减，灌区不同时期的实际灌溉面积和农业用水量见表 4-2。

表 4-2　石津灌区不同时期实际灌溉面积和农业用水量表

时期	1958 ~ 1969 年	1970 ~ 1979 年	1980 ~ 1989 年	1990 ~ 1999 年	2000 ~ 2007 年
年平均农业用水量/亿 m^3	5.67	7.56	4.73	3.84	2.83
年平均效益面积/万亩	149.43	214.36	176.03	115.69	73.53

灌区属于暖温带半湿润半干旱大陆性季风气候区，雨量集中，干湿期明显，干旱频繁，水资源不足。但降水多而集中的年份又常发生严重的洪涝灾害。2001 ~ 2006 年的平均年降雨量 452.0mm，降水量四季分配极不均匀，相差悬殊，多集中在 5 ~ 9 月，占全年降雨总量的 80%。其中以 7 月、8 月两月的降雨量最大，占全年总降雨量的 46%。由于降雨量主要集中在夏玉米生育期内，因此，夏玉米几乎不用灌溉，主要的灌溉作物为冬小麦。

灌区水文地质条件较差，浅层淡水极不发育，浅层淡水面积不足总面积的 25%，而且多呈零星分布。因此东区灌溉水源主要依靠地表水，深层地下水是灌溉水源的补充途径。西区为石津灌区滹沱河以南、滏阳河以北及石德铁路两侧部分区域，东至石津灌区三干渠。包括藁城、晋州、辛集、赵县、宁晋、冀州、正定、鹿泉、石家庄市郊，共 9 个县(市)，土地总面积 506.67km^2，该区水文地质条件较好，基本上是全淡水区，浅层地下水含水层厚度一般在 10 ~ 20m，且水质良好，并易于开采，是灌区主要井渠结合区。

近年来，渠灌水源短缺，迫使停渠地区大量开采地下水，使地下水位连年下降。地下水埋深由 20 世纪 80 年代的 12 ~ 16m，下降到目前的 20 ~ 40m。1990 ~ 2005 年，这一地区的地下水位以 0.53 ~ 1.05m/a 的速度下降，并呈加速下降发展趋势。以下为停灌区或部分停灌地区的地下水变化情况（表 4-3）。

表 4-3　石津灌区地下水埋深变化情况

测点	地下水埋深					
	1990 年/m	1995 年/m	2000 年/m	2005 年/m	1990 ~ 2005 年/m	年均下降值/(m/a)
贾村	16.25	21	20.7	24.16	7.91	0.53

续表

测点	地下水埋深					
	1990 年/m	1995 年/m	2000 年/m	2005 年/m	1990 ~ 2005 年/m	年均下降值/(m/a)
周头	20.58	26.71	31.16	36.29	15.71	1.05
白滩	18.57	23.76	27.25	28.48	9.91	0.66
大士庄	11.86	16.25	21.91	22.26	10.4	0.69
杨家营	20.41	25.8	30.74	35.52	15.11	1.01
和乐寺	3.46	7.32	11.38	14.53	11.07	0.74
王封	11.69	14.62	16.14	20.6	8.91	0.59
赵位	18.72	23.94	27.96	32.96	14.24	0.95
平均	15.19	19.93	23.41	26.85	11.66	0.78

(6) 灌排系统

灌区灌溉系统包括总干渠、干渠、分干渠、支渠、斗渠、农渠 6 级固定渠道。总干渠长 134.23km，渠首设计流量 $100m^3/s$，加大流量 $120m^3/s$。干渠 8 条，总长 183km，分干渠 30 条，总长 379km，支渠 268 条，总长 866km，斗渠 2429 条，总长 2973km。目前各级渠道防渗总长度 435km。斗渠以上的渠系建筑物 12 040 座。灌区内农用机井上万眼，控制灌溉面积为 35.06 万亩，其中纯井灌面积 33.06 万亩，井渠双灌约 2 万亩。灌区浅层淡水区面积分布和渠系骨干工程现状见表 4-4。

表 4-4　石津灌区不同岩性浅层地下水淡水分布面积表　（单位：km^2）

分区	控制面积	浅层淡水区面积			
		黏土	亚黏土	轻亚黏土	合计
西区	506.7	18.9	363.9	123.9	506.7
东区	1686.7	220.6	234.4	53.9	508.9
全区	2193.4	239.5	598.3	177.8	1015.6

灌区排水系统共有排水沟、分干沟 63 条，总长 1160km，排水支沟 380 条，总长 1452km，现状排涝标准多为五年一遇。由于灌区近年未发生大的洪涝灾害，群众防洪排涝意识淡薄，目前田间排水系统基本消失，排水干沟也存在淤积、排水不畅等问题。

(7) 灌区管理

石津灌区实行以专业管理为主，专业管理与群众管理、民主管理相结合的管理体制，石津灌区管理局为灌区的专管机构，负责灌区的日常运行管理工作，为自收自支单位。灌溉站为灌区的群众管理组织，按渠系分片设立，负责支渠及其以下渠道工程管护和用水管理，业务由管理局领导，财务独立核算，自负盈亏。灌区管理委员会为灌区的民主管理组织，定期召开会议，审议、决定灌区的重大事宜。

1996 年以来，灌区在群众管理组织——灌溉站开展用水协会试点。通过组建协会的形式，逐步提高用水者参与灌溉管理的积极性。目前石津灌区实行“以亩定水、按量收费、三级配水、落实到村、包干使用、浪费不补；超计划用水，加倍征费”的原则。

(8) 农业生产概况

石津灌区地处平原区，土地资源丰富，控制范围内耕地面积 435 万亩，分布在石家庄市的郊区、鹿泉、藁城、晋州、深泽、辛集、赵县、衡水市的桃城区、深州、冀州、武邑、武强、邢台市的宁晋、新河等，共涉及 3 个市、14 个县（市）中的 158 个乡镇，1467 个行政村。灌区内农业人口 172.7 万人。人均耕地 1.5 ~ 3 亩，主要农作物为冬小麦、夏玉米、棉花。随着灌区农业水利生产条件的改善，灌区粮食产量大幅度提高。1958 年扩建灌区以前，灌区粮食单产在 75kg/亩左右，灌区扩建以后，粮食产量逐步提高。2007 年，灌区粮食单产达到 994kg/亩，是 1958 年以前的 12 倍。表 4-5 为石津灌区历年粮食平均单产情况。

表 4-5 石津灌区历年粮食平均每亩单产 （单位：kg）

时期	1958 年以前	1960 ~ 1969 年	1970 ~ 1979 年	1980 ~ 1989 年	1990 ~ 1999 年	2000 ~ 2007 年
平均亩产量	75	127	224	421	665	766

4.4.1.2 试验布置与数据收集

(1) 灌区尺度农业用水效率试验布置与数据收集

计算石津灌区尺度的农业用水效率所需资料，主要在石津灌区管理局以及下属灌溉管理站协助下观测收集，内容包括 2004 ~ 2009 年的各级沟渠灌溉排水监测资料（骨干渠道逐日、末级渠道逐灌季）、42 个雨量站的逐日降雨量、98 口地下水观测井的每月 3 次埋深、54 个表层土壤墒情普查、以县为单位的地下水抽水量、以支渠为单位的灌溉面积和种植结构以及主要作物产量的调查数据。主要观测设施布置如图 4-3 所示。

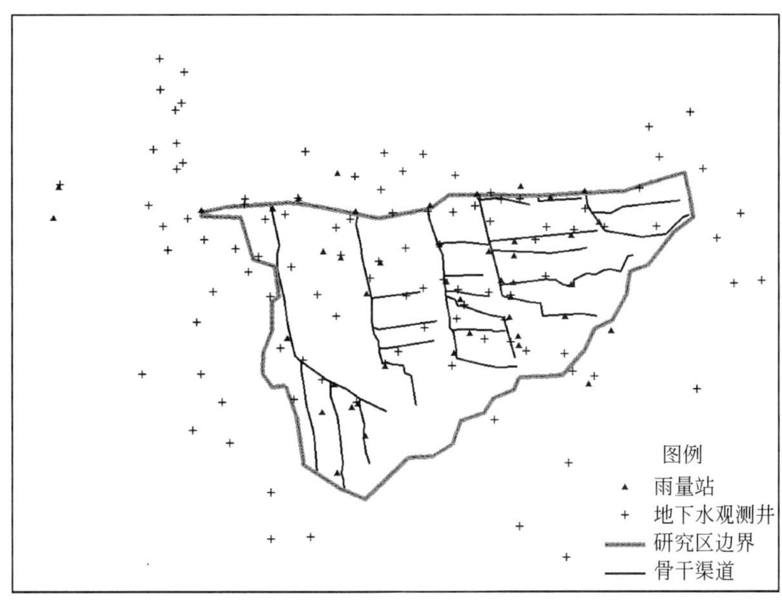

图 4-3 灌区尺度农业用水效率试验研究布置图（河北省石津灌区）

(2) 灌区以下尺度农业用水效率试验布置与数据收集

为获得灌区以下尺度的用水效率，在王家井灌溉管理所辖区（下称“王家井灌域”）进行了为期两年（2007～2009年）的试验观测，并收集了两年的相关数据。

王家井灌域处于石津灌区东部，总干以南，渠灌为其主要灌水方式，局部地区或在干旱季节抽取深层地下水予以补充。灌域渠系由4级构成：干渠（军齐干渠）、分干渠、支渠、斗渠，所有渠道运用手持式GPS进行定位，渠系分布如图4-4所示，其长度和下属渠道数量见表4-6。

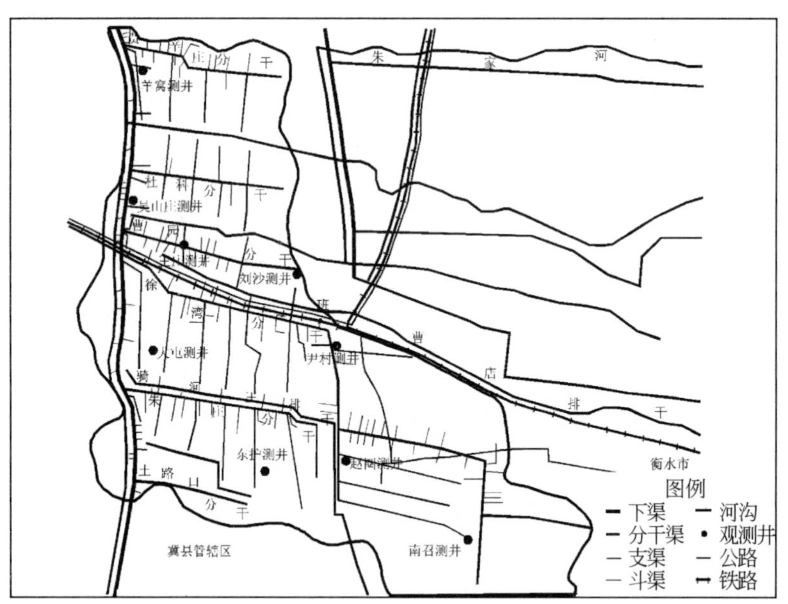

图4-4　试验区流量、墒情观测点位置图

表4-6　王家井灌域渠系统计表

干渠	干渠长度/km	分干渠	分干渠长度/km	支渠数/条	支渠总长度/km	斗渠数/条
军齐南干	31.84	贾辛庄分干	7.07	3	10.7	55
		杜科分干	6.2	10	19.2	56
		曹元分干	7.8	7	11.93	51
		徐湾分干	31.87	16	63.4	271
		朱庄分干	7.8	7	23.32	118
		七分干	9.1	5	18.0	—
		八分干	4.5	4	10	—
		九分干	7.4	4	19.5	—

注：灌域内末级渠道为斗渠，农户直接斗渠扒口灌溉。斗渠长度一般为200～1500m，斗渠条数众多，斗渠长度数据统计不全。另七分干、八分干、九分干虽然是从军齐南干引水，但是为县直属管理，不属于王家井管理所管理，因此以下计算中无七分干、八分干、九分干的计算指标。

为更仔细地掌握田间用水和作物生产情况，在曹园分干北二支渠控制范围内布置用水监测设施（图 4-5），监测内容相同，但布置密度和观测频率更大，以考虑沿灌水方向（田畦方向）土壤水的空间变异性以及灌水入渗补给地下水的滞后性。

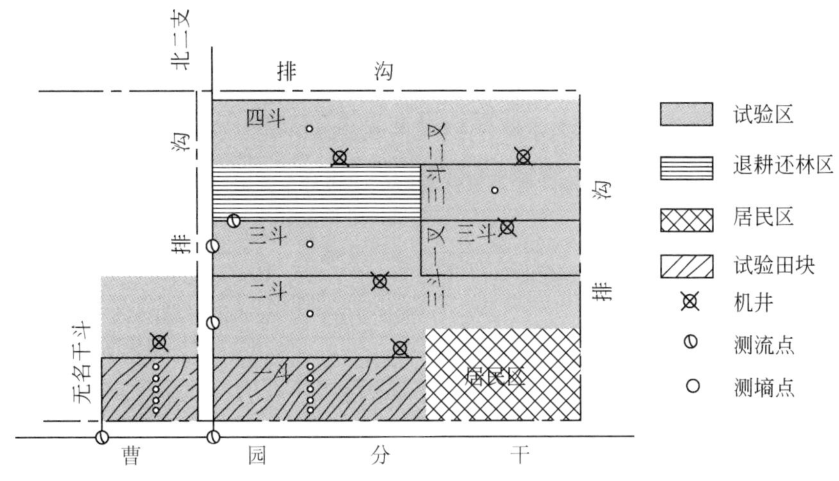

图 4-5　王家井灌域北二支田间用水效率观测试验区

各主要观测项目的观测方法和频率如下。

1）流量观测。灌溉期间运用流速仪对各条渠道进行测流，记录开关口时间，早晚各观测一次。如遇水流波动，加密监测；对于无测流条件的渠道，运用水量平衡法对流量进行估算。同时统计每次灌溉时各渠道的灌溉面积。

2）地下水监测。灌域范围内共布设 9 口地下水观测井，无灌溉季节 10 天一测，灌溉和降雨期间 3 天一次。

3）土壤含水量监测。土壤含水量共 28 个观测点，分别是曹园分干北二支一斗灌溉区域 5 个点，二斗 2 个、三斗和四斗灌溉区域中心各一个点（三斗为新增点），5 个观测点全部位于曹园分干无名干斗灌溉区域内，此外在北二支田间用水效率观测试验区内还有 14 个观测点。含水量采用中子仪和烘干法测定。灌溉前后各测一次土壤含水量，小麦收割后加测一次，平时每个月测量一次，具体时间根据灌水时间和农时安排。观测深度为 0 ~ 200cm，共 10 个深度（0 ~ 10cm，10 ~ 20cm，20 ~ 40cm，40 ~ 60cm，60 ~ 80cm，80 ~ 100cm，100 ~ 120cm，120 ~ 140cm，140 ~ 170cm，170 ~ 200cm）。

4）机井抽水量监测。由于王家井灌域地下水使用较少，所有机井没有测流设备，所使用地下水量主要依据电费进行推算，此数据根据调查得到。

5）作物产量监测。在种植季节进行种植结构普查，各类作物收割时，运用普查成果，在当地水管部门和村干部协助下逐块调查，统计产量。

6）气象观测。试验区内有雨量站 7 个，在北二支试验区内布置有 1 个雨量筒，其他常规气象数据从邻近的深州市气象局获取。

7）排水监测。由于近年来一直干旱，降雨偏少，排水沟基本废弃或淤塞。试验期间，基本没有排水，可以忽略排水量对耗水计算的影响。

4.4.1.3 结果分析

(1) 灌溉水利用系数

A. 不考虑灌溉回归水重复利用

通过各级渠道测流、土壤测墒、地下水位监测可以求出灌区的平均田间水利用系数、渠系水利用系数和灌溉水利用系数，计算结果见表4-7～表4-9。

表4-7 2004～2007年王家井灌域干渠和分干渠系水利用系数

干渠名	干渠系数				分干渠名	分干渠系数			
	2004年	2005年	2006年	2007年		2004年	2005年	2006年	2007年
军齐干渠	0.884	0.835	0.842	0.843	贾辛庄分干	0.901	0.92	0.92	0.905
					杜科分干	0.905	0.899	0.915	0.898
					曹元分干	0.863	0.886	0.836	0.852
					徐湾分干	0.744	0.745	0.757	0.793
					朱庄分干	0.859	0.84	0.853	0.848

表4-8 2004～2007年王家井灌域各支渠水利用系数

干渠名	分干名	支渠	2004年	2005年	2006年	2007年	平均
军齐干渠	贾辛庄分干	二支	0.820	0.820	0.820	0.820	0.820
		三支	0.830	0.830	0.830	0.830	0.830
		四支	0.840	0.840	0.840	0.840	0.840
	杜科分干	南一支	0.829	0.840	0.819	0.850	0.835
		南二支	0.840	0.860	0.851	0.862	0.853
		南三支	0.820	0.860	0.820	0.849	0.837
		南四支	0.800	0.810	0.842	0.851	0.826
		北一支	0.800	0.860	0.820	0.850	0.832
		北二支	0.840	0.880	0.851	0.851	0.855
		北三支	0.819	0.850	0.830	0.849	0.837
		北四支	0.809	0.820	0.850	0.850	0.832
		东四支	0.787	0.840	0.823	0.849	0.825
	曹元分干	南一支	0.950	0.950	0.940	0.930	0.942
		北一支	0.937	0.940	0.937	0.930	0.936
		南二支	0.950	0.950	0.951	0.910	0.940
		北二支	0.949	0.950	0.951	0.899	0.937
		南三支	0.849	0.850	0.910	0.909	0.880
		北三支	0.840	0.840	0.920	0.900	0.875
		东三支	0.790	0.790	0.920	0.900	0.850

续表

干渠名	分干名	支渠	2004 年	2005 年	2006 年	2007 年	平均
军齐干渠	徐湾分干	一支	0.819	0.850	0.850	0.850	0.842
		二支	0.883	0.880	0.880	0.880	0.881
		三支	0.860	0.850	0.850	0.850	0.853
		四支	0.890	0.890	0.880	0.880	0.885
		五支	0.851	0.850	0.850	0.849	0.850
		北五支	0.882	0.853	0.869	0.905	0.877
		南五支	0.971	0.880	0.901	1.000	0.938
		北六支	0.813	0.820	0.888	0.842	0.841
		南六支	0.834	0.850	0.900	0.866	0.863
		七支	0.880	0.880	0.886	0.830	0.869
		八支	0.829	0.840	0.768	0.819	0.814
		干斗	—	—	—	1.000	1.000
		许刘口	0.811	0.830	0.780	0.794	0.804
		南支干二支	0.865	0.870	0.865	0.865	0.866
		南支干三支	0.835	0.840	0.835	0.835	0.836
		南支干四支	0.771	0.770	0.775	0.775	0.773
		东支干三支	0.830	0.800	0.800	0.800	0.807
		东支干干斗	—	1.000	1.000	1.000	1.000
		东支干新渠	—	—	0.900	0.900	0.900
	朱庄分干	一支	0.900	0.950	0.900	1.000	0.938
		二支	0.901	0.930	0.900	0.950	0.920
		三支	0.850	0.920	0.900	0.950	0.905
		四支	0.850	0.910	0.950	0.926	0.909
		五支	0.850	0.920	0.884	0.891	0.886
		六支	0.850	0.880	0.845	0.850	0.856
		七支	0.850	0.870	0.851	0.850	0.855
		干斗	1.000	1.000	1.000	1.000	1.000

注：“—”表示新开渠道无水量记录。

表 4-9　2004 ~ 2007 年王家井灌域渠系水利用系数、田间水利用系数、灌溉水利用系数

指标计算	2004 年	2005 年	2006 年	2007 年	平均
田间渠灌水量/m^3	24 684 480	30 836 160	36 478 080	34 655 040	31 663 440
田间井灌水量/m^3	7 696 000	3 229 000	6 436 740	5 967 000	5 832 185
田间总灌溉水量/m^3	32 380 480	34 065 160	42 914 820	40 622 040	37 495 625
田间渗漏水量/m^3	12 427 662	8 335 614	5 952 573	6 239 803	8 238 913

续表

指标计算	2004 年	2005 年	2006 年	2007 年	平均
田间水利用系数	0.616	0.755	0.861	0.846	0.770
渠系水利用系数	0.522	0.497	0.504	0.519	0.511
灌溉水利用系数	0.322	0.376	0.434	0.439	0.393

表中数据均为根据实测数据计算得到的石津灌区王家井灌域的灌溉水利用系数，考虑总干渠的渠道水利用系数，整体灌溉水利用系数达到 0.354。运用同样的方法和灌区提供的相关数据可以计算得到石津灌区 2004 ~2007 年灌溉水利用系数，分别是 0.387、0.372、0.380、0.376，平均为 0.379。

从上述计算结果看，王家井灌域以及石津灌区其他灌域灌溉水渗漏损失较大，灌溉水利用系数较低，仅 0.322 ~0.439，4 年平均值为 0.393。造成灌溉水利用系数较低的主要原因如下：

1）灌域各级配水渠系较长，尤其是徐湾分干长达 31.87km，过长的渠系增加了灌溉用水在渠道运输过程中的水量损失，使得各级渠道水利用系数偏低。

2）田间水利用系数较低是导致灌溉水利用系数的又一主要原因。石津灌区属于河北平原区，地势平坦，农田大多采用长条形布置，典型田块长约 120m，宽仅 5m，农户直接从斗渠扒口灌溉，沿田块长度方向灌水，田畦过长导致田间渗漏损失量大。

3）灌区从生产实际中总结出来的适应灌区大流量、集中供水的储水灌溉方法因灌水要素难以控制，加上传统的农民用水意识等，常把储水灌溉变成大水漫灌，造成水资源的浪费。从计算的结果来看，王家井灌域的灌溉水利用系数有连年上升的趋势，主要原因是田间水利用系数在不断提高，说明灌区的灌溉管理水平和农民的田间节水意识在不断提高。

B. 考虑灌溉回归水重复利用

从以上分析可以看出，渠系的渗漏损失和田间的渗漏损失全部被视为消耗且不能被利用的水量，实际上在较长的作物生育期内这部分水量中的大部分是被再次利用（包括根系吸水和地下水灌溉）。王家井灌域 9 个地下水位观测井的观测数据分析表明，在灌溉季节和较大的降雨期，地下潜水位会随着灌溉水量和降水的田间渗漏而升高，在非灌溉期或非降水季节，地下水被逐渐消耗而使得地下水位缓慢下降，此外还存在抽取地下水灌溉的情况。因此，这部分回归水的再利用可以在一定程度上提高用水效率，使得计算结果更真实地反映效率水平。

考虑灌溉回归水重复利用的灌溉水利用效率可依据水量平衡原理按下式估算，即

$$\eta_i = \frac{I_f - \Delta S - R_s - D + S}{I} \tag{4-4}$$

式中，I_f 为田间灌溉水量；I 为灌溉引水量；ΔS 为作物根系层中储存水量的改变量（时段末减时段初），通过钻孔取土测墒获得；R_s 为地表出流量，通过地表排水监测获得，试验期间此值为 0；D 为田间渗漏量，由土壤墒情和地下水位变幅求得；S 为潜水补给量，由

地下水位变动估算。

运用上式可以算得考虑灌溉回归水重复利用时的灌溉水利用系数（表 4-10）。

表 4-10　2004～2007 年冬小麦生育期内考虑回归水利用时的灌溉水利用系数

生育期	灌溉总水量	田间渗漏量	潜水补给量	η_i
2004～2005 年	76 170 904	14 884 593	12 538 842	0.595
2005～2006 年	79 836 128	11 299 592	15 235 415	0.699
2006～2007 年	106 791 720	13 012 441	10 400 407	0.671
平均	87 599 584	13 065 542	12 724 888	0.655

从表 4-10 可以看出，虽然田间的渗漏量很大程度上降低了灌溉水利用系数，但是由于回归水量重复利用，最终的利用系数并没有减少，3 年平均灌溉水利用系数达到 0.655，远大于不考虑回归水重复利用的情况。这说明在研究用水效率时必须考虑回归水的重复利用。

（2）各尺度灌溉水分生产率

根据灌溉水分生产率的定义，可以分别计算出石津灌区、王家井灌域各分干（贾辛庄、杜科、曹元、徐湾、朱庄、干口）以及以下不同尺度的灌溉水分生产率，计算结果见表 4-11。

表 4-11　2004～2007 年冬小麦灌溉水分生产率指标　　（单位：kg/m³）

尺度	生育期	贾辛庄	杜科	曹元	徐湾	朱庄	干口	平均
田间尺度	2004～2005 年	1.611	1.576	2.349	1.565	1.925	1.479	1.751
	2005～2006 年	1.227	1.514	1.506	1.554	1.256	1.290	1.391
	2006～2007 年	1.102	1.269	1.344	1.124	0.973	1.059	1.145
	3 年平均	1.313	1.453	1.733	1.414	1.385	1.276	1.429
斗渠尺度	2004～2005 年	1.371	1.342	1.999	1.332	1.638	1.258	1.490
	2005～2006 年	1.055	1.302	1.295	1.336	1.080	1.107	1.196
	2006～2007 年	0.964	1.111	1.176	0.983	0.852	0.922	1.001
	3 年平均	1.130	1.251	1.490	1.217	1.190	1.096	1.229
支渠尺度	2004～2005 年	1.215	1.169	1.808	1.181	1.491	1.233	1.350
	2005～2006 年	0.945	1.107	1.243	1.190	0.981	1.086	1.092
	2006～2007 年	0.877	0.994	1.099	0.873	0.787	0.906	0.923
	3 年平均	1.013	1.090	1.383	1.082	1.087	1.075	1.122
分干尺度	2004～2005 年	1.111	1.035	1.601	1.067	1.264	1.207	1.214
	2005～2006 年	0.868	1.018	1.049	1.082	0.845	1.065	0.988
	2006～2007 年	0.806	0.891	0.973	0.815	0.683	0.891	0.843
	3 年平均	0.928	0.981	1.208	0.988	0.930	1.054	1.015

续表

尺度	生育期	贾辛庄	杜科	曹元	徐湾	朱庄	干口	平均
灌区尺度	2004～2005年	—	—	—	—	—	—	1.154
	2005～2006年	—	—	—	—	—	—	0.983
	2006～2007年	—	—	—	—	—	—	0.902
	3年平均	—	—	—	—	—	—	1.013

从表4-11可以看到，同一分干下同一尺度下不同年间的灌溉水分生产率波动较大，如贾辛庄分干分干尺度下2004～2005年、2005～2006年、2006～2007年分别是1.111kg/m^3、0.868kg/m^3、0.806kg/m^3，灌区尺度的灌溉水分生产率也有一定的波动，位于0.902～1.154kg/m^3，平均值为1.013kg/m^3。

从表4-11还可以看到，同一干渠下，同期的灌溉水分生产率随着考察尺度的增大，效率值是逐渐减小的。造成这一规律的主要原因是灌溉水量随着考察尺度的增大，渠系损失水量增加，导致实际计算水量在田间尺度上要比分干（干）尺度小。但同时应注意，灌区尺度的灌溉水分生产率并没有因此而减小，这可能是由于军齐干渠整体的灌溉水分生产率在灌区处于较低水平导致，而王家井灌区在石津灌区属于管理较好的灌区。此外，必须予以说明的是，上述统计的灌区资料均为灌区提供，其中的种植面积和产量都是渠道灌溉受益的面积和产量，但实际上石津灌区西部有较大面积的井灌区，利用渠道渗漏补给抽取地下水灌溉，属于间接利用灌溉用水，但不能计入灌区的统计中，因此灌区尺度的实际灌溉水利用效率要高于此值，这一点与田间用水不同，后者属于时间尺度上的重复利用，前者属于空间尺度上的重复利用。由此可见，评价尺度和评价方法的不同可对用水效率计算结果产生影响。

(3) 各尺度农田总供水水分生产率

根据农田总供水水分生产率的定义，可以分别计算出石津灌区、王家井灌域各分干（贾辛庄、杜科、曹元、徐湾、朱庄、干口）以及以下不同尺度的农田总供水水分生产率，计算结果见表4-12。

表4-12 2004～2007年冬小麦农田总供水水分生产率指标 （单位：kg/m^3）

尺度	生育期	贾辛庄	杜科	曹元	徐湾	朱庄	干口	平均
田间尺度	2004～2005年	1.261	1.246	1.715	1.247	1.401	1.162	1.339
	2005～2006年	1.096	1.301	1.309	1.341	1.126	1.122	1.216
	2006～2007年	0.930	1.039	1.100	0.939	0.841	0.903	0.959
	3年平均	1.096	1.196	1.374	1.176	1.123	1.062	1.171
斗渠尺度	2004～2005年	1.109	1.095	1.520	1.095	1.243	1.021	1.180
	2005～2006年	0.957	1.141	1.146	1.175	0.982	0.981	1.064
	2006～2007年	0.829	0.931	0.984	0.839	0.749	0.802	0.856
	3年平均	0.965	1.056	1.217	1.036	0.991	0.935	1.033

续表

尺度	生育期	贾辛庄	杜科	曹元	徐湾	朱庄	干口	平均
支渠尺度	2004～2005 年	1.005	0.977	1.407	0.990	1.156	1.004	1.090
	2005～2006 年	0.866	0.989	1.105	1.061	0.900	0.964	0.981
	2006～2007 年	0.764	0.848	0.930	0.758	0.699	0.790	0.798
	3 年平均	0.878	0.938	1.148	0.936	0.918	0.919	0.956
分干尺度	2004～2005 年	0.932	0.881	1.279	0.909	1.015	0.987	1.001
	2005～2006 年	0.801	0.917	0.949	0.974	0.784	0.948	0.896
	2006～2007 年	0.710	0.771	0.838	0.713	0.615	0.778	0.737
	3 年平均	0.814	0.857	1.022	0.865	0.804	0.904	0.878
灌区尺度	2004～2005 年	—	—	—	—	—	—	1.01
	2005～2006 年	—	—	—	—	—	—	0.91
	2006～2007 年	—	—	—	—	—	—	0.82
	3 年平均	—	—	—	—	—	—	0.91

从表 4-12 可以看到，不同尺度的农田总供水水分生产率与灌溉水水分生产率表现出相同的变化趋势，随年份变化而有较大的波动，同一干渠尺度下，随着尺度的增加而减少。由于农田总供水水分生产率考虑了降雨水量，因而结果较灌溉水水分生产率要低，但变化不是很大，说明冬小麦生长期间，灌溉作用影响较大。对石津灌区，2004～2007 年冬小麦不同尺度上农田总水分生产率平均值依次是：田间尺度 1.171kg/m^3、斗渠尺度 1.033kg/m^3、支渠尺度 0.956kg/m^3、分干尺度 0.878kg/m^3、灌区尺度 0.91kg/m^3。

4.4.2 灌区及灌区以下尺度农业用水效率的调查研究

灌区及灌区以下尺度农业用水效率的试验研究，只反映了典型灌区——石津灌区的用水效率情况，具有一定的代表性，但是海河流域范围大，地形地貌、气象水文、土壤地质、灌溉方式、耕作制度等都有较大的差异，以一点代替海河流域有失偏颇。为此，本次研究在调查的基础上，根据地理位置、灌区类型、管理水平等多项因素选择了 65 个灌区（灌区分布见表 4-13），作为海河流域农业用水的典型灌区，进行灌区用水和作物产量的调查，研究灌区和田间两个尺度的农业用水效率及其尺度效应。

表 4-13　海河流域农业用水效率调查典型灌区分布表　（单位：个）

行政区	灌区大小			灌溉方式			地形			管理水平		
	大型	中型	小型	自流	提水	引提结合	平原	山区	丘陵	好	中	差
北京	1	1	0	2	0	0	2	0	0	1	1	0
河北	4	5	1	9	1	0	5	5	0	0	9	1
天津	1	2	3	2	4	0	6	0	0	2	3	1

续表

行政区	灌区大小			灌溉方式			地形			管理水平		
	大型	中型	小型	自流	提水	引提结合	平原	山区	丘陵	好	中	差
内蒙古	0	1	4	0	0	5	5	0	0	2	2	1
山东	9	4	0	6	7	0	13	0	0	2	10	1
山西	0	10	10	11	6	3	8	5	7	3	13	4
河南	2	2	5	9	0	0	9	0	0	3	3	3
合计	17	25	23	39	18	8	48	10	7	13	41	11

4.4.2.1　调查研究使用基础数据

此次海河流域水分利用效率评价所用的基础数据主要来自北京、河北、天津、内蒙古、山东、山西、河南和辽宁 65 个典型灌区的调查资料，包括逐月降雨量、灌排水量（地表水和地下水）、地下水位、土壤墒情、主要作物产量以及典型田间的用水和作物产量情况（每个典型灌区均有 1～3 个田间调查数据）。

收集数据的作物类型包括冬小麦、夏玉米、春玉米、棉花、大豆、各类果树，部分地区种植水稻，但最常见和最具代表性的作物为冬小麦和夏玉米，同时考虑到调查数据的完整性，本次分析以冬小麦和夏玉米为典型作物。

4.4.2.2　调查研究计算方法

考虑数据的可取性和可用性，调查数据用三个指标分析，分别是农田总供水水分生产率、灌溉水分生产率以及灌溉水利用系数，计算公式同前。

4.4.2.3　调查研究结果

(1) 冬小麦各尺度水分生产率

根据田间调查数据和相应灌区的统计数据，可以得到田间尺度和灌区尺度冬小麦的灌溉水分生产率和农田总供水水分生产率，其统计值见表 4-14 和表 4-15，各值的空间分布见图 4-6、图 4-7、图 4-8 和图 4-9。

表 4-14　海河流域冬小麦水分生产率调查结果　（单位：kg/m^3）

尺度	统计指标	平均	标准误差	中位数	标准差	方差	最小值	最大值	置信度（95.0%）
田间	总供水水分生产率	1.59	0.062	1.59	0.436	0.190	0.81	2.81	0.125
	灌溉水分生产率	2.26	0.179	2.05	1.256	1.578	1.01	9	0.361
灌区	总供水水分生产率	1.04	0.069	0.96	0.482	0.232	0.33	2.81	0.1389
	灌溉水分生产率	1.32	0.136	1.13	0.954	0.909	0.42	6.52	0.274

表 4-15　海河流域冬小麦水分生产率调查结果分行政区统计　（单位：kg/m^3）

尺度	指标	统计项	北京	河北	天津	内蒙古	山东	山西	河南
田间尺度	总供水水分生产率	均值	1.54	1.52	1.48	1.03	1.76	1.55	1.8
		最大值	1.66	2.19	2.05	1.03	2.81	2.33	2.68
		最小值	1.43	0.81	1.32	1.03	1.37	0.91	1.14
		大型灌区平均	1.66	1.78	2.05	—	1.85	—	1.5
		中型灌区平均	1.43	1.42	1.34	1.03	1.57	1.64	1.44
		小型灌区平均	—	0.99	1.36	1.03	—	1.47	2.06
	灌溉水分生产率	均值	2.48	1.93	1.91	1.14	2.4	3.71	2.16
		最大值	2.5	2.62	2.05	1.14	4.55	9	3.37
		最小值	2.47	1.09	1.67	1.14	1.56	1.01	1.26
		大型灌区平均	2.5	2.19	2.05	—	—	—	1.75
		中型灌区平均	2.47	1.88	1.83	1.14	2.49	3.04	1.87
		小型灌区平均	—	1.09	1.92	1.14	2.23	4.38	2.44
灌区尺度	总供水水分生产率	均值	1.06	1.15	0.98	0.52	1.11	0.91	1.18
		最大值	1.16	2.81	1.15	0.48	1.87	1.53	1.64
		最小值	0.96	0.33	0.79	0.57	0.69	0.38	0.8
		大型灌区平均	0.96	1.34	1.09	—	1.11	—	0.83
		中型灌区平均	1.16	1.02	0.93	0.5	1.11	0.63	1.09
		小型灌区平均	—	1.02	0.98	0.53	—	1.19	1.35
	灌溉水分生产率	均值	1.42	1.31	1.17	0.55	1.32	1.94	1.32
		最大值	1.5	3.23	1.52	0.61	2.17	6.52	1.87
		最小值	1.34	0.44	0.94	0.5	0.79	0.42	0.87
		大型灌区平均	1.34	1.45	1.09	—	1.28	—	0.9
		中型灌区平均	1.5	1.23	1.13	0.53	1.42	0.74	1.29
		小型灌区平均	—	1.13	1.23	0.56	—	3.13	1.51

由上述统计表和分布图可以看出，海河流域田间尺度冬小麦总供水水分生产率为 0.81 ~ 2.81kg/m^3，均值为 1.59kg/m^3，灌溉水分生产率为 1.01 ~ 9kg/m^3，均值为 2.26kg/m^3。灌区尺度上，上述两者的变化范围分别是 0.33 ~ 2.81kg/m^3、0.42 ~ 6.52kg/m^3，均值分别是 1.04kg/m^3和 1.32kg/m^3，比田间有一定的降低。其中灌溉水分生产率波动很大，说明海河流域小麦灌溉存在较大的空间变异性。

水分生产率空间分布整体呈现北低南高的分布趋势，上述两个尺度的两个指标表现出相对一致的同步性。整体而言，山东、河南、山西具有较高的水分生产效率，内蒙古最低。总供水水分生产率方面，河南田间尺度和灌区尺度均值都最大，分别为 1.8kg/m^3 和 1.18kg/m^3；灌溉水分生产率方面，山西田间尺度和灌区尺度都最大，分别为 3.71kg/m^3 和 1.94kg/m^3。

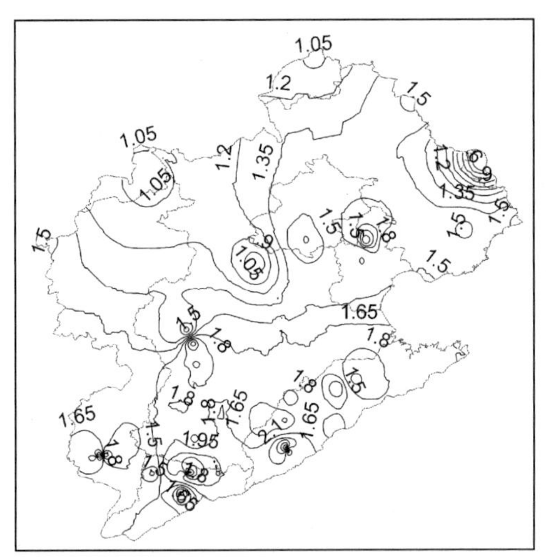

图 4-6　田间尺度冬小麦总供水水分生产率分布图（单位：kg/m³）

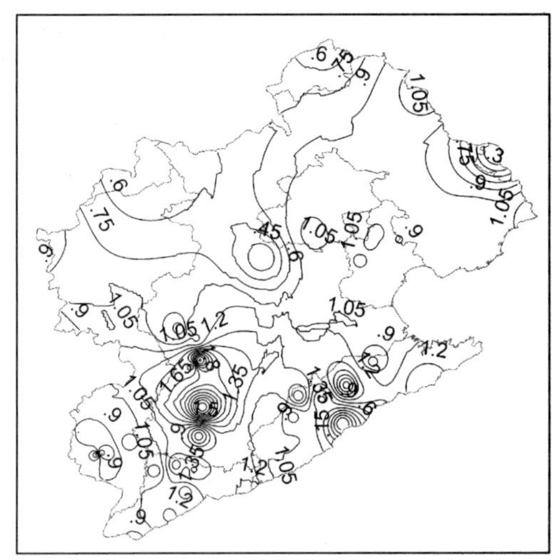

图 4-7　灌区尺度冬小麦总供水水分生产率分布图（单位：kg/m³）

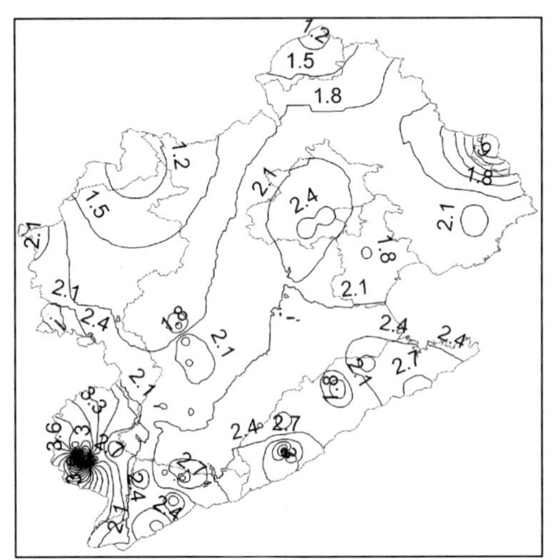

图 4-8　田间尺度冬小麦灌溉水分生产率分布图（单位：kg/m³）

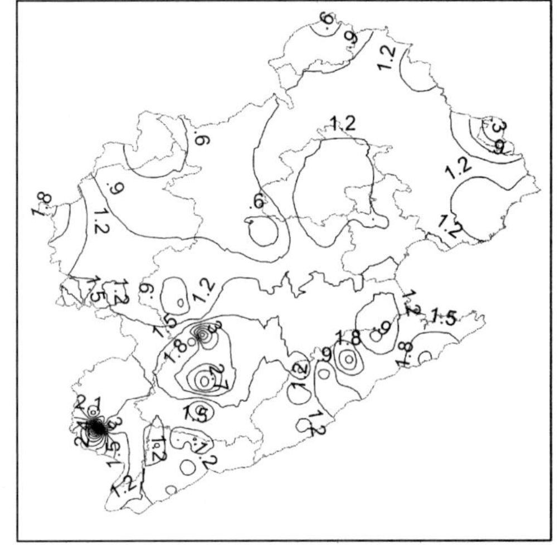

图 4-9　灌区尺度冬小麦灌溉水分生产率分布图（单位：kg/m³）

(2) 夏玉米各尺度水分生产率

根据田间调查数据和相应灌区的统计数据，可以得到田间尺度和灌区尺度夏玉米的灌溉水分生产率和农田总供水水分生产率，其统计值见表 4-16 和表 4-17，各值的空间分布分别见图 4-10、图 4-11、图 4-12 和图 4-13。

表 4-16　海河流域夏玉米水分生产率调查结果　　（单位：kg/m³）

尺度	统计指标	平均	标准误差	中位数	标准差	方差	最小值	最大值	置信度（95.0%）
田间	总供水水分生产率	2.12	0.101	1.84	0.782	0.612	1.01	3.560	0.202
	灌溉水分生产率	5.81	0.388	5.13	2.954	8.729	1.01	17.200	0.777

续表

尺度	统计指标	平均	标准误差	中位数	标准差	方差	最小值	最大值	置信度（95.0%）
灌区	总供水水分生产率	1.75	0.084	1.74	0.605	0.366	0.71	3.20	0.168
	灌溉水分生产率	3.63	0.247	3.45	1.745	3.045	0.96	9.34	0.496

表 4-17　海河流域夏玉米水分生产率调查结果分行政区统计　（单位：kg/m^3）

	指标	统计项	北京	河北	天津	内蒙古	山东	山西	河南
田间尺度	总供水水分生产率	均值	2.37	1.79	1.64	3.56	2.45	1.56	2.77
		最大值	2.38	3.51	1.64	3.56	3.44	2.29	3.54
		最小值	2.35	1.29	1.64	3.56	1.24	1.01	1.54
		大型灌区平均	2.35	2.49	1.64	—	2.44	2	2.54
		中型灌区平均	2.38	1.46	—	3.56	2.47	1.59	2.84
		小型灌区平均	—	1.7	—	3.56	—	1.5	2.84
	灌溉水分生产率	均值	9.5	4.21	7.5	5.13	8.95	4.44	5.66
		最大值	10	5.38	7.5	5.13	8.43	7	6.08
		最小值	9	2.22	7.5	5.13	10.51	1.01	3.17
		大型灌区平均	10	4.34	—	—	—	4.63	4.2
		中型灌区平均	9	3.98	7.5	5.13	—	4.16	6.08
		小型灌区平均	—	5	—	5.13	—	4.64	6.08
灌区尺度	总供水水分生产率	均值	2	1.46	1.41	2.04	1.98	1.29	2.34
		最大值	2.03	2.15	1.41	2.28	3.2	2.5	2.72
		最小值	1.96	0.75	1.41	1.76	1.17	0.71	0.94
		大型灌区平均	1.96	1.14	1.41	—	1.9	—	1.47
		中型灌区平均	2.03	1.61	—	1.93	2.16	1.6	2.39
		小型灌区平均	—	1.51	—	2.07	—	1.04	2.66
	灌溉水分生产率	均值	5.42	3.16	4.27	2.47	4.71	2.62	4.36
		最大值	5.47	4.86	4.27	2.83	9.34	6.4	5.55
		最小值	5.38	0.96	4.27	2.07	1.7	1.2	1.36
		大型灌区平均	5.38	2.91	—	—	4.11	—	1.9
		中型灌区平均	5.47	3.17	4.27	2.32	6.51	3.54	4.43
		小型灌区平均	—	3.64	—	2.53	—	1.9	5.32

由上述统计表和分布图可以看出，海河流域田间尺度夏玉米总供水水分生产率为 1.01 ~ 3.56kg/m^3，均值为 2.12kg/m^3，灌溉水分生产率为 1.01 ~ 17.2kg/m^3，均值为 5.81kg/m^3。灌区尺度上，上述两者的变化范围分别是 0.71 ~ 3.2kg/m^3、0.96 ~ 9.34kg/m^3，均值分别是 1.75kg/m^3和 3.63kg/m^3。与冬小麦类似，夏玉米的灌溉水分生产率波动也很大。

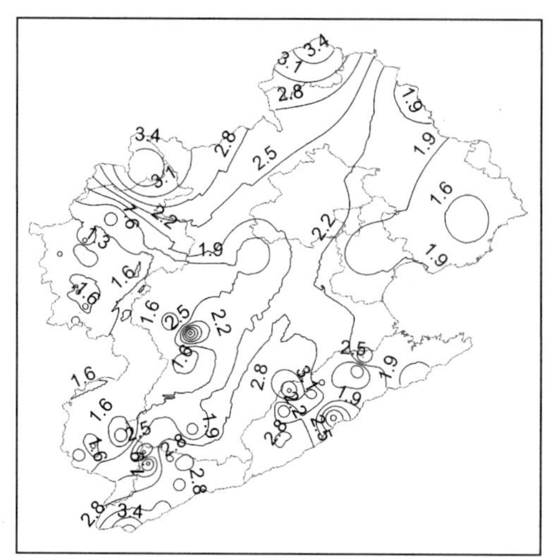

图 4-10　田间尺度夏玉米总供水水分生产率分布（单位：kg/m³）

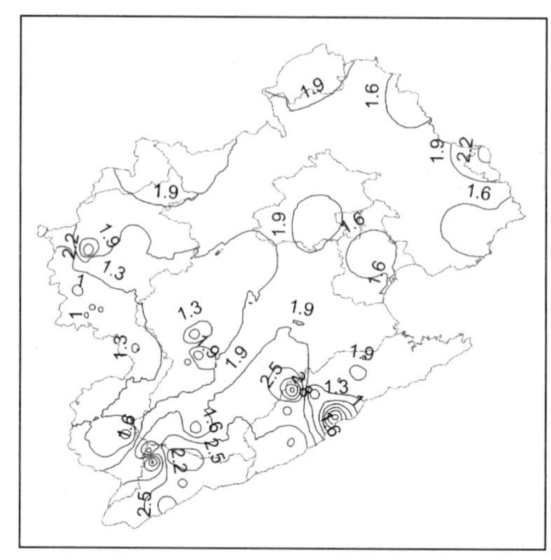

图 4-11　灌区尺度夏玉米总供水水分生产率分布（单位：kg/m³）

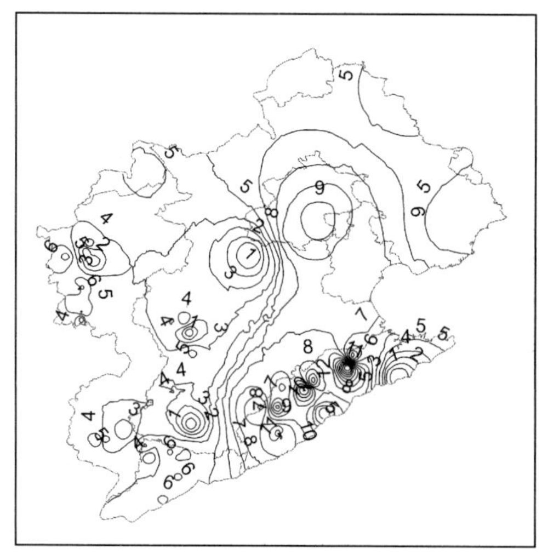

图 4-12　田间尺度夏玉米灌溉水分生产率分布（单位：kg/m³）

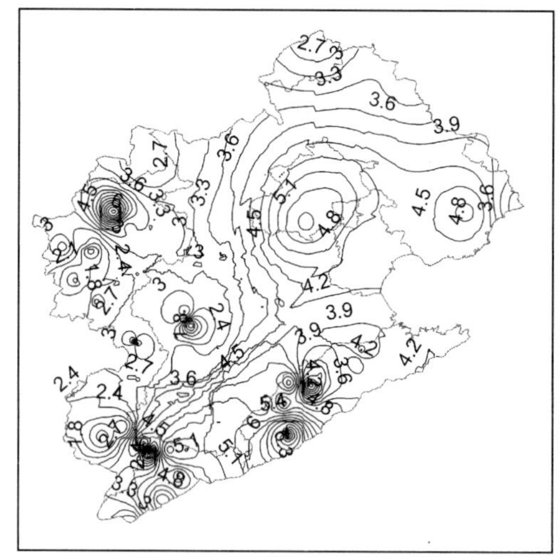

图 4-13　灌区尺度夏玉米灌溉水分生产率分布（单位：kg/m³）

夏玉米水分生产率不同指标表现出不同的空间分布特征。农田总供水水分生产率田间尺度和灌区尺度均呈现出南北高、中间低，即山东、河南和内蒙古高。其中，田间尺度内蒙古最大，为 3.56kg/m³；灌区尺度河南最大，为 2.34kg/m³。就灌溉水分生产率而言，田间尺度山东最大，为 8.95kg/m³；灌区尺度北京最大，为 5.42kg/m³。

（3）灌区灌溉水利用系数

根据调查资料，可以计算海河流域各典型灌区的灌溉水利用系数，结果见表 4-18。由表 4-18 可见，海河流域灌区灌溉水利用系数最大值为 0.81，最小值为 0.23，平均值为 0.47，在全国处于中等水平。

表 4-18 海河流域各省典型灌区灌溉水利用系数统计

行政区	均值	最大值	最小值	大型灌区均值	中型灌区均值	小型灌区均值
北京	0.59	0.61	0.54	0.54	0.60	0.60
河北	0.39	0.60	0.23	0.44	0.33	0.51
天津	0.56	0.67	0.47	0.53	0.57	0.56
内蒙古	0.62	0.66	0.59	—	0.60	0.62
山东	0.43	0.45	0.34	0.43	0.45	—
山西	0.44	0.81	0.29	0.37	0.40	0.47
河南	0.51	0.58	0.37	0.45	0.46	0.56
全流域	0.47	0.81	0.23	0.44	0.43	0.51

从区域分布看，内蒙古、天津、北京灌溉水利用系数较高，而河北、山东、山西较低，这与农田总供水水分生产率的分布不一致，甚至有相反的现象，这说明水分生产率是自然地理、农业技术、水利管理等综合作用的结果，特别是在降雨相对丰富的地区，灌溉不能对水分生产率起到决定性作用。

就灌区类型而言，小型灌区的灌溉水利用系数整体高于大型灌区和中型灌区，主要原因在于大中型灌区因面积大情况复杂，渠系水量损失大。

4.4.3 灌区以上尺度农田灌溉用水效率的统计分析研究

考虑到基础数据的获取性和可用性，灌区以上尺度的农田用水效率，以行政区为单位进行分析计算，研究中采用了两种方法，一种是运用各类统计数据，另一种是结合遥感数据和统计数据（结果见下节）。

灌区以上尺度农业用水效率的统计分析，主要研究了两个尺度：①以河北省各地级市或地区为单位进行，对此尺度进行汇总平均即得到河北省的平均情况；②以省或直辖市为单位进行，对此尺度进行汇总平均即得到海河流域的平均情况。

4.4.3.1 分析所用基础数据

河北省共计 11 个地区（市），分别是石家庄、唐山、秦皇岛、邯郸、邢台、保定、张家口、承德、沧州、廊坊、衡水。所使用基础数据包括各地区日降雨量、年灌溉水量、年灌溉面积、年播种面积、冬小麦与夏玉米的年产量等。其中，日降雨资料通过国家气象中心“中国地面气候资料日值数据集”得到；年灌溉水量来源于 2004 ~ 2006 年河北省水资源评价、2004 ~ 2006 年海河流域水资源公报、2004 ~ 2006 年海河流域水情月报等；年灌溉面积、年播种面积、冬小麦与夏玉米年产量等均来自于 2004 ~ 2006 年河北省经济统计年鉴、2004 ~ 2006 年中国统计年鉴中的农业年鉴及部分实验和调研资料。

海河流域包括 6 个省（自治区）、2 个直辖市，分别是河北、河南、山西、山东、内蒙古、辽宁、北京、天津。所使用基础数据包括流域所辖省（自治区、直辖市）市的日降雨量、年灌溉水量、年灌溉面积、年播种面积、冬小麦与夏玉米的年产量等。其中，日降雨资料通过国家气象中心“中国地面气候资料日值数据集”得到。年灌溉水量来源于已正式发布的2004～2006年海河流域水资源公报、2004～2006年海河流域水情月报、2004～2006年河北省地表水资源评价及部分调研等；年灌溉面积、年播种面积、冬小麦与夏玉米年产量等均来自于已正式发布的2004～2006年中国统计年鉴中的农业年鉴、2004～2006年流域所辖省（自治区、直辖市）的经济统计年鉴及部分省（自治区、直辖市）的相关分析报告和实际调研等。

4.4.3.2 分析计算方法

（1）主要数据统计

各统计尺度内作物生育期内的有效降雨量由逐次有效降雨累加而成。次有效降雨根据“一次降雨量 P<5mm 时，日有效降雨量=0，一次降雨量 P>5mm 时，日有效降雨量=0.8P”的原则确定，故各作物生育期内有效降雨量计算公式为

$$P_{0总} = \sum_{j=1}^{n_j} \sum_{i=1}^{n_i} 0.8P_{ij} \tag{4-5}$$

式中，P_{ij}为单个行政区一次降雨>5mm 的降雨量，$P_{0总}$为作物整个生育期内累积有效降雨总量；i为单个行政区一次降雨>5mm 的降雨次数；n_i为第j个地区年内作物整个生育期一次降雨>5mm 的降雨总次数；n_j为统计尺度内的行政区数。运用上式计算时，如果一个行政区内有多个降雨量测量点，则按照泰森多边形法求得其平均值作为计算采用值。

各统计尺度灌溉水量I_{ij}主要由地表水灌溉用水$I_{ij表}$和地下水灌溉用水$I_{ij下}$组成。各统计尺度年灌溉量I_{ij}进一步相加可得该尺度的年灌溉量$I_{总}$，即

$$I_{总} = \sum_{j=1}^{n_j} \sum_{i=1}^{n_i} I_{ij} = \sum_{j=1}^{n_j} \sum_{i=1}^{n_i} (I_{ij表} + I_{ij下}) \tag{4-6}$$

式中，各符号意义同上。由于省级统计资料基本上只给出全年的灌溉用水总量，为得到各主要作物的当年灌溉用水量，需要参考该行政区内各典型灌区的调查资料结合当地的灌溉试验和灌溉习惯等相关资料综合考虑。

各统计尺度内主要作物的播种面积、产量等按照其所含行政区进行简单累积确定，两者相除即得到各主要作物的单位亩产。

（2）用水效率计算方法

灌区以上尺度的用水效率采用了水分生产率指标，即灌溉水分生产率和农田总供水水分生产率，计算公式同前，具体数据采用对应尺度的统计数据。

4.4.3.3 分析结果

本次研究主要考虑了冬小麦和夏玉米两种作物的水分生产效率，共使用2004～2006年三年统计数据。

（1）冬小麦各尺度水分生产率

A. 河北省内冬小麦水分生产率

计算结果表明：2004～2006年河北省冬小麦平均农田总供水水分生产率为1.13～1.30kg/m^3，三年平均为1.22kg/m^3，其中秦皇岛最高，为2.09kg/m^3，唐山最低，为0.60kg/m^3（表

4-19)。河北省冬小麦平均灌溉水分生产率为 1.47～1.65kg/m³，三年平均为 1.55kg/m³。

表 4-19　2004～2006 年海河流域河北省各地区冬小麦水分生产率　　（单位：kg/m³）

行政区	2004 年		2005 年		2006 年		3 年平均	
	总供水水分生产率	灌溉水分生产率	总供水水分生产率	灌溉水分生产率	总供水水分生产率	灌溉水分生产率	总供水水分生产率	灌溉水分生产率
石家庄	1.11	1.28	1.1	1.19	1.22	1.37	1.14	1.28
唐山	0.55	0.62	0.6	0.73	0.65	0.72	0.60	0.69
秦皇岛	1.93	3.38	1.80	2.83	2.55	3.58	2.09	3.26
邯郸	1.42	1.90	1.67	2.24	1.43	2.22	1.51	2.12
邢台	0.95	1.11	1.17	1.30	1.05	1.27	1.06	1.22
保定	0.84	0.96	0.88	0.99	0.99	1.06	0.90	1.00
沧州	1.4	1.55	1.49	1.78	1.29	1.81	1.39	1.71
廊坊	0.94	1.16	1.2	1.31	1.29	1.41	1.14	1.29
衡水	1.05	1.27	1.21	1.39	1.2	1.40	1.15	1.35
河北省平均	1.13	1.47	1.24	1.53	1.30	1.65	1.22	1.55

就空间分布而言（图 4-14、图 4-15），秦皇岛最高，大大超过平均值，总供水水分生产率达到 2.09kg/m³，灌溉水分生产率达到 3.26kg/m³；沧州、邯郸两个指标均超过平均值；唐山最低，总供水水分生产率和灌溉水分生产率分别只有 0.60kg/m³ 和 0.69kg/m³。

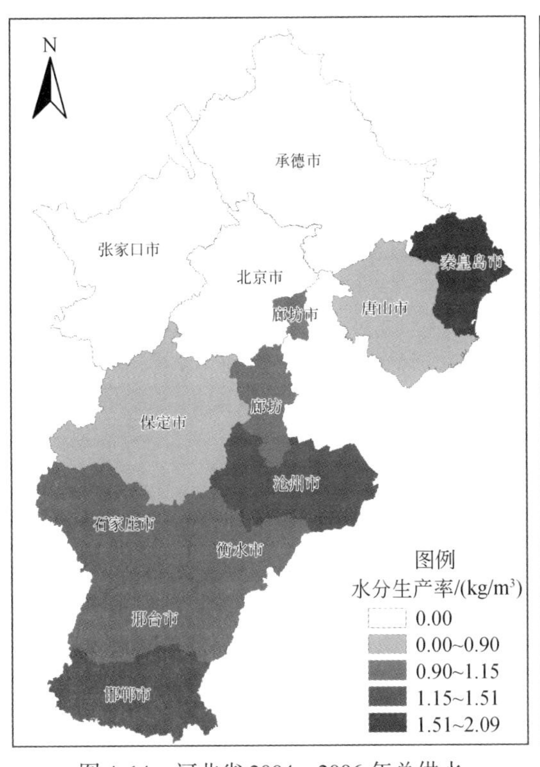

图 4-14　河北省 2004～2006 年总供水水分生产率分布

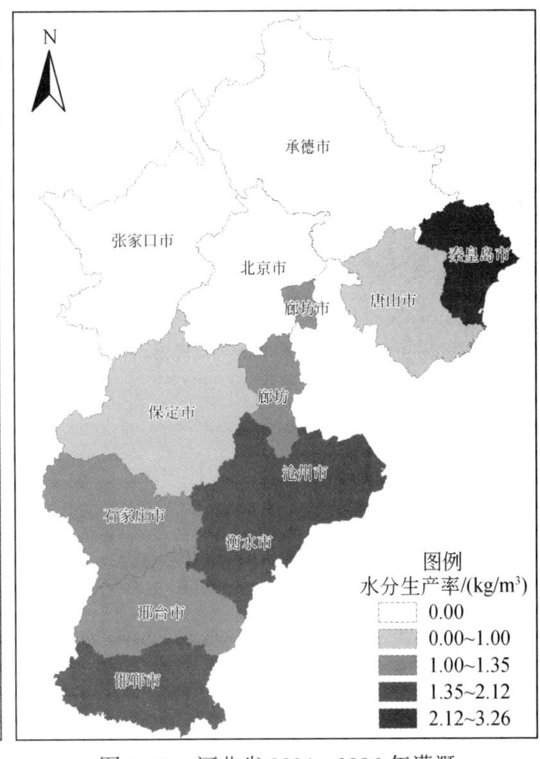

图 4-15　河北省 2004～2006 年灌溉水分生产率分布

B. 流域内冬小麦水分生产率

海河流域内各省（自治区、直辖市）冬小麦平均水分生产率情况见表 4-20。由表可见，海河流域平均农田总供水水分生产率 2004 ~ 2006 年稳定在 0.89kg/m³左右；灌溉水分生产率有较大的波动，最大为 1.25kg/m³，最小为 0.90kg/m³，平均为 0.93kg/m³。

表 4-20　2004 ~ 2006 年海河流域各省（直辖市）冬小麦灌溉水分生产率　（单位：kg/m³）

行政区	2004 年		2005 年		2006 年		3 年平均	
	总供水水分生产率	灌溉水分生产率	总供水水分生产率	灌溉水分生产率	总供水水分生产率	灌溉水分生产率	总供水水分生产率	灌溉水分生产率
北京	1.78	2.34	1.91	2.75	1.64	1.97	1.77	2.35
天津	0.89	1.11	0.78	0.89	0.84	0.99	0.84	0.99
河北	0.79	0.89	0.78	0.89	0.89	1.00	0.82	0.93
河南	1.16	1.48	0.81	0.87	0.73	0.81	0.90	1.05
山西	1.01	1.22	0.97	1.10	0.71	0.91	0.90	1.08
山东	0.75	0.89	1.22	1.58	1.17	1.48	1.05	1.32
内蒙古	0.20	0.21	0.27	0.28	0.35	0.40	0.27	0.30
流域平均	0.88	1.03	0.90	0.50	0.89	1.25	0.89	0.93

不同省份之间冬小麦的水分生产率有较大的差异（图 4-16、图 4-17）。内蒙古最小，总供水水分生产率只有 0.27kg/m³，灌溉水分生产率只有 0.30kg/m³；北京最大，总供水水分生产率高达 1.77kg/m³，灌溉水分生产率高达 2.35kg/m³。该结果与典型灌区调查有较大的差距（表 4-15）。其他省份情况参见表 4-20。

（2）夏玉米各尺度水分生产率

由于海河流域内夏玉米生育期正逢雨季，正常年份基本能够满足作物需求，加之近年来缺水严重，除水资源丰富、取水方便地区，夏玉米一般不灌溉，或灌溉较少。此外，流域内灌域夏玉米的灌溉资料不齐，难以获得准确的灌溉数据，因此这里根据夏玉米生育期内有效降雨量近似估算夏玉米总供水水分生产率。

A. 河北省内夏玉米水分生产率

河北省内各地区（市）的夏玉米总供水水分生产率见表 4-21。由表可知，河北省各地区夏玉米水分生产率为 1.28 ~ 2.01kg/m³，平均水分生产率为 1.70kg/m³，其中石家庄市最高，张家口市最低。

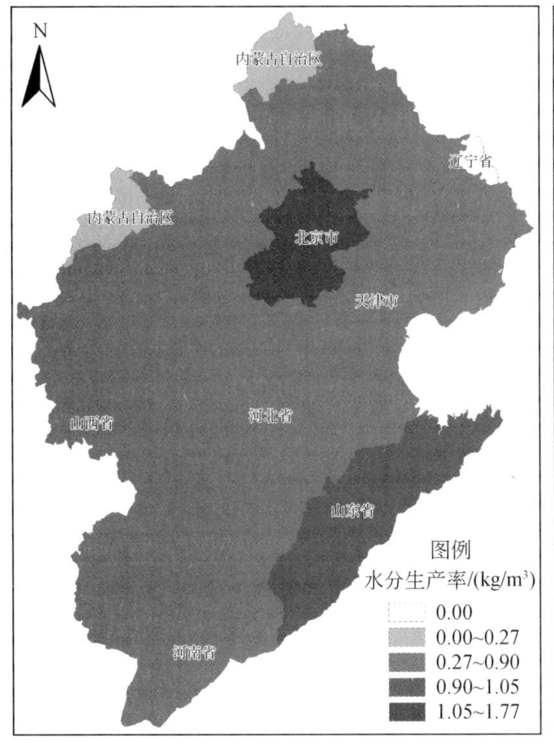

图 4-16 流域 2004 ~ 2006 年总供水水分生产率分布

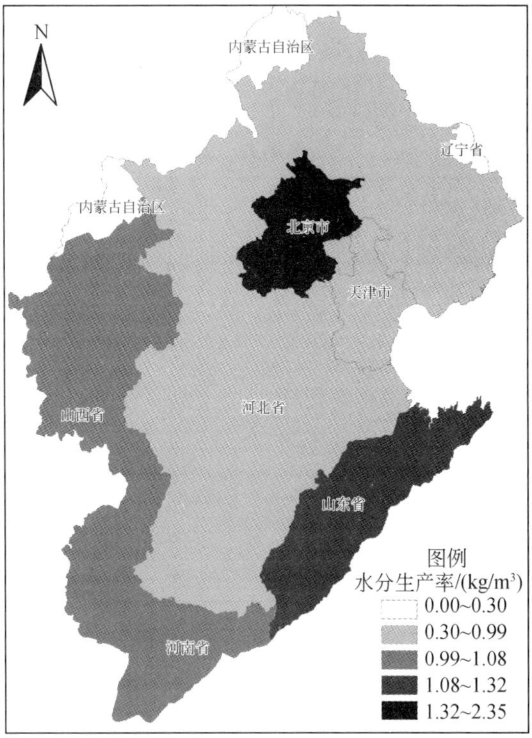

图 4-17 流域 2004 ~ 2006 年灌溉水水分生产率分布

表 4-21 2004 ~ 2006 年河北省夏玉米总供水水分生产率统计 （单位：kg/m³）

行政区	2004 年	2005 年	2006 年	平均
石家庄	1.99	2.02	2.03	2.01
唐山	1.58	1.34	1.71	1.54
秦皇岛	1.88	1.76	1.93	1.86
邯郸	1.73	1.54	1.76	1.68
邢台	1.76	1.61	1.70	1.69
保定	1.80	1.66	1.73	1.73
张家口	1.40	1.28	1.38	1.35
承德	1.76	1.75	1.69	1.73
沧州	1.51	1.32	1.80	1.54
廊坊	1.66	1.67	1.76	1.70
衡水	1.71	1.72	2.01	1.81
河北省平均	1.71	1.61	1.77	1.70

B. 流域内夏玉米水分生产率

海河流域内各省（自治区、直辖市）夏玉米的水分利用效率估算结果见表 4-22。由表可见，海河流域夏玉米水分利用效率处于 0.82 ~ 2.24kg/m³，平均为 1.42kg/m³。考虑到流域内仍然有部分灌区玉米有灌溉，此值为夏玉米总水分生产率的上限，实际应小于此值。

表 4-22　2004 ~ 2006 年海河流域夏玉米水分利用效率估算表 （单位：kg/m³）

行政区	2004 年	2005 年	2006 年	三年平均
北京	1.17	1.33	1.50	1.33
天津	1.22	1.06	1.51	1.27
河北	1.32	1.15	1.16	1.21
河南	1.11	1.52	1.81	1.48
山西	1.61	1.95	1.64	1.73
山东	1.12	1.19	2.07	1.46
内蒙古	0.82	0.83	0.87	0.84
辽宁	1.90	2.24	2.00	2.04
流域平均	1.28	1.41	1.57	1.42

4.4.4　海河流域尺度农业用水效率的遥感分析研究

4.4.4.1　遥感推求农业用水效率的技术路线

为克服区域统计资料的局限性（包括数据的准确性等），本研究还运用遥感数据进行农业用水效率的推求，获取农业用水效率指标，同时根据该数据进行空间分析，以掌握其与自然社会要素之间的联系，为尺度效应和机理分析提供依据。考虑数据空间分辨率、时间分辨率以及可用性，研究选定 MODIS 以及 LANDSAT 两种遥感数据，运用 SEBAL 模型进行作物腾发量的初步计算和作物种植结构提取，同时利用田间试验数据和所收集的区域水平衡资料进行模型修正和标定，并根据修正和标定后的模型推求海河流域各尺度的作物腾发量和水分效率，具体计算方法如图 4-18 所示。

4.4.4.2　遥感推求农业用水效率使用的数据和方法

（1）遥感推求农业用水效率使用的数据

遥感推求农业用水效率使用的数据主要包括：①2006 年 10 月至 2007 年 12 月的 MODIS 卫星数据产品；②同期海河流域的地面气象观测数据；③海河流域 DEM 数字高程模型；④同期 LANDSAT 产品；⑤同期流域农业用水和产量调查数据。

A. MODIS 卫星数据产品

MODIS 数据全都是经过 NASA MODIS 数据工作组处理的 MODIS 4 级数据产品，包括地表温度产品（MOD11A1）、归一化植被指数产品（MOD13Q1）、地表覆盖产品（MCD12Q1）、地表反射率产品（MOD09GA）。

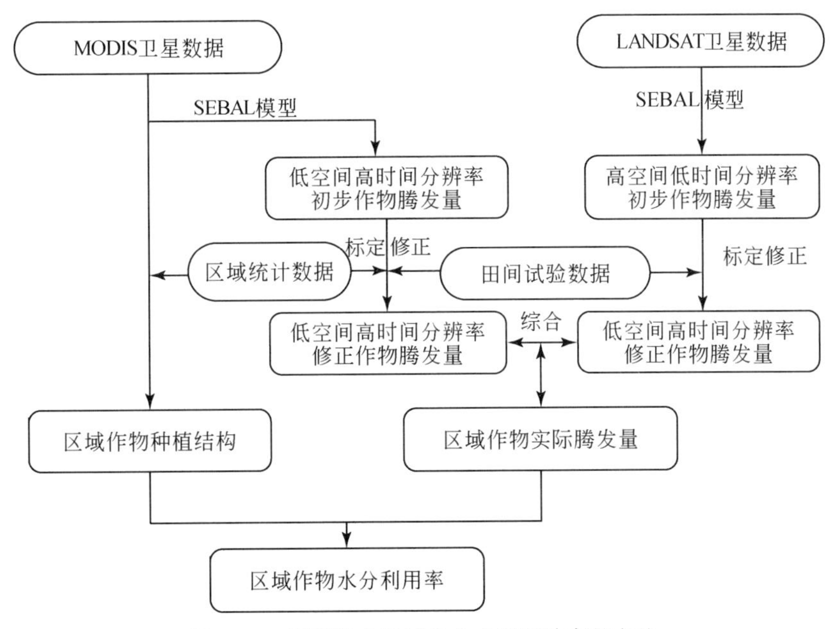

图 4-18 遥感推求流域农业水利用效率的方法

B. 地面气象数据

气象数据包括海河流域 55 个气象站点 2007 年全年的平均日气压、平均日气温、实际日水汽压、平均日风速、最大日日照时数、日日照时数、最高气温、最低气温。这些数据用来计算参考作物腾发量和 SEBAL 模型中的相关参数。

C. DEM 数据

DEM 数据来源于 NASA 的航天飞机雷达地形测绘使命（STRM）全球 DEM 数据下载网站所提供的 90m 分辨率数据。

D. LANDSAT 卫星数据

LANDSAT 卫星数据主要来源于向中国科学院遥感卫星地面接收站购买的 LANDSAT-5 数据，分辨率 30m。

（2）种植结构遥感提取方法

本课题综合运用多种遥感影像数据，将 LANDSAT 与 MODIS NDVI 进行数据融合，根据融合后的数据运用监督分类得到海河流域土地利用类型初步结果，然后运用 ISODATA 非监督分类方法、光谱耦合技术结合海河流域植被变化规律，提取作物种植结构，具体流程如图 4-19 所示。

根据该方法将海河流域作物种植结构区分为冬小麦-夏玉米轮作、棉花（花生和大豆）、单季夏季作物以及双季经济作物。运用地面统计数据和高分辨率影像进行检验表明：分类精度达到 91%，且与统计数据相吻合，结果可靠。

（3）遥感推求作物实际腾发量的方法

考虑到本研究使用的数据源主要为中分辨率成像 MODIS 光谱遥感数据，遥感推求作物实际

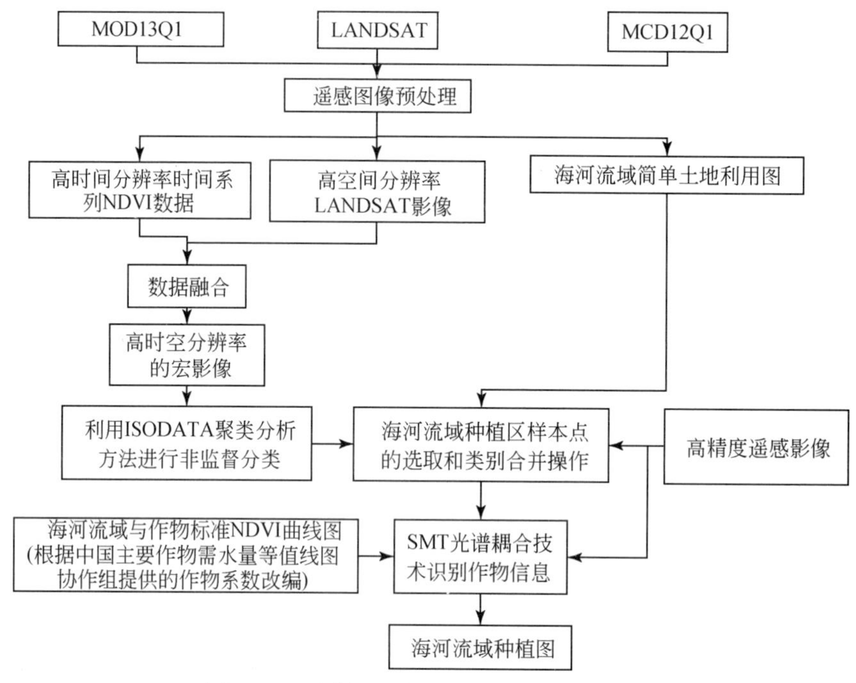

图 4-19　遥感提取海河流域种植结构流程图

腾发量采用比较成熟的 SEBAL（surface energy balance algorithm for land）模型（Bastiaanssen et al.，1998a，1998b）。SEBAL 是 W. G. M Bastiaanssen 博士开发出来的用最少的地面数据来计算能量平衡各分量的方法，已在世界上的许多地方得到了验证，是当前国际上有关遥感监测 ET 各种方法中较好的一种，主要优点是物理概念较为清楚，可应用到不同的气候条件和卫星资料。

SEBAL 模型共由 25 个计算步骤组成，其基本步骤是利用卫星遥感产品（这里是 MODIS 数据和 LANDSAT 数据）计算海河流域日瞬时地表净辐射、土壤热通量等参数，通过迭代算法求得感热通量，最后利用能量余项法计算卫星过境时刻的瞬时潜热通量和相应的瞬时腾发量，通过蒸发比的方法对瞬时腾发量进行日腾发量的时间尺度扩展，然后按照类似的方法将日腾发量扩展到阶段实际腾发量。

利用 MODIS 数据和 SEBAL 模型推求作物实际腾发量的流程如图 4-20 所示。

4.4.4.3　遥感推求农业用水效率的精度分析

(1) 田间试验介绍

为分析 SEBAL 模型提取作物实际腾发量的可靠性，本研究在石津灌区王家井灌域选择了 1600 亩试验区进行常规气象、灌水、地下水位、机井抽水量、土壤含水量、作物种植结构、产量等项目的观测。为获取准确的作物耗水数据，除区域进行灌溉期间的加密观测和日常 10 天一次的土壤测墒和地下水埋深监测外，在成片耕作区和成片荒地区进行土壤含水量和地下水埋深的日观测，以排除混合单元的影响。同时对成片区进行 GPS 定位，

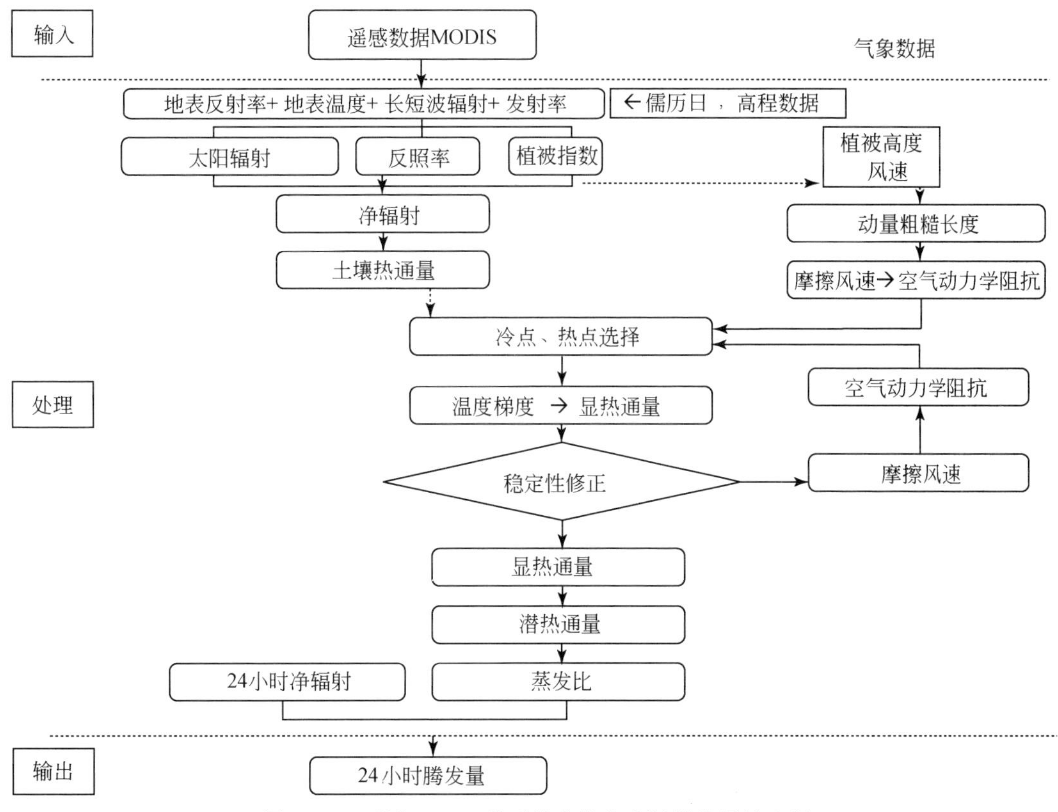

图 4-20　运用 SEBAL 模型推求作物实际腾发量的流程

以便与遥感数据进行比较。此外，为获取准确的含水量变化，还进行了土壤的容重和质地分析。在获取准确的土壤含水量、降雨、灌溉水量、排水量等数据后，作物耗水量可以根据水量均衡分析得到。

（2）精度分析

对比 SEBAL 模型和田间试验推求的日腾发量和小麦全生育期累积腾发量，可以发现，试验区 8 个观测日期的日腾发量（0 ~ 5mm/d）与田间观测值具有较好的对应关系（图 4-21），两者相关系数在 0.98 以上，但是平均有±20% 的误差，全生育期的累积腾发量为 393mm，高于田间试验推求的 362mm，说明模型的精度和准确性还有待提高。

此外从全生育期累积腾发量的空间分布来看（图 4-22），在石津灌区内，小麦的实际腾发量存在较大的波动，不同区域间的差异可以达到 40% ，究竟是 MODIS 数据空间分辨率低形成的混合像元引起，还是时间分辨率形成的腾发量拓展引起，或者是模型中的参数引起，需要在后续研究中进行分析和改进。

但是作为一种能够快速获取区域大面积腾发量的技术，此精度仍是可以接受的，更为重要的是，通过该技术可以以相同精度获取海河流域作物腾发量、产量和水分生产率等物理量的相对分布情况，结合统计数据和试验数据可以更好地分析海河流域农业用水效率及其尺度效应。因此，本研究仍然将其作为一种重要的分析工具。

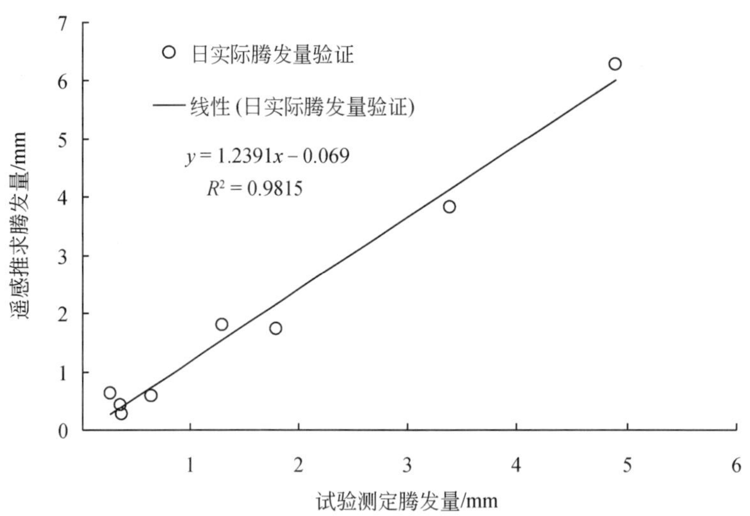

图 4-21　遥感方法推求冬小麦腾发量结果验证（2007～2008 年，王家井灌域试验区）

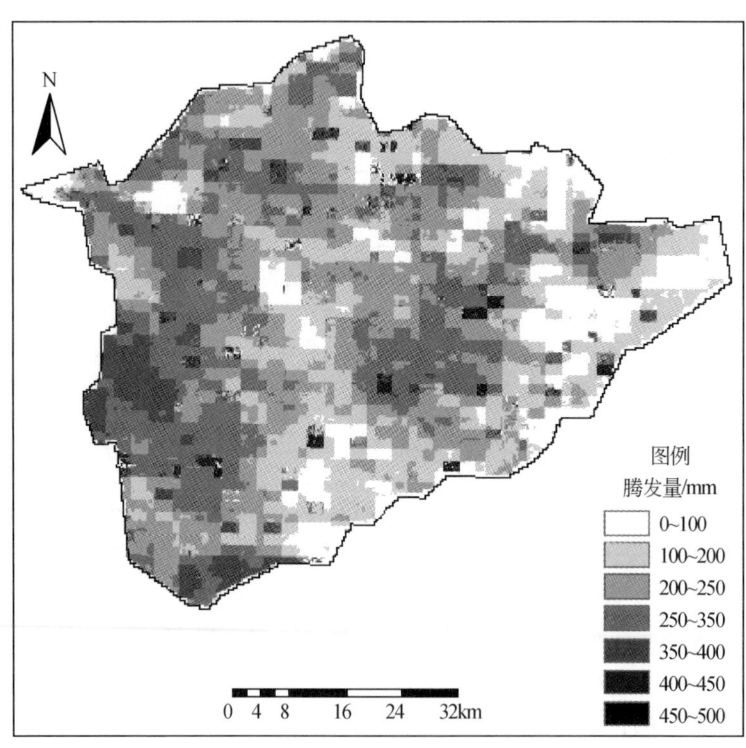

图 4-22　SEBAL 模型推求的石津灌区冬小麦全生育期腾发量空间分布图（2007～2008 年）

4.4.4.4　遥感推求农业用水效率的结果分析

运用上述方法可以获取海河流域的种植结构、实际腾发量以及主要作物的实际腾发量，结果见图 4-23～图 4-26，图中给出为作物（小麦或者玉米）的腾发量，其余为 0 值。

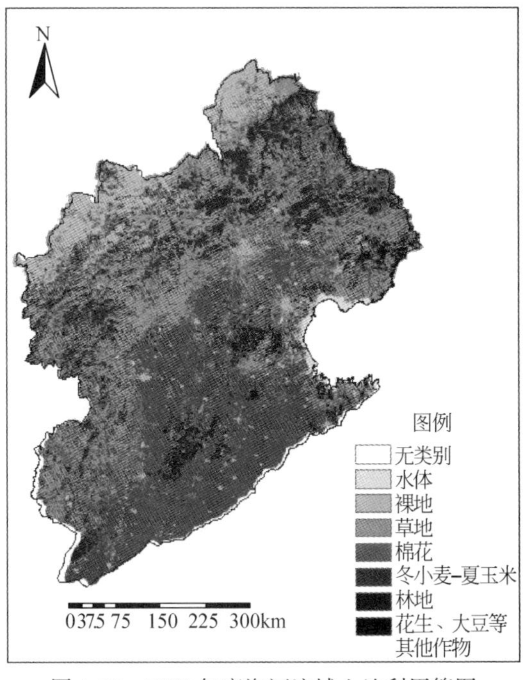

图 4-23　2007 年度海河流域土地利用简图

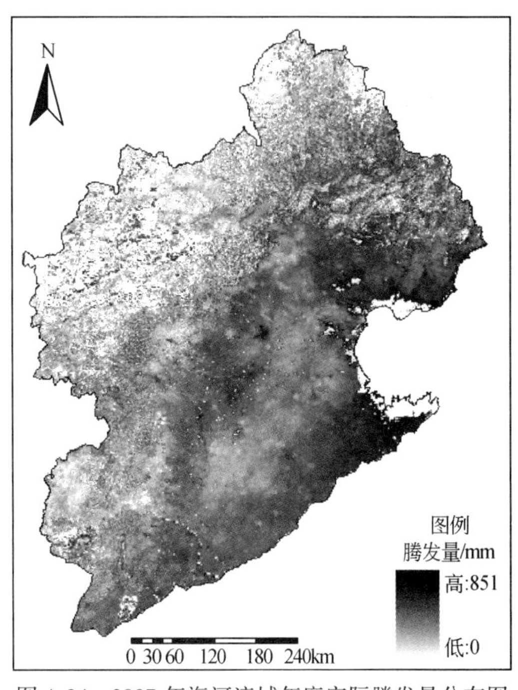

图 4-24　2007 年海河流域年度实际腾发量分布图

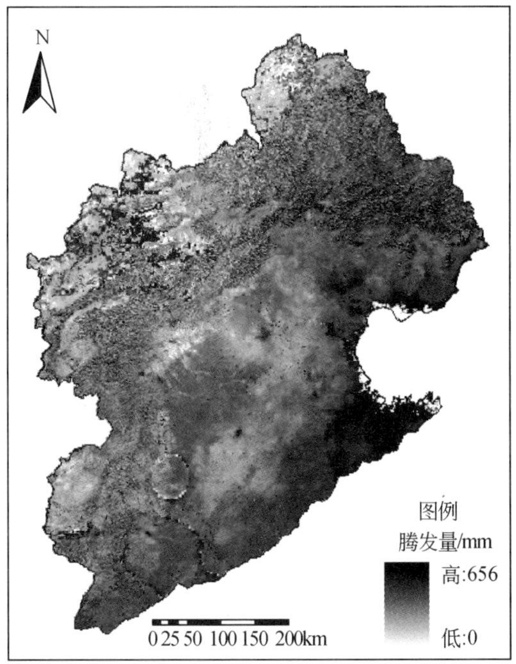

图 4-25　2007 年度海河流域小麦实际腾发量分布图

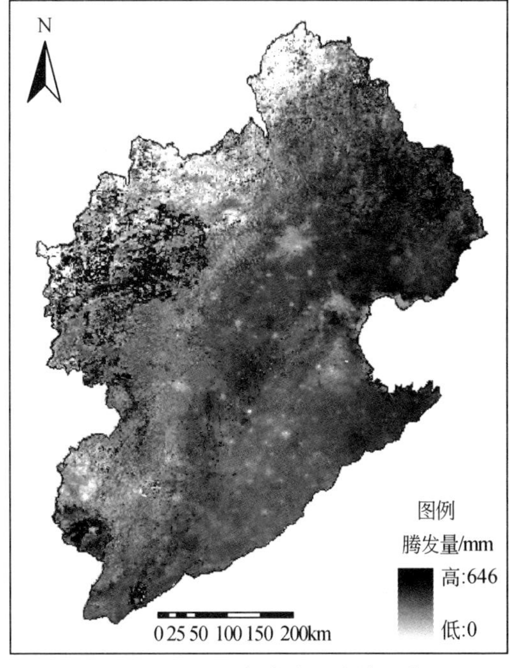

图 4-26　2007 年度海河流域玉米实际腾发量分布图

根据上述遥感提取作物、实际腾发量以及海河流域各地区的作物产量统计结果，可以得到：海河流域2007年度冬小麦的平均耗水量为194.68m^3/亩，实际腾发量的水分生产率为1.4kg/m^3；夏玉米平均耗水量为161.92m^3/亩，实际腾发量的水分生产率为2.42kg/m^3，其空间分布如图4-27所示。从相对值和空间分布看，结果尚可。

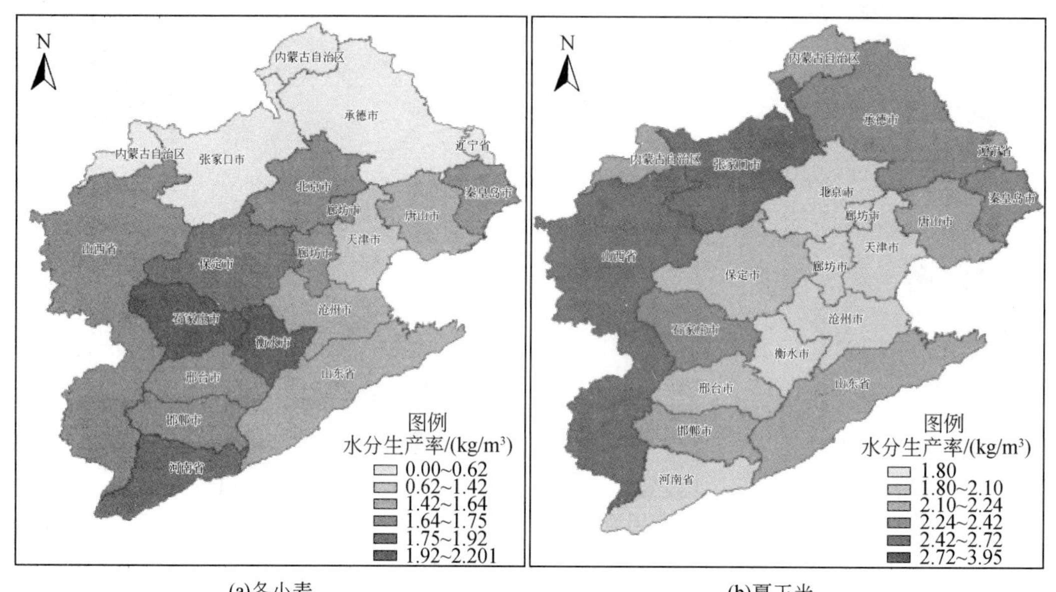

(a)冬小麦　　(b)夏玉米

图4-27　海河流域实际腾发量水分生产率分布图

4.4.5　海河流域农业用水效率的尺度效应

4.4.5.1　海河流域农业用水效率尺度效应的分析方法

尺度效应在不同学科有不同的定义，就农业用水效率而言，大致可以理解为“农业用水效率随着评价的空间尺度和时间尺度的变化而变化现象”。这个定义看似比较明确，实际上存在很多不确定性。首先在于农业用水效率这个指标，不同的出发点，可以定义不同；其次在于空间尺度和时间尺度的界定，因为农田水循环是自然水循环过程与人工水循环过程的共同体，自然和社会的尺度往往不同步，因此如何推求农业用水效率实际上并不容易。考虑到数据的可取性、有效性以及理论成果的可用性，本研究采用以下三种方法进行海河流域农业用水效率尺度效应的分析。

方法一：从某一点出发，依次按照“田间（作物）—斗渠—支渠—分干—灌区—河北省—海河流域”等从小到大、层层嵌套的尺度顺序，分析农业用水效率的尺度效应。

方法二：对同一级别（尺度）的用水单元，按照实际面积大小进行分析比较，目前仅限于海河流域面积大小不同的灌区。

方法三：以某一点为出发点，采用临近渐次法，对出发点临近的单元进行逐步扩大和集合分析，然后进行农业用水效率的尺度效应分析。该法可以应用于不同类型的尺度。

以灌区尺度而言，假设灌区共有 8 条干渠，各自控制面积依次为 A_1、A_2、A_3、A_4、A_5、A_6、A_7、A_8（图 4-28）。分析时对这些面积从下游逐级向上游进行集合，得到如下区域 A_1，A_1+A_2，$A_1+A_2+A_3$，$A_1+A_2+A_3+A_4$，$A_1+A_2+A_3+A_4+A_5$，$A_1+A_2+A_3+A_4+A_5+A_6$，$A_1+A_2+A_3+A_4+A_5+A_6+A_7$，$A_1+A_2+A_3+A_4+A_5+A_6+A_7+A_8$，分别对这些区域的供水量、产量、耗水量等资料进行重新整理推求不同区域组合范围内各种形式的农业水利用效率，或者按照类似下式的方法得到

$$W_{\mathrm{p}} = \frac{\sum Y_i A_i}{\sum I_i A_i} \tag{4-7}$$

获取上述值后，即可获取不同尺度的农业水利用效率（例子为灌溉水分生产率）。

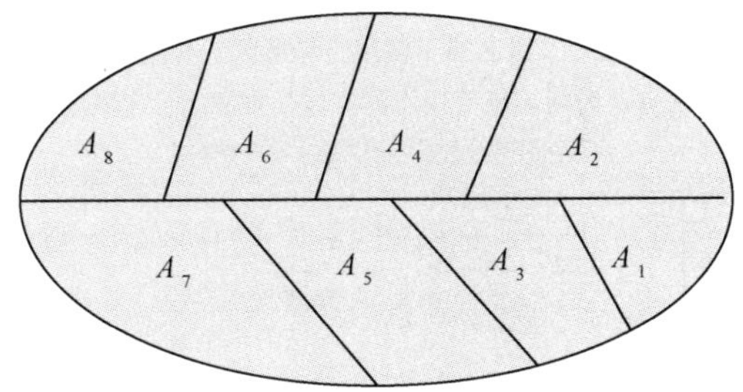

图 4-28　临近渐次法推求农业用水效率尺度效应集合分析示意图

4.4.5.2　海河流域农业用水效率尺度效应

（1）尺度效应现象

运用方法一，将 2004 ~ 2006 年冬小麦从田间到流域各个尺度的平均农业用水效率依次排序绘图（图 4-29），可以发现，随着尺度的变大，冬小麦以总供水水分生产率为指标的农业用水效率会从 1. 171kg/m^{3}减少到 0. 89kg/m^3，整体呈现下降趋势；而以灌溉水分生产率为指标的农业用水效率会从 1. 429kg/m^{3}减少到 0. 93kg/m^3，呈现于总供水水分生产率同步变化规律。

运用方法二，将海河流域内不同灌区的农业用水效率与灌区面积配对点绘（图 4-30），可以发现水分生产率并没有随着灌区面积的增加而增加，也没有随着灌区面积的减少而减少，呈现无规则的变化规律。这说明，中大型灌区并没有因为渠道级数多而利用效率低，运用传统连乘法获得灌溉利用系数进而推断农业用水效率的做法值得进一步研究。

运用方法三，将海河流域内从石津灌区到河北省各地级市再到各省（自治区、直辖市）的农业用水效率进行临近渐次集成，依次上推可以得到海河流域从小尺度到大尺度的水分生产率变化（图 4-31）。由图可见，冬小麦的水分生产率随着尺度上推，整体呈现下降趋势，但趋势并不明显，这说明该指标的尺度效应并不明显，或者说随着空间尺度的变化，该指标的影响因素更为复杂。

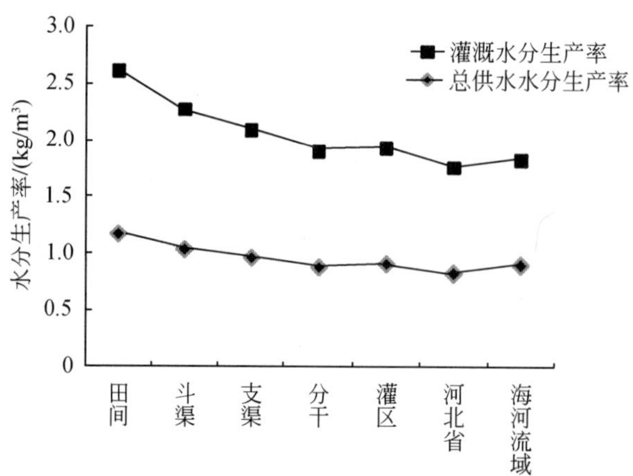

图 4-29　海河流域不同尺度冬小麦水分生产率变化图（2004～2006 年）

资料来源：①灌区及灌区以下使用石津灌区试验数据和监测数据；

②河北省及海河流域使用海河流域公报和统计年鉴等资料

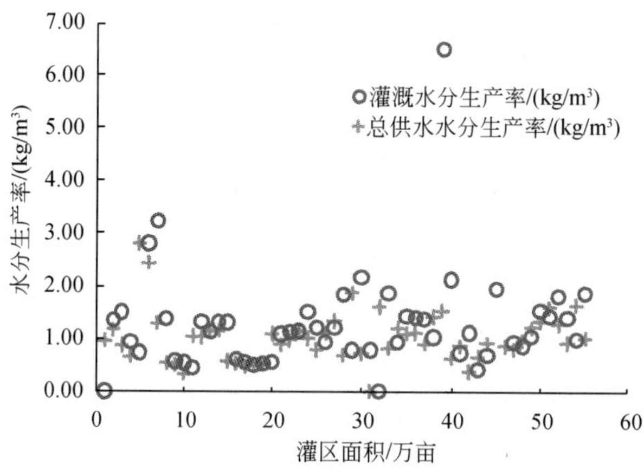

图 4-30　海河流域灌区面积大小与水分生产率关系

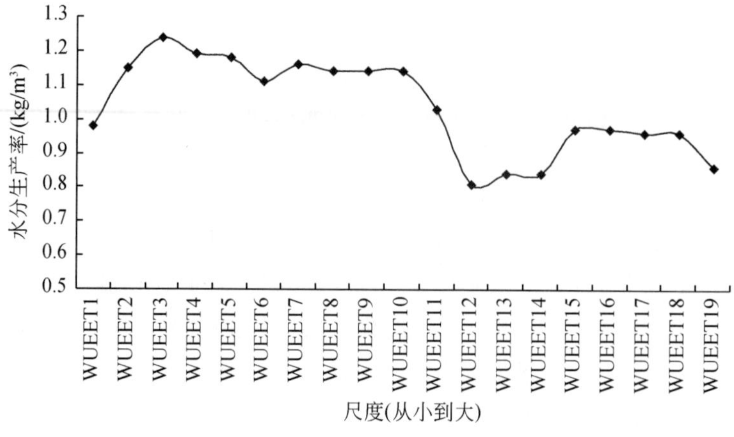

图 4-31　海河流域农业用水效率从小到大不同尺度变化

(2) 尺度效应现象分析

运用上述三者方法对海河流域农业效率尺度效应进行的分析表明：海河流域农业用水效率尺度效应是一个复杂的现象。后两种方法得到的结果没有规律，说明简单地分析灌区面积或者用水单元与用水效率的关系是不够的，必须注意不同尺度之间农业用水的物理联系。第一种方法，呈现了规律性变化，即随着尺度的变大用水效率减少，这显然与许多学者的预想有一定出入。但深入分析，对于本研究区域，此变化特征的确蕴涵了水分利用的内在规律。

用水效率问题的本质在于灌溉过程中存在多个环节的损失，如何减少这些损失是关键，而农业用水效率尺度效应产生的主要原因在于这些损失（主要是灌溉回归水）能够被一定程度重复利用，因此，如果农业用水效率存在尺度效应，必然存在灌溉回归水的重复利用。

根据石津灌区王家井灌域开展的试验观测，当不考虑渗漏水的回归利用时，计算得到的灌溉水利用系数仅为 0.393，当考虑回归水重复利用时，灌溉水利用系数达到 0.655，说明在评价不同尺度用水效率时应该考虑这一点。另外根据海河流域不同类型灌区典型田间尺度水分生产率和灌区尺度效率水分生产效率情况，如果不存在回归水利用，则田间尺度灌溉水分生产率和灌区尺度灌溉水分生产率之间的关系就是一个灌溉水利用系数的关系。根据调查结果（表 4-23），海河流域小麦平均田间尺度灌溉水分生产率为 1.59kg/m^3，实际灌区尺度灌溉水分生产率为 1.04kg/m^3，远高于不考虑回归水利用时的假设情况；同样的情况也发生在夏玉米，实际灌区尺度灌溉水分生产率为 1.75kg/m^3 高于不考虑时情况。因此灌溉回归水的利用和尺度效应是客观存在的。

表 4-23　考虑灌溉水回归利用灌区尺度水分生产率比较　　（单位：kg/m^3）

作物	田间尺度灌溉水分生产率	灌溉水利用系数	不考虑回归水利用（尺度效应）时的灌区尺度灌溉水分生产率	实际灌区尺度灌溉水分生产率
冬小麦	1.59	0.484	0.76	1.04
夏玉米	2.12	0.424	0.90	1.75

此外，从该规律变化曲线可以看到，随着尺度从灌区向河北省再向海河流域进行提升，变化的趋势变缓，这说明，尺度效应有一定的空间限制，不会无限制延伸；两个空间尺度如果没有水量循环和重复利用，是不可能产生有物理意义的尺度效应，此时空间变化很大程度上由空间变异性导致。

简而言之，农业用水效率的尺度效应问题复杂，在海河流域客观存在，进行尺度效应的机理分析和尺度提升必须考虑灌溉水回归利用。

4.5 农业用水效率尺度效应机理分析与转换方法研究

4.5.1 尺度效应机理研究思路

通过本研究以及国内外相关研究，已经明确，农业用水效率尺度效应产生的根本原因在于原本认为渗漏损失掉的水量，实际上在时间和空间尺度上可以被循环反复利用，因此探求尺度效应机理和转换理论，必须从水分的循环通量和重复利用通量入手。

就海河流域农业用水而言，地下水为主要灌溉水源，地表水灌区也多存在井渠结合情况。此外，地表水灌溉弃水回用现象很少，水分的循环重复利用形式主要表现为两种形式：①渠系或田间渗漏补给地下水，在非灌溉季节通过潜水蒸发或抽取地下水灌溉回用；②灌溉地区的渗漏水量在水力梯度作用下通过含水层系统将渗漏补给量输送至相邻非灌溉地区进行回用。

因此研究海河流域农业用水效率的尺度效应机理和尺度转换方法必须充分重点研究两个规律：灌溉水的渗漏补给规律（包括田间渗漏补给和渠系渗漏补给）和区域地下水循环利用规律，这样才有可能获取海河流域地下水循环通量和重复利用通量，进而进行尺度效应的机理推求和转换理论的研究。

基于上述认识，考虑工作难度和数据的可靠性等，本研究以石津灌区为典型灌区，以探求该灌区渗漏量、重复利用量为切入点，探求尺度效应产生机理，并尝试进行转换理论研究。基本思路是：①先建立以根系渗漏量和潜水补给量为核心的一维非饱和土壤水运动模型，获取灌溉水渗漏和补给潜水规律；②在此基础上建立分布式的三维区域地下水运动模型，获取地下水在不同区域之间的循环通量和重复利用特征及其特征；③分析水流通量、不同尺度之间用水效率的关系，尝试建立以循环利用通量为基础的尺度转换方法。

具体而言，即以石津灌区作物、田间、分干、干渠、灌区等不同尺度为出发点，根据灌区灌溉水循环的主要特征，以潜水补给量（回归水）的流动路径为主要跟踪目标，从上至下把握灌溉/降雨、冬小麦根系深层渗漏量、潜水补给量和潜水系统水平交换量四个主要节点来展开研究工作（图 4-32）。

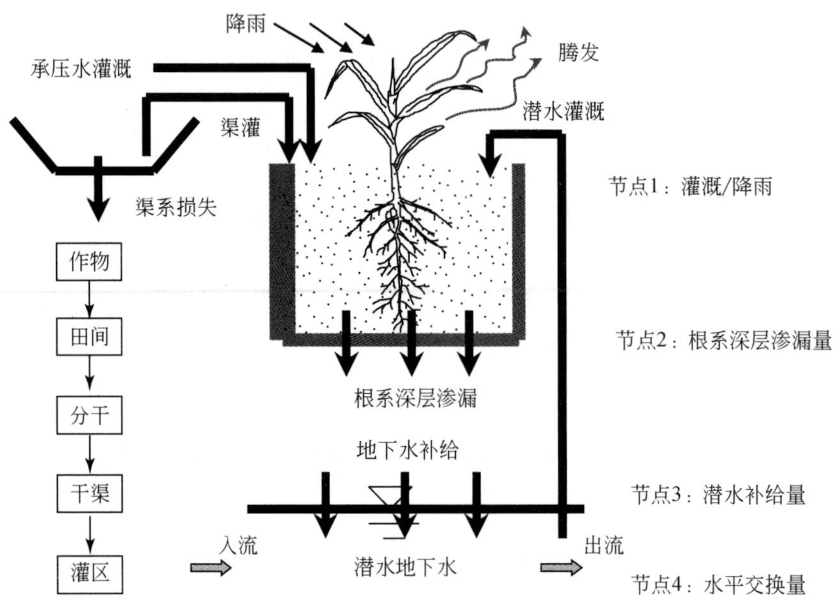

图 4-32　用于尺度效应分析的灌区水循环示意图

模型采用分析石津灌区不同尺度农业水生产效率时所使用的田间试验数据、水情监测数据和各类调查数据，同时为构建模型需要，进行了 7 个土壤质地、44 个水文地质、54 个土壤墒情等资料的收集。

4.5.2 尺度效应机理研究的具体方法

4.5.2.1 推求根系渗漏量的一维动力学模型

为推求作物根系的深层渗漏量，利用水量平衡原理和系统动力学原理建立了一维动力学模型。模型简要如下所述。

把作物根系（以冬小麦为例）发育所在的 0 ~ 2m 非饱带视为独立的系统，假定土壤水分不存在侧向流动，按照 20cm 为一层将整个 2m 深度土壤层概化为 10 层，时间步长设置为 1 天，则各层土壤逐日土壤水量平衡示意如图 4-33 所示。

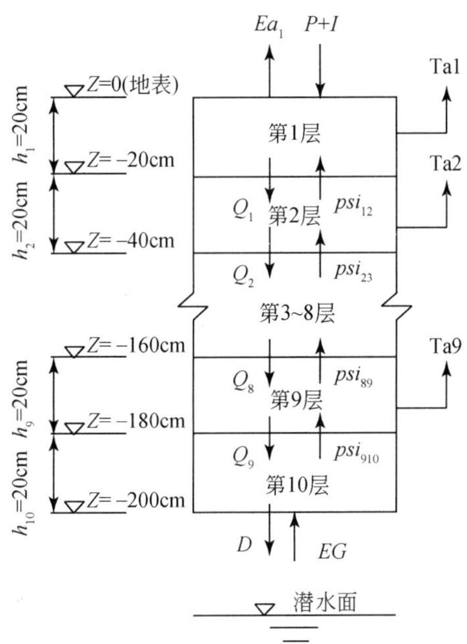

图 4-33　作物根系层土壤水量平衡模型概化图

平衡方程如下：

$$\begin{aligned}
&\text{第 1 层：} S_{1,j+1}-S_{1,j}=P_j+I_j+psi_{12,j}-Q_{1,j}-E_{a1,j}-T_{a1,j} \\
&\text{第 2 ~ 9 层：} S_{i,j+1}-S_{i,j}=Q_{i-1,j}+psi_{ii+1,j}-psi_{i-1i,j}-Q_{i,j}-T_{a_{i,j}} \\
&\text{第 10 层：} S_{10,j+1}-S_{10,j}=Q_{9,j}-psi_{910,j}-D+\mathrm{EG}_j
\end{aligned} \tag{4-8}$$

式中，S 为储水量；下标 i 为层号；j 为播后天数；Q 为下渗水量；E_a 为实际蒸发；T_a 为实际蒸腾；psi_{ii+1} 为相邻两层间的重分配水量；EG 为毛管上升水量；D 为深层渗漏。

该水量平衡模型输入量主要包括各层土壤初始体积含水量、生育期间灌溉、降雨量、地下水埋深、常规气象数据、生育期间作物系数、蒸腾量和土壤蒸发分配比例（该比例也可由实测叶面积指数求得），输出量包括各层土壤体积含水量、表层土壤实际蒸发量、2m 土层实际蒸腾量、各层土壤底部下渗量、毛管上升水量和 2m 土壤储水量。该水量平衡模型的计算流程图如图 4-34 所示。

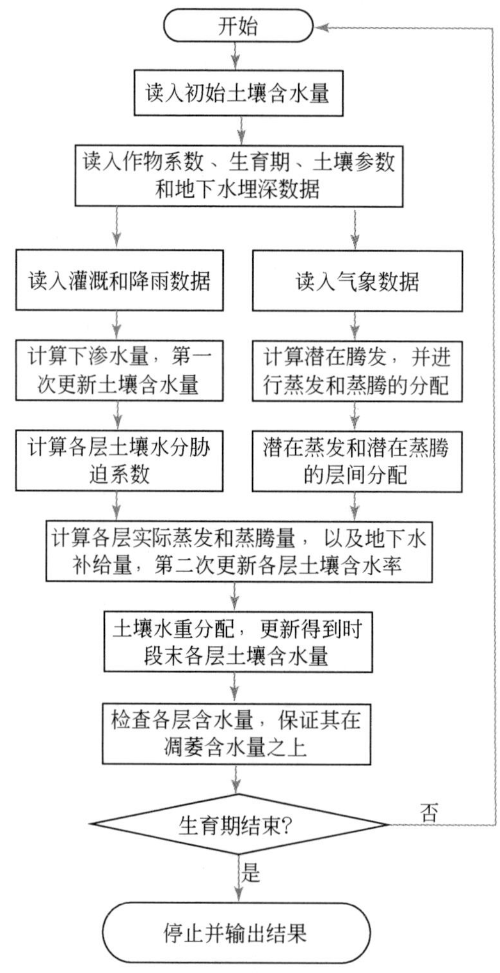

图 4-34　土壤水量平衡一维动力学模型计算流程

按照模型的物理框架，用系统动力学的 Vensim DSS 软件构建系统动力学模型，将整个 2m 土层分为 10 个子系统分别模拟 1 ~ 10 层土层的水分动态变化，每个子系统分为若干模块，每个模块又由不同性质变量组成，构成“变量—计算模块—子系统—系统”的四级结构。各个变量和各级结构之间通过反馈机制建立联系，反馈关系式来自上面所建立土壤水系统及运动过程的物理框架。

各个子系统中的变量按照性质分为三类：①水平变量：土壤储水量；②速率变量：灌溉和降雨量、土壤蒸发和根系吸水量、土壤水重分配量和水分下渗量；③辅助变量：其他变量。

采取从点到面的发散方式分析系统反馈机制，以水平变量为起点，找出与之相关的速率变量，然后以各个速率变量为结点外推找出各个辅助变量，在此基础上绘制系统流量存量图、确定好模型流程图（图4-35、图4-36 和图4-37）。然后建立数学的规范模型，包括建立各变量方程（水平方程、速率方程和辅助方程）、确定估计参数（仍采用传统方法计算），给定所有的常数及变量的初始值、表函数赋值。运用田间数据对该模型进行率定和验证后即可进行根系渗漏量的计算。

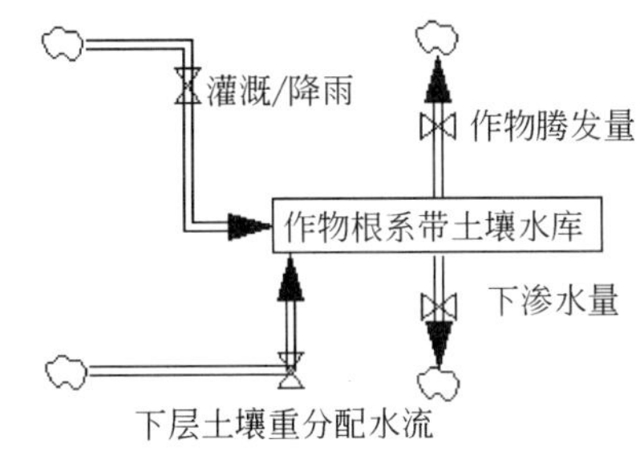

图 4-35　土壤水量平衡的系统动力学模型流图（1 号表层土子系统）

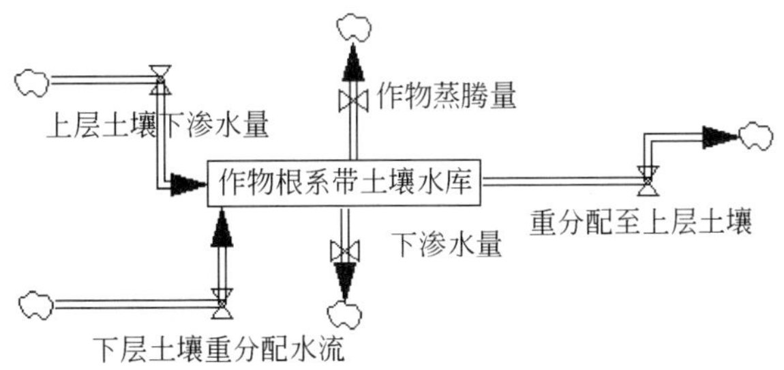

图 4-36　土壤水量平衡的系统动力学模型流图（2 ~9 号土层子系统）

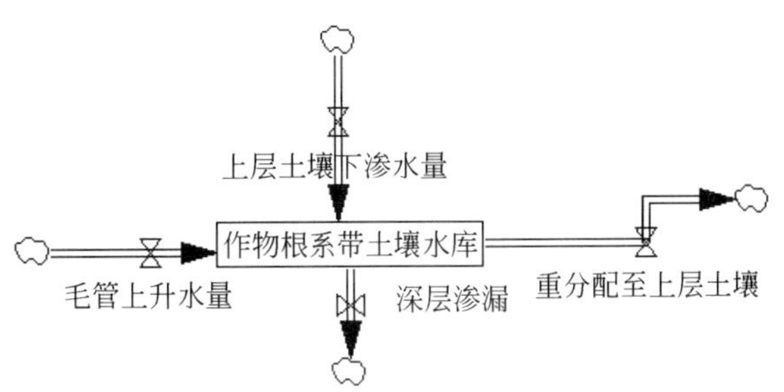

图 4-37　土壤水量平衡的系统动力学模型流图（10 号土层子系统）

4.5.2.2　推求潜水补给量的一维土壤水动力学模型

采用基于 Richards 方程为基础的 Hydrus-1d 软件建立饱和-非饱和土壤水动力学模型模拟估算各作物根系渗漏对地下潜水的补给量。

在忽略土壤水分侧向水流运动时，作物生长条件下土壤水分运动一维垂向运动方程为

$$\frac{\partial \theta}{\partial t}=\frac{\partial}{\partial z}\left[K(\theta)\left(\frac{\partial h}{\partial z}+1\right)\right]-S \tag{4-9}$$

式中，θ 为土壤体积含水量；$K(\theta)$ 为土壤非饱和导水率；h 为土壤负压；S 为根系吸水项。需要用到的土壤水分特征曲线采用 Van-Genuchten 模型描述。

潜在腾发量计算公式为

$$\mathrm{ET_p}=K_{\mathrm{c}}\times \mathrm{ET_0} \tag{4-10}$$

式中，K_c 为作物系数；$\mathrm{ET_0}$ 为参考作物腾发量，根据 Penman-Monteith 公式计算；潜在作物蒸腾 T_p 和土壤蒸发 E_p 的计算公式为

$$T_{\mathrm{p}}=a\times \mathrm{ET_p},\ E_{\mathrm{p}}=\mathrm{ET_p}-T_{\mathrm{p}} \tag{4-11}$$

式中，a 为蒸腾量占腾发总量的比例，一般根据叶面积指数计算。

不同深度的实际根系吸水量为

$$S_{\mathrm{a}}=\alpha\times b(z)\times T_{\mathrm{p}} \tag{4-12}$$

式中，α 为水分胁迫系数，采用 Feddes 分段线性模型计算；$b(z)$ 为根系随深度的分布函数，采用软件默认的指数分布形式。

下边界放置在饱和带，并处理成隔水边界，上边界条件为灌溉/降雨、土壤蒸发、作物蒸腾，处理如下，即

$$\begin{cases}\left|-K(\theta)\left(\dfrac{\partial h}{\partial z}+1\right)\right|\leqslant E(t),\ h\geqslant \mathrm{ha},\ z=0\\ h=\mathrm{ha},\ h<\mathrm{ha},\ z=0\end{cases} \tag{4-13}$$

式中，$E(t)$ 为时间有关的最大蒸发或入渗强度（cm/d）；ha 为最小压力水头，设为-16 000cm。

运用田间试验数据，对模型进行标定和验证后，就可以进行不同条件下潜水补给量的推求。推求时使用的初始条件通过“预热”方法得到，具体方法是先随机给定一个初始土水势分布，然后经过较长时间的预热（预热期内没有灌溉、降雨、根系吸水等，全凭土壤水库的内部调节）的模拟，预热期结束后可以得到某一埋深条件下稳定的土水势剖面分布，然后以该稳定的土水势分布剖面作为初始条件输入模型进行模拟。

4.5.2.3 灌区根系渗漏量和潜水补给量的空间分布计算

利用 ArcGIS 地理信息软件软件，集成石津灌区土壤质地分区、潜水埋深分区、气象分区、灌溉强度分区等图层进行叠加，然后按照资料资料可取性和可分性将灌区划分为 67 个计算单元（图 4-38），然后逐单元运行推求根系渗漏量的一维动力学模型和推求潜水补给量的一维土壤水动力学模型，即可得到各个计算单元的不同作物及土地利用的根系渗漏强度和潜水补给强度，然后按照土地利用比例进行加权即可得到各计算单元的根系渗漏量和潜水补给量的空间分布。

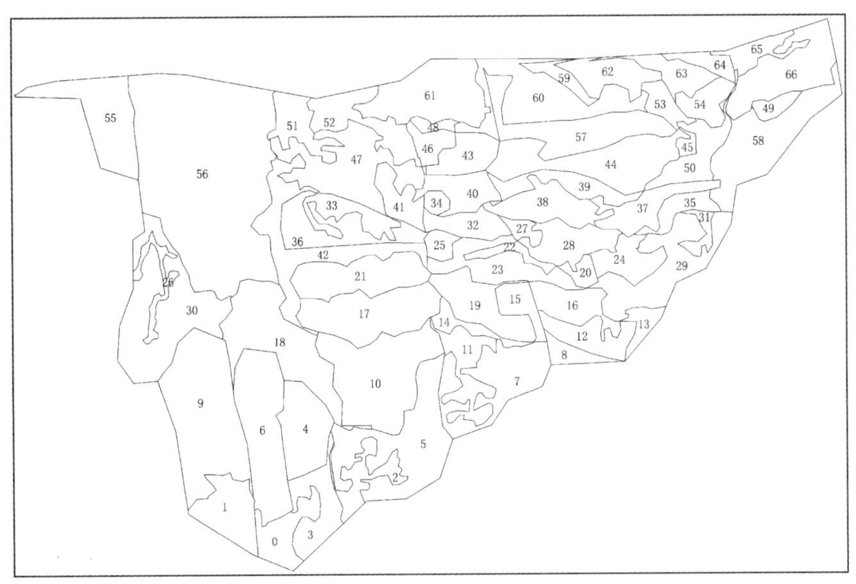

图 4-38　石津灌区根系渗漏和潜水补给计算单元划分

4.5.2.4　推求水分循环利用通量的三维地下水运动模型

水分循环利用通量的三维地下水运动模拟，通过 GMS 地下水模拟软件实现。模拟区域为石津灌区藁城以东部分，总干以南，总面积 3216km^2，地跨石家庄、邢台、衡水三市，藁城、晋州、辛集、赵县、宁晋、冀县、深州、桃城区、武强和武邑 10 个县，包括渠灌区、井渠结合区和井灌区三种灌溉类型，内有总干渠 1 条，干渠 5 条，分干渠 20 条，耕地面积 1858. 30km^2（图 4-39）。

研究区潜水系统与外界联系按照给定流量边界处理，数值由区域地下水位分布和水文地质资料估算；上边界为潜水面，接受降雨、灌溉以及渠系的渗漏补给，其中分干以上渠系按线状补给处理，分干以下渠系按面状补给（图 4-40）。研究区域西部地下水第一、第二含水层长期混合开采，导致两个含水层水位一致，下边界底部垂向流量很小，可以忽略不计；而东部地区下边界第一、第二含水组之间有 10 以上的黏土和亚黏土间隔，两含水组之间垂向交换很小，因此整个研究区潜水系统下边界处理为隔水边界。

根据相关水文地质资料，研究区含水层在垂向上概化为亚黏土夹粉砂层、粉细砂、亚黏土和细砂四层，不同区域四种土质分布情况有一定差异。水文地质参数（给水度和渗透系数等）取值主要根据《河北地下水》、《华北平原地下水可持续利用图集》及灌区相关水文地质报告获取。模型时间从 2007 年 10 月 21 日冬小麦播种期至 2008 年 6 月 11 日冬小麦收割期，时长 235 天。

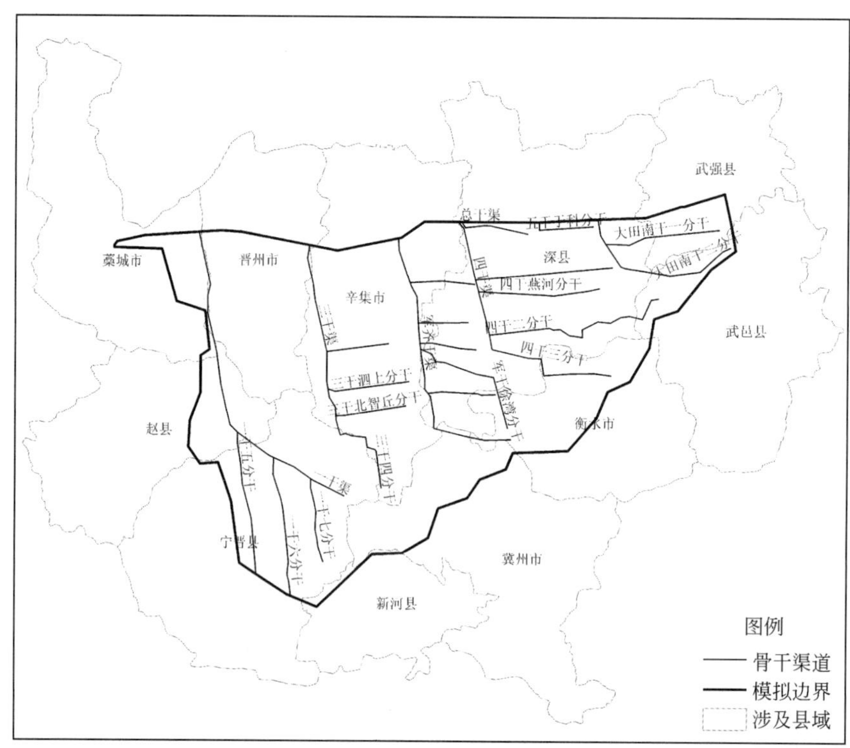

图 4-39　石津灌区地下水运动三维运动数值模型模拟区域

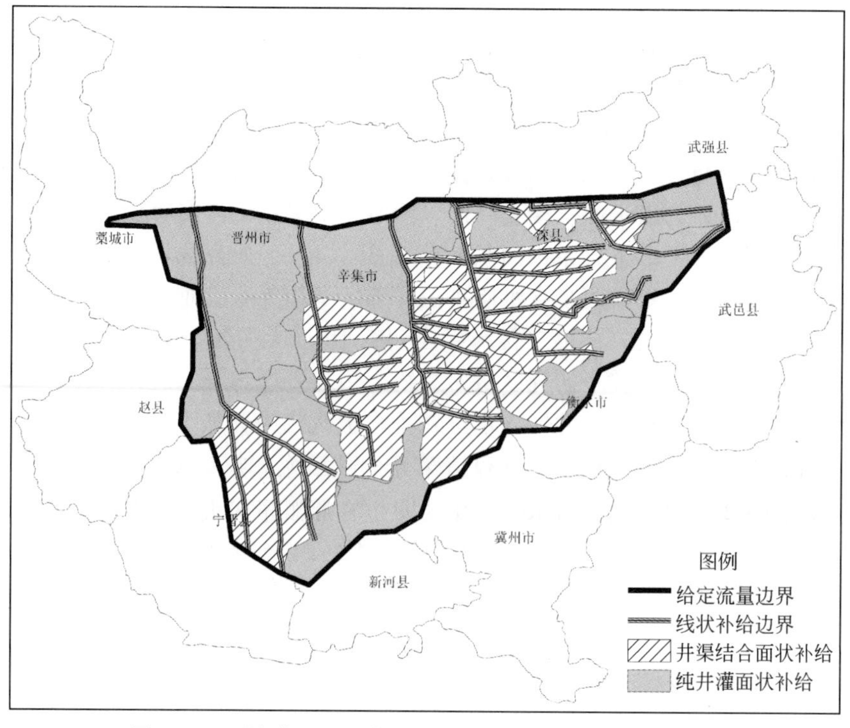

图 4-40　石津灌区地下水运动三维运动数值模型边界设置

4.5.3 结果分析

4.5.3.1 模型检验

采用 2007 ~2008 年冬小麦生育期数据率定模型、2008 ~2009 年数据验证模型。实测和模拟值统计参数计算（表 4-24，表中 H_i 和 h_i 分别为实测值和模拟值）表明，率定期和验证期的平均残差比例和分散均方根比例均在 15% 以内，模拟结果较为理想。

表 4-24 模拟结果统计参数

统计参数	残差总和 SR	平均残差 MSR	平均残差比例	差方和 SSQ	平均差方 MSSQ	均方根 RMS	分散均方根比例
计算公式	$\sum_{i=1}^{N} \lvert h_i - H_i \rvert$	SR/N	MSR/ΔH	$\sum_{i=1}^{N} (h_i - H_i)^2$	SSQ/N	$\sqrt{\mathrm{SSQ}}$	RMS/ΔH
率定期	0. 92	0. 02	5. 59%	0. 023	0. 000	0. 020	7. 15%
验证期	2. 62	0. 029	10. 40%	0. 093	0. 001	0. 032	11. 50%

此外对模型的行为有效性检验和敏感性分析都表明，渗漏量和补给量能够快速对灌溉、降雨、土壤质地等条件的变化做出合理和足够精度的反应，可以用来模拟石津灌区水分循环利用规律。

4.5.3.2 根系渗漏和潜水补给

利用上述构建模型可以得到各个计算单元 2007 ~2008 年冬小麦根系层土壤水分渗漏量的空间分布图（图 4-41）。由该图可以看出，冬小麦根系渗漏强度较大的区域分布与灌溉强度分区极其一致，较高的根系渗漏主要出现在灌区中部及军干渠、四干渠和三干渠南部，一干渠南部、五干渠和纯井灌域根系渗漏量较小。计算结果表明，整个灌区的冬小麦根系渗漏量占灌溉降雨的比例为 23%，其中一干渠比例为 10%，三干渠为 25%，军干渠和四干渠为 34%，五干渠为 18%。

4.5.3.3 潜水补给量空间分布

2007 ~2008 年冬小麦生育期间各个计算单元的地下水累积补给强度的空间分布如图 4-42所示。从图 4-42 可以看出，潜水补给主要发生在灌溉量较大且埋深相对较小的区域，主要位于军干渠中部以及四干渠南部，其他区域潜水补给强度较小。三干渠南部虽然灌溉量较大导致冬小麦根系渗漏强度较大，但由于该区域埋深较大，所以潜水补给强度较四干渠和军干渠南部要小。计算结果表明，整个灌区冬小麦生育期间地下水补给量占灌溉降雨总量的 4. 43%，根系深层渗漏的 19% 在冬小麦生育期补给了地下水库，另有 81% 的根系深层渗漏储存在根系以下非饱和带。

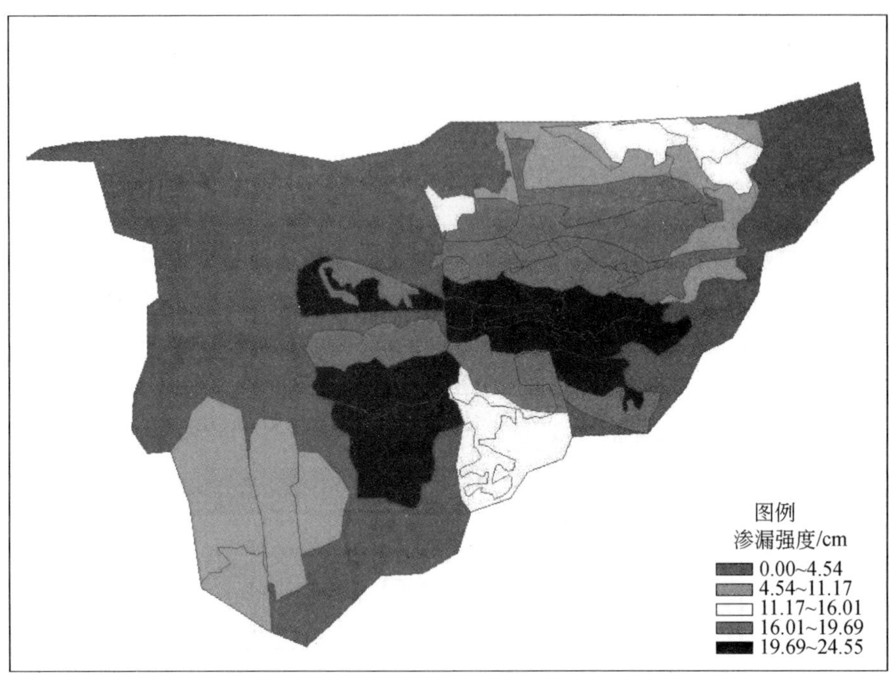

图 4-41 2007 ~ 2008 年冬小麦根系层渗漏强度空间分布

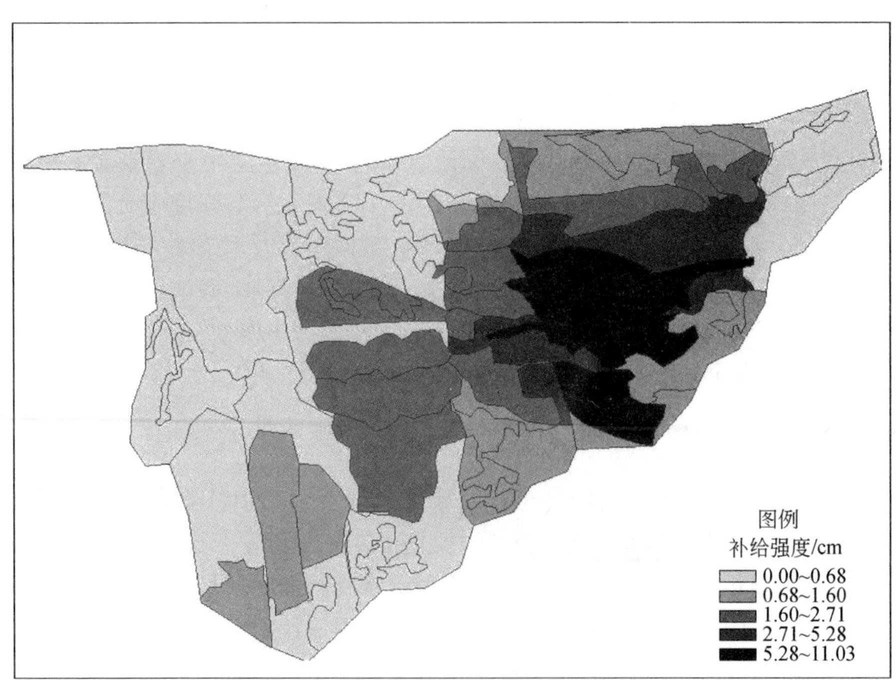

图 4-42 2007 ~ 2008 年冬小麦生育期累积潜水补给强度空间分布

4.5.3.4 水平交换量空间分布

各个计算单元的地下水水平交换量如图4-43所示。由图可见，渠道灌域特别是渠道比较密集的东部地区出流量较大，表现为净出流，而灌区西部附近入流量较大，变现为净入流；从流向上看，存在由东部向西部的水平交换。此外，局部也存在灌溉区域地下水向地下水集中开采区（如军齐干渠口部的地下水漏斗）的流动。这表明，灌溉产生的深层渗漏并没有损失掉，而是通过水平交换被井灌区或者城市生产生活抽取利用。计算结果表明，以石津灌区为评价对象，灌区几乎没有出流到灌区边界以外的损失量，引进来的水资源基本上在灌区内部全部被消耗掉。这说明，从水资源管理角度看，用传统的灌溉水利用效率评价农业用水效率结果会偏小，需要考虑农业用水效率的空间尺度效应和时间尺度效应。

4.5.3.5 基于IWMI水均衡框架的用水效率计算

通过试验数据和统计资料进行的各个尺度农业用水效率尺度效应分析可知，分析尺度效应必须考虑水循环通量和重复利用量，因此本书在获得根系渗漏量、潜水补给量和水平交换量等灌区不同尺度间主要循环通量后运用IWMI水均衡框架进行用水效率的计算（Molden，1997）。计算共分作物、田间、分干、干渠、灌区五个尺度，各个尺度的边界界定见表4-25。

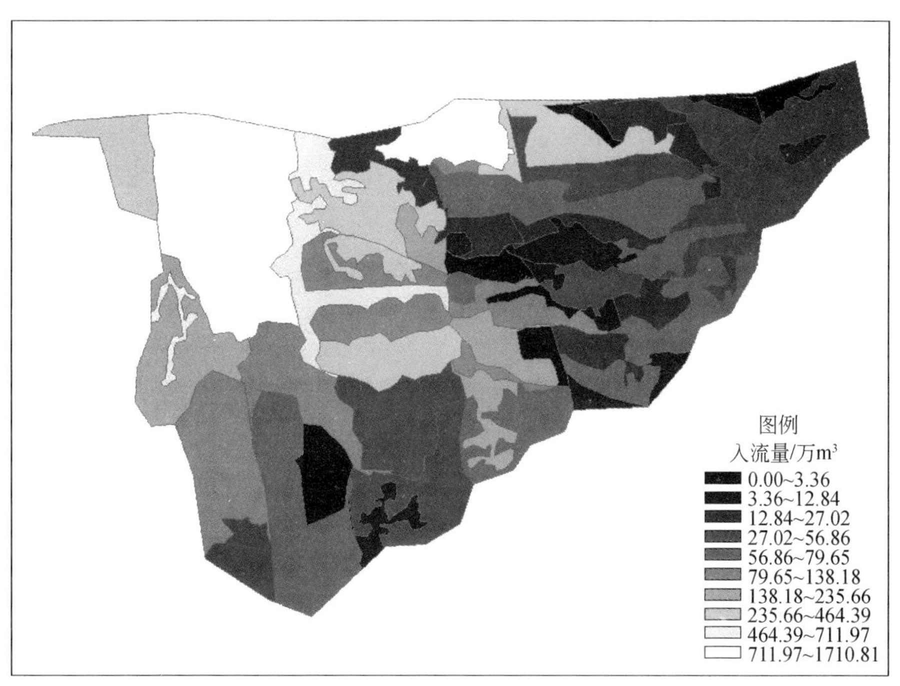

(a)入流量

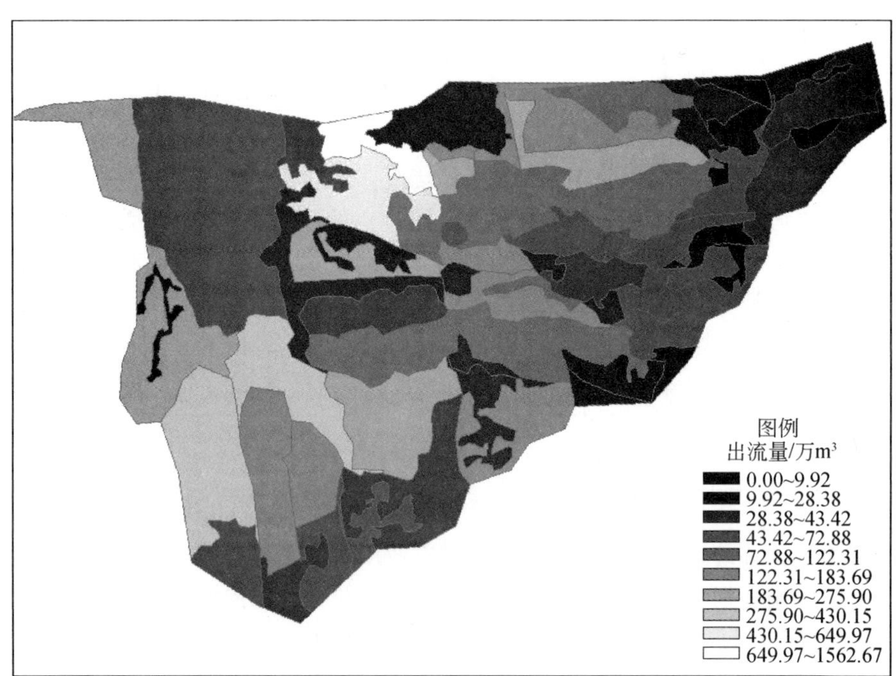

(b)出流量

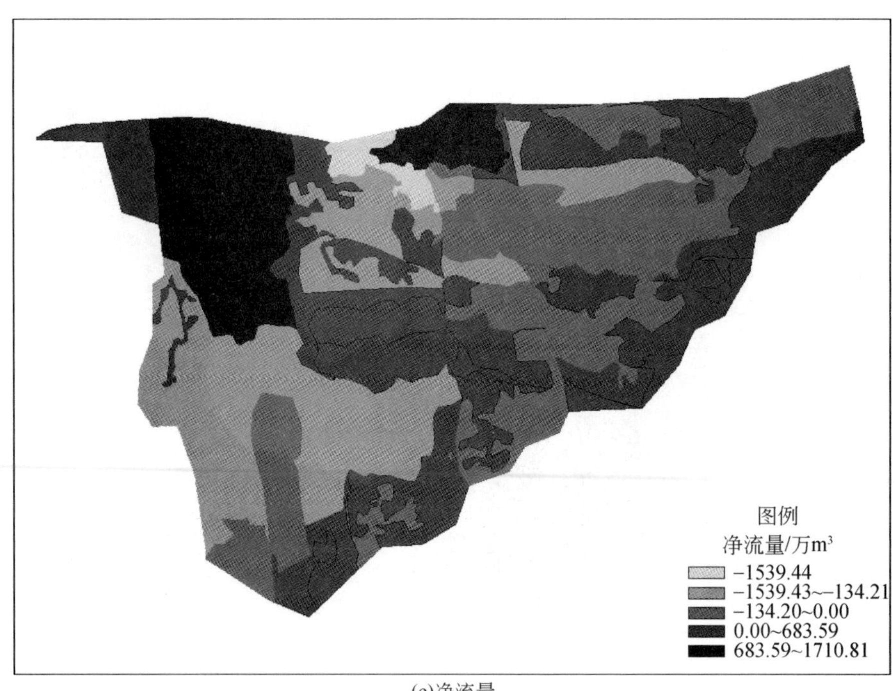

(c)净流量

图 4-43　2007 ~ 2008 年冬小麦生育期各单元地下水水平交换量

表 4-25　各尺度的边界界定表

尺度	上边界	下边界	水平边界
作物尺度	土表	作物根系下边界	单株作物控制范围（计算单元范围，不含渠系）
田间尺度	土表	潜水底板以上	单株作物控制范围（计算单元范围，不含渠系）
分干尺度	土表	潜水底板以上	分干控制范围，含分干及以下渠系
干渠尺度	土表	潜水底板以上	干渠控制范围，含干渠及以下渠系
灌区尺度	土表	潜水底板以上	灌区控制范围，含总干渠及以下渠系

各尺度的范围可描述如下：

1）作物尺度：作物尺度是指作物根系区土壤带，其入流量为渠道灌溉、降雨量、浅层和深层抽水灌溉以及毛管上升水补给量，消耗量主要为作物蒸腾和土壤蒸发，出流量为作物根系渗漏量。

2）田间尺度：田间尺度在作物尺度的基础上还包含根系区以下的非饱和带和饱和带，因此根系深层渗漏量、浅层抽水量和毛管上升补给量属于该尺度范围内的循环，不计入出流或者入流。该尺度入流量为渠道灌溉量、降雨量、深层抽水灌溉量、附近渠系渗漏补给水量以及地下水水平入流量，出流量主要为地下水水平流出量。相比作物尺度，田间尺度存在着对根系深层渗漏回归再利用的过程。

3）分干尺度：分干尺度在田间尺度的基础上增加了分干及以下各级渠系的水分循环过程，渠系水分循环过程的增加一方面导致损失途径增多，增大了渠道灌溉水量，但增加的灌溉水量有一部分通过渠系损失回归地下水库，这些回归水量一部分在本尺度被重复利用，一部分通过水平交换流出该尺度，在更大的尺度被抽取出来重复利用，因此分干尺度与田间尺度相比，并非简单增加了渠道灌溉引水量，而是要综合考虑渠道灌溉引水量的增加和回归利用水量的同时影响。

4）干渠、灌区尺度：干渠、灌区尺度水循环路径与分干尺度类似，但涉及面积更大，渠系更多，情况更为复杂。

需要说明的是，分干尺度并非特指渠道灌域，由于石津灌区存在一定区域的纯井灌域，因此对于纯井灌域，分干尺度以行政县为界线，而干渠尺度不仅包含渠道分干尺度，还包含井水灌溉分干尺度。

针对每个尺度，可由上述模型展现各个尺度的水分循环过程，根据 IWMI 水均衡框架可对模拟的各个水平衡要素进行分类，并计算相应的评价指标。

IWMI 的水均衡框架如图 4-44 所示。该框架分为左右两部分，左半部分阐述的是系统的入流分类，右半部分阐述的是系统的出流和消耗过程分类，整个框架站在系统的角度较为详细地描述了水资源在某一区域的转化和消耗过程。

各术语定义如下：

1）毛供水量：进入研究区的所有水量，包括降水、地表水和地下水入流，对于作物尺度，浅层抽水量属于毛供水量范畴，因为作物尺度的下边界只到作物根系，而田间以上尺度，浅层抽水量则不属于毛供水量的范畴，因为地下水库属于这些尺度边界以内。

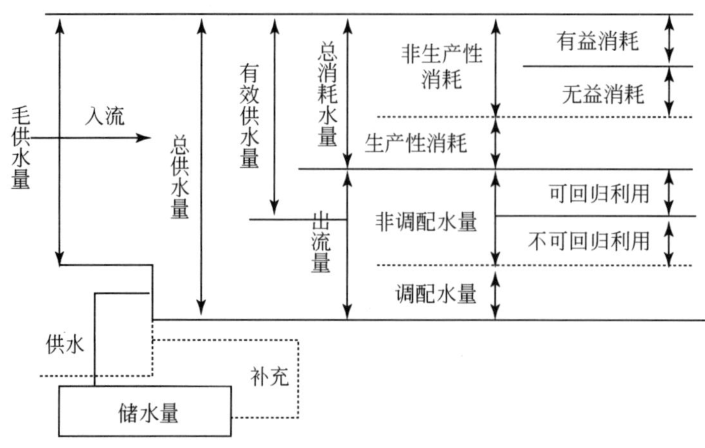

图 4-44 国际水管理研究院（IWMI）水均衡框架

资料来源：Molden，1997

2）总供水量：毛供水量加上储水变化量（包括地表塘堰储水、地下水储水量、土壤水储水量）。

3）总消耗水量：研究区内的水被使用后或排出后不可再利用或不适宜再利用，包括非生产性消耗和生产性消耗。消耗有如下 4 类：作物蒸腾和水分蒸发；水流入海洋、沼泽、咸水层等无法再利用的区域；水被污染后无法再利用；合成植物体，形成产量。

4）出流量：从地表或地下流出研究区域的水量，包括调配水量和非调配水量。

5）生产性消耗：符合人类供水目的的水的消耗量，流域尺度生产性消耗还包括工业用水、农业用水等多方面；灌区尺度可能只有作物蒸腾。

6）非生产性消耗：指人们供水特定目的不一致的水分消耗，如水稻田蒸发、旱田表土蒸发等。非生产性消耗进一步包括有益消耗和无益消耗。①有益消耗：水分消耗能产生一定的效益，如环境用水；②无益消耗：水分消耗不能产生效益或产生负效益，如涝渍地上水分的蒸发，深层渗漏进入咸水层等。

7）调配水：根据水法、水管理部门的配水计划或水权等必须为其他区域分配出来的水量，如河道最小下泄流量。

8）非调配水量：指出流量扣除调配水后所剩余的水量，这部分水量由于区域内保、蓄水设施不足或运行管理不当而没有被本区域利用，分为可重复利用和不可重复利用。①可重复利用：由于缺乏相应条件目前没有被本区重复利用，流出本区后若有合适条件后能够再次被本区或其他区域重新利用，也可称作回归水量；②不可重复利用：由于保蓄水设施不当而无法被其他区域利用，如下泄的洪水。

9）有效供水量：指研究区域内所有可利用的水量，等于总供水量扣除调配水和非调配水中的不可利用部分，或者等于生产性消耗、非生产性消耗和非调配水中的可回归利用水量之和。

根据 IWMI 水平衡框架，可以解析得到作物、田间、分干、干渠和灌区尺度的各个水平衡要素（表 4-26）。

表 4-26　各尺度的水平衡要素表

尺度	作物尺度	田间尺度	分干尺度	干渠尺度	灌区尺度
1. 总供水量	★	★	★	★	★
1.1 毛供水量	★	★	★	★	★
1.1.1 渠道灌溉	★	★	★	★	★
1.1.2 深井灌溉	★	★	★	★	★
1.1.3 浅井灌溉	★				
1.1.4 降雨量	★	★	★	★	★
1.1.5 边界外渠系补给量		★	★	★	★
1.1.6 地下水入流量		★	★	★	★
1.1.7 毛管上升补给量	★				
1.2 土壤储水变化量	★	★	★	★	★
1.3 地下水储水变化量		★	★	★	★
2. 总耗水量	★	★	★	★	★
2.1 麦地腾发量	★	★	★	★	★
3. 出流量	★	★	★	★	★
3.1 地下水出流量		★	★	★	★
3.2 根系渗漏量	★				
4. 作物产量	★	★	★	★	★

★表示考虑该项平衡要素。

基于 IWMI 提出的水收支方法，本研究主要计算三个指标：①总供水量水分生产率 WP_i；②灌溉水分生产率 WP_I；③毛供水量排水比例指标 DF_g：反映的是水资源的出流占毛供水量的比例。

水分生产率（总供水量水分生产率、灌溉水分生产率）的计算中都以产量为分母，水量为分子，对不同尺度的水分生产率，分母和分子的取值不同。表 4-27 为不同尺度水分生产率计算过程中分母和分子所取用的数据类型。

表 4-27　不同尺度水分生产率计算过程中分母和分子所取用的数据类型

尺度		总供水量水分生产率	灌溉水分生产率	毛供水量排水比例
作物尺度	分子	产量	产量	根系深层渗漏量
	分母	作物根系带的总供水量：渠道田间灌溉量+深井灌溉+浅井灌溉+降雨量+毛管上升水量−根系带土壤水库储变量	田间总灌溉水量，即渠道田间灌溉量+深井灌溉+浅井灌溉	作物根系带的总供水量

续表

尺度		总供水量水分生产率	灌溉水分生产率	毛供水量排水比例
田间尺度	分子	产量	产量	田间尺度的地下水出流量
	分母	田间尺度的总供水量，即渠道田间灌溉量+深井灌溉+降雨量+各级渠系渗漏补给+计算单元水平边界的地下水入流-土表以下整个土壤水库储变量-计算单元内地下水库储变量	田间总灌溉水量，即渠道田间灌溉量+深井灌溉+浅井灌溉	田间尺度的总供水量
分干尺度	分子	产量	产量	分干边界的地下水出流量
	分母	分干尺度的总供水量，即分干渠首引水量+深井灌溉+降雨量+分干以上渠系及本分干外其他分干渠道渗漏补给+分干边界的地下水入流-土表以下整个土壤水库储变量-分干内地下水库储变量	分干范围总灌溉水量，即分干渠首引水量+深井灌溉+浅井灌溉	分干尺度的总供水量
干渠尺度	分子	产量	产量	干渠边界的地下水出流量
	分母	干渠尺度的总供水量，即干渠首引水量+深井灌溉+降雨量+干渠以上渠系及本干渠外其他干渠渗漏补给+干渠边界的地下水入流-土表以下整个土壤水库储变量-干渠内地下水库储变量	干渠范围总灌溉水量，即干渠首引水量+深井灌溉+浅井灌溉	干渠尺度的总供水量
灌区尺度	分子	产量	产量	灌区边界的地下水出流量
	分母	灌区尺度的总供水量，即总干渠首引水量+深井灌溉+降雨量+灌区边界的地下水入流-土表以下整个土壤水库储变量-灌区地下水库储变量	灌区范围总灌溉水量，即总干渠首引水量+深井灌溉+浅井灌溉	灌区尺度的总供水量

注：土壤水库和地下水库储变量增加为正，减少为负

通过本书所建立的模型可以计算得到上述几个指标在各个尺度上的值，结果分述如下。

(1) 作物尺度农业用水效率

图4-45 为石津灌区不同区域作物尺度总供水水分生产率的分布。由图可见，作物尺度总供水水分生产率区域上存在一定的差异，渠灌区域总供水水分生产率普遍较小，而井灌区域普遍较大，整个灌区为0.97～1.81kg/m^3，灌区加权平均为1.28kg/m^3。

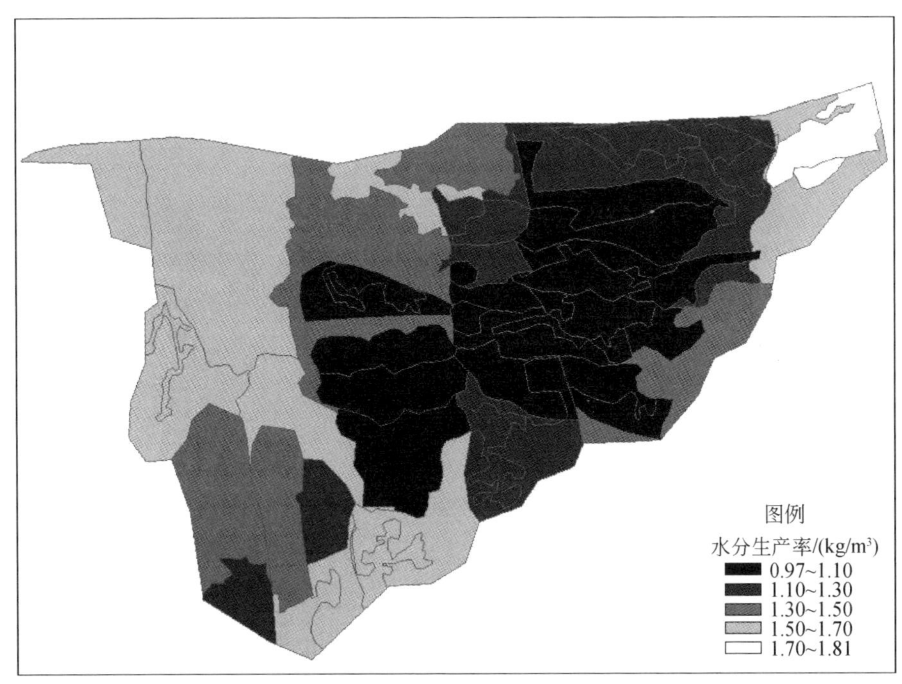

图 4-45　作物尺度总供水水分生产率空间分布

作物尺度灌溉水分生产率指标的空间分布与作物尺度总供水水分生产率分布规律类似，灌溉水分生产率指标波动范围为 1.24 ~ 3.33kg/m^3，整个灌区平均的作物尺度灌溉水分生产率为 1.78kg/m^3，其中一干渠平均为 2.37kg/m^3，三干渠为 1.69kg/m^3，军干渠和四干渠皆为 1.42kg/m^3，五干渠 1.83kg/m^3。

作物尺度毛供水量排水比例在灌区的波动范围为 0 ~ 0.42，整个灌区该指标的加权平均值为 0.23，说明在此尺度，整个灌区的毛供水量中，有 23% 流出了作物根系层。

(2) 田间尺度农业用水效率

田间尺度总供水水分生产率空间分布如图 4-46 所示。由图可见，该指标在灌区的波动范围为 0.51 ~ 1.76kg/m^3，整个灌区加权平均的田间尺度总供水水分生产率为 1.41kg/m^3，其中一干渠 1.46kg/m^3，三干渠为 1.20kg/m^3，军干渠为 1.38kg/m^3，四干渠为 1.49kg/m^3，五干渠为 1.53kg/m^3，越往下游该指标越大。

根据定义，田间尺度灌溉水分生产率与作物尺度一致，毛供水量排水比例的空间分布如图 4-47 所示。由该图可见，排水比例存在较大的空间变异性，意味着不同区域节水潜力不同。灌区加权平均的毛供水量排水比例为 0.12，说明田间尺度上的出流量只占毛供水量的 12%，田间尺度平均节水潜力只有 12%。一干渠为 10%，三干渠为 26%，军干渠为 10%，四干渠和五干渠为 6%。

(3) 分干尺度农业用水效率

分干尺度总供水水分生产率指标空间分布如图 4-48 所示。由图可见，该指标在灌区的波动范围为 0.92 ~ 1.67kg/m^3，平均的分干总供水水分生产率为 1.46kg/m^3，其中一干

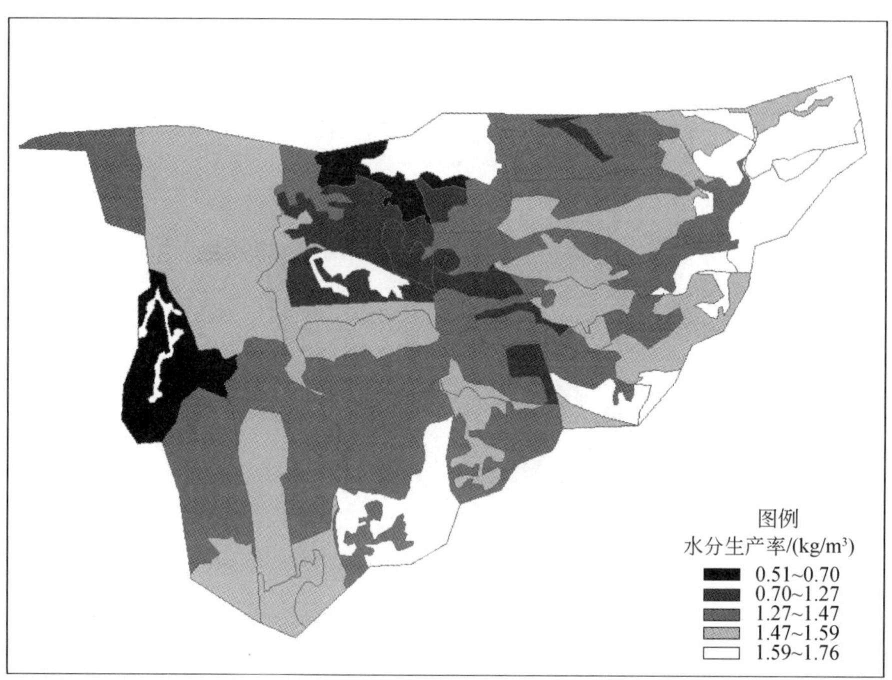

图 4-46　田间尺度总供水量水分生产率空间分布

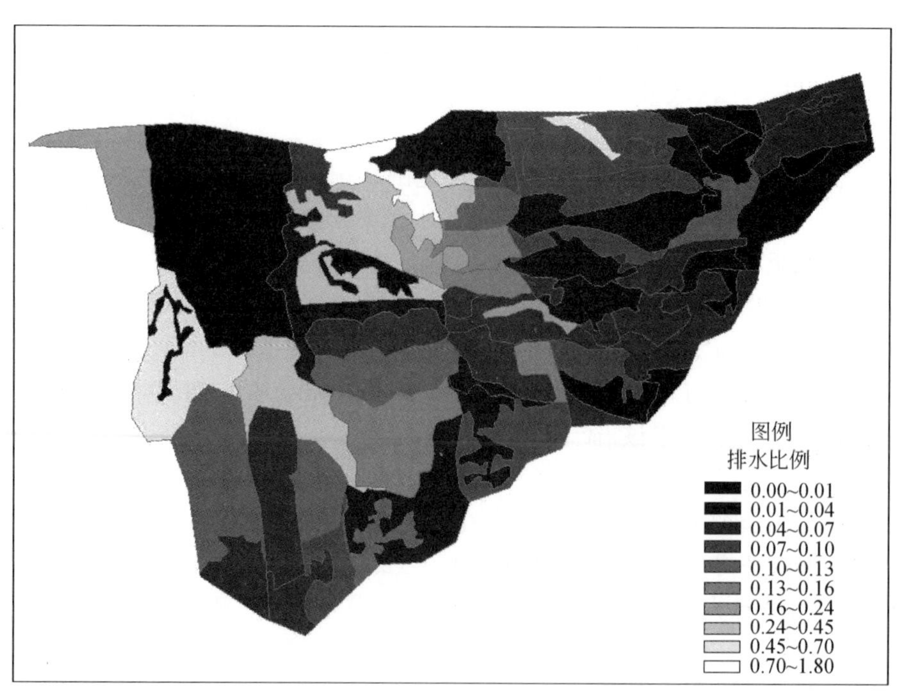

图 4-47　田间尺度毛供水量排水比例指标空间分布

渠平均为 1.42kg/m³，三干渠 1.44kg/m³，军干渠 1.46kg/m³，四干渠 1.52kg/m³，五干渠为 1.54kg/m³，越到下游该指标越大。

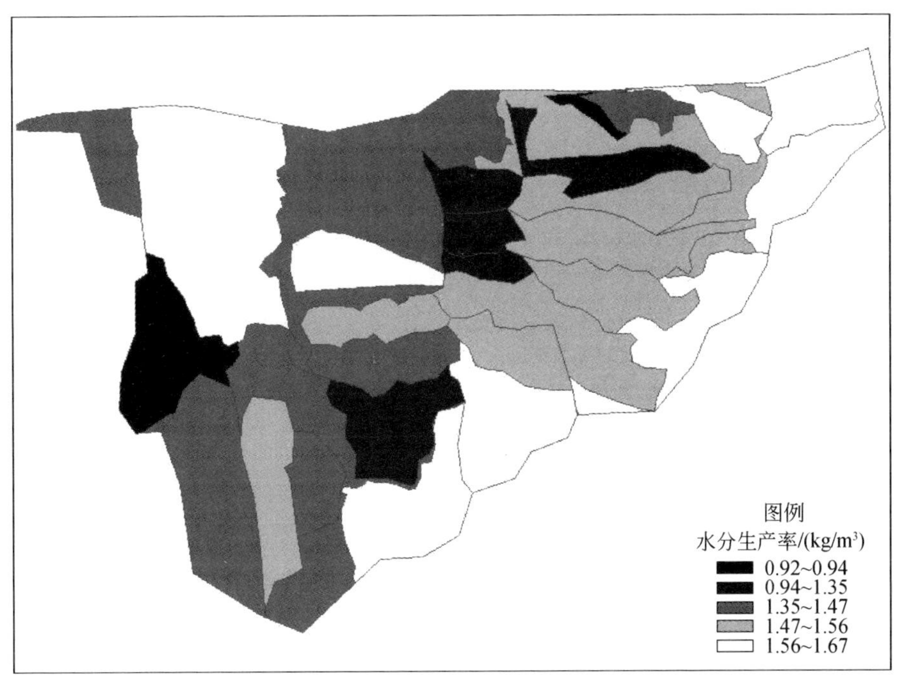

图 4-48　分干尺度总供水水分生产率空间分布

分干尺度的灌溉水分生产率在 0.87 ~ 3.33kg/m³波动，灌区平均值为 1.56kg/m³，其中一干渠平均值为 2.27kg/m³，三干渠为 1.51kg/m³，军干渠为 1.12kg/m³，四干渠为 1.19kg/m³，五干渠为 1.68kg/m³。

分干尺度毛供水量排水比例空间分布如图 4-49 所示。该指标在 0 ~ 2.77 波动，平均值为 0.09，其中一干渠为 0.14，三干渠为 0.11，军干渠为 0.06，四干渠为 0.04，五干渠为 0.06。

(4) 干渠尺度农业用水效率

表 4-28 为干渠尺度不同用水指标的计算结果。由表可见，越到下游，总供水量水分生产率越大，全灌区干渠尺度总供水水分生产率在 1.52 ~ 1.60kg/m³波动，平均为 1.55kg/m³。干渠尺度灌溉水分生产率平均为 1.47kg/m³，相应的毛供水排水比例平均为 0.04%，意味着在干渠尺度上，只有 4% 的毛供水量流出干渠尺度外，96% 的水分在内部消耗掉，干渠尺度节水潜力很小。

表 4-28　干渠尺度农业用水效率

指标	一干渠	三干渠	军干渠	四干渠	五干渠	灌区加权平均
总供水水分生产率/(kg/m³)	1.54	1.54	1.52	1.56	1.60	1.55
灌溉水分生产率/(kg/m³)	2.12	1.49	1.02	1.10	1.62	1.47
毛供水量排水比例/%	5	4	4	2	3	4

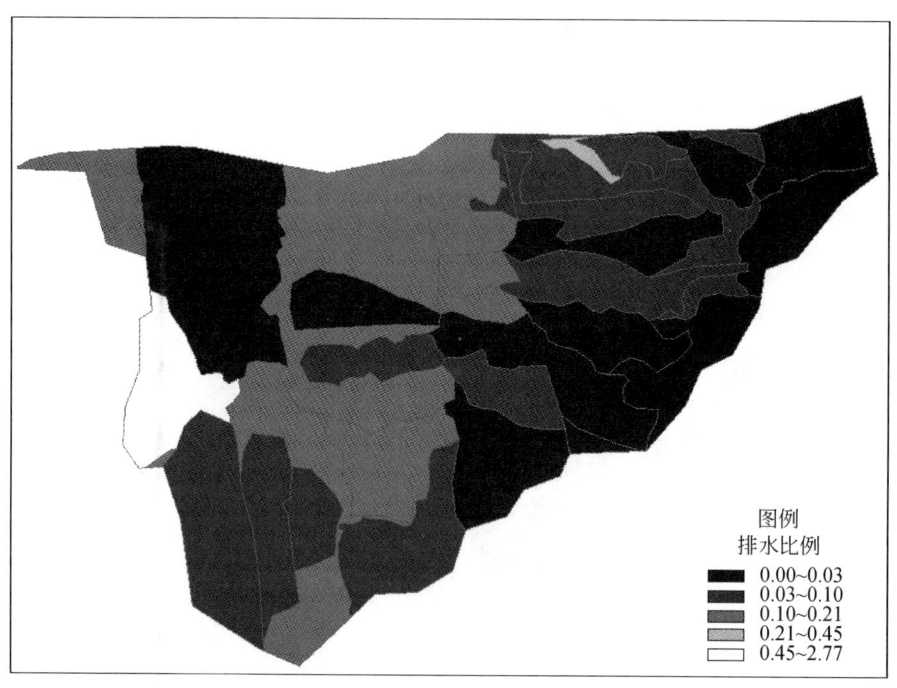

图 4-49　分干尺度毛供水量排水比例空间分布

(5) 灌区尺度农业用水效率

通过计算，灌区尺度总供水水分生产率为 1.62kg/m³，灌溉水分生产率为 1.41kg/m³，毛供水量出流比例几乎为 0，说明在灌区尺度，出流比例是非常小的，从水资源的角度来看，灌区的用水效率很高，几乎没有出流到灌区边界以外的损失量。

4.5.3.6　农业用水效率的尺度效应

在本研究中暂未对农业用水效率的时间尺度进行分析，仅分析空间尺度效应，即不同效率指标随着关注尺度（作物、田间、分干、干渠、灌区）的变化的规律。

理论上求得各尺度的农业用水效率点绘成图即可展现其尺度效应，但从上述计算结果看，即使是同一尺度，其值由于灌溉、降雨、土壤等各种原因在空间上也存在较大的变异性（如本研究作物尺度总供水水分生产率在 0.97～1.81kg/m³波动，图 4-45），选择不同的统计值作为该尺度的代表，可能会得到不同的尺度效应现象。图 4-50 列出了分别使用灌区范围、干渠范围和分干范围的统计计算值得到的各尺度总供水水分生产率的尺度效应。

由该图可见，整体而言，不同统计范围所表现的空间尺度效应比较类似，但是统计范围越小，各指标及其空间尺度效应的空间变异性越强，随着统计范围的扩大，空间变异效应被逐渐平均，逐渐表现出规律性。因此，农业用水效率的实际尺度效应是空间变异性和纯尺度效应的叠加，当空间变异剧烈时，很可能掩盖了用水效率的空间尺度效应，反之则

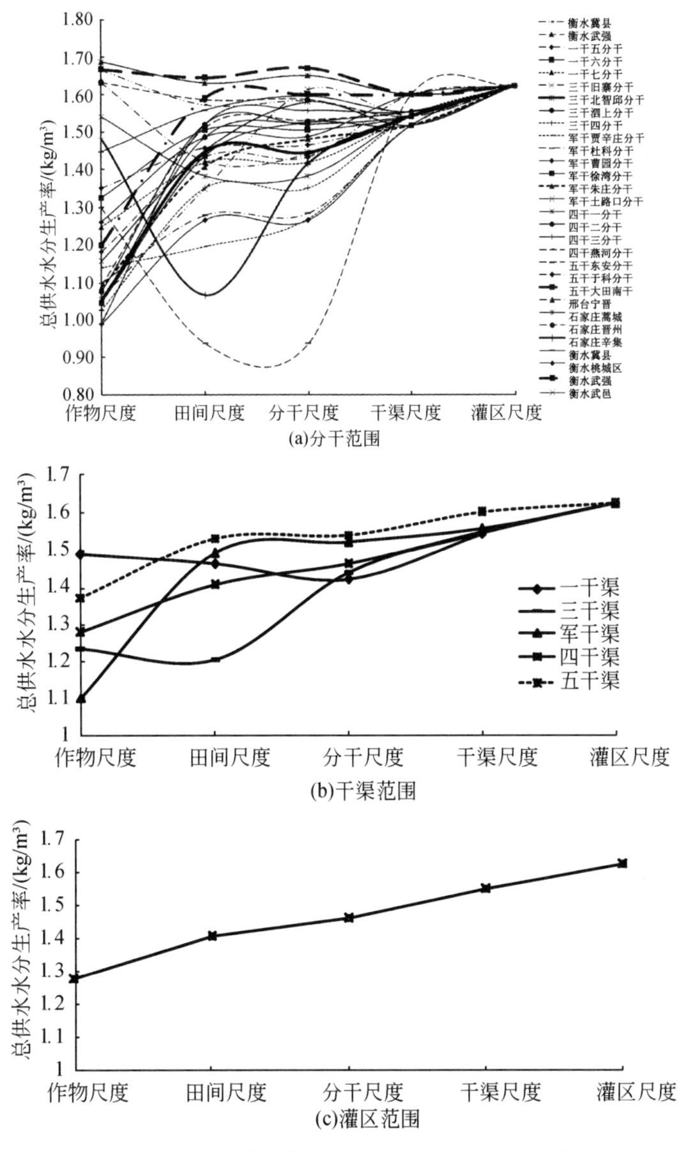

(a)分干范围

(b)干渠范围

(c)灌区范围

图 4-50　使用不同统计范围时的农业用水效率尺度效应

表现比较明显的尺度效应，本例属于后者。同时也说明，为研究尺度效应，应该通过一定的技术手段将空间变异性的影响予以消除，本研究采用区域加权平均的方法取到了较好的效果，其他指标的尺度效应我们采用灌区平均的方法予以展现，如图 4-51 和图 4-52 所示。

由上述三个灌区范围统计的总供水水分生产率、灌溉水水分生产率和毛供水排水比例的尺度效应发现：

1）总供水水分生产率随着尺度的提升而近似线性增加，说明随着尺度的增大，较小尺度上渗漏损失掉的出流在大尺度被重复利用了或者储存在大尺度范围内。如果作物尺度出流高达 23%，灌区尺度出流为 0，因此作物尺度流出的水资源量在灌区尺度内被重新利用或者储存起来，即作物尺度的出流量在灌区尺度全部被重复利用，使得灌区尺度的总供

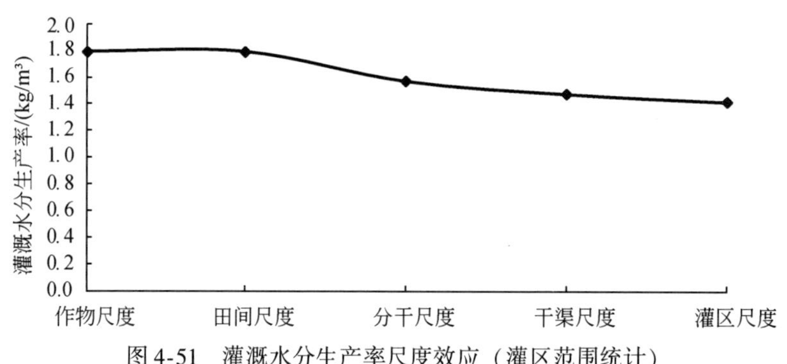

图 4-51　灌溉水分生产率尺度效应（灌区范围统计）

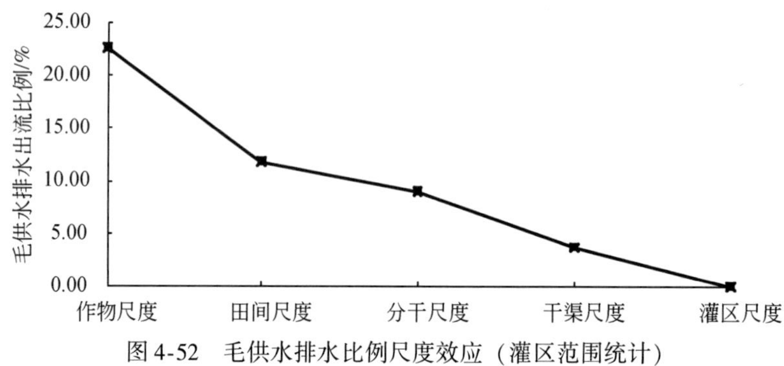

图 4-52　毛供水排水比例尺度效应（灌区范围统计）

水水分生产率较作物尺度更大，两个尺度的差异恰恰由于重复利用水量所致。后续总供水量水分生产率的尺度转换公式也说明了该指标在不同尺度之间出现差异的是由重复利用水量所致。

2）从作物尺度到田间尺度，灌溉水分生产率保持不变，从田间尺度扩展至分干、干渠以及灌区尺度时，每一次尺度提升，都会使得渠系损失增加，损失途径的增多使得不同尺度的灌溉水量增大，从而使得灌溉水分生产率从田间尺度到灌区尺度随尺度增大而减小。但同时应该看到减少的比例并不是传统的渠系水利用系数，如灌区尺度为 1.39kg/m^3，田间尺度为 1.78kg/m^3，两者比例高达 0.78，显然高于传统的渠系水利用系数，这也说明了尺度效应的存在。

3）毛供水量排水比例随尺度而急剧下降，作物尺度高达 22.64%，然后迅速减少至田间尺度的 11.8%，田间尺度提升至分干尺度后小幅下降，然后较大幅度下降至干渠尺度的 3.72%，最后在灌区尺度的排水比例为 0，这意味着在灌区尺度基本没有水分的净流出，一方面说明灌区水资源在灌区内被充分利用或被储存在尺度范围内，另一方面说明，尺度效应在该灌区以上并不明显，空间变异性将是主要成分。

4.5.3.7　农业用水效率的尺度转换

（1）尺度转换方法

如上所述，实际的农业用水效率是纯粹的用水尺度效应和空间变异性叠加的结果，因此进行用水效率的尺度转换必须考虑这两者因素。前者我们通过考虑循环通量和重复利用量予以考虑，后者我们通过定义空间变异系数予以考虑，详细如下。

假定有一个母尺度 A 中嵌套 n 个子尺度，即 $A=\{A_1, A_2, \cdots, A_m, \cdots, A_n\}$。$A_m$ 为其中第 m 个子尺度，如图 4-53 所示。

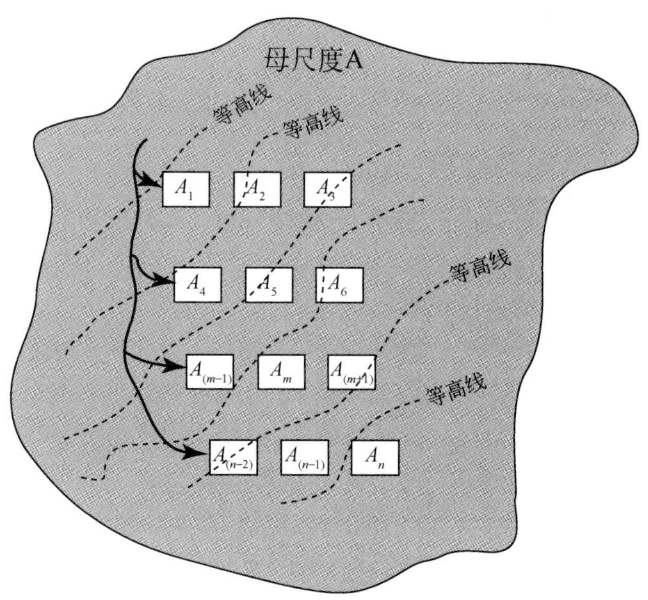

图 4-53　尺度嵌套示意图

注：上游田块出流量（地表和地下）在水力坡度作用下流向下流田块。

定义作物产量空间变异系数 k_Y、作物腾发量空间变异系数 k_{ET}、边界出流量空间变异系数 k_O、灌溉水量空间变异系数 k_I 的分别为

$$k_Y = \frac{\sum_{k=1}^{n} Y_k}{nY_m} \tag{4-14}$$

$$k_{ET} = \frac{\sum_{k=1}^{n} ET_k}{nET_m} \tag{4-15}$$

$$k_O = \frac{\sum_{k=1}^{n} O_k}{nO_m} \tag{4-16}$$

$$k_I = \frac{\sum_{k=1}^{n} I_k}{nI_m} \tag{4-17}$$

式中，Y_m、ET_m、O_m 和 I_m 为第 m 个子尺度的作物总产量、总腾发量、边界出流量和总灌溉水量（含各种灌溉水源）。

定义重复利用水量：

$$R = \sum_{k=1}^{n} O_k - O \tag{4-18}$$

式中，O_k 为第 k 个子尺度的边界出流量；O 为母尺度的边界出流量。

则经过理论推导，母尺度与子尺度的农业用水效率转换公式如下。

A. 总供水水分生产率尺度转换公式

第 m 个子尺度总供水水分生产率与母尺度总供水水分生产率比值，即

$$\frac{\mathrm{WP}_{i,m}}{\mathrm{WP}_i} = \frac{k_{\mathrm{ET}}}{k_Y} \cdot \left[1 + \frac{O_m}{Q_{i,m}}\left(\frac{k_O}{k_{\mathrm{ET}}} - 1\right) - \frac{R}{n \cdot k_{\mathrm{ET}} \cdot Q_{i,m}}\right] \tag{4-19}$$

式中，$\mathrm{WP}_{i,m}$和 WP_i 分别为第 m 个子尺度和母尺度的总供水水分生产率；n 为母尺度中所含的子尺度单元数量；k_{ET}、k_Y 和 k_O 分别为作物腾发量、作物产量和边界出流量的空间变异系数，定义见前述；$Q_{i,m}$为第 m 个子尺度的总供水水量；O_m 为第 m 个子尺度的边界出流量；R 为子尺度到母尺度的重复利用水量，定义见前述。

该公式中，作物腾发量和产量的空间变异性系数以及重复利用水量是两个尺度产生关联的桥梁，所以从公式可知，空间变异性与重复利用水量为尺度效应产生的两个因素。

分析该公式，可以发现重复利用水量 R 越大，总供水水分生产率的随尺度提升作用越明显。

若不考虑空间变异性，此时所有的空间变异系数为 1。上述公式可简化为

$$\frac{\mathrm{WP}_{i,m}}{\mathrm{WP}_i} = 1 - \frac{R}{nQ_{i,m}} \tag{4-20}$$

从该式可以看出：若 $R>0$，则 $\mathrm{WP}_{i,m}<\mathrm{WP}$，其含义为若大尺度存在对小尺度出流的重复利用，则总供水水分生产率随着尺度的增加而增加，且重复利用水量越多，提升速度越快；若 $R<0$，则 $\mathrm{WP}_{i,m}>\mathrm{WP}$，其含义为若大尺度不存在对小尺度出流的重复利用，并且大尺度的出流大于所含各个子尺度出量累积量，则总供水水分生产率随着尺度的增加而减少。

B. 灌溉水分生产率尺度转换公式

经过计算，第 m 个子尺度灌溉水分生产率与母尺度灌溉水水分生产率比值如下，即

$$\frac{\mathrm{WP}_{I,m}}{\mathrm{WP}_I} = \frac{1}{k_Y} \cdot \left(k_I + \frac{M}{nI_m}\right) \tag{4-21}$$

式中，$\mathrm{WP}_{I,m}$和 WP_I 分别为第 m 个子尺度和母尺度的灌溉水分生产率；k_Y 和 k_I 分别为作物产量以及总灌溉水量的空间变异系数，定义见前述；I_m 为第 m 个子尺度的总灌溉水量；M 为因尺度的提升而增加的输水损失，如从干渠提升到灌区，则 M 应该为总干渠的输水损失量。

若不考虑空间变异，则所有的空间变异系数为 1，则灌溉水分生产率尺度转换公式简化为

$$\frac{\mathrm{WP}_{I,m}}{\mathrm{WP}_I} = 1 + \frac{M}{nI_m} \tag{4-22}$$

C. 毛供水量排水比例

经过计算，第 m 个子尺度灌溉水分生产率与母尺度灌溉水水分生产率比值如下，即

$$\frac{\mathrm{DF}_{g,m}}{\mathrm{DF}}=\frac{n\cdot k_{\mathrm{ET}}\cdot O_m}{nO_m-R}\cdot\left[1+\frac{1}{k_{\mathrm{ET}}}\frac{(1-k_{\mathrm{ET}})O+\Delta S-n\Delta S_m-R}{nQ_{g,m}}\right] \tag{4-23}$$

式中，$\mathrm{DF}_{g,m}$和 DF 分别为第 m 个子尺度和母尺度的毛供水量排水比例；O_m 和 O 分别为第 m 个子尺度和母尺度的边界出流量；ΔS_m 和 ΔS 分别为第 m 个子尺度和母尺度的储水改变量；$Q_{g,m}$为第 m 个子尺度的毛供水水量；R 为重复利用水量，定义见前述；k_{ET}为作物腾发量空间变异系数，定义见前述。

若不考虑空间变异性，则 $k_{\mathrm{ET}}=1$，毛供水量排水比例尺度转换公式为

$$\frac{\mathrm{DF}_{i,m}}{\mathrm{DF}}=\frac{n\cdot O_m}{nO_m-R}\cdot\left(1+\frac{\Delta S-n\Delta S_m-R}{Q_{g,m}}\right) \tag{4-24}$$

(2) 尺度转换方法的验证

为验证上述尺度转换公式，本研究运用试验数据、调查数据以及模型计算得到的重复利用水量等平衡要素，进行尺度转换的验证。

A. 总供水水分生产率尺度转换公式验证

以作物尺度到田间尺度为例进行总供水水分生产率尺度转换公式的验证，由于采用灌区范围进行统计，空间变异性得以消除，则所有空间变异系数为 1。作物尺度总出流量为 1.42 亿 m^3，作物总供水水量为 6.39 亿 m^3，作物尺度总供水水分生产率为 1.28kg/m^3，田间尺度总出流量为 0.78 亿 m^3，田间尺度总供水水分生产率为 1.41kg/m^3，则田间尺度对作物尺度的出流的重复利用量为 0.64 亿 m^3，根据消除空间变异性的总供水水分生产率尺度转换公式

$$\frac{\mathrm{WP}_{i,m}}{\mathrm{WP}_i}=1-\frac{R}{nQ_{i,m}} \tag{4-25}$$

式中，$R=0.64$ 亿 m^3，$nQ_{i,m}=6.49$ 亿 m^3，则可得到作物尺度与田间尺度总供水水分生产率的比值为 0.90，实际计算的作物尺度和田间尺度总供水水分生产率为 0.908，与公式计算的结果一致，误差来源于小数点后数据的部分省略带来的计算误差。

B. 灌溉水分生产率尺度转换公式验证

以干渠尺度到灌区尺度为例进行灌溉水分生产率尺度转换公式的验证，由于采用灌区范围进行统计，空间变异性得以消除，则所有空间变异系数为 1。干渠尺度总灌溉量为 555 380 970m^3，干渠尺度提升到灌区尺度后增加了总干渠的供水损失，增加的供水损失 $M=22\ 978\ 297\mathrm{m}^3$。干渠尺度灌溉水分生产率为 1.47kg/$\mathrm{m}^3$，灌区尺度为 1.41kg/$\mathrm{m}^3$，则干渠尺度和灌区尺度灌溉水分生产率实际比值为$\frac{\mathrm{WP}_{I,m}}{\mathrm{WP}_I}=\frac{1.47}{1.41}\approx1.04$，而根据消除了空间变异性的灌溉水分生产率尺度转换公式

$$\frac{\mathrm{WP}_{I,m}}{\mathrm{WP}_I}=1+\frac{M}{nI_m} \tag{4-26}$$

式中，$M=22\ 978\ 297\mathrm{m}^3$，$nI_m=555\ 380\ 970.11\mathrm{m}^3$，则可得干渠尺度和灌区尺度灌溉水分生产率的比值约为 1.04，两者一致。

C. 毛供水量排水比例尺度转换公式验证

以干渠尺度到灌区尺度为例进行毛供水量排水比例尺度转换公式的验证。由于采用灌区范围进行统计，空间变异性得以消除，则所有空间变异系数为 1。干渠尺度总出流 24 396 658m³，储水改变量 128 885 807m³，毛供水量 655 715 461m³，干渠尺度毛供水量排水比例为 0.04，灌区尺度总出流 1754 m³，储水改变量 149 916 693m³，灌区尺度毛供水量排水比例为 0，灌区尺度对干渠尺度的重复利用量为两者出流之差 24 394 905m³，由于灌区尺度毛供水量排水比例为 0，不适宜做分母，则采用尺度转换公式的倒数进行验证。根据消除了空间变异性的毛供水量排水比例尺度转换公式

$$\frac{\mathrm{DF}}{\mathrm{DF}_{i,m}}=\frac{nO_m-R}{n\cdot O_m\left(1+\dfrac{\Delta S-n\Delta S_m-R}{n\cdot Q_{g,m}}\right)} \tag{4-27}$$

式中，$nO_m=24\ 396\ 659\ \mathrm{m}^3$，重复利用水量 $R=24\ 396\ 659\mathrm{m}^3$，则根据尺度转换公式计算的 $\frac{\mathrm{DF}}{\mathrm{DF}_{i,m}}=0$，而实际灌区尺度和干渠尺度的毛供水量排水比例的比值也为 0，与尺度转换公式计算结果完全一致。

4.6 主要结论与存在的主要问题

4.6.1 主要结论

通过上述研究工作，课题取得了如下主要成果和初步结论。

1）根据试验数据、统计资料和遥感等多源数据，首次较为完整地获得海河流域作物、田间、斗渠、支渠、分干、干渠、灌区、省市行政区、海河流域多个尺度以及农田总供水分生产率、灌溉水分生产率和灌溉水利用系数等多个指标的农业用水效率。结果表明，海河流域农业用水效率整体而言处于较高水平：①冬小麦总供水水分生产率：田间尺度平均为 1.59 kg/m³，灌区尺度平均为 1.04kg/m³，流域尺度平均为 0.89kg/m³；②灌溉水分生产率：为田间为 2.26kg/m³，灌区尺度平均为 1.32kg/m³，流域尺度平均为 0.93kg/m³；③流域尺度平均灌溉水利用系数为 0.47。

2）根据所收集的各类数据资料分析获得海河流域农业用水效率的尺度效应。结果表明，海河流域农业用水效率的尺度效应客观存在，在灌区尺度尤其明显。尺度效应呈现出复杂的变化特征：一是与具体的计算指标有密切的关系，不同的指标表现出不同的特征。如在灌区以下尺度，当以总供水水分生产率为指标时，整体随着尺度的增大而增大；当以灌溉水分生产率为指标时，整体随着尺度的增大而增大。二是与评价方法有密切关系，尺度的界定和选择具有重要影响，评价时应注意内在机理联系。

3）通过丰富、翔实的各类资料和机理模型模拟，揭示海河流域农业用水效率尺度效应产生的机理。研究表明，农业用水效率的实际尺度效应是空间变异性与纯尺度效应叠加的结果，前者与地域相关因素（降雨、灌溉、气象、土壤等）有关，后者与不同尺度间的

水分循环重复利用有关，研究尺度效应必须考虑两者影响。

4）作为空间变异性和水量循环利用综合作用的结果，实际农业用水效率具有空间局限性，在有水力联系的尺度范围内或者空间变异性并不显著的范围内，实际尺度效应比较明显，否则，则不显著，表现为空间变异性。

5）构建了综合考虑空间变异性和水循环通量的农业用水效率尺度转换方法，并根据观测资料和模拟结果进行验证，获得满意的结果，为农业用水效率的尺度转换提供了理论依据和可能的解决途径，为不同尺度农业用水效率计算的深化奠定了基础。

4.6.2 存在的主要问题

限于时间和问题的复杂性，海河流域不同尺度农业用水效率的计算方法和转化方法还有待深入研究，其与农业用水高效利用的关系也有待在后续研究中进一步理清。具体表现在以下两个方面。

1）研究区域、对象和手段的局限性：推求农业用水效率及其尺度效应，关键在于能够获得可靠、统一的基础资料和能够获得不同尺度间的水循环利用通量。基础资料的缺失是许多相关研究无法深入的重要原因，就本研究而言，资料的获取和采集是主要的工作内容，但部分资料依然缺失或者可靠度不够而不能使用。也正是这个原因，我们目前进行尺度转换的理论研究仍然停留在灌区尺度、主要研究对象仅限于地下水的循环利用，而没有考虑地表水的循环利用。从目前的研究成果看，通过建立不同尺度的水分循环模型并且进行耦合，是极有可能得到不同条件下农业水分的循环规律、农业水循环与自然水循环耦合规律以及水分在不同尺度之间的循环利用规律，从而为尺度转换提供更好的支持。在缺少充分可靠的区域资料情况下，充分利用遥感技术和各类模型的作用是将来比较现实可行的研究方法。

2）转换方法的实用性：提出转换方法将为水资源管理提供有力的工具。本研究就此开展了大量基础性研究工作，提出了不同指标的尺度转换公式，并且获得了很好的效果。但应该承认，这些转换公式中很多项（如循环通量）是难以通过比较简单的办法获得的，必须进行一系列的理论推求和精细计算获得，从而难以为应用提供简单实用的工具。可能的办法是，继续深入研究转换公式中一些难以通过简单计算获得的项与比较容易获得的参数或要素之间的关系，建立简单可靠的经验转换式，从而建立半理论半经验的尺度转换公式，增强其实用性。

第 5 章 “作物生理–农田–农业”节水潜力计算方法与海河流域农业节水潜力评价

5.1 不同尺度农业节水潜力的概念及计算方法

5.1.1 不同尺度农业节水潜力

农业节水潜力是指在采取可能的社会、经济和科技措施，保持区域生态稳定和经济社会可持续发展的前提下，与现状用水水平相比，区域最大的节水能力。它体现了维持区域经济社会系统可持续发展的节水量阈值，是一个地区的最大节水能力，包括灌溉节水和资源节水两个层面，涉及作物、田间、灌区和区域/流域等四个不同尺度。不同尺度下农业节水潜力之间存在着较大的差异：在作物水平上，需要考虑生理学过程如光合作用、养分吸收、水分胁迫；在田间水平上，需要考虑养分施用、土壤耕作对于田间水分保持的作用；在灌区水平上，需要考虑水资源分配、分布、排水等问题；而在区域流域水平，水资源的分配和分布同样重要，同时还要考虑多部门之间的分配关系。

(1) 作物节水潜力

作物节水潜力是指在作物尺度上，对作物生育期的某些需水阶段施加一定的水分胁迫，在保证不影响作物正常产量情况下的节水能力。

目前，作物节水潜力的研究主要集中在调亏灌溉和品种的改良，调亏灌溉包括关键期和非关键期的调亏灌溉、根系分区交替灌溉等节水技术。由于作物节水涉及不同作物、不同生育期的需水规律，在实际的灌溉操作中需要专门从事作物节水研究的工作者进行指导，目前的实施规模较小。从作物角度来说，由于该尺度不存在回归水的重复利用问题，耗水量的大幅度下降使得作物尺度的资源节水潜力增大，同时耗水量减少也必然引起灌溉水量的减少，即灌溉节水潜力也同样增大。

(2) 田间节水潜力

田间节水潜力是指采取秸秆覆盖、薄膜覆盖、种植结构调整等田间工程或非工程措施，在不影响作物产量的情况下的节水能力。田间尺度的节水措施主要包括农艺节水措施和种植结构调整。

农艺节水措施一般是根据当地水源条件，采用适水种植，种植耗水少、耐旱品种；或采取平整土地，深耕松土，增施有机肥，改善土壤团粒结构，增加土壤蓄水能力；或采用塑料薄膜或作物秸秆覆盖以及中耕耙耱、镇压等措施保墒，减少水分蒸发损失。农业种植结构调整是通过减少高耗水低产出作物的种植比例，提高低耗水高产出作物的种植比例，实现灌溉与资源节水。

(3) 灌区节水潜力

灌区节水潜力是指采取灌区节水灌溉、渠系衬砌和管理等灌区节水措施后，在不影响灌区作物产量和灌区生态环境情况下的节水能力。灌区尺度主要考虑采取渠道衬砌和工程节水措施的对灌区节水产生的影响。

渠道衬砌主要是采用混凝土护面、浆砌石衬砌、塑料薄膜等多种方法进行防渗处理，与土渠相比，渠道防渗可减少渗漏损失 60% ~90%，并加快了输水速度。实践证明，衬砌渠道是控制渗漏损失的最有效途径，可以显著地提高渠系水利用系数，减少渠道水渗漏，节约大量灌溉用水，而且可以提高渠道输水安全保证率，增加输水能力，同时还具有调控地下水位，降低土壤次生盐碱化，减少渠道淤积，防止杂草丛生，节约维修费用，降低灌溉成本等附加效益。

田间主要的工程节水灌溉技术包括管道输水、喷灌、微灌、改进地面灌溉、水稻节水灌溉及抗旱点浇技术等，其目的是减少输配水过程的跑漏损失和田间灌水过程的深层渗漏损失，提高灌溉效率。

(4) 区域/流域节水潜力

区域/流域节水潜力是指对作物、田间、灌区不同尺度节水措施进行优化组合构建流域适宜的节水方案，在保持区域生态和谐稳定和经济社会可持续发展的前提下区域或流域的节水能力。

流域节水潜力主要体现在三个方面：一是从作物生理、田间和灌区尺度考虑农业节水仅仅是关注于农业和作物，由于采取作物生理措施、田间节水措施和灌区节水措施后，在减少作物耗用水量的同时，也必然影响灌区内部及其周边的自然生态环境系统耗用水量；二是由于灌区之间水的重复利用影响，从单个灌区尺度上看，采取节水措施能够节约耗用水量，但会影响其他灌区的水资源利用与消耗，如何消除灌区与灌区之间水的重复利用导致的局部地区节水潜力的叠加大于整个流域的节水潜力，只能从流域尺度进行评价分析；三是多个措施之间的叠加效应影响，单个措施的节水潜力会影响到其他措施的节水效果。因此，从全流域角度评价不同节水措施的节水效果可以消除单个措施简单叠加导致的节水潜力评价误差。目前农业节水潜力研究主要集中在较小的作物和田间尺度，对于尺度效应非常复杂的灌区和流域尺度的农业节水潜力研究相对较少。

作物、田间、灌区和流域尺度节水措施之间以及某一尺度的节水措施的实施必然影响其他尺度的节水效果，即不同尺度的农业节水潜力之间存在着一定的耦合关系，这种耦合关系将“大气水-作物水-地表水-土壤水-地下水”五水之间有机地结合起来，影响着水资源的时空分布和分配。因此，在研究不同尺度农业节水潜力的时候，既需要考虑不同作物生理节水措施的节水水平，又要考虑农艺节水措施、工程节水措施和管理节水措施的节水潜力以及适宜的节水尺度；既要考虑单个尺度节水措施的节水能力，又要考虑不同尺度节水措施组合的叠加效应。因此需要根据研究区域的实际情况，因地制宜地优化组合各个尺度最适宜的节水措施。而对“作物-田间-灌区-流域”不同尺度农业节水潜力之间的耦合进行研究的过程中，需要对所涉及的自然-人工水循环过程和水资源合理配置进行模拟分析，整体掌握研究区域自然和人工水循环及其分配过程，才能够对不同尺度资源和灌溉节水潜力之间的关系进行定量分析。

5.1.2 灌溉节水潜力和资源节水潜力

根据节水内涵的不同，可将节水分为灌溉节水与资源节水两个层次。从灌溉工程的角度看，节水是采取各种措施减少的取用水量。而从区域或流域的角度看，在取用水量减少的同时，节水措施不仅减少了取用水量，也使灌溉系统的排水量和地下水的补给量有所减少，由于排水量和地下水补给量可以被再次利用，这些减少量不能作为节水量。即从水资源角度看，节水量是取用水量的减少量减去地下水补给和地表排水的减少量，也就是水资源消耗量的减少量。因此，节水潜力包括灌溉节水潜力和资源节水潜力两个方面。

（1）灌溉节水潜力

传统理念下的农业取用水节水是指通过采取综合节水措施，与未采取节水措施前相比，部门所需取用水量的减少量。这种减少量包括减少的蒸发蒸腾量、渗漏损失量以及回归水量等。

灌溉节水主要是针对农业灌溉用水过程中取用水量损失的节约，包括输配水过程中的渠道渗漏和蒸发损失、田间用水过程中的田面蒸发和深层渗漏损失、采用大水漫灌时的地表回归水量等。灌溉节水忽视了水的资源消耗特性和循环利用再生性，将深层渗漏和地表回归水量作为所节约的水量，而这些水量仍存于水资源系统内部，或为生态环境等部门所消耗，并未实现资源量上的节约。实际上，区域内某部门或行业通过各种节水措施所节约出来的水资源量并没有完全损失，有些仍然存留在区域水资源系统内部，或被转移到其他水资源紧缺的部门或行业，满足该部门或行业的需水要求。从单个用水部门或行业来看，节约了取用水量，但就区域整体而言，取用水的减少并没有实现资源意义上的节水。因此，传统的计算取用水节水潜力的方法不能反映该地区水的资源节约量，必须从水的资源消耗特性出发，研究区域水的资源节约潜力，即资源节水潜力。

（2）资源节水潜力

资源节水是考虑水的资源特性，以蒸发蒸腾消耗水量的减少作为节约量，是指采取各种节水措施以后，区域所消耗的水量与现状用水水平下区域所消耗水量的差值。资源节水量是表明区域实际蒸发消耗的节水量，体现了区域实际的节水潜力。农田灌溉耗水主要发生在输配水渠系、田间和排水渠系中，由渠系蒸发、田面表水蒸发、作物蒸腾、棵间土壤蒸发四部分组成。同时，节水是以不损害区域生态环境和社会经济发展为前提的，节水导致的区域生态耗水减少必须通过人工途径进行补偿。

5.1.3 不同尺度农业节水潜力评价框架

不同尺度农业节水潜力评价需要进行水资源的利用与消耗分析，研究节水伴生的经济、社会、生态与环境效应，建立区域节水潜力的评判标准，分析节水的时空变化规律等内容，进行流域、灌区、农田和作物节水潜力的理论内涵探讨，通过试验分析信息与水的循环转化模拟相结合，提出不同尺度农业节水潜力的评价方法框架（图 5-1）。

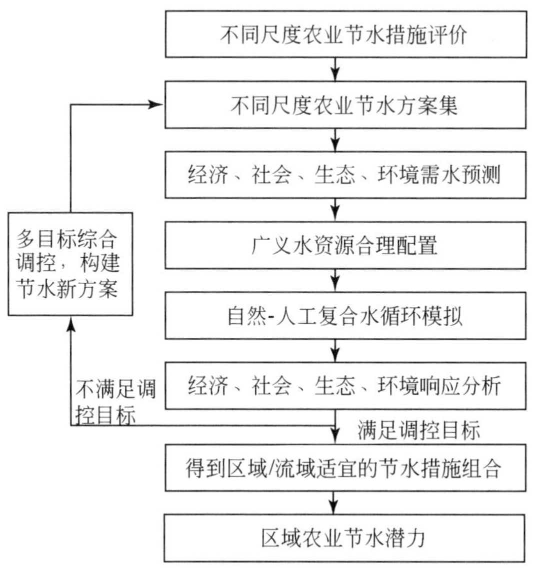

图 5-1　区域农业节水潜力研究框架

进行不同尺度农业节水潜力评价，首先要对不同尺度节水措施的节水效果评价，然后构建不同尺度农业节水措施方案集合，预测每个方案的研究区经济、社会、生态与环境需水，进行广义水资源合理配置，模拟自然与人工水循环转化过程，揭示区域农业节水措施实施引起的水循环转化和耗用水变化规律，分析不同节水措施的经济、社会、生态、环境响应，对比分析采取节水措施和不采取节水措施的灌溉节水和资源节水能力，对不同节水措施的节水效应进行综合评价，寻求保障区域经济合理、技术可行、生态环境健康和水资源高效利用节水措施方案组合，得到不同尺度农业节水潜力。

5.1.4　不同尺度农业节水潜力评价方法

开发 WACM 模型用来研究人类活动频繁地区水的分配与循环转化规律及其伴生的物质、能量过程，为区域或流域水资源配置、自然–人工复合水循环模拟、水资源高效利用评价与调控、土地利用变化影响、水资源开发利用、水资源管理等提供模拟分析手段，可用来评价不同尺度农业节水潜力。

WACM 模型将自然–人工复合水循环模拟模型与广义水资源合理配置相耦合，能够模拟分析大面积、高强度人类活动干扰下的区域或流域水资源的分配与循环转化过程，探讨农业水资源利用区的自然–人工水的循环转化规律。WACM 模型包括水资源合理配置模型、自然–人工复合水循环模拟模型、植被生长模拟和土壤侵蚀模拟模型等（图 5-2），能够揭示“降水–作物水–地表水–土壤水–地下水”五水之间的循环转换规律，同时清晰地展现“降水–地表水–土壤水–地下水–植被–侵蚀”之间的相互关系。

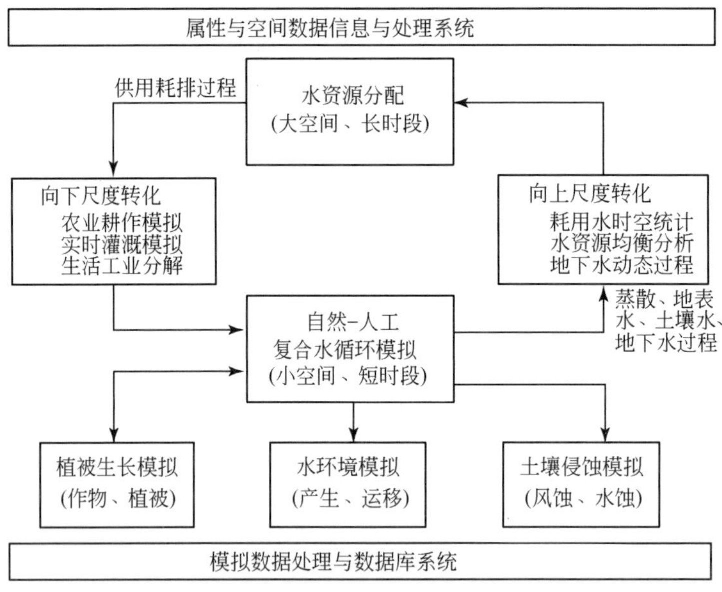

图 5-2 WACM 模型结构

WACM 模型的开发和应用流程包括资料收集、模型建立、模型率定和模型应用。资料收集包括空间信息和属性信息；模型建立包括模型时空单元界定、实施条件确定、地表地下水分配、实时调度模型、水循环模型、作物耕作模拟、植被生长模拟、土壤侵蚀模拟和模型的时空尺度耦合；模型率定包括率定技术、率定条件和率定精度等。

(1) 水资源合理配置模型

水资源合理配置模型用来模拟人工用水的取、输、用、耗、排过程。

1) 目标函数。根据水资源合理配置研究区域的特点，水资源合理配置目标可以是以供水的净效益最大为基本目标，也可以考虑以供水量最大、水量损失最小、供水费用最小或缺水损失最小等为目标函数，如选取系统缺水总量最少的目标函数。

2) 约束条件。系统约束条件主要包括水量平衡约束、水资源消耗量约束、水库蓄水约束、引提水能力约束、地下水使用量约束、地下水位约束、当地可利用水资源量约束、生态稳定性约束、经济效益约束等。

3) 配置模型运行策略。合理配置模型在模拟系统运行方式时，要有一套运行规则来指导，这些规则的总体构成了系统的运行策略。实际运行时，根据面临时段所能得到的系统信息，依据运行策略的指导，确定系统在该时段的决策，运行策略主要包括需水满足优先序、水源的供水次序、各种水源的运行规则、水库等蓄水设施的运行调度规则等几部分。

(2) 水循环模型

水循环模型建立的目的主要是分析不同水资源开发利用情况下区域的水资源演变效应，以寻求最佳的水资源高效利用方式。由于人类活动的主导性，要求建模时重点刻画人工干扰条件下区域五水循环转化关系，引排耗水量变化、不同土地利用类型间的水量转化关系、经济生态系统与天然生态系统之间的水量交换关系、人工水体和天然水体的水量交换、地下水位埋深状况，尤其是对于以径流耗散为主的平原灌区，天然水循环过程被完全改变，取而代之的是天然与人工共同作用的复合水循环系统，各项水循环要素包括人工取用水过程、水量分配过程、降水、植被截留、填洼、土壤下渗、区域蒸散发、产汇流等都直接或间接的影响区域水资源的利用情况，因此需将研究区的具体情况进行计算单元和计算时段的划分，对这一变化了的水循环过程进行精细模拟。

水循环模型是研究人工干扰频繁的径流耗散区水的循环和转化过程。模型以水量平衡为基础，以人工灌溉区域和排水区域包含的类似子流域的区域作为计算单元划分基础，分别计算水域、植被、裸地、农田、不透水域等不同土地利用状况下蒸散发量。模型在任一个计算单元上沿垂直方向分为植被冠层、地表储流层、土壤浅层、土壤深层、潜水含水层、承压含水层。模型的地表系统模拟包括引水系统模拟、排水系统模拟、湖泊湿地模拟，以及生活工业用水系统模拟。引水系统在供给人工系统用水需求的同时，还补给区域地下水，引水灌溉多余的水量直接退入到排水系统。降水和灌溉水进入田间后，一部分水分从地表渗入土壤，一部分以地面径流形式经排水沟流出田间。渗入田间土壤的水分，一部分水分储存在土壤层供作物消耗使用，另一部分则流入地下水，产生深层渗漏。引水过程渗漏、田间灌溉水量渗漏和降水等补给地下水，维持区域天然林地、草地和天然湖泊湿地等天然系统，如果地下水水面不断升高，在某一区域会形成地表水在排水沟或湖泊中排泄。土壤水系统概化为土壤浅层和土壤深层，降水和灌水后，植物蒸腾和土壤蒸发消耗土壤水，引起土壤水分再分布。地下水系统分为潜水含水层和承压含水层，两层地下水之间发生渗漏补给和越流补给，潜水含水层一方面可能通过深层土壤得到渗漏补给，另一方面向土壤水系统输送水分以调节墒情。随着潜水位的上下波动，潜水层和土壤深层的厚度将发生相应的变化，如图 5-3 所示。

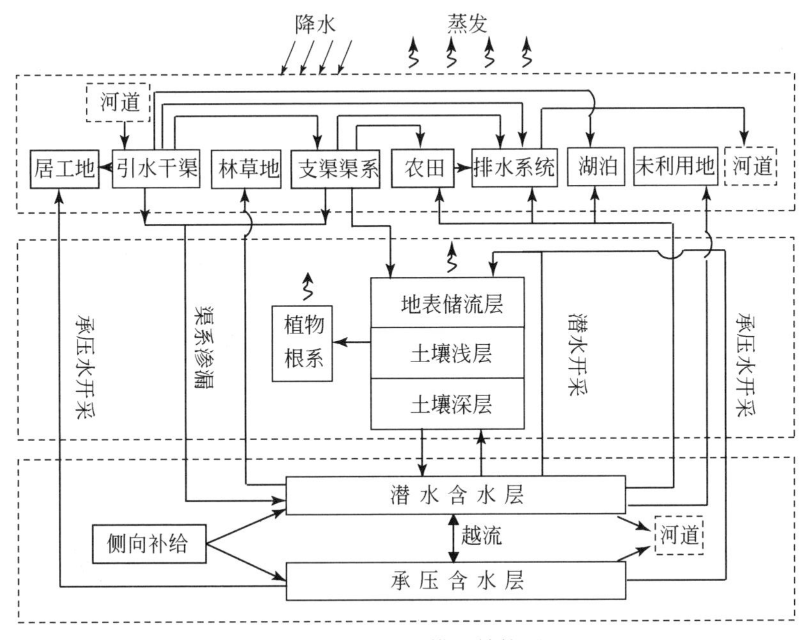

图 5-3　水循环模型结构图

(3) 植被生长模拟模型

WACM 模型的植被生长模块主要用来考虑水分胁迫情况下，对植被生长发育过程中的干物质和作物产量进行模拟，分析不同节水措施对植被生长的影响。植被生长模块现阶段主要考虑光温作用和水分受限情况下对植被生理过程的影响，而对于氮、磷、病虫害等营养和生物作用的限制暂时简化考虑。植被生长模拟主要包括三个过程（图 5-4）。

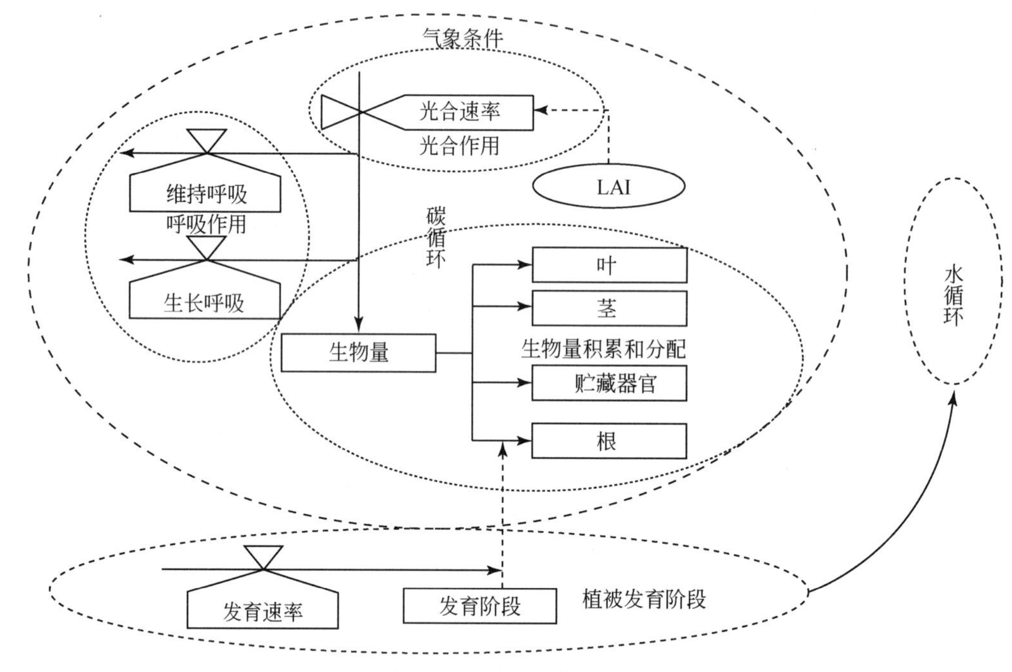

图 5-4 植被生长模型结构

1）作物生育阶段模拟。主要根据作物各生育期需要的有效积温以及临界和最适温度与生长速率的非线性关系进行模拟。

2）碳循环的模拟。主要包括光合作用、呼吸作用和同化物与分配三个方面：光合作用主要考虑温度、CO_2浓度、水分、氮素等的影响进行叶片的光合作用和冠层的光合作用模拟；呼吸作用分为光呼吸、维持呼吸和生长呼吸三个过程；同化物与分配主要模拟群体净同化量和干物质积累量，并分配到叶、茎、根和储存器官的过程。

3）水循环模拟。主要与水循环模型进行耦合，计算不同水分条件限制下的作物的干物质分配和产量情况。

(4) 土壤风蚀模型

分布式土壤风蚀模型是在 WACM 模型基础上，开发土壤风蚀模块，构建基于过程的、连续的、以日为时间尺度的分布式土壤风蚀模型，可以模拟气象变化、人工供用水和农业耕作等节水措施实施影响下的区域土壤风蚀事件，模型结构如图 5-5 所示。研究表明，只有风速达到起动风速以上时才会发生风蚀，风速是土壤风蚀产生的动力，直接影响土壤的风蚀强度。风蚀量取决于实际风速超过起动风速的部分。而起动风速表征的是地表对风蚀起沙的阻碍能力，其大小随粒子尺度的变化而变化，对于一定尺度的沙粒，其脱离地表的临界摩擦速度还取决于土壤水分含量以及地表植被覆盖度等。

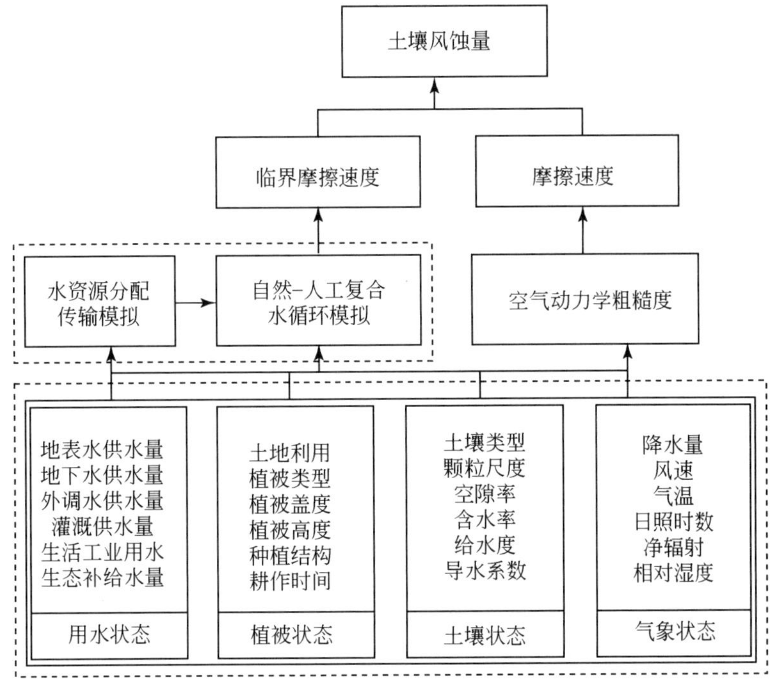

图 5-5　土壤风蚀模型结构

考虑土壤粒径、土壤类型、植被覆盖、土壤水分等因素，选择 Shao 等（2000）提出的方案进行计算。

A. 起动摩阻风速 U_{*t}的计算

$$U_{*t} = H(\omega)R(\lambda)\sqrt{A_N\left(\sigma_p g d + \frac{\varepsilon}{\rho d}\right)} \tag{5-1}$$

式中，A_N和 ε 为经验常数，分别近似取 0.0123 和 3×10^{-4} kg/s^2；σ_p 为土壤微粒密度（2650kg/m^3）和空气密度（1.23kg/m^3）的比值；g 为重力加速度，近似取 9.81m/s^2；ρ 为空气密度；d 为土壤表层粒径。

$H(\omega)$ 表征地表土壤水分对风蚀起沙的阻碍作用，其表达式根据 Fecan 等（1999）的研究得到，即

$$H(\omega) = \begin{cases} 1, & \omega \leqslant \omega' \\ \sqrt{1 + a(\omega - \omega')^b}, & \omega > \omega' \end{cases} \tag{5-2}$$

式中，a、b 为经验常数；ω'为土壤水分是否具有明显阻碍作用的临界值；a、b 和 ω'的大小决定于土壤类型；$R(\lambda)$为表征植被覆盖对风蚀起沙的阻碍作用，其表达式根据 Raupach 的（1993）研究得出，即

$$R(\lambda) = \begin{cases} 1, & \lambda = 0 \\ \sqrt{(1 - m\sigma\lambda)(1 + m\beta\lambda)}, & \lambda > 0 \end{cases} \tag{5-3}$$

式中，σ 为植被的根部面积与叶面面积之比，经验值取 1.45；β 为单个植被元素的拖拽系数与没有植被的地表的拖拽系数之比，经验值取 202；m 为小于 1 的常数，经验值取 0.16；λ 为植被的切面积指数，决定于植被覆盖分数 f，由以下经验公式确定

$$\lambda = \begin{cases} 0, & f = 1 \\ -0.35\ln(1-f), & f < 1 \end{cases} \tag{5-4}$$

结合敦煌地区的实际观测资料和 Shao 等（2000）的计算方案发现，地表土壤风蚀沙的临界摩擦速度随地表土壤水分含量和植被覆盖度的增大而增大，对较小粒子和较大粒子，土壤水分含量和植被覆盖度对 U_{*t} 的影响更大。

B. 已知起动摩阻风速求起动风速

由于受到模拟区域空气动力学粗糙度影响，不同环境下的摩阻风速存在一定差异，为了将气象观测站点的风速直接用于模拟风蚀，需要对气象观测点的摩阻速度进行修正。在近地 100m 高度内，风速随高度的变化符合对数关系，气象观测高程 z 上的摩阻风速 U_t 为

$$U_t = (U_{*t}/k)\ln(z/z_0) \tag{5-5}$$

式中，U_t 为摩阻风速；z 为风速观测高程；k 为卡曼常数（一般 k 取值在 0.38 ~ 0.4 之间）；z_0 为地表粗糙度（mm）。

C. 风蚀侵蚀模数

风蚀量取决于实际风速超过起动风速的部分，风蚀量与实际风速（V）和起动风速（V_t）关系：

$$M = 0.0148 + 0.0115\,(V - V_t)^2 \tag{5-6}$$

式中，M 为风蚀侵蚀模数［$g/(m^2 \cdot min)$］。

5.2 徒骇马颊河流域农业节水潜力

5.2.1 WACM 参数设置与模型验证

利用开发的 WACM 模型，开展徒骇马颊河流域的农业耗用水时空分布规律和农业节水潜力的研究，根据区域引水、用水、退水、地下水位、蒸散发、径流等观测和试验信息进行 WACM 模型参数校验和率定工作。模型在参数率定和蒸散发、径流、土壤水、地下水等验证后，根据 1991 ~2005 年共计 15 年逐日水文气象信息、灌溉引黄水量、土地利用信息、耕地与播种面积、当地地表地下水灌溉量等，考虑小麦、油菜、玉米、棉花、大豆、高粱、谷子、花生、水稻、蔬菜、瓜类、果树等区域 12 种主要农业种植作物，采用开发的 WACM 模型系统模拟徒骇马颊河流域逐日农业水循环过程、植被生长过程和土壤风蚀过程。

5.2.1.1 WACM 模型模拟单元设置

如图 5-6 所示，徒骇马颊河流域 WACM 模型模拟单元考虑自然与人工两方面因素，首

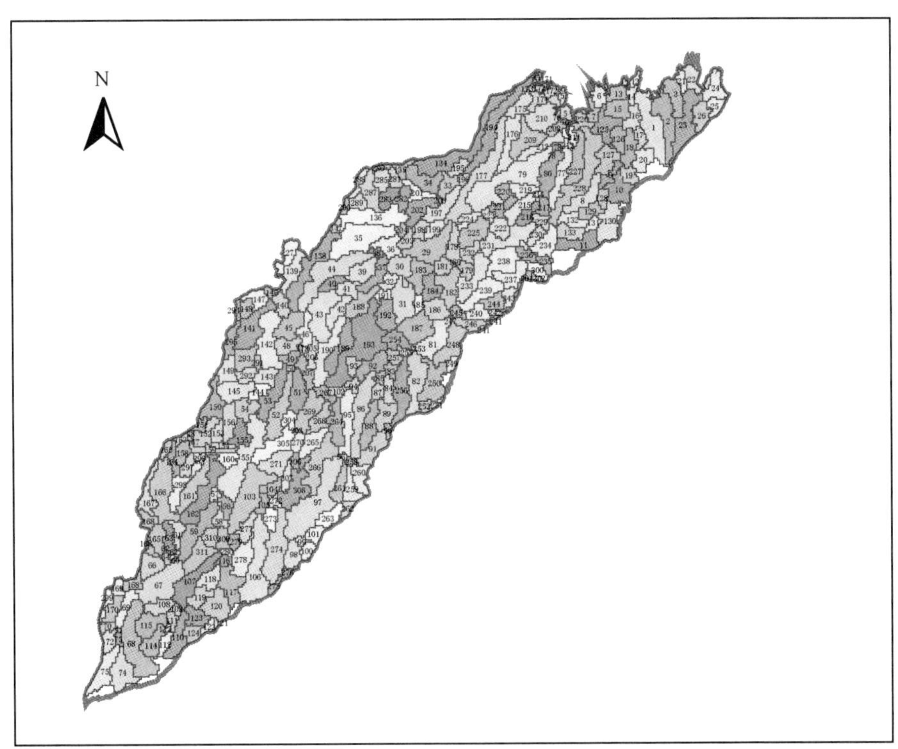

(a)391个子流域

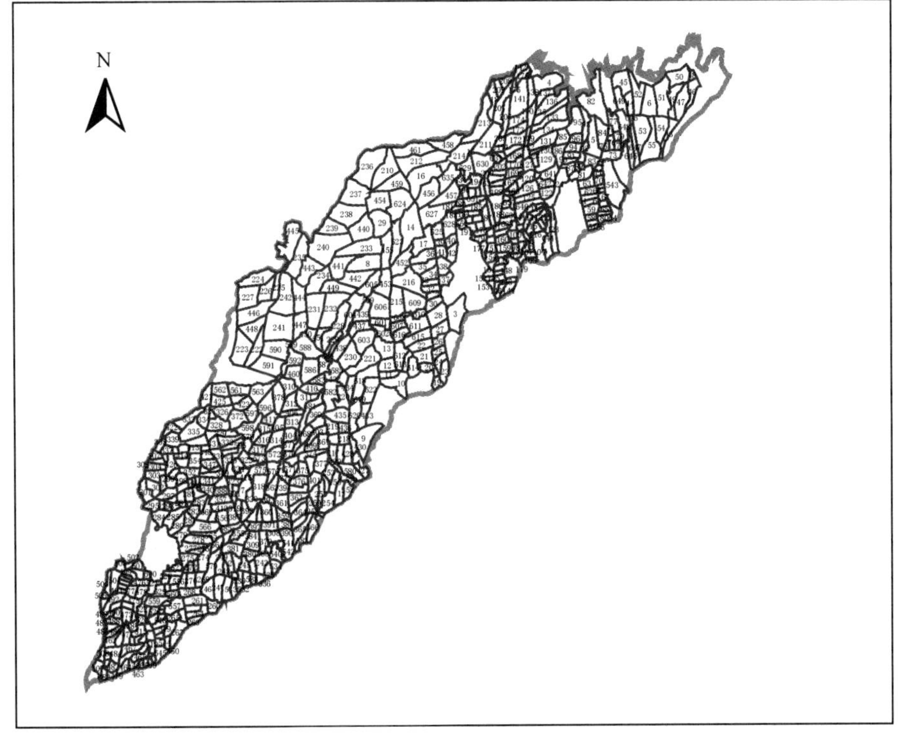

(b)651个灌域

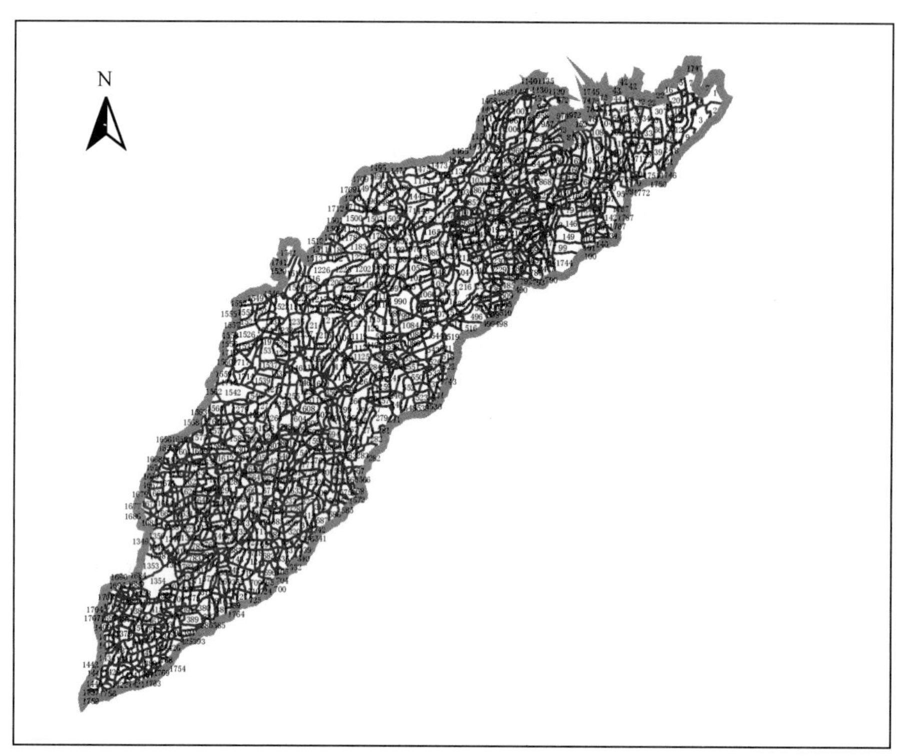

(c)1772个水循环单元

图 5-6　WACM 模拟单元设置

先根据 DEM 提取 391 个子流域；然后考虑人工系统的影响，根据干渠和主要支渠将流域 12 个大型灌区和 5 个中型灌区剖分为 651 个灌域，再将子流域和 651 个灌域、32 个县叠加，得到 1772 个水循环单元。因此，每一个单元都有其明确的所在省、市、县、子流域、灌区、灌域 6 级地理信息，为统计分析和区域管理带来便利。在 1772 个水循环单元基础上，每个单元考虑 9 种土地利用类型（林地、草地、湖泊湿地、居工地、未利用地、自然河道、引水渠、排水渠和农田），并将农田分为 12 种农作物（小麦、油菜、玉米、棉花、大豆、高粱、谷子、花生、水稻、蔬菜、瓜类、果树），得到30 124个水循环响应单元。模型将详细模拟30 124个水循环响应单元的水循环过程和植被生长过程。

5.2.1.2　WACM 模型基础数据与参数设置

WACM 模型是水资源配置、水循环、植被生长和土壤侵蚀耦合模拟模型，需要的数据包括经济社会、自然地理、水文气象、水资源开发利用、地下水以及植被生长和土壤侵蚀模拟等数据信息。

（1）经济社会数据

流域经济社会信息以地级行政区为统计单元，收集整理了 1980 年、1985 年、1990 年、1995 年、2000 年与用水有关的主要经济社会指标；2005 年经济社会指标来自山东省和各地市的统计年鉴，城市和农村居民区的空间分布根据 2005 年流域土地利用图提取（图 5-7）。2005 年流域主要经济社会指标见表 5-1。

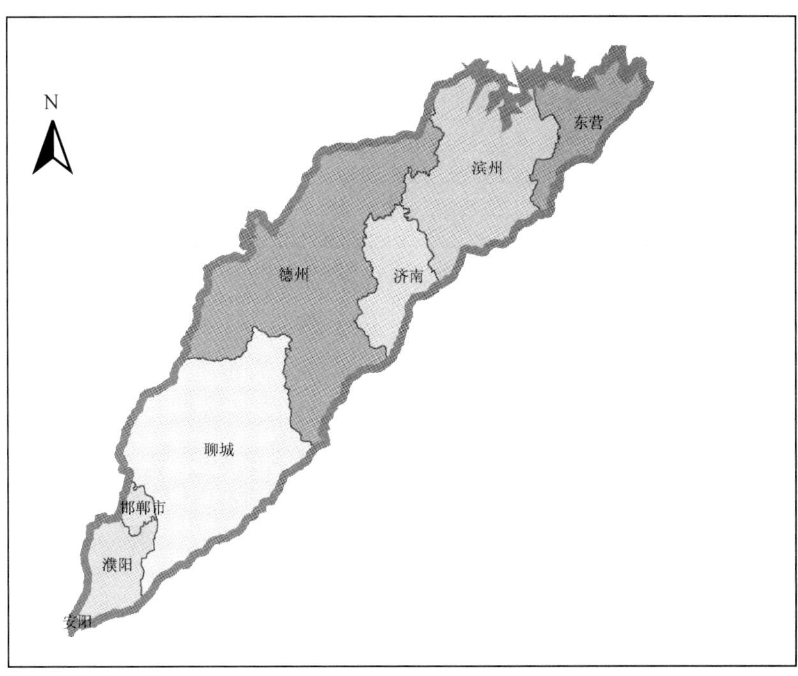

(a)7个地级市

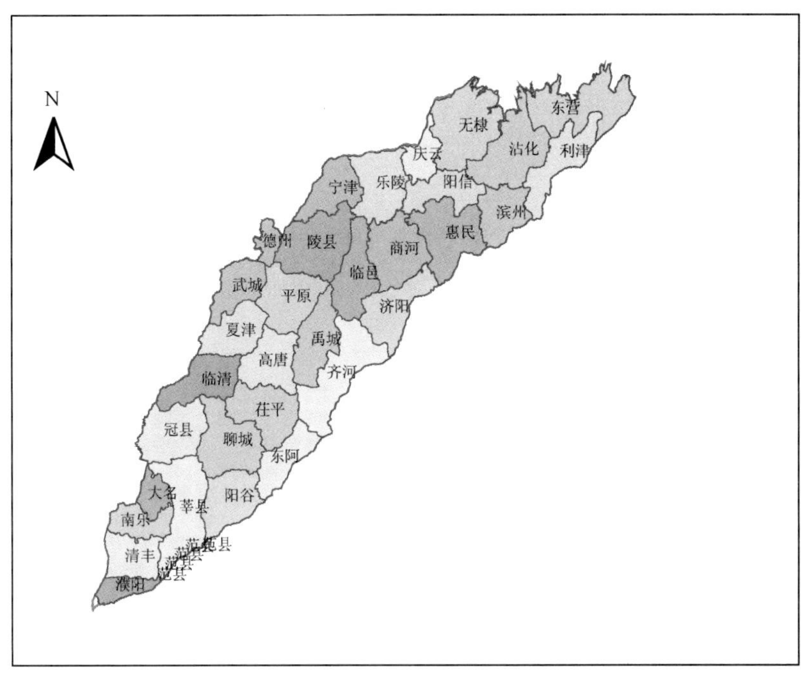

(b)32个区县

图 5-7　流域所辖区域

表 5-1　2005 年流域社会经济信息

省	地（市）	总人口/万	城镇人口/万	GDP/亿元	农业产值/亿元	工业产值/亿元	耕地面积/万亩	播种面积/万亩	粮食产量/万 t
山东	聊城	546	143	279	145	344	857	1433	321
	德州	534	150	358	148	459	937	1495	329
	济南	123	26	89	48	87	217	357	92
	滨州	236	59	166	65	203	463	600	121
	东营	51	21	162	13	224	117	128	19
河北	邯郸	25	0	8	6	4	40	67	13
河南	濮阳	159	67	147	39	188	169	293	84

注：数据来自《水资源综合规划》，其中河南安阳市在徒骇马颊河流域的面积非常小，没有统计。

（2）自然地理数据

自然地理信息主要包括流域土地利用、高程、土壤、植被等信息。2005 年流域土地利用信息来自于 Landsat-TM 影像数据（图 5-8）。Landsat-TM 影像数据类型划分采用两级分类系统，包括耕地、林地、草地、水域、居工地和未利用地等 6 大类 23 个亚类。其中，耕地包括平原水田和平原旱地 2 个亚类；林地包括有林地、灌木林、疏林地和其他林地等 4 个亚类；草地包括高覆盖度草地、中覆盖度草地和低覆盖度草地 3 个亚类；水域包括河流渠道、湖泊、水库坑塘、滩地、沼泽等 5 类；居工地进一步划分为城镇用地、农村居民点、其他用地等 5 个亚类；未利用土地划分为沙地、盐碱地和其他未利用土地。根据徒骇马颊河流域水循环模拟的需要将土地利用再分类，分为引水渠道、农田、林、草、灌木、未利用地、居工地、湖泊湿地和排水渠道 9 类，其中引水渠道面积根据调查统计资料得到（表 5-2）。

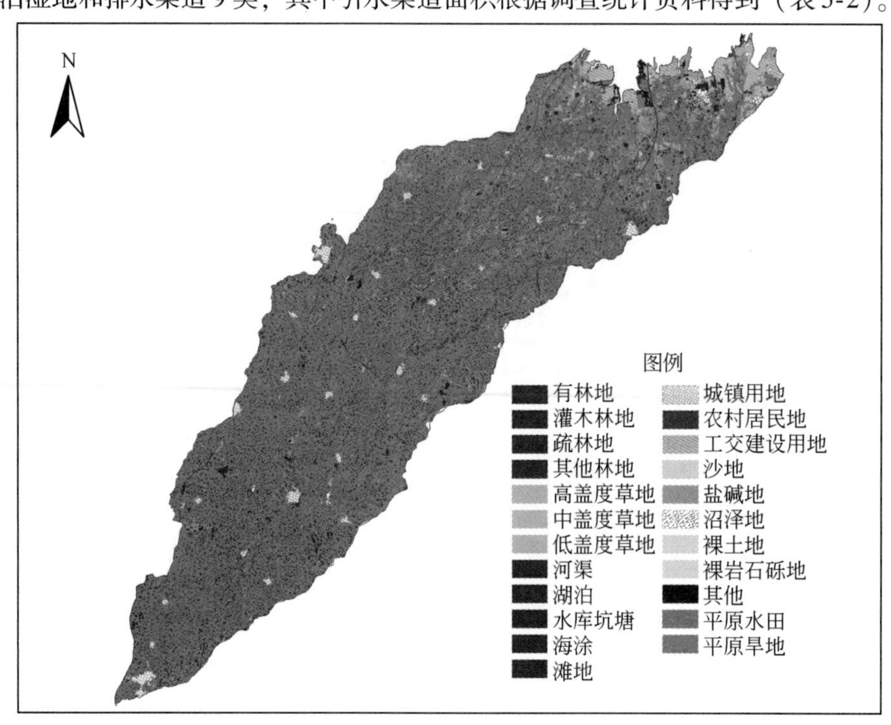

图 5-8　土地利用

表 5-2 WACM 模型土地利用再分类

编号	水循环模拟再分类	土地利用分类		面积/万 m^2	所占比例/%	所占比例/%
		名称	编号			
1	林地	有林地	21	6 167	0.19	0.51
		灌木林	22	156	0.00	
		疏林	23	1 569	0.05	
		其他林	24	8 269	0.26	
2	草地	高盖度草	31	26 076	0.82	2.10
		中盖度草	32	22 837	0.72	
		低盖度草	33	17 740	0.56	
3	河渠	河渠	41	22 623	0.71	0.71
4	河湖湿地	湖泊	42	451	0.01	1.50
		水库坑塘	43	32 243	1.02	
		海涂	45	837	0.03	
		滩地	46	7 787	0.25	
		沼泽地	64	6 298	0.20	
5	居工地	城镇用地	51	46 044	1.45	15.02
		农村居民点用地	52	390 561	12.32	
		工交建设用地	53	39 696	1.25	
6	未利用地	沙地	61	655	0.02	3.15
		盐碱地	63	93 145	2.94	
		裸土地	65	65	0.00	
		裸岩石砾地	66	7	0.00	
		其他	67	6 094	0.19	
7	耕地	平原水田	113	14 990	0.47	76.99
		平原旱地	123	2 425 883	76.52	
总计				3 170 194	100.0	100.0

WACM 模型考虑了壤土、壤砂土、黏土、砂壤土、砂黏土、砂黏壤土和黏壤土共 7 种类型。徒骇马颊河流域以砂壤土为主，其土壤空间分布如图 5-9 所示。流域高程空间分布如图 5-10 所示，从高程的分布特点看，北部地区高程较低、南部地区高程较高，基本上呈现从北到南逐步增高的趋势。

(3) 水文气象数据

如图 5-11 所示，徒骇马颊河水系位于黄河与漳卫南运河之间，有马颊河、徒骇河、德惠新河等平原排涝河道，与其他若干条独流入海的小河一起统称徒骇马颊河水系，流域面积28 740km^2。

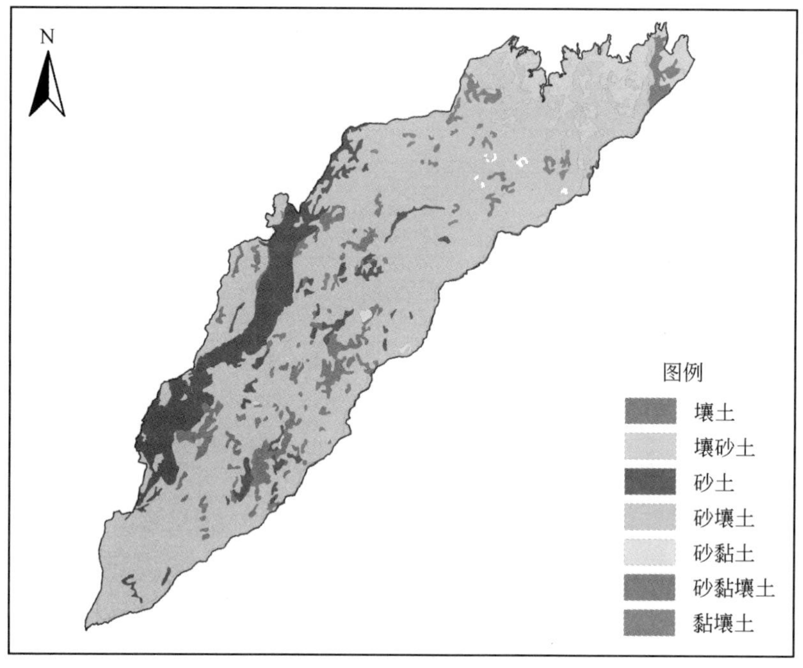

图 5-9　土壤空间分布

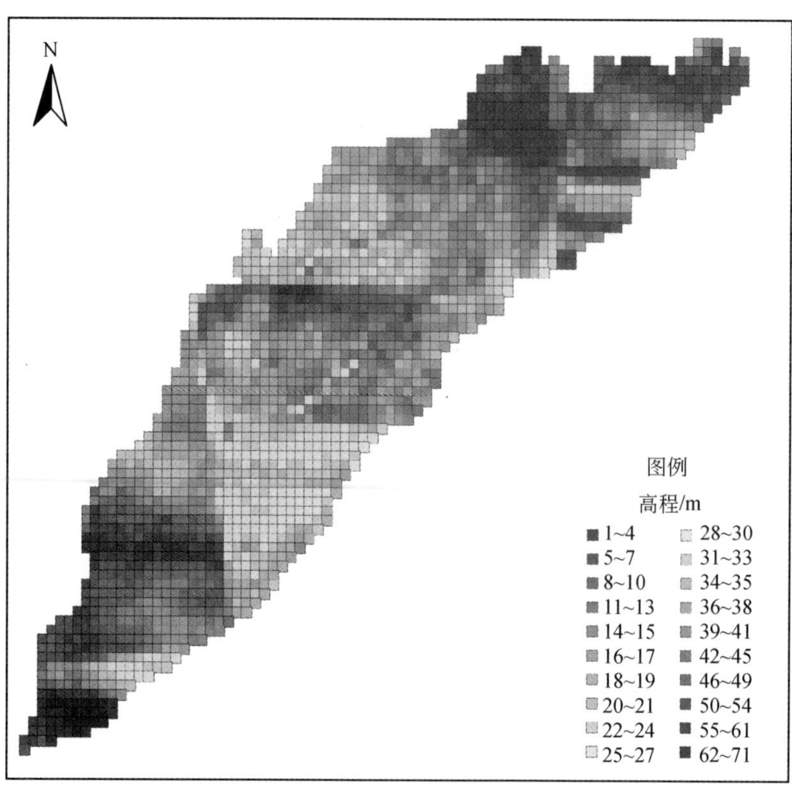

图 5-10　高程空间分布

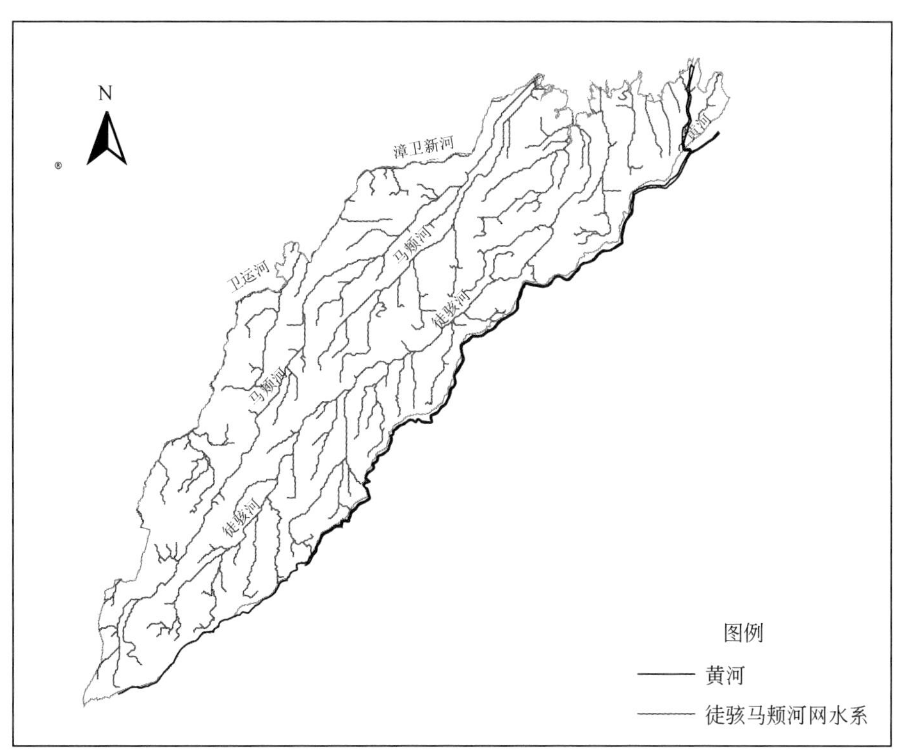

图 5-11　主要河流水系分布

流域及其周边有德州、惠民、莘县、济南、泰安、菏泽、兖州、邢台、沧州和安阳共 10 个国家级气象站，流域内雨量站点共 43 个。气象站信息如表 5-3、图 5-12 所示，可以提供逐日 4 次气温、相对湿度、气压、风向风速以及日最高最低气温、日照时数和 20：00 ~ 8：00 时、8：00 ~ 20：00 时、20：00 至次日 8：00 时降水量资料。

表 5-3　流域气象信息表

区站号	站名	北纬	东经	观测场海拔/m
53798	邢台	37°04′	114°30′	76.8
54714	德州	37°26′	116°19′	21.2
54725	惠民	37°30′	117°32′	11.3
54808	莘县	36°02′	115°35′	42.7
54823	济南	36°41′	116°59′	51.6
54827	泰安	36°10′	117°09′	128.8
54830	淄博	36°50′	118°00′	34.0
53898	安阳	36°07′	114°22′	75.5

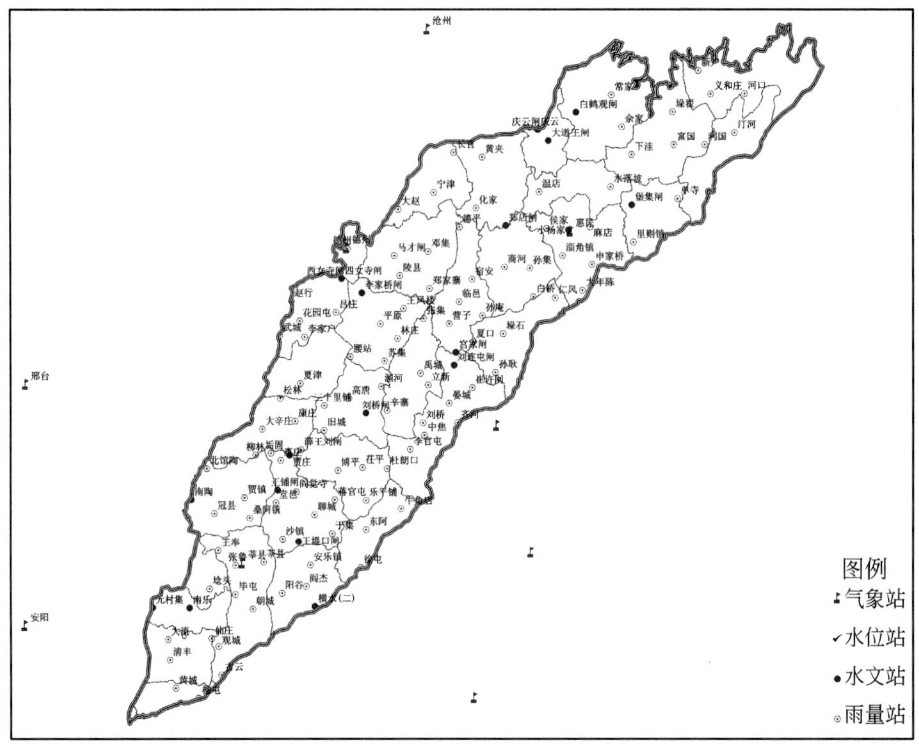

图 5-12　水文气象站点分布

(4) 水资源开发利用数据

徒骇马颊河流域共有 12 个大型灌区和 5 个中型灌区，其中位山、潘庄、李家岸、簸箕李灌区的控制面积较大，约占整个流域灌溉面积的 50% 左右（表 5-4、图 5-13）。流域内渠道错综复杂，如图 5-14 所示。

表 5-4　流域大型灌区信息表

灌区名称	现状灌溉面积/万亩	2005 年总人口/万		粮食产量/亿 kg	多年平均降雨量/mm	地下水位埋深/m
		总人口	农村			
彭楼灌区	128	125.8	117.9	11.6	538	13.6
陶城铺灌区	74	61.0	50.26	3.2	589	4.5
位山灌区	508	364.0	292	25.8	557	4.5
潘庄灌区	330	323.1	239.6	16.8	565	4.32
郭口灌区	33	20.2	16.8	1.7	605	2.8
李家岸灌区	230	200.1	169	13.1	565	2.76
邢家渡灌区	89	80.9	74.6	3.4	571	3.0～8.0
簸箕李灌区	77	103.6	94.9	7.4	586	3.0
白龙湾灌区	14	17.3	16.4	1.3	585	1.5～2.5
小开河灌区	66	43.9	32.3	3.4	584	0.8
韩墩灌区	40	35.0	28.1	1.9	584	1.75
王庄灌区	47	35.2	29.1	1.7	563	2.5

注：数据来自 2005 年山东省大型灌区续建配套与节水改造“十一五”规划报告

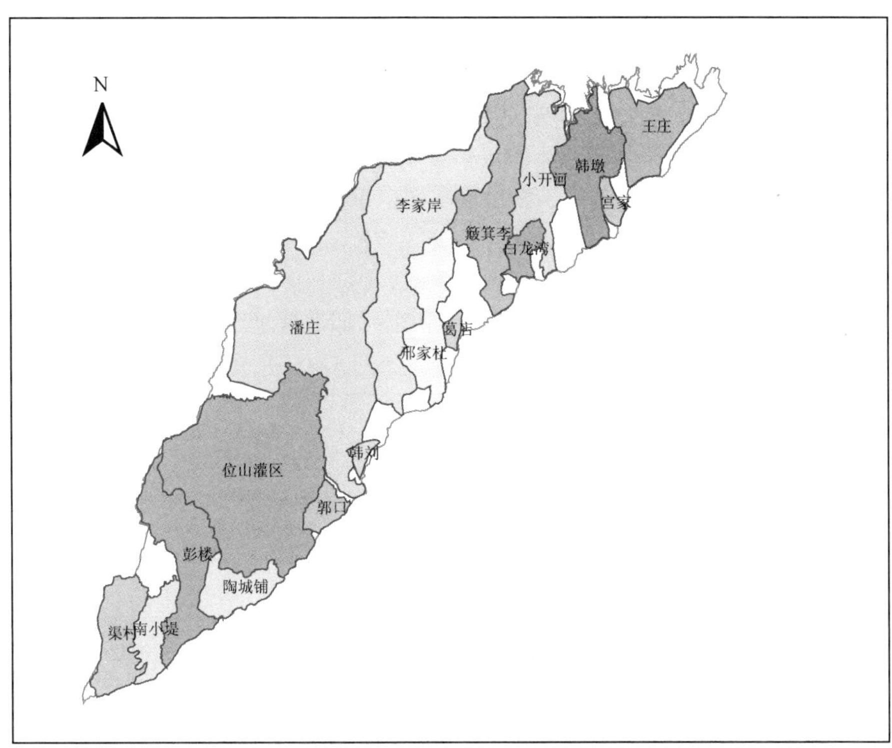

图 5-13　17 个大中型灌区分布

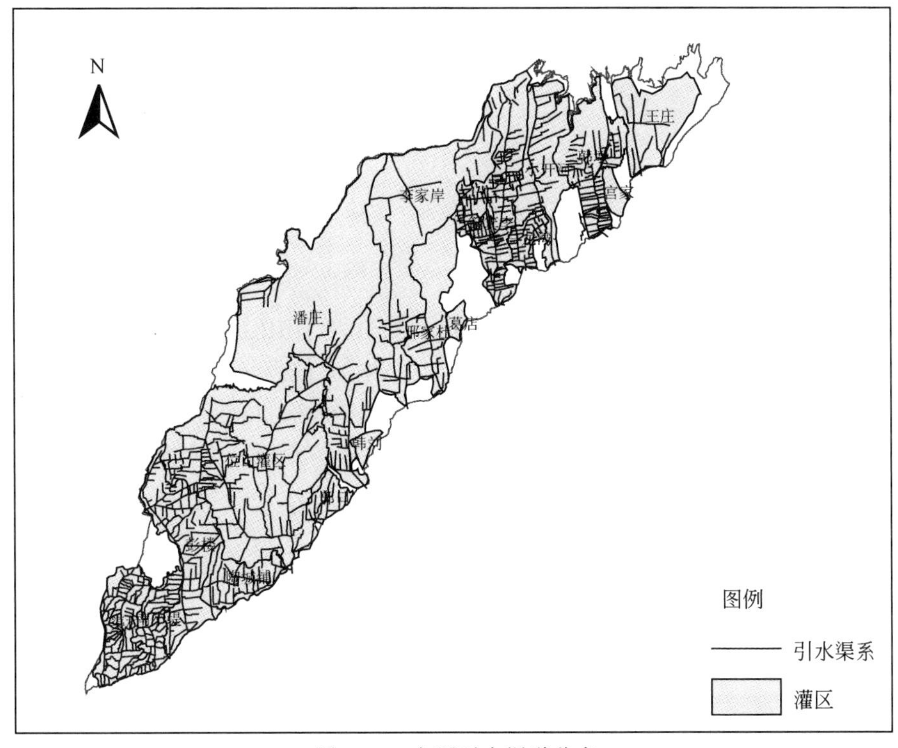

图 5-14　主要引水渠道分布

徒骇马颊河流域的绝大部分位于山东境内的鲁北地区，而河南的濮阳、安阳以及河北的邯郸仅有很少一部分的灌溉面积位于其中，因此在分析徒骇马颊河流域农田节水潜力时，主要以山东为主，包括德州、滨州、聊城、济南和东营的全部和部分县市。因此，这里以山东的节水灌溉面积代替整个徒骇马颊河流域进行分析。2005 年全流域共有节水灌溉面积 727.9 万亩，其中渠道衬砌面积 106.4 万亩，管道输水面积 565.8 万亩，喷灌面积 34.7 万亩，微灌面积 12.1 万亩，分别占到节水灌溉面积的 14.6%、77.7%、4.8% 和 1.7%。

（5）地下水信息数据

徒骇马颊河流域地下水分布的特点是南部和东北部地区地下水位埋深浅，而北部和西部地下水埋深相对较深，但基本都在 15m 以内，如图 5-15 所示。

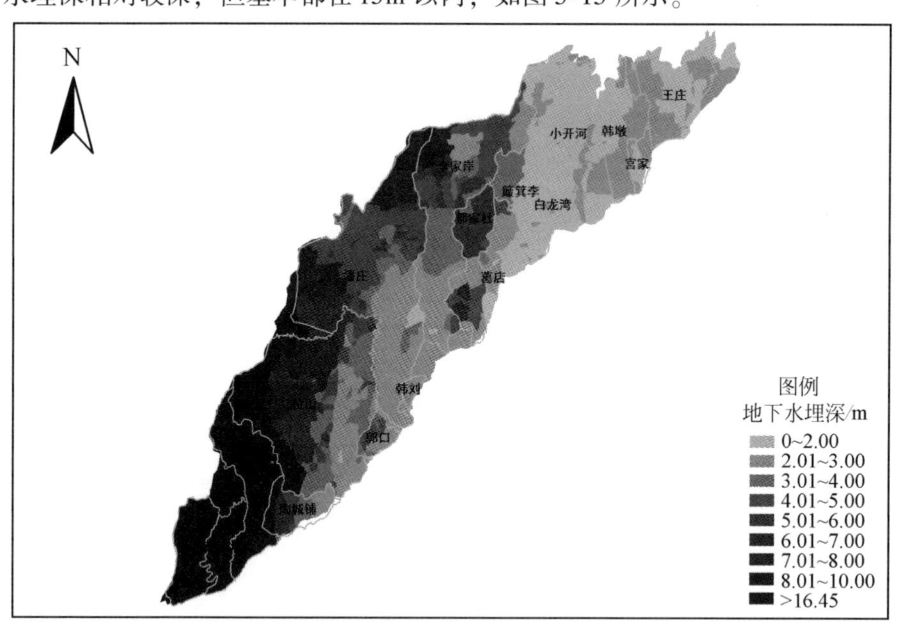

图 5-15　流域现状地下水埋深分布

（6）植被生长模拟信息

植被覆盖度信息源信息主要为 NOAA 系列卫星的 AVHRR 影像数据，根据遥感影像资料提取叶面积指数、植被覆盖度、高度。植被生长模拟信息还包括植被生长的三基点温度、营养生长期和生殖生长期的累积积温、临界日长和最适日长、呼吸作用温度、维持呼吸速率、光转换因子等诸多参数，还有其他一些与气象、水分、作物等有关的参数。

5.2.1.3　WACM 模型参数率定与验证

WACM 模型验证包括蒸散发、地表径流、土壤水、地下水、植被生长和土壤侵蚀模拟验证等几个方面。

（1）蒸散发验证

1）作物蒸散发验证。主要通过对比分析流域内的试验资料与模拟的日蒸散发过程对模型进行验证，模拟作物包括小麦、玉米、油菜、大豆、蔬菜、果树、水稻、花生、棉花、高粱、谷子、瓜类等 12 种作物，图 5-16 为玉米蒸散发的验证过程。通过对比可以看出，各种作物的模拟结果较为接近实测资料，模拟精度较好。

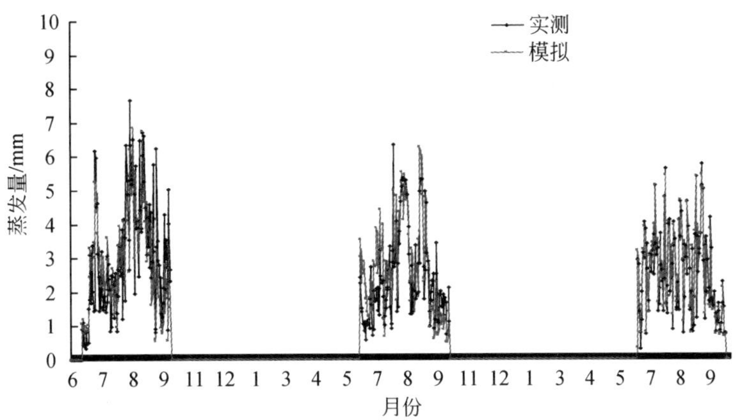

图 5-16　位山灌区玉米蒸散发模拟与实测对比

2）天然林草地蒸散发验证。同作物蒸散发验证一样，WACM 模型主要模拟和验证 1991 ~ 2005 年草地和林地的日蒸散发过程（图 5-17 和图 5-18），通过对比文献资料，与可供参考的蒸散发数据较为接近，故模拟的精度范围在误差允许的范围之内。

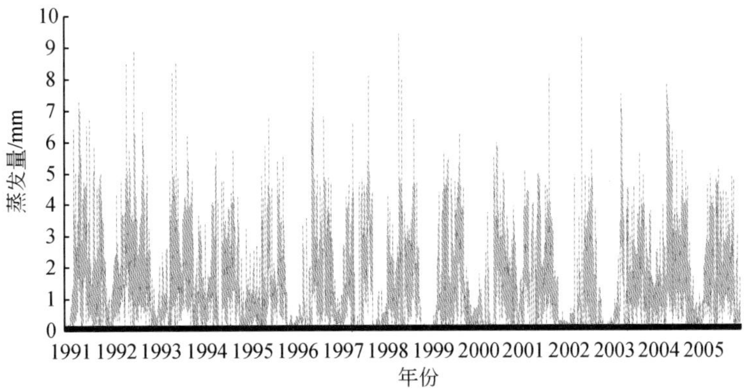

图 5-17　1991 ~ 2005 年林地日蒸散发过程

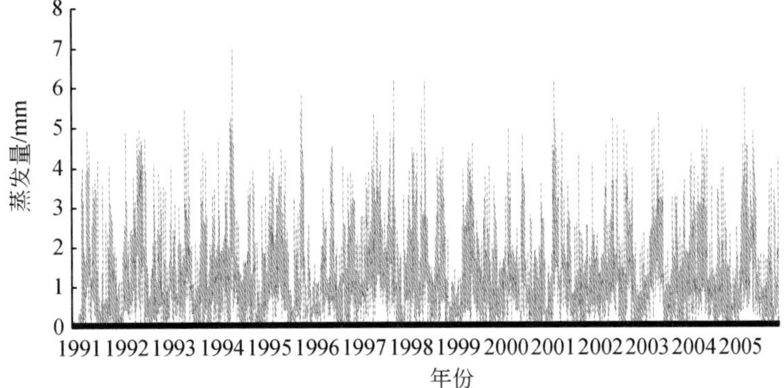

图 5-18　1991 ~ 2005 年草地日蒸散发过程

(2) 地表径流验证

地表径流的大小主要受降雨强度大小的影响，WACM 模型分别对大道王水文站、二十里铺水文站和白鹤观水文站进行地表径流的验证（图 5-19）。从验证结果来看，大道王水文站模拟相对误差-11%，相关系数 72%，Ens 系数为 0.70；二十里铺水文站相对误差 5%，相关系数 58%，Ens 系数为 0.68；白鹤观水文站相对误差-2.9%，相关系数 65%，Ens 系数为 0.70。模拟结果比较接近实际情况，模拟精度满足模拟要求。

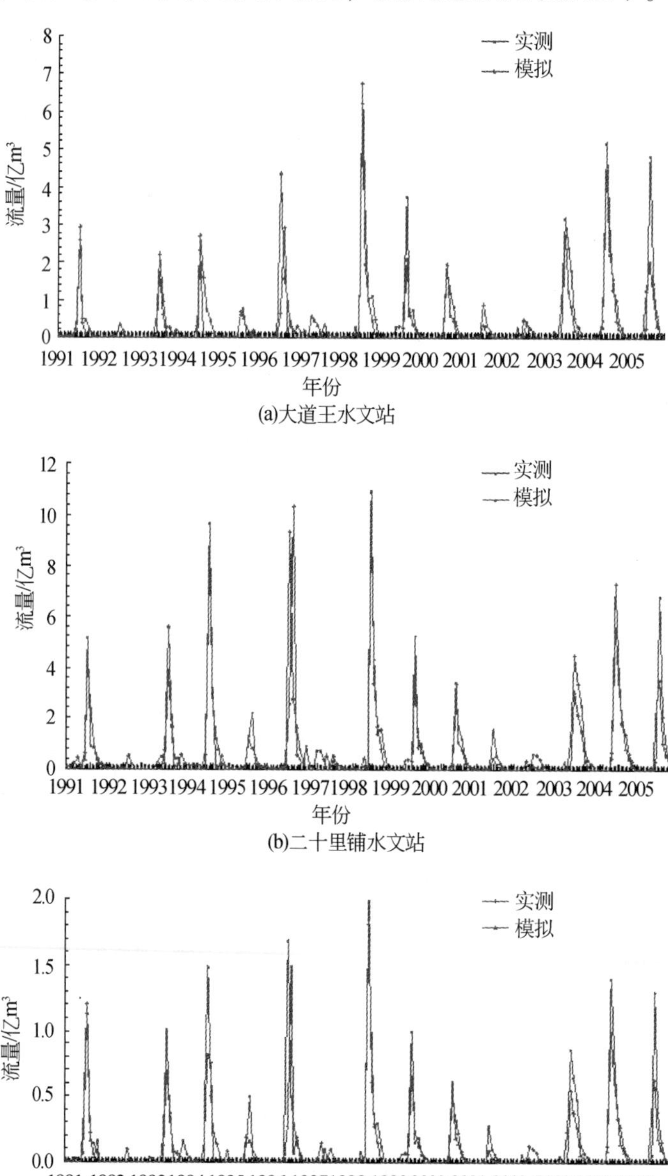

图 5-19　1991 ~ 2005 年地表径流验证

(3) 地下水验证

图 5-20 为徒骇马颊河流域现状和模拟的地下水位空间对比图。模拟结果表明，除了中部部分地区模拟结果略有偏高外，其他地区模拟结果比较接近现状，因此，地下水位的模拟基本上能够反映区域地下水位的变化，满足模拟的要求。

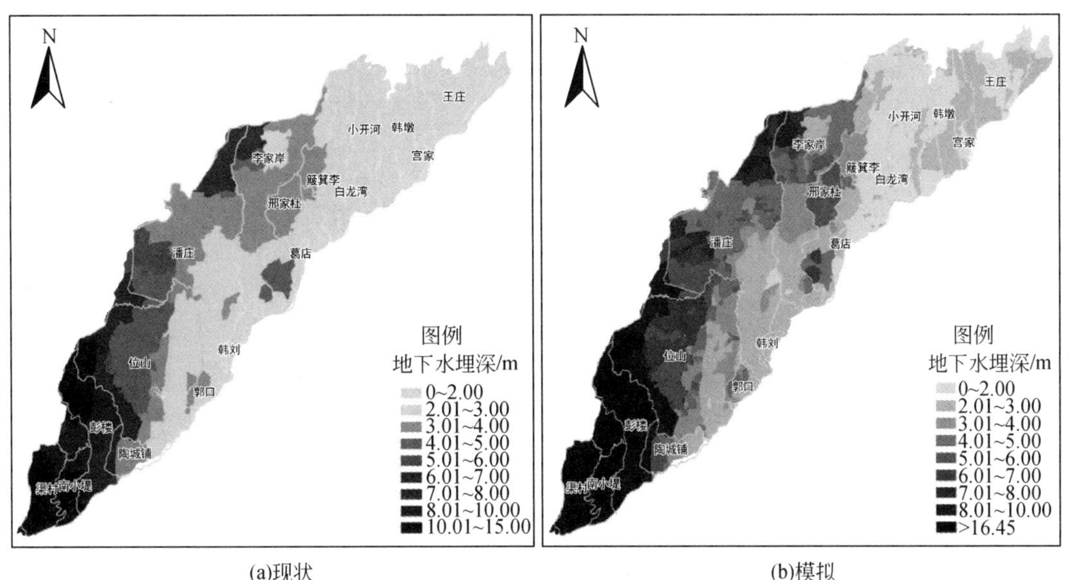

(a)现状　　(b)模拟

图 5-20　现状和模拟地下水埋深对比

(4) 植被生长验证

1) 植被发育阶段的模拟。WACM 模型中植被生长模块将植被生育阶段按两阶段进行模拟，营养生长期为 0 ~ 1，生殖生长期为 1 ~ 2，开始日期发育阶段为 0，开花日期为 1，种植日期为 2，模拟结果对照各植被的实际发育阶段和日期，各种作物开花期和成熟期的值都接近于多年的平均情形，模拟的结果与实际的时间差距不超过 5 天，在模拟误差允许范围之内。

2) 植被干物质重的模拟。植被生长模型涉及的参数是在查阅大量文献和田间试验资料基础上确定的；模型参数验证也是基于大量文献资料的试验结果，通过整理分析可以得到不同植被的干物质和产量的变化范围。通过从文献资料获取的数据，对基于水分胁迫的植被干物质重进行了验证。如图 5-21 所示，与位山灌区的试验资料和参考文献的统计结果相对比，小麦、玉米的干物质重模拟结果都在文献资料给出的变化范围内，基本上与试验资料相一致，说明模拟的结果比较理想。

5.2.2　WACM 模型现状模拟

5.2.2.1　流域水均衡模拟

流域水均衡研究有三方面的含义：一是降雨径流平衡，即降水量与蒸发量、径流量的

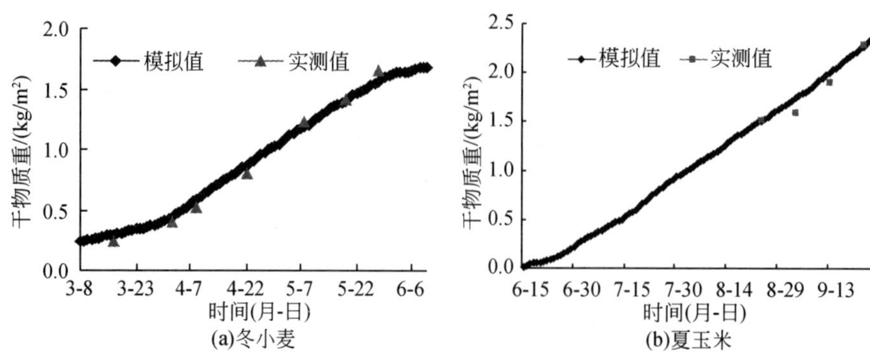

图 5-21　冬小麦、夏玉米干物质重模拟与验证

平衡。它是一个区域总的水量平衡关系，也是水文循环意义上的水量平衡。二是水资源的供用耗排平衡。它是从机理上认识和描述一个区域或流域内已形成的水资源量收支平衡，即来水量（水资源量）与耗水量、排水量的平衡。三是水资源的供需平衡，即自然条件可以供给的水资源量与社会经济环境对水资源的需求关系之间的平衡。前两个平衡是水文科学意义上的水量平衡，而后者水资源供需平衡是社会经济系统的水量平衡。它们之间意义各不相同但又相互关联。

WACM 模型模拟考虑 9 种土地利用类型，因此平原区水循环模型可以给出每个计算单元和区域统计情况下 9 种土地利用分类下的水均衡结果，以及土壤水、地下水和区域总水量均衡结果。徒骇马颊河流域 1991 ~ 2005 年平均水均衡如图 5-22 和图 5-23 所示，流域多年平均降水 176.4 亿 m^3，引黄河水量 39.2 亿 m^3，蒸发消耗 207.4 亿 m^3，入海水量 9.8 亿 m^3，蓄变量为 1.5 亿 m^3。

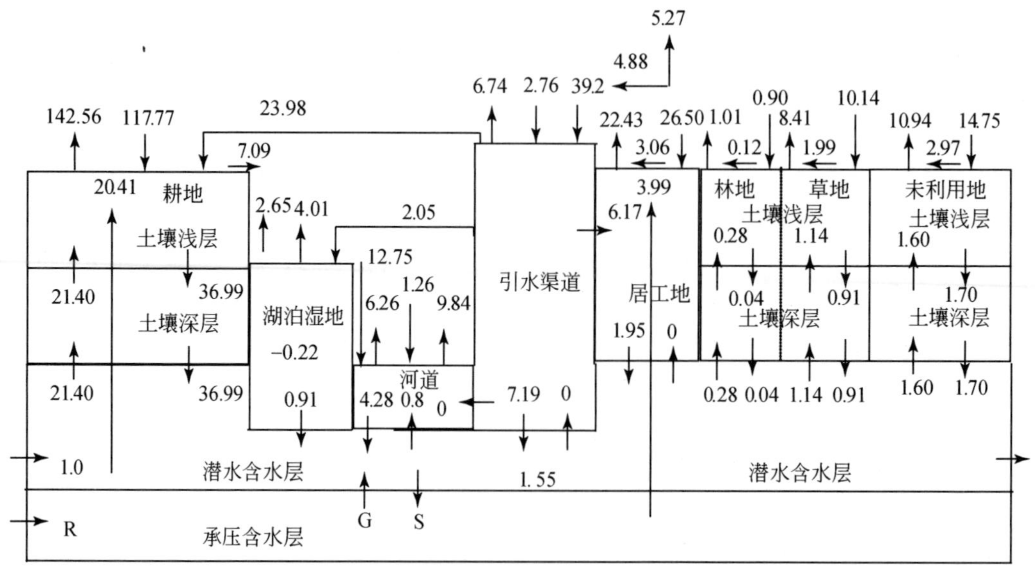

图 5-22　1991 ~ 2005 年流域农田年平均水量均衡图（单位：亿 m^3）

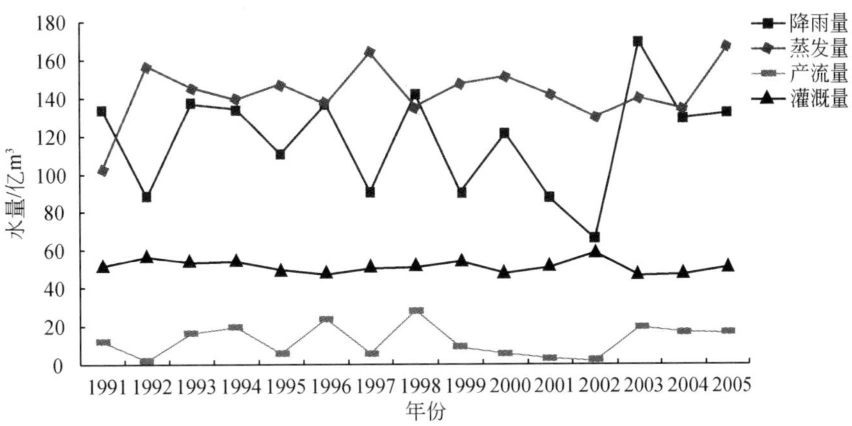

图 5-23 1991 ~ 2005 年流域农田水均衡

5.2.2.2 流域耗水量模拟

(1) 流域年耗水量

1991 ~ 2005 年流域多年平均耗水量为 207.4 亿 m^3，其中农田耗水 144.4 亿 m^3，居工地耗水 24.5 亿 m^3，草地耗水 9.2 亿 m^3，林地耗水 0.9 亿 m^3。1991 ~ 2005 年流域多年平均逐月耗水空间分布和年耗水总量如图 5-24 和图 5-25 所示。从耗水量的年内分布来看，耗水量主要集中在 4 ~ 8 月，这几个月的耗水量占全年耗水量的 80% 左右；从耗水量的年际变化趋势来看，1991 年耗水量最低，基本上呈逐年上升的态势。

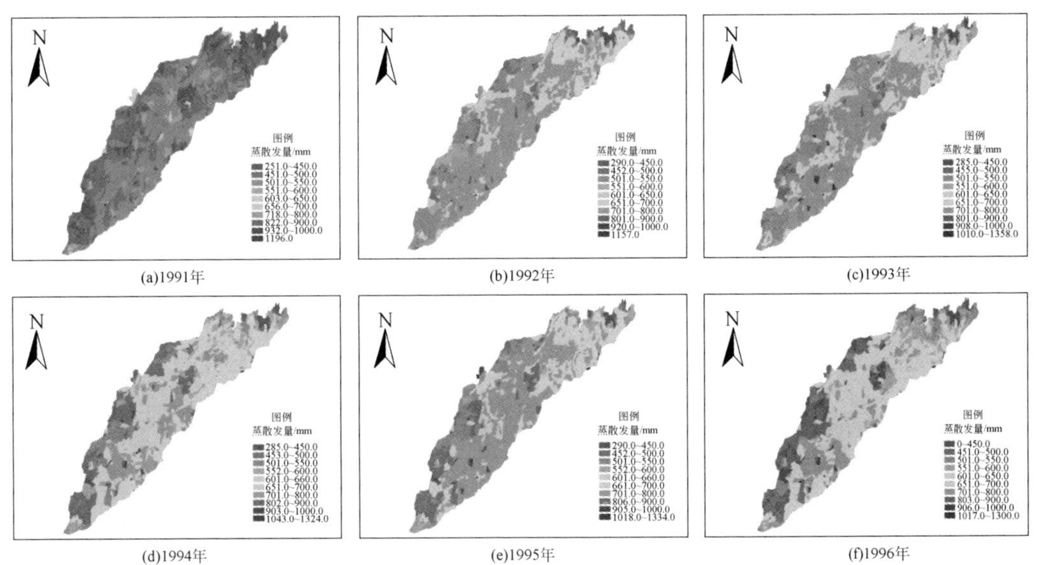

(a)1991年 (b)1992年 (c)1993年

(d)1994年 (e)1995年 (f)1996年

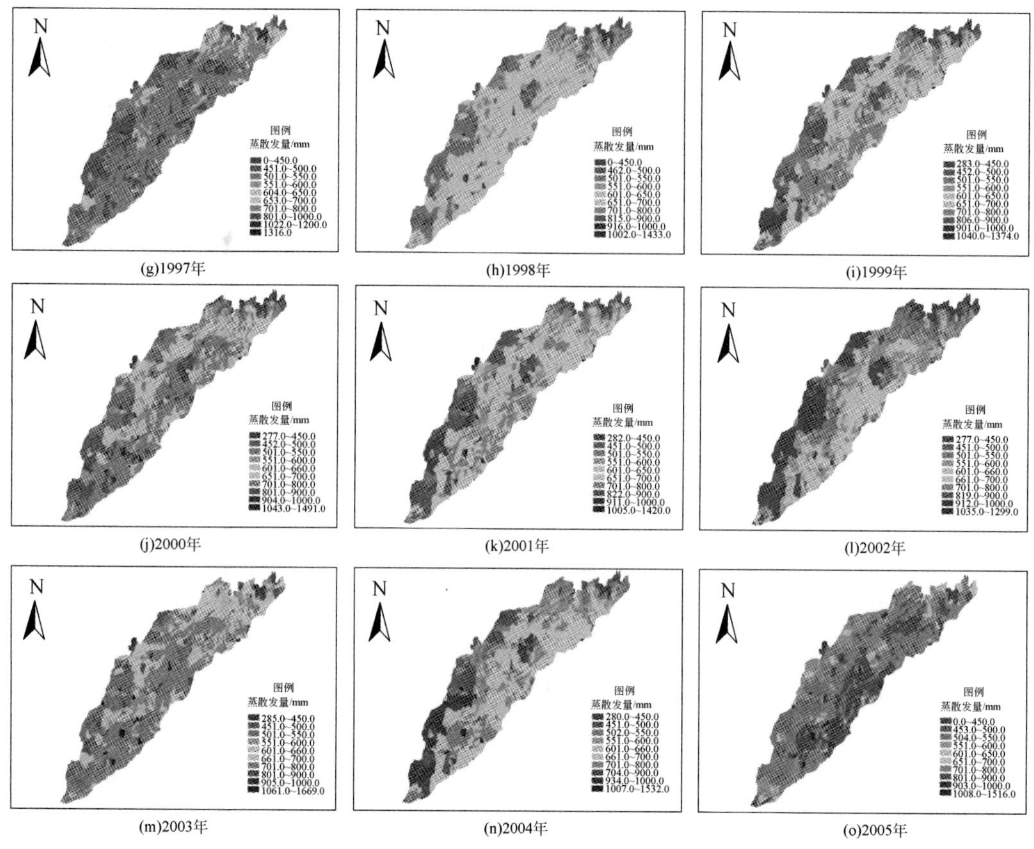

(g)1997年 (h)1998年 (i)1999年

(j)2000年 (k)2001年 (l)2002年

(m)2003年 (n)2004年 (o)2005年

图 5-24 1991～2005 年流域逐年耗水量时空分布

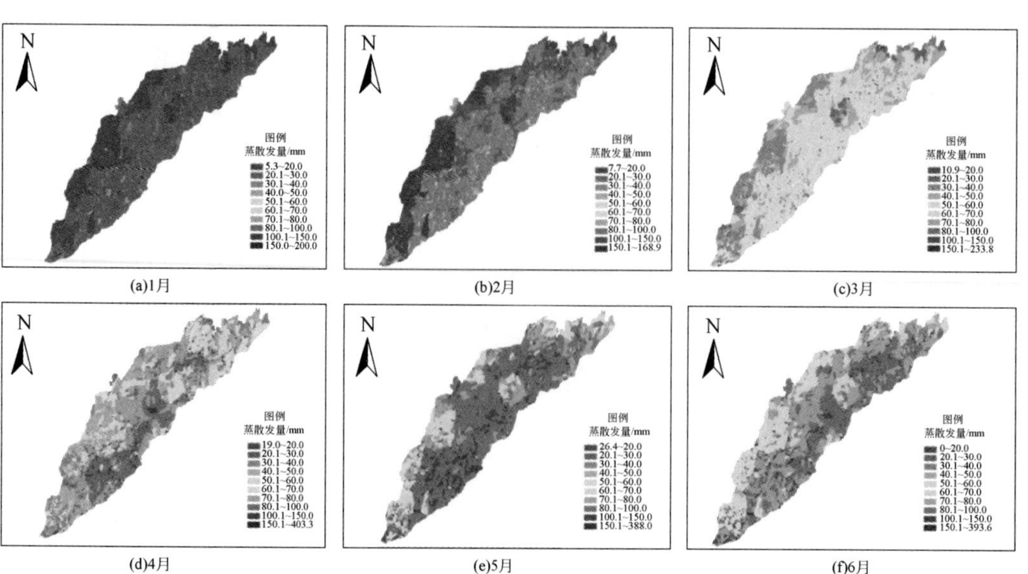

(a)1月 (b)2月 (c)3月

(d)4月 (e)5月 (f)6月

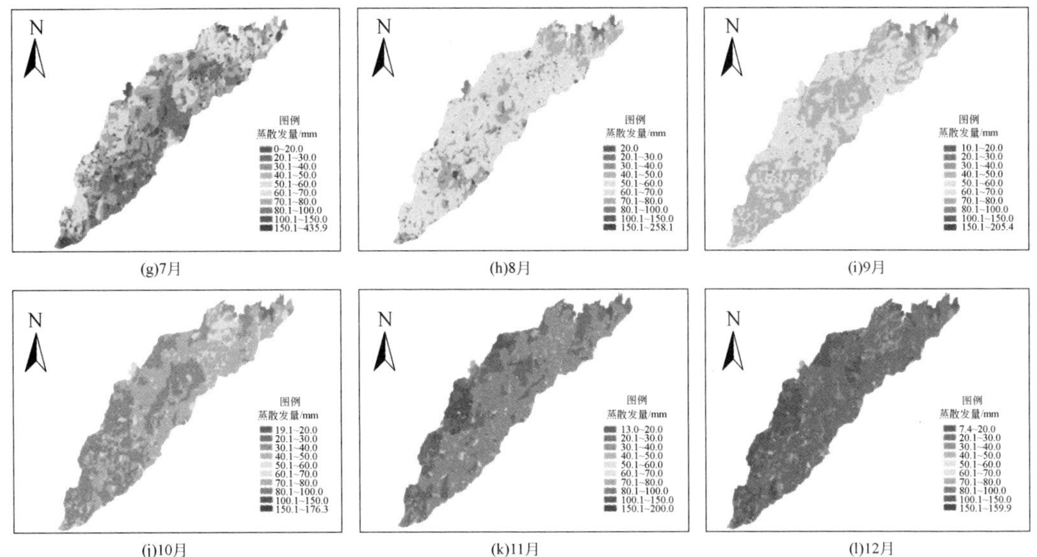

(g)7月　(h)8月　(i)9月

(j)10月　(k)11月　(l)12月

图 5-25　多年平均月耗水量时空分布

(2) 农业耗用水量

表 5-5 为 1991 ~ 2005 年流域农业耗水量的模拟结果，其中农田截留蒸腾 2.3 亿 m^3，农田植被蒸腾 83.8 亿 m^3，农田土壤蒸发 56.4 亿 m^3，农田总耗水量 142.5 亿 m^3。从年际变化来看，农田截留蒸腾的年际变化不大，农田土壤蒸发除了 1991 年偏小外，其他年份年际变化不大，而农田植被蒸腾量变化较大，主要受降雨和灌溉影响程度较大。

表 5-5　流域不同年份农业耗水量模拟结果　（单位：亿 m^3）

年份	农田截留蒸腾	农田植被蒸腾	农田土壤蒸发	合计
1991	2.5	61.8	38.0	102.3
1992	1.9	94.0	60.8	156.7
1993	2.8	82.7	59.7	145.2
1994	2.5	83.2	53.2	138.9
1995	2.2	80.7	64.7	147.6
1996	2.1	77.8	56.9	136.8
1997	2.5	101.0	60.2	163.7
1998	2.9	74.0	58.2	135.1
1999	1.9	89.6	56.2	147.7
2000	2.0	92.1	57.0	151.1
2001	2.1	81.5	58.3	141.9
2002	1.6	81.5	46.9	130.0
2003	2.8	78.4	58.6	139.8
2004	2.1	76.8	55.6	134.5
2005	3.0	102.0	62.0	167.0
平均	2.3	83.8	56.4	142.5

表 5-6 是徒骇马颊河流域 12 种主要作物 1991 ~ 2005 年的蒸发、蒸腾和植被截留的总耗水量。水稻、小麦、玉米、棉花、高粱、谷子、蔬菜、果树属于高耗水作物，其他作物

表 5-6　徒骇马颊河流域 12 种主要作物蒸发、蒸腾与植被截流消耗水量

（单位：亿 m^3）

年份	小麦			油菜			大豆			玉米			棉花			高粱			谷子			花生			蔬菜			瓜类			果树			水稻		
	截流	蒸发	蒸腾	截流	蒸发	蒸腾	截流	蒸发	蒸腾	截流	蒸发	蒸腾	截流	蒸发	蒸腾	截流	蒸发	蒸腾	截流	蒸发	蒸腾	截流	蒸发	蒸腾	截流	蒸发	蒸腾	截流	蒸发	蒸腾	截流	蒸发	蒸腾	截流	蒸发	蒸腾
1991	0.7	7.4	24.0	0.0	0.1	0.2	0.0	0.4	0.7	0.7	7.4	17.7	0.3	6.8	9.9	0.0	0.1	0.1	0.0	1.0	0.5	0.1	1.8	0.3	0.5	10.7	5.5	0.1	1.3	1.7	0.2	2.7	3.9	0.0	0.2	0.6
1992	0.4	11.3	35.1	0.0	0.2	0.2	0.0	0.6	1.2	0.6	9.1	28.4	0.3	11.1	14.1	0.0	0.2	0.1	0.0	1.6	0.9	0.1	2.7	0.5	0.4	17.7	9.3	0.1	2.0	2.6	0.1	4.3	5.9	0.0	0.2	0.9
1993	0.6	12.3	31.3	0.0	0.1	0.2	0.0	0.4	1.0	0.9	6.7	22.5	0.4	11.0	12.8	0.0	0.2	0.1	0.0	1.4	0.8	0.1	2.5	0.4	0.6	15.8	7.6	0.1	2.0	2.2	0.2	4.5	4.9	0.0	0.2	0.7
1994	0.5	10.3	31.2	0.0	0.1	0.2	0.0	0.4	1.0	0.9	6.7	23.4	0.4	10.2	13.3	0.0	0.2	0.1	0.0	1.4	0.8	0.1	2.4	0.4	0.5	15.3	8.5	0.1	1.9	2.3	0.2	3.8	5.1	0.0	0.2	0.7
1995	0.3	13.7	33.1	0.0	0.2	0.2	0.0	0.5	0.9	0.7	7.2	21.8	0.3	10.8	12.3	0.0	0.2	0.1	0.0	1.7	0.7	0.1	2.9	0.3	0.5	18.5	7.3	0.1	2.3	2.0	0.2	4.6	4.7	0.0	0.2	0.6
1996	0.3	12.3	28.4	0.0	0.1	0.2	0.0	0.5	1.0	0.8	8.6	22.5	0.4	9.2	12.6	0.0	0.1	0.1	0.0	1.3	0.7	0.1	2.2	0.4	0.5	14.8	7.7	0.1	1.9	2.1	0.2	4.4	4.8	0.0	0.2	0.8
1997	0.7	11.9	26.6	0.0	0.1	0.2	0.0	0.7	1.6	0.8	8.7	33.7	0.4	9.1	18.3	0.0	0.2	0.1	0.0	1.6	1.3	0.1	2.9	0.7	0.4	17.8	11.6	0.1	2.0	3.3	0.2	4.1	6.6	0.0	0.2	1.1
1998	0.8	11.6	23.1	0.0	0.1	0.2	0.0	0.6	1.1	0.8	10.5	25.3	0.4	8.3	12.9	0.0	0.2	0.1	0.0	1.5	0.8	0.1	2.8	0.4	0.5	16.8	7.6	0.1	2.0	2.2	0.2	4.0	4.6	0.0	0.2	0.8
1999	0.3	11.3	29.0	0.0	0.1	0.2	0.0	0.5	1.2	0.6	8.8	27.0	0.3	8.4	15.1	0.0	0.1	0.1	0.0	1.3	1.0	0.0	2.5	0.6	0.4	15.2	9.4	0.1	1.7	2.7	0.1	4.1	5.8	0.0	0.2	0.9
2000	0.4	10.8	29.6	0.0	0.1	0.2	0.0	0.5	1.3	0.7	6.0	28.5	0.3	11.5	14.3	0.0	0.1	0.1	0.0	1.3	1.0	0.1	2.2	0.6	0.4	16.3	9.5	0.1	1.9	2.5	0.2	4.4	5.9	0.0	0.1	0.8
2001	0.4	9.9	35.2	0.0	0.1	0.2	0.0	0.4	1.1	0.6	5.4	23.3	0.3	11.4	13.2	0.0	0.2	0.1	0.0	1.5	0.9	0.0	2.6	0.5	0.4	17.7	8.6	0.1	2.2	2.4	0.1	4.2	5.6	0.0	0.2	0.7
2002	0.6	9.2	29.0	0.0	0.1	0.2	0.0	0.5	1.3	0.6	5.0	24.8	0.4	9.9	15.8	0.0	0.2	0.1	0.0	1.4	1.1	0.1	2.6	0.7	0.5	15.9	10.9	0.1	1.8	3.0	0.2	4.4	6.5	0.0	0.1	0.9
2003	1.0	10.2	26.8	0.0	0.1	0.2	0.0	0.3	0.9	0.6	5.6	20.9	0.4	8.4	11.9	0.0	0.1	0.1	0.0	1.3	0.7	0.1	2.5	0.4	0.5	13.5	6.7	0.1	1.6	2.0	0.2	3.6	4.5	0.0	0.2	0.6
2004	0.8	11.4	30.3	0.0	0.2	0.2	0.0	0.4	1.1	0.6	5.8	24.4	0.4	10.2	11.7	0.0	0.2	0.1	0.0	1.4	0.7	0.1	2.5	0.4	0.6	15.1	7.0	0.1	1.9	2.0	0.2	4.1	4.5	0.0	0.2	0.6
2005	0.5	10.8	31.9	0.0	0.2	0.2	0.0	0.5	1.0	0.7	7.8	24.4	0.4	11.0	12.7	0.0	0.2	0.1	0.0	1.6	0.7	0.1	2.7	0.5	0.6	17.5	7.8	0.1	2.1	2.3	0.2	4.3	5.2	0.0	0.2	0.8
平均	0.6	11.0	29.6	0.0	0.1	0.2	0.0	0.5	1.1	0.7	7.3	24.6	0.4	9.8	13.4	0.0	0.2	0.1	0.0	1.4	0.8	0.1	2.5	0.5	0.5	15.9	8.3	0.1	1.9	2.3	0.2	4.1	5.2	0.0	0.2	0.8

耗水量相对较低。从总耗水量来看，小麦、玉米、棉花和蔬菜耗水量最大，分别为29.6亿 m^3、24.6亿 m^3、13.4亿 m^3 和15.9亿 m^3；四种作物总耗水量为83.5亿 m^3，约占总耗水的58.6%。

5.2.2.3 植被生长模拟

WACM模型对植被生长的模拟主要包括对1991～2005年的植被干物质量空间分布的模拟过程、干物质量和作物产量的模拟。

(1) 多年平均干物质量空间分布模拟结果

根据WACM植被生长模型模拟了小麦、油菜、大豆、高粱、谷子、瓜类、果树、花生、棉花、蔬菜、水稻、玉米、草、林等14种植被的干物质量1991～2005年植被的干物质量的模拟，得到多年平均的干物质量的空间变化情况，如图5-26所示。14种植被干物

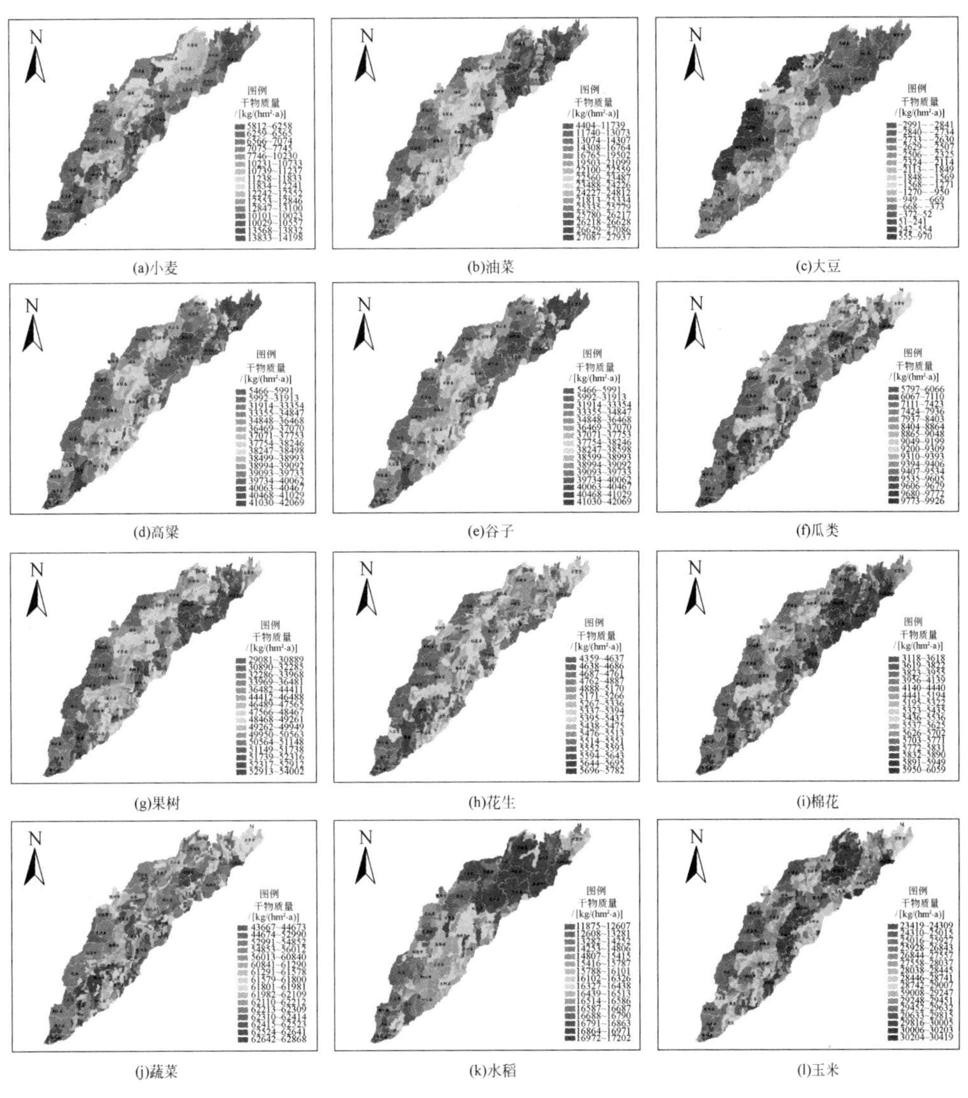

(a)小麦 (b)油菜 (c)大豆

(d)高粱 (e)谷子 (f)瓜类

(g)果树 (h)花生 (i)棉花

(j)蔬菜 (k)水稻 (l)玉米

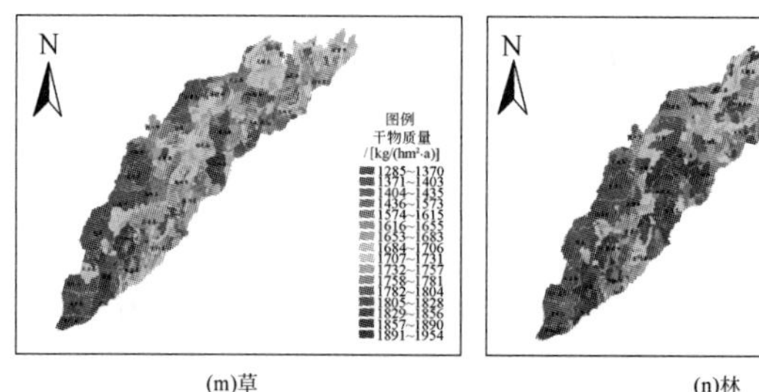

(m)草　　(n)林

图 5-26　多年平均作物干物质量空间分布

质量的空间分布规律基本相似，以小麦为例，小麦多年平均干物质量的变化范围为 18 000 ~ 26 000kg/hm^2。从空间分布来看，流域东北和东南部小麦干物质量较大，西南部最低。

（2）12 种主要作物平均产量随时空变化的模拟结果

图 5-27 为几种作物的产量随时间变化的情况，反映了作物受水分、养分、病虫害、品种变化等诸多因素影响的实际变化规律。产量的空间变化与干物质的空间变化规律基本一致，东部地区产量较高，西部地区产量较低。几种主要作物亩产为水稻 270 ~ 500kg、花生 80 ~ 270kg、高粱 50 ~ 260kg、大豆 110 ~ 170kg、玉米180 ~ 470kg。

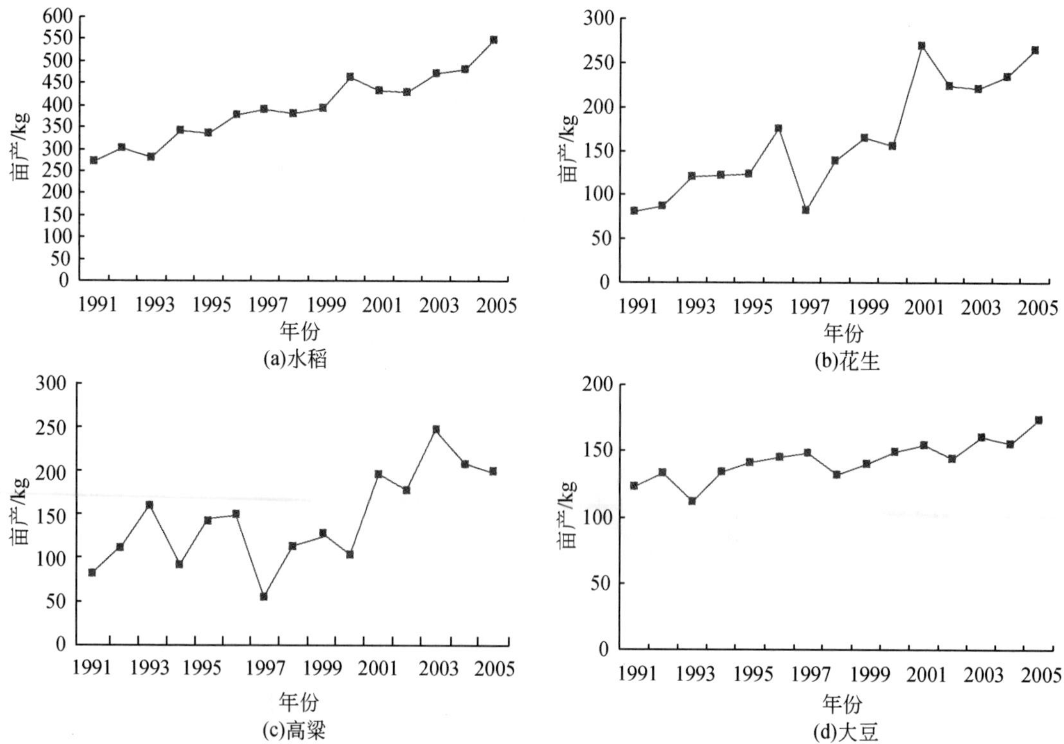

(a)水稻　(b)花生　(c)高粱　(d)大豆

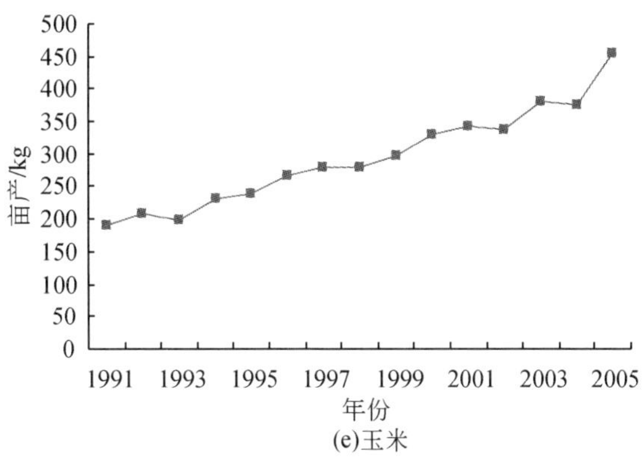

(e)玉米

图 5-27　不同作物产量年际变化

5. 2. 2. 4　土壤风蚀模拟分析

(1) 1991 ~ 2005 年的风蚀模拟

由于气候和人类活动等因素的影响，研究区风蚀情况存在不同程度变化，但总体分布与其他定性及观测结果相同。如图 5-28 至图 5-30 所示，全区风蚀模数>2. 0kg/(m^2·a) 的面积占总面积的 2. 62%，1. 5 ~ 2. 0kg/(m^2·a) 的面积占 16. 25%，1. 0 ~ 1. 5kg/(m^2·a) 的面积最大，占总面积的 58. 79%，风蚀模数<1. 0kg/(m^2·a) 的面积为 22. 34%。说明整个流域风蚀程度多为轻度风蚀。

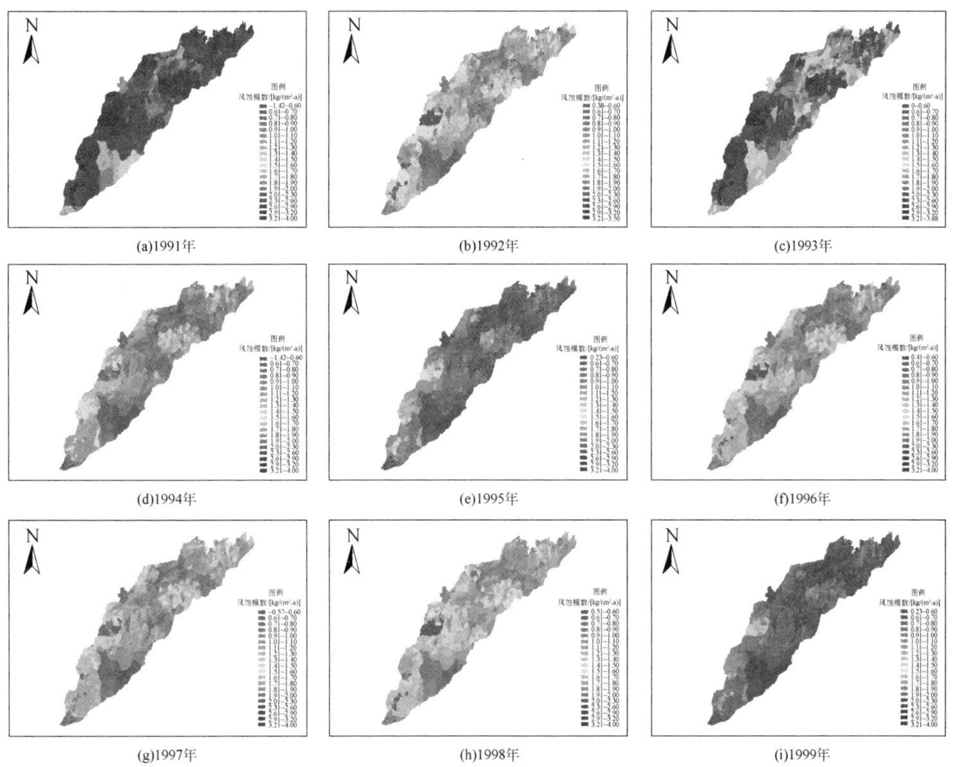

(a)1991年　(b)1992年　(c)1993年
(d)1994年　(e)1995年　(f)1996年
(g)1997年　(h)1998年　(i)1999年

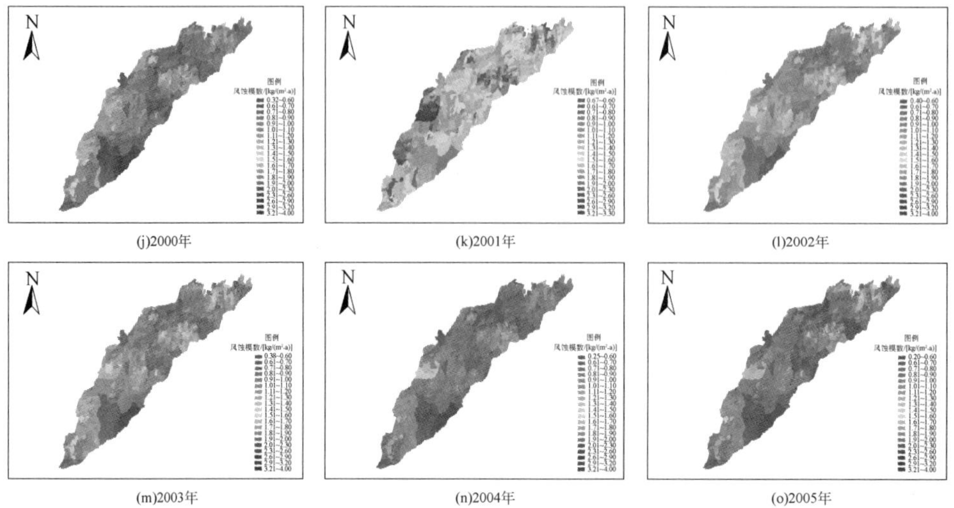

(j)2000年 (k)2001年 (l)2002年

(m)2003年 (n)2004年 (o)2005年

图 5-28 1991 ~ 2005 年土壤风蚀模拟结果

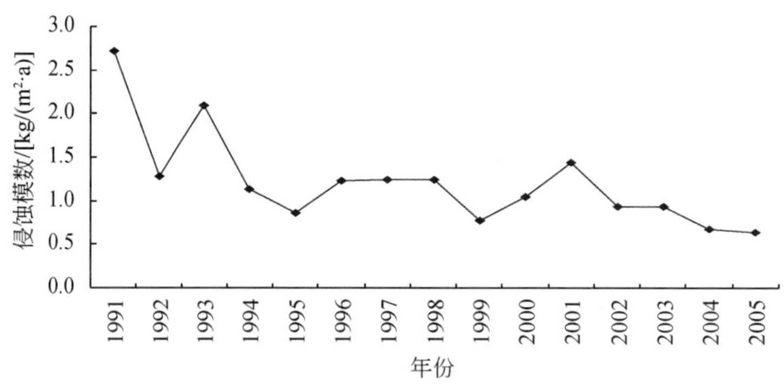

图 5-29 1991 ~ 2005 年平均土壤风蚀模数

研究区风蚀分布比较零星，但风蚀程度沿着引水渠道呈递增的趋势，夏津县最为严重，风蚀模数为 3.7kg/(m^2·a)。从图 5-30 风蚀模拟结果看，农业节水对半湿润地区的影响不像对干旱区影响那么明显。

(2) 不同土地利用类型的风蚀模拟

土壤风蚀是近地表气流与地表土壤物质之间相互作用的结果，植被对气流的影响和对地表的保护作用主要通过增大空气动力学粗糙度、提高摩阻速率来实现，植被盖度越大，摩阻速率越大，地表气流遇到的阻力也就越大，越不易发生风蚀活动。由于在冬春季节各种土地利用类型地表覆盖性质不同而导致其地表粗糙度和摩阻速度值存在较大差异。研究区在冬春季节，林地和草地地表粗糙度和摩阻速度较大，防风蚀能力较强，而未利用地及耕地在春季没有种植前，土壤表面裸露，没有任何植被，特别是土壤冻融后，表土层疏松干燥，在强劲频繁的风力作用下，极易遭受严重的风蚀侵害，但到初春的时候，随着耕种作物的出苗生长，地表覆盖度有极大的提高，相应的地表粗糙度和摩阻速度也有显著的变化，地表对近地面风的削弱能力加强，防风蚀能力增强，因此夏秋季节风蚀程度大大降低。

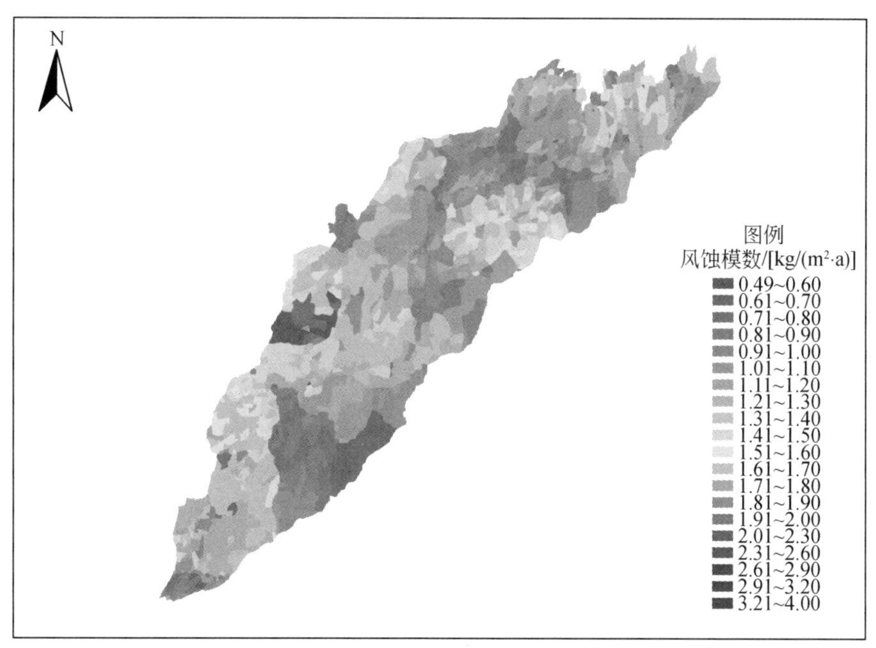

图 5-30 1991 ~ 2005 年多年平均土壤风蚀模数分布

5.2.3 徒骇马颊河流域不同尺度农业节水潜力

徒骇马颊河流域属于资源型缺水地区，农业节水技术的发展应以保障国家粮食安全与生态安全为前提，以提高农业用水效率为中心、田间节水为重点，发展农业节水高效科学技术，大幅度提高农业单方用水的产出，建立符合本流域特色的农业高效节水技术体系和发展模式。在现状流域不同作物耗用水模拟分析基础上，根据作物生理、田间、灌区和流域等不同尺度作物节水措施效果，评价流域不同尺度农业节水潜力。

5.2.3.1 作物生理节水潜力

(1) 作物生理节水措施分析

调研分析，小麦是徒骇马颊河流域灌溉用水量最多的粮食作物，其调亏灌溉是徒骇马颊河流域作物生理节水的主要措施。根据冬小麦对水分亏缺响应，拔节期是缺水最敏感时期，而且也是农民追肥的时期，如果结合这次施肥，在最小灌溉的基础上，再进行一次灌溉，无论干旱年，还是平水年，减产幅度都会很小。玉米、棉花等其他作物理论上也可采取调亏灌溉措施，但由于这些作物雨热同期，其灌溉水量和灌水次数有限，对这些作物采取调亏灌溉的可行性不大，因此本次作物节水潜力主要考虑冬小麦的调亏灌溉情况。

张喜英等（2001）在河北栾城试验站近8年来的冬小麦调亏灌溉实验（关键期只灌溉一次）表明，小麦的平均产量比充分灌溉减少3%，但总耗水量减少21%，水分利用效率提高24%，而且比最小灌溉的水分利用效率增加7%，产量提高13%。在实施冬小麦播前底墒好的基础上，无论何种年型，冬小麦可在拔节期前后只灌溉关键期一水，大多年份可不减产，农田蒸散量比充分灌溉少 60 ~ 80mm，节水效果明显。栾城冬小麦充分灌溉耗水量为 475 ~ 500mm，多年平均实际耗水量为 422mm，灌溉 204mm，根据张喜英等（2001）的试验，现状耗水可以降低到 340 ~ 360mm。

根据中国主要农作物需水量等值线图研究成果，山东禹城地区充分灌溉的耗水量为 500 ~ 525mm。由于水资源短缺，该地区冬小麦属于非充分灌溉，冬小麦平均耗水量是 460mm，作物产量大概是 391kg/亩。于舜章等（2006）2002 ~ 2003 年在山东禹城的冬小麦灌关键水的非充分实验（表 5-7）表明，冬小麦灌拔节水的耗水量是 332.1mm，产量为 394.1kg/亩，耗水量减少 127.9mm，产量增加 3.1kg/亩，节水 27.8%，增产 0.8%，在产量基本不变的情况下，耗水量大幅度下降；在灌拔节和抽穗、拔节和灌浆、抽穗和灌浆耗水量都是在 392mm 左右，但产量以拔节和灌浆为最高，较现状可以节水 68mm，产量增加 42.3kg/亩，节水约 14.8%，增产约 10.8%。

表 5-7　2002 ~ 2003 年山东禹城试验站关键期灌水试验资料

处理	耗水量/mm	产量/(kg/亩)
不灌	272.1	338.3
拔节	332.1	394.1
抽穗	332.0	366.3
灌浆	331.8	397.4
拔节、抽穗	392.0	375.2
拔节、灌浆	392.0	433.3
抽穗、灌浆	392.0	382.3
拔节、抽穗、灌浆	451.7	430.5

现状流域模拟表明，流域小麦平均耗水 476mm，如果采取调亏灌溉的措施，流域小麦平均耗水量可节约 70mm 左右。因此，分别模拟流域小麦调亏灌溉实施 10%、20%、40%、60%、80% 的情况下，分析流域作物生理节水潜力。

(2) 作物节水潜力

根据小麦调亏灌溉实施的不同面积，采用 WACM 模型模拟不同作物耗用水量。节水措施和资源节水量对应关系如图 5-31 所示，可以看出，在小麦调亏灌溉分别实施 10%、20%、40%、60% 和 80% 的情况下，流域农业耗水节水量分别为 0.58 亿 m^3、1.18 亿 m^3、2.37 亿 m^3、3.57 亿 m^3 和 4.72 亿 m^3。

从流域经济、社会、生态和环境合理性评价不同生理节水措施见表 5-8。从经济层面看，采取调亏灌溉没有经济层面的障碍，但是由于调亏灌溉对灌溉水源、灌溉人员的素质等有较高要求，流域调亏灌溉面积较大时，技术上很难保证灌溉水源，社会上也难以接受烦琐的灌溉方式。同时，由于调亏灌溉的实施，流域土壤风蚀强度会有所增加，例如当流域 80% 的小麦种植面积都实施调亏灌溉的情况下，流域平均侵蚀模数达到 1.238kg/(m^2·a)，比现状增加 0.021kg/(m^2·a)，对流域风蚀有轻微影响。因此，从作物生理角度采取小麦调亏灌溉的节水措施实施潜力约为小麦面积的 20%。

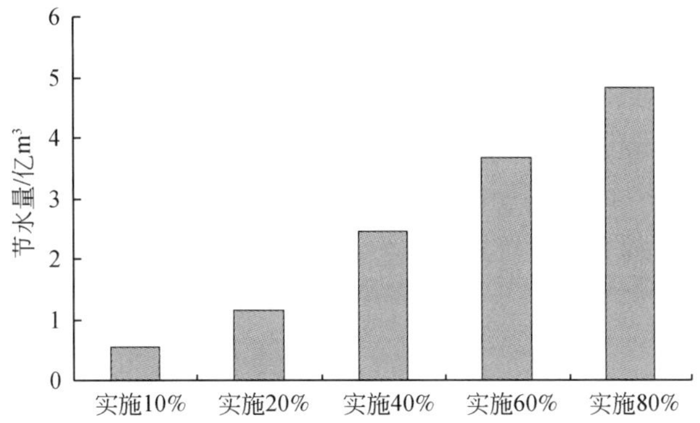

图 5-31 小麦不同调亏灌溉比例流域农业节水量

表 5-8 作物生理节水措施的技术、经济、社会、生态合理性评价

方案	技术	经济	社会	生态
10% 小麦调亏灌溉	可行	合理	接受	良好
20% 小麦调亏灌溉	比较困难	合理	接受	良好
40% 小麦调亏灌溉	比较困难	合理	较难接受	良好
60% 小麦调亏灌溉	不可行	合理	不接受	良好
80% 小麦调亏灌溉	不可行	合理	不接受	对风蚀有轻微影响

5. 2. 3. 2 田间节水潜力

(1) 田间节水措施分析

田间节水措施主要包括农艺措施和田间工程措施。农艺措施包括地面覆盖(作物、秸秆、地膜、砂石等)、水肥耦合和配套农田栽培管理技术等。从流域经济社会和技术发展的实际情况看,可以大面积推广的田间节水措施主要包括小麦和玉米秸秆覆盖、棉花和瓜果蔬菜的地膜覆盖等措施。

目前,秸秆覆盖主要是小麦秸秆覆盖夏玉米和夏玉米秸秆覆盖冬小麦,从节水、增产等综合因素考虑,小麦秸秆覆盖夏玉米因其成本低、节水增产效果好值得大面积推广,而夏玉米秸秆覆盖冬小麦的节水效果不明显,有些地区甚至增加小麦的耗水量,因此在徒骇马颊河流域主要施行冬小麦秸秆覆盖夏玉米的措施。冬小麦秸秆覆盖夏玉米的节水效果因地而异,张喜英等(2001)在栾城试验站 11 年的试验结果表明,秸秆覆盖有效地抑制了棵间蒸发,小麦秸秆覆盖夏玉米每个生长季秸秆覆盖下的夏玉米平均比没有覆盖的少耗水30~40mm,产量略有增加;孙景升等(2002)在河南新乡的灌溉实验资料表明,冬小麦秸秆覆盖夏玉米可以减少耗水量 40. 2mm,产量增加 65. 3kg/亩;李全起等(2005)2002~2003 年在中国科学院禹城综合试验站进行秸秆覆盖灌溉对冬小麦农田耗水特性的影响研究表明:在播种到返青期间,覆盖比不覆盖处理平均少蒸散 52mm,返青后覆盖处理的阶段耗水量大于不覆盖处理，但覆盖与不覆盖处理间的总耗水量差异不大。

徒骇马颊河流域棉花、蔬菜等经济作物可以推行地膜覆盖节水技术。根据《北方地区主要农作物灌溉用水定额》研究成果，地膜覆盖棉花基本上都采用膜上灌溉水方式，可以减少一次灌水，其中干旱年节水多于湿润年。华北地区棉花覆盖以后一般采用膜侧沟灌，其节水能力主要体现在保墒方面，节水能力通常在 450m^3/hm^2 以上。

种植结构调整是目前我国缺水地区节水的有效措施。根据山东省相关规划和徒骇马颊河流域主要地市节水型社会建设规划，调整农业种植结构需要稳定粮食作物面积、扩大经济作物面积、增加饲草种植面积、提高单方农业用水的经济产出。套种改复种，如把玉米、小麦的种植面积压缩下来，减下来的套种改为复种，夏粮改秋粮，以减少冬灌水。现状流域各地市主要作物播种面积见表 5-9。

表 5-9 现状徒骇马颊河流域各地市主要作物播种面积 （单位：万亩）

地级市	小麦	油菜	大豆	玉米	棉花	高粱	谷子	花生	蔬菜	瓜类	果树	水稻	合计
东营市	29.4	1.1	5.7	17.7	51.4	0.5	0.2	1.7	29.3	4.6	5.7	7	154.3
滨州市	234.8	0	13.2	220.1	142.3	1.8	1.7	5.1	64.6	13	63.8	1.4	761.8
济南市	86	5	3.9	75.1	25.5	0.2	0	5.6	83.3	11.8	8.5	12	316.9
德州市	429.9	1.8	15.3	416.5	218	3.1	57.6	11.4	169	48.5	93.1	0	1 464.2
聊城市	438.5	2.6	19.6	421.5	91.7	1.5	4.9	53.1	218	43.7	49.3	0	1 344.4
邯郸市	19.2	0	0.6	18.6	1.8	0	0.7	7.2	10.8	0.2	0	0	59.1
濮阳市	58.8	0.5	3.7	54.5	14.2	0.1	0.8	32.7	56.8	5.8	9.9	1	238.8
安阳市	0.5	0	0	0.5	0.1	0	0	0.3	0.5	0.1	0.1	0	2.1
全流域	1 297	11	62.1	1 225	545	7.2	65.9	117	632	128	230	21.5	4 341.7

从表 5-10 中可以看出，徒骇马颊河流域粮食作物比例为 64%，其他作物为 36%。根据徒骇马颊河流域（滨州惠民灌区）主要农作物多年平均毛灌溉定额（图 5-32），冬小麦在粮食作物的种植比例和耗水量是流域最大的，因此冬小麦的种植面积应做适当调整，但考虑国家和区域粮食安全等的制约，大面积减少小麦种植面积的可能性不大。

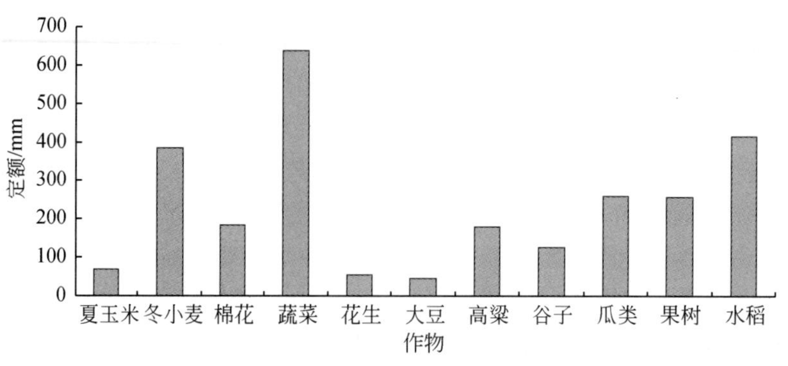

图 5-32 流域主要作物多年平均毛灌溉定额

(2) 田间措施节水潜力

综合前面不同措施节水效果分析，WACM 模型模拟分析田间薄膜与秸秆覆盖农艺节水潜力和田间畦灌与喷微灌工程节水两组田间节水潜力。

调查资料显示，随着大型联合收割机的推广使用，徒骇马颊河流域 2005 年现状小麦秸秆覆盖玉米的实施比例大约为 60%，分析认为未来可进一步提高到 80% 和 100%。流域现状棉花地膜覆盖灌溉比例非常小，分析认为未来可提高到 40%、60% 和 80% 三种情景，见表 5-10；不同田间节水措施的流域作物耗水量与节水量见表 5-11。

表 5-10 徒骇马颊河流域田间节水方案集

节水措施	方案	节水方案
田间薄膜和秸秆覆盖	方案 1	小麦秸秆覆盖玉米提高到 80% +棉花地膜覆盖 40%
	方案 2	小麦秸秆覆盖玉米提高到 80% +棉花地膜覆盖 60%
	方案 3	小麦秸秆覆盖玉米提高到 80% +棉花地膜覆盖 80%
	方案 4	小麦秸秆覆盖玉米提高到 100% +棉花地膜覆盖 60%
	方案 5	小麦秸秆覆盖玉米提高到 100% +棉花地膜覆盖 80%
调整种植结构	方案 1	小麦面积减 5%，水稻减少 50%，调整成春玉米和其他粮食与经济作物
	方案 2	小麦面积减 10%，水稻减少 50%，调整成春玉米和其他粮食与经济作物
	方案 3	小麦面积减 15%，水稻减少 50%，调整成春玉米和其他粮食与经济作物
	方案 4	小麦面积减 5%，水稻减少 80%，调整成春玉米和其他粮食与经济作物
	方案 5	小麦面积减 10%，水稻减少 80%，调整成春玉米和其他粮食与经济作物
	方案 6	小麦面积减 15%，水稻减少 80%，调整成春玉米和其他粮食与经济作物

表 5-11 流域种植结构调整耗水与节水量表 （单位：亿 m^3）

方案代码	小麦	油菜	大豆	玉米	棉花	高粱	谷子	花生	蔬菜	瓜类	果树	水稻	总耗水量	资源节约量
现状	41.16	0.34	1.61	32.57	23.59	0.25	2.29	3.05	24.74	4.34	9.52	0.98	144.45	—
方案 1	38.71	0.34	1.61	30.85	24.15	1.10	3.17	3.42	24.74	4.34	9.52	0.50	142.46	1.99
方案 2	36.66	0.34	1.61	29.15	24.74	1.10	4.47	3.79	24.74	4.34	9.52	0.50	140.98	3.47
方案 3	34.63	0.34	1.60	27.44	25.31	1.55	5.34	4.16	24.74	4.34	9.52	0.50	139.49	4.96
方案 4	38.44	0.34	1.61	30.82	24.14	1.35	3.17	3.42	24.74	4.34	9.52	0.20	142.09	2.36
方案 5	36.41	0.34	1.61	29.15	24.73	1.34	4.47	3.79	24.74	4.34	9.52	0.20	140.65	3.80
方案 6	34.36	0.34	1.60	27.42	25.29	1.80	5.34	4.16	24.74	4.34	9.52	0.20	139.12	5.32

种植结构调整后流域主要作物耗水量和耗水节水量见表 5-12。可以看出，种植结构调整的节水效果非常明显，小麦种植面积减少 10%，水稻种植面积减少 50%，调整成春玉米和其他粮食与经济作物的情景下，流域作物耗水量比现状减少 3.47 亿 m^3。

表 5-12 不同田间节水措施流域作物耗水与节水量表 （单位：亿 m^3）

措施	方案	小麦	油菜	大豆	玉米	棉花	高粱	谷子	花生	蔬菜	瓜类	果树	水稻	总耗水量	耗水节水量
	现状	41.16	0.34	1.61	32.57	23.59	0.25	2.29	3.05	24.74	4.34	9.52	0.98	144.45	—
田间薄膜和秸秆覆盖节水	方案1	41.04	0.35	1.61	31.76	22.85	0.25	2.29	3.05	24.76	4.35	9.52	0.98	142.81	1.63
	方案2	41.04	0.35	1.61	31.76	22.50	0.25	2.29	3.05	24.76	4.35	9.52	0.98	142.46	1.98
	方案3	41.03	0.35	1.60	31.72	22.11	0.25	2.30	3.06	24.78	4.35	9.52	0.98	142.04	2.41
	方案4	41.00	0.35	1.61	31.03	22.49	0.25	2.29	3.05	24.76	4.35	9.52	0.98	141.68	2.77
	方案5	40.94	0.35	1.60	30.99	22.14	0.25	2.29	3.05	24.75	4.35	9.51	0.97	141.20	3.25

田间节水措施的合理性评价见表5-13，采取棉花薄膜覆盖、玉米秸秆覆盖、沟畦灌溉和蔬菜瓜果的喷微灌等田间节水措施，从技术、经济和生态可行性角度判断基本上都可以接受，但是如大规模推广棉花的膜下灌溉或膜侧沟灌以及大范围实施蔬菜喷滴灌和微灌会大量增加农民的实施难度，因此田间尺度可以采取的节水措施包括小麦秸秆覆盖玉米提高到80%、棉花地膜覆盖60%等。与现状年比较，将小麦秸秆覆盖玉米提高到80%，棉花地膜覆盖提高到40%的情况，流域作物耗水节水量可达到1.63亿 m^3。

表 5-13 田间节水措施的合理性评价

措施	方案	流域风蚀模数	变化量	技术	经济	社会	生态
田间薄膜和秸秆覆盖	方案1	1.214	-0.003	可行	合理	接受	良好
	方案2	1.212	-0.005	可行	合理	接受	良好
	方案3	1.211	-0.006	可行	合理	不接受	良好
	方案4	1.209	-0.008	可行	合理	较难接受	良好
	方案5	1.207	-0.010	可行	合理	不接受	良好
调整种植结构	方案1	—	—	可行	合理	接受	良好
	方案2	—	—	可行	不太合理	较难接受	良好
	方案3	—	—	可行	不合理	不接受	良好
	方案4	—	—	可行	合理	接受	良好
	方案5	—	—	可行	不太合理	较难接受	良好
	方案6	—	—	可行	不合理	不接受	良好
	方案1	—	—	可行	合理	接受	良好

如果考虑小麦调亏灌溉面积比例推广20%、小麦秸秆覆盖玉米提高到80%、棉花地膜覆盖提高到40%、小麦面积减少5%，水稻减少50%，则在这种情景下流域田间耗水节水潜力为4.34亿 m^3。

5.2.3.3 灌区节水潜力

（1）灌区节水措施分析

灌区尺度上主要节水措施包括灌区渠系水利用效率的提高和灌区节水灌溉技术。通过渠道衬砌可以显著提高渠系水利用系数，减少渠道水渗漏，提高渠道输送效率。通过优化渠系结构和提高渠系管理水平也可以减少引用水量。根据山东省大型灌区续建配套与节水改造十一五规划，当地地表水的渠系水利用效率大约为0.85，井灌水渠系水利用效率大约为0.93。可以看出，未来流域灌溉用水的渠系利用系数仍有提高的潜力。

喷微灌技术是流域田间节水的主要工程措施。喷灌适用于除水稻外的所有大田作物以及蔬菜和果树等，对地形、土壤等条件适应性强。微灌是一种现代化、精细高效的节水灌溉技术，具有省水、节能、适应性强等特点，灌水同时可兼施肥。2005 年山东省大型灌区续建配套与节水改造"十一五"规划报告提供的数据表明，徒骇马颊河流域大型灌区实施喷微灌的面积非常有限，具有很大的提升空间。根据流域特点和作物经济效益，大面积推行喷微灌技术主要是蔬菜和瓜果等经济作物。大量实验资料表明，流域番茄、黄瓜、青椒等蔬菜采用大棚滴灌或者膜下滴灌较沟畦灌减少耗水量约 80mm/亩。

沟畦灌溉也是有效并且可以推广的节水措施，如在垄作地区或平播后起垄的地区沟灌是常用的灌溉方法，它依靠水流浸润垄台，垄顶表土不容易板结，能够改善作物的水、气、热状况，有利于节水和作物生长；徒骇马颊河流域大豆、油菜、高粱等作物都可以采用这种节水措施。灌区节水方案设置见表 5-14。

表 5-14　灌区尺度农业节水措施方案

节水措施	方案代码	节水方案
灌区畦灌与喷微灌节水	方案 1	油菜、大豆、高粱、谷子、花生等作物采用沟畦灌溉
	方案 2	蔬菜瓜类喷微灌 40%，果树 30%
	方案 3	蔬菜瓜类喷微灌 40%，果树 50%
	方案 4	蔬菜瓜类喷微灌 60%，果树 50%
	方案 5	蔬菜瓜类喷微灌 60%，果树 70%
	方案 6	蔬菜瓜类喷微灌 80%，果树 50%
提高渠系输水效率	方案 1	渠系水利用系数提高 0.03
	方案 2	渠系水利用系数提高 0.06
	方案 3	渠系水利用系数提高 0.09
	方案 4	渠系水利用系数提高 0.12

(2) 灌区节水潜力

从灌区尺度看，流域在田间节水的基础上，还可以进一步通过提高渠系水利用效率和调整种植结构来减少农业耗用水量。模拟分别设定地表水灌溉渠系水利用系数提高 0.03、0.06、0.09 和 0.12，流域的油菜、大豆、高粱、谷子等大田作物可以通过改进田间沟畦灌溉技术，降低亩次用水量，达到节约用水的目的。目前流域蔬菜瓜类的喷微灌实施比例较小，分析认为未来可能提高到 40%、60% 和 80%，果树的实施面积比例可能达到 30%、50% 和 70%。灌区节水潜力见表 5-15。

表 5-15　灌区节水潜力

措施	方案	小麦	油菜	大豆	玉米	棉花	高粱	谷子	花生	蔬菜	瓜类	果树	水稻	总耗水量	耗水节水量
	现状	41.16	0.34	1.61	32.57	23.59	0.25	2.29	3.05	24.74	4.34	9.52	0.98	144.45	—
灌区畦灌与喷微灌节水	方案 1	41.16	0.33	1.55	32.57	23.59	0.24	2.19	2.93	24.73	4.35	9.52	0.98	144.14	0.31
	方案 2	41.50	0.33	1.55	32.61	23.65	0.24	2.19	2.94	23.41	4.17	9.29	0.98	142.87	1.58
	方案 3	41.50	0.33	1.55	32.61	23.65	0.24	2.19	2.94	23.41	4.17	9.16	0.98	142.74	1.71
	方案 4	41.50	0.33	1.55	32.61	23.65	0.24	2.19	2.94	22.70	4.08	9.16	0.98	141.95	2.50
	方案 5	41.50	0.33	1.55	32.61	23.64	0.24	2.19	2.94	22.70	4.08	8.99	0.98	141.77	2.67
	方案 6	41.50	0.33	1.55	32.58	23.65	0.24	2.19	2.95	22.04	4.00	9.14	0.98	141.16	3.29
	方案 7	41.48	0.33	1.55	32.55	23.64	0.24	2.19	2.95	22.05	4.00	9.00	0.98	140.96	3.49

渠道衬砌等提高输水效率的措施，一方面可以直接减少渠系耗水量，同时由于灌溉干、支、斗、农、毛渠密布于灌区系统内部，灌溉引水的减少也将间接影响渠系所在的农田和自然系统耗水量。因此，采取渠系水利用效率提高措施的资源节水来自渠系系统自身耗水的减少和周边自然与人工系统的耗水变化。不同渠系水利用方案的流域耗水变化见表 5-16，不同渠系利用系数变化与资源节水量的相关关系如图 5-33 和图 5-34 所示。

表 5-16　不同渠系水利用方案的流域耗水量　　（单位：亿 m^3）

方案	灌溉引水量	耗水量										灌溉节约量	资源节约量
		引水系统	湖泊湿地	居工地	生活工业	河道	未利用地	林地	草地	农田	合计		
现状	59.75	5.65	4.36	19.45	5.03	6.33	12.02	0.95	9.23	144.45	207.47	—	—
方案 1	57.60	5.54	4.36	19.45	5.03	6.33	12.02	0.95	9.23	144.34	207.16	2.16	0.31
方案 2	55.44	5.40	4.36	19.45	5.03	6.33	11.96	0.93	9.15	144.25	206.87	4.31	0.60
方案 3	53.28	5.32	4.36	19.45	5.03	6.33	11.95	0.93	9.12	144.13	206.62	6.47	0.85
方案 4	51.13	5.23	4.36	19.45	5.03	6.33	11.91	0.92	9.09	144.06	206.38	8.62	1.09

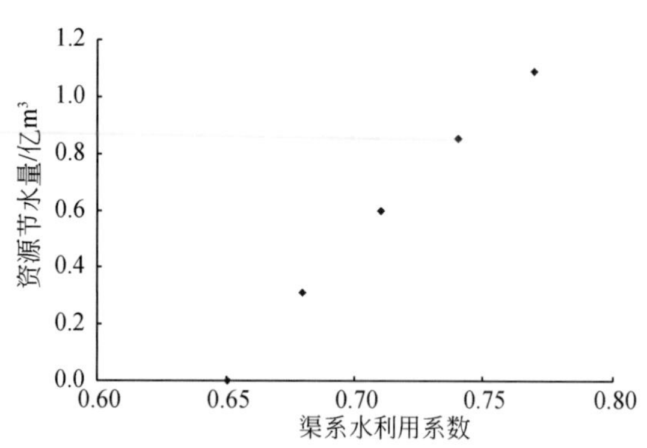

图 5-33　不同渠系利用系数变化与资源节水量的相关关系

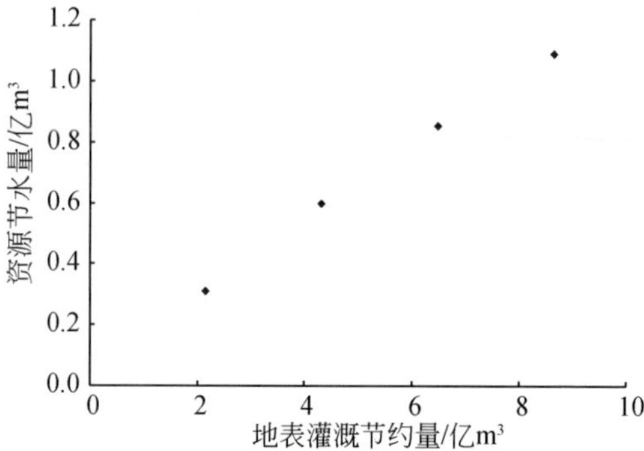

图 5-34　资源节约量与灌溉节约量相关关系

如表 5-17 所示，从经济、技术、社会和生态四个角度评价灌区尺度措施的合理性。首先单纯从技术和采取措施对生态影响的角度来看，大幅度提高渠系输水效率和大幅度调整种植结构的措施都可行。但是大幅度减少高耗水的小麦面积为春玉米和其他作物会严重影响粮食产量，影响农民经济收入和国家粮食安全，因此大幅度减少小麦面积不可行；其次，该区域现状水稻种植面积很小，仅有 21.5 万亩，是局部地区特色品种；最后，根据我国从 1996 年就开始实施的大型灌区续建配套与节水改造成果来看，几个典型大型灌区灌溉水利用效率变化情况如表 5-18 所示，大幅度提高渠系水利用效率从经济上和实施可能性上都存在困难。现状该区域渠系水利用系数约为 0.65，根据制定的提高渠系水利用效率的四个方案，将渠系水利用系数提高到 0.77 实施起来比较困难。因此可能的灌区尺度措施实施力度是将渠系水利用系数提高到 0.74。

表 5-17　灌区节水的技术、经济、社会、生态合理性评价

措施	方案	技术	经济	社会	生态
灌区畦灌与喷微灌节水	方案 1	1.218	0.001	可行	合理
	方案 2	1.220	0.003	可行	合理
	方案 3	1.222	0.005	可行	合理
	方案 4	1.223	0.007	可行	合理
	方案 5	1.225	0.008	可行	合理
	方案 6	1.227	0.010	可行	合理
提高渠系输水效率	方案 1	可行	合理	接受	良好
	方案 2	可行	合理	接受	良好
	方案 3	可行	合理	接受	良好
	方案 4	可行	大幅提高渠系水利用系数，经济上不太合理	接受	良好

表 5-18　大型灌区续建配套与节水改造前后灌溉用水有效利用变化

灌区名称	1998 年系数	2007 年系数	系数增加量	增加幅度/%
都江堰灌区	0.380	0.400	0.020	5.3
河套灌区	0.300	0.356	0.056	18.7
青铜峡灌区	0.360	0.383	0.025	6.9
淠史杭灌区	0.450	0.480	0.030	6.7
韩董庄灌区	0.340	0.411	0.071	20.9
交口抽渭灌区	0.490	0.529	0.039	8.0

5.2.3.4　流域节水潜力

(1) 流域节水分析

为了定量评价徒骇马颊河流域不同措施方案的流域节水潜力，在前面作物生理、田间和灌区节水措施分析的基础上，构建流域节水方案集，进行每个方案的流域水资源利用与消耗及其伴生的经济、社会、生态与环境模拟分析，评估流域农业节水潜力。徒骇马颊河流域农业节水潜力方案集见表 5-19。

表 5-19　徒骇马颊河流域农业节水潜力方案集

措施	方案	方案一	方案二（推荐）	方案三	方案四	方案五
作物	小麦调亏灌溉 10% 实施	√	√			
	小麦调亏灌溉 20% 实施			√		
	小麦调亏灌溉 40% 实施				√	
	小麦调亏灌溉 60% 实施					√
田间种植结构调整节水	小麦减 5%，水稻减少 50%，调整成春玉米和其他粮食与经济作物	√	√			
	小麦减 10%，水稻减少 50%，调整成春玉米和其他粮食与经济作物			√		
	小麦减 10%，水稻减少 50%，调整成春玉米和其他粮食与经济作物				√	
	小麦减 15%，水稻减少 80%，调整成春玉米和其他粮食与经济作物					√
田间薄膜和秸秆覆盖节水	小麦秸秆覆盖玉米提高到 80%，棉花地膜覆盖 40%	√				
	小麦秸秆覆盖玉米提高到 80%，棉花地膜覆盖 60%		√			
	小麦秸秆覆盖玉米提高到 80%，棉花地膜覆盖 80%			√		
	小麦秸秆覆盖玉米提高到 100%，棉花地膜覆盖 60%				√	
	小麦秸秆覆盖玉米提高到 100%，棉花地膜覆盖 80%					√
灌区畦灌与喷微灌节水	油菜、大豆、高粱、谷子、花生等作物采用沟畦灌溉	√	√	√	√	√
	蔬菜瓜类喷微灌面积比例 40%，果树达到 30%	√				
	蔬菜瓜类喷微灌面积比例 40%，果树达到 50%		√			
	蔬菜瓜类喷微灌面积比例 60%，果树达到 50%			√		
	蔬菜瓜类喷微灌面积比例 60%，果树达到 70%				√	
	蔬菜瓜类喷微灌面积比例 80%，果树达到 50%					√
灌区渠系节水	渠系水利用系数提高 0.06	√				
	渠系水利用系数提高 0.09		√	√		
	渠系水利用系数提高 0.12				√	√

（2）流域节水潜力

根据构建的五个流域农业节水综合方案，采用 WACM 模型进行流域水资源利用与消耗及其伴生过程综合模拟分析，流域不同作物耗水量和不同土地利用耗水量见表 5-20 和表 5-21。不同方案下小麦、玉米、棉花和蔬菜的耗水量占到农田总耗水的 85% 以上，农田耗水量占到流域总耗水量的 69% 左右。

表 5-20　流域不同作物耗水量　（单位：亿 m^3）

方案	小麦	油菜	大豆	玉米	棉花	高粱	谷子	花生	蔬菜	瓜类	果树	水稻	合计
现状	41.16	0.34	1.61	32.57	23.59	0.25	2.29	3.05	24.74	4.34	9.52	0.98	144.44
方案一	37.56	0.33	1.58	30.51	23.61	1.26	3.04	3.29	23.37	4.17	9.28	0.49	138.49
方案二	37.56	0.33	1.55	30.32	24.07	1.27	3.04	3.22	22.90	3.97	9.15	0.49	137.87
方案三	34.89	0.33	1.54	28.67	22.97	1.67	4.25	3.65	23.31	4.19	9.16	0.49	135.12
方案四	33.58	0.33	1.55	27.72	23.57	1.67	4.44	3.67	22.59	3.98	9.04	0.20	132.34
方案五	29.45	0.33	1.55	26.76	23.83	2.29	5.24	3.97	22.07	3.82	9.03	0.20	128.54

表 5-21　流域不同土地利用耗水量表　（单位：亿 m^3）

方案	引水系统	湖泊湿地	居工地	生活工业	河道	未利用地	林地	草地	农田	合计
方案一	5.25	4.33	19.46	5.03	6.30	11.91	0.96	9.20	138.50	200.94
方案二	5.13	4.32	19.46	5.03	6.32	11.90	0.96	9.18	137.87	200.17
方案三	5.02	4.32	19.45	5.03	6.28	11.86	0.95	9.17	135.12	197.2
方案四	4.89	4.31	19.46	5.03	6.32	11.77	0.96	9.20	132.33	194.27
方案五	4.68	4.28	19.45	5.03	6.31	11.74	0.96	9.17	128.53	190.15

（3）方案比较分析

将流域灌溉水资源利用与消耗量与现状情况进行对比分析，可以得到不同方案流域尺度农业灌溉节水和耗水节水量，见表 5-22。由于考虑了农业灌溉用水的变化对周边自然生态环境的影响，流域耗水节水量要大于仅考虑农田作物耗水和渠系耗水的农业耗水节水量，两者之间的关系如图 5-35 和图 5-36 所示。

表 5-22　不同方案节水量　（单位：亿 m^3）

方案	灌溉用水与节水量		水资源消耗量			资源节水量	
	用水量	节水量	流域总耗水量	农业耗水量	自然系统耗水量	农业	流域
现状	61.32	—	207.43	150.11	32.84	—	—
方案一	47.76	12.56	200.94	143.75	32.70	6.35	6.50
方案二（推荐方案）	44.91	16.41	200.15	142.99	32.68	7.12	7.28
方案三	42.09	19.23	197.3	140.24	32.58	9.87	10.13
方案四	36.75	24.57	194.26	137.22	32.56	12.89	13.17
方案五	29.82	31.5	190.15	133.21	32.46	16.9	17.29

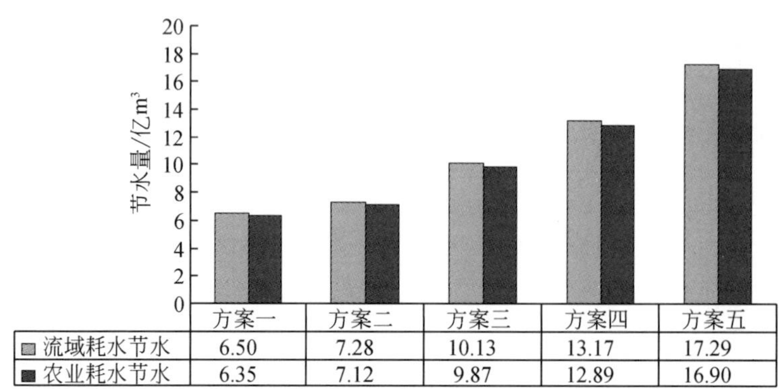

图 5-35　不同方案下的农业耗水量与流域耗水量

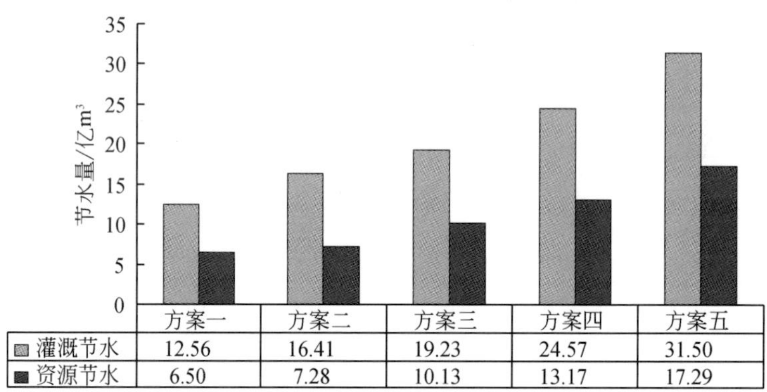

图 5-36　不同节水方案比较

从经济、技术、社会和生态四个方面评价各个综合方案的可行性见表 5-23。方案一和方案二在经济、技术、社会和生态四个方面基本上都可行，方案三小麦调亏灌溉达到 40% 实施起来较困难，棉花大面积地膜覆盖 80% 社会也较难接受，方案四除了面临技术和社会接受问题之外，流域土壤风蚀模数相对现状也有较大增加，方案五除了存在技术、社会和生态问题之外，大幅度提高渠系水利用效率在经济上不可行。因此，认为方案二是可行的流域节水潜力方案，流域农业节水潜力为 7. 12 亿 m^3，流域水资源节约潜力为 7. 28 亿 m^3。

表 5-23　徒骇马颊河流域农业节水综合方案合理性评价

方案	技术	经济	社会	生态
方案一	可行	合理	接受	良好
方案二	可行	合理	接受	良好
方案三	小麦调亏灌溉达到 40% 较难	合理	棉花地膜覆盖 80% 社会较难接受	良好
方案四	调亏灌溉实施 60% 不太可行	合理	玉米 100% 秸秆覆盖、果树 70% 喷微灌较难接受	良好，但对流域土壤风蚀稍有影响
方案五	调亏灌溉实施 80% 不可行	大幅提高渠系水利用系数，经济上不太合理	玉米覆盖 100%、棉花地膜覆盖 80% 社会难接受	良好，但对流域土壤风蚀稍有影响

(4) 推荐方案下不同尺度的农业节水潜力

推荐方案不同尺度的农业节水潜力如图 5-37 所示。作物节水潜力仅考虑小麦调亏灌溉情境下流域农业节水潜力，徒骇马颊河流域采取调亏灌溉节水主要井灌区小麦作物，其资源节水潜力与灌溉节水潜力的比例大约为 78%；田间节水潜力是指采取田间种植结构调整、小麦秸秆覆盖玉米和棉花地膜覆盖措施流域农业节水潜力，资源节水潜力与灌溉节水潜力的比例大约为 55%；灌区节水潜力是指采取渠系衬砌等提高渠系水利用效率、畦灌和喷微灌措施的流域节水潜力，资源节水潜力与灌溉节水潜力的比例大约为 33%；流域节水潜力是各种尺度节水潜力措施的综合体现，资源节水潜力与灌溉节水潜力比例大约为 44%。

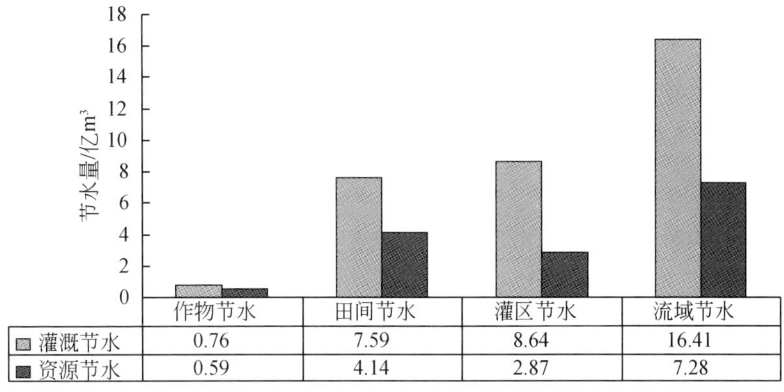

图 5-37 推荐方案不同尺度的农业节水潜力

5.3 海河流域农业节水潜力评估

5.3.1 海河流域农业耗用水与节水现状

5.3.1.1 海河流域农业耗用水现状

2005 年海河流域农业用水量 250.20 亿 m³（表 5-24），主要集中在水浇地，各水资源二级区中海河南系农业用水量最大，约占海河流域总用水量的一半。

表 5-24 2005 年海河流域水资源二级区农业用水情况表 （单位：亿 m³）

二级区	合计	水田	水浇地	菜田
滦河及冀东沿海	22.53	8.17	9.38	4.98
海河北系	42.2	2.91	22.22	17.07
海河南系	127.15	2.07	105.49	19.59
徒骇马颊河	58.32	1.43	45.13	11.76
海河流域	250.2	14.58	182.22	53.4

根据海河流域不同地区的小麦、玉米、棉花、蔬菜、水稻等作物的耗水量的实验资料，结合作物的实际播种面积，估算得到海河流域现状的耗水量见表 5-25，海河流域农田灌溉总耗水量为 709.48m^3。从耗水量的二级区分布来看，海河南系由于地域宽广耕地较多，耗水量较大，徒骇马颊流域由于基本无山地，耕地较多，耗水量也较大，滦河及冀东沿海由于山地较多耕地较少，耗水量最少。从各种作物的耗水量来看，小麦、玉米、蔬菜属于高耗水作物，小麦和蔬菜耗用大量的灌溉水，而玉米由于雨热同期，耗用的灌溉水较少。海河流域小麦耗水 177 亿 m^3、玉米耗水 191.5 亿 m^3，粮食作物总耗水量 449.7 亿 m^3，占到总耗水的 63.38%；棉花耗水 67.2 亿 m^3、蔬菜瓜果耗水 144.8 亿 m^3，经济作物总耗水 259.8 亿 m^3，占总耗水量的 36.62%。

表 5-25　2005 年海河流域二级区农业耗水量　　（单位：亿 m^3）

二级区	总耗水量	小麦	玉米	水稻	其他粮食作物	棉花	蔬菜瓜果	其他经济作物
滦河及冀东沿海	54.22	4.4	18.2	3.7	7.5	1.5	13.8	5.2
海河北系	111.79	9.9	35.6	2.5	21.1	3.5	27.6	11.7
海河南系	393.36	117.3	102.0	3.0	32.0	38.6	73.7	26.8
徒骇马颊流域	150.11	45.5	35.8	1.3	10.0	23.7	29.8	4.1
海河流域合计	709.48	177.0	191.5	10.6	70.5	67.2	144.8	47.7

5.3.1.2　海河流域农业节水现状

(1) 海河海流域种植结构现状

根据海河流域各省级行政区的统计资料，2005 年海河流域共有耕地面积15 980.1万亩，播种面积22 978.4万亩，复种指数 1.44，其中小麦、玉米、蔬菜的播种面积较大，耕地主要集中在河北、山东和山西地区（表 5-26）。

表 5-26　2005 海河流域按照省级行政区统计的种植结构　　（单位：万亩）

行政区	播种面积	小麦	玉米	水稻	其他粮食作物	棉花	蔬菜瓜果	其他经济作物	耕地面积
北京	477.0	80.0	179.6	1.2	27.6	2.7	144.5	41.6	350.1
天津	749.1	148.4	208.2	25.1	50.0	91.8	207.5	18.3	622.0
河北	12 995.1	3 443.4	4 027.1	127.3	1 496.7	978.6	1 818.6	1 103.4	8 983.4
山西	2 150.6	53.1	1 048.5	0.0	677.6	0.3	131.1	239.9	2 118.3
河南	1 983.5	765.3	483.4	52.7	105.2	84.5	257.6	234.9	1 118.3
山东	4 138.1	1 285.2	1 221.3	15.6	345.8	518.7	667.7	83.7	2 317.0
辽宁	25.9	0.2	14.8	0.0	5.5	0.0	3.8	1.7	26.0
内蒙古	459.1	49.3	193.4	0.0	113.9	0.2	27.9	74.4	445.0
合计	22 978.4	5 824.9	7 376.3	221.9	2 822.3	1 676.8	3 258.7	1 797.9	15 980.1

按照海河流域水资源二级区 2005 年的统计资料，海河流域主要播种面积集中在海河南系和徒骇马颊流域，两者播种面积占整个海河流域播种面积的 76.6%（表 5-27）。

表 5-27　2005 海河流域按照水资源二级区统计的种植结构　（单位：万亩）

二级区	播种面积	小麦	玉米	水稻	其他粮食作物	棉花	蔬菜瓜果	其他经济作物	耕地面积
滦河及冀东沿海	1 781.9	162.6	658.1	82.4	320.1	35.0	321.0	202.6	1 346
海河北系	3 599.0	295.7	1 200.1	49.0	901.4	96.3	599.0	457.6	3 290
海河南系	12 975.1	3 934.0	4 173.3	60.8	1 229.0	998.3	1 579.0	1 000.6	8 845
徒骇马颊流域	4 622.4	1 432.5	1 344.7	29.6	371.8	547.2	759.7	137.0	2 499
合计	22 978.4	5 824.8	7 376.2	221.8	2 822.3	1 676.8	3 258.7	1 797.8	15 980

（2）海河流域节水灌溉面积现状

海河流域节水灌溉始于 20 世纪 60 年代，主要对输水渠道进行衬砌，提高输水效率。80 年代以后，灌溉缺水日趋严重，农业节水得到了较快的发展，在平原渠灌区以渠道防渗为主，井灌区以低压管道为主，果树及大棚蔬菜以喷灌、微灌为主；山区以发展集雨水窖和微型节水灌溉工程为主。如图 5-38 所示，管道灌溉和喷灌呈稳步增长趋势，渠道防渗的发展面积在 1995 年以后由于投资等方面的原因呈现下降的趋势。

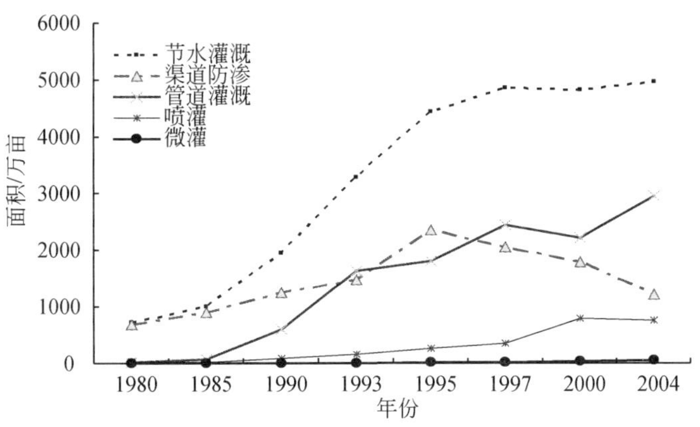

图 5-38　海河流域节水灌溉面积发展趋势

2005 年海河流域节水灌溉面积为 4962.95 万亩，其中渠道衬砌 1207.32 万亩，占总节水灌溉面积的 24.3%；管道输水面积 2951.3 万亩，占总节水灌溉面积的 59.5%；喷灌面积 759.84 万亩，占总节水灌溉面积的 15.3%；微灌面积 44.49 万亩，占总节水灌溉面积的 0.9%。北京的节水灌溉的程度最高，为 84.5%，山东最低，为 12%，全海河流域的节水灌溉率为 49%（表 5-28）。

表 5-28 海河流域现状节水灌溉面积

行政区	节水灌溉面积/万亩					节水灌溉率/%
	渠道衬砌	管道输水	喷灌	微灌	合计	
北京	100.1	173.4	171.4	18.9	463.8	84.5
天津	120.6	162	7.7	1.1	291.4	52
河北	459.6	2 208.8	550	24.4	3 242.8	51
河南	258.54	259.35	42.78	1.53	562.2	61.7
山东	39.97	160.5	23.33	5.17	228.97	12
山西	125.81	115.23	62.64	7.29	310.97	47
内蒙古	2.63	3.75	4.08	0.32	10.78	15
辽宁	0	1.79	1.76	0.03	3.58	29
流域合计	1 207.32	2 951.3	759.84	44.49	4 962.95	31.1

(3) 现状灌溉水利用系数

如表5-29所示，海河流域现状灌溉水利用系数除了北京地区较高，其他地区都为0.55~0.65，平均灌溉水利用系数为0.64。

表 5-29 海河流域现状农业灌溉水利用系数

北京	天津	河北	山西	河南	山东	内蒙古	辽宁	流域平均
0.74	0.62	0.64	0.65	0.61	0.65	0.58	0.55	0.64

5.3.2 海河流域农业节水基本思路

海河流域属于资源型缺水地区，农业节水技术的发展应以保障国家粮食安全与生态安全为前提，以提高农业用水效率为中心、田间节水为重点，发展农业节水高效科学技术，大幅度提高农业单方用水的产出（产量、产品、效益），建立符合本流域特色的节水高效农业技术体系和发展模式。

海河流域节水潜力的估算分为四个层次：作物节水潜力、田间节水潜力、灌区节水潜力和流域节水潜力。不同尺度的节水潜力措施主要包括小麦调亏灌溉作物节水措施，夏玉米秸秆覆盖、棉花膜下沟灌、设施蔬菜喷微灌、大田部分粮食作物、经济作物采用畦灌等田间节水措施，渠道衬砌、种植结构调整等灌区节水措施，以及田间节水对周围生态系统影响的区域综合节水潜力。在海河流域现状灌溉耗用水的情况下，考虑海河流域现状已实施的节水措施以及徒骇马颊流域计算结果，进行整个流域的节水潜力进行计算。本次分析的过程中主要对海河流域二级区各种作物的节水潜力进行估算。

5.3.2.1 节水方案设置

针对海河流域的农业灌溉现状，参考典型区域徒骇马颊流域的设置方案，对海河流域的节水潜力研究方案设置见表 5-30。

表 5-30 海河流域不同尺度节水措施方案设置

尺度	方案设置	方案一	方案二	方案三	方案四	方案五
作物节水	小麦调亏灌溉 10% 实施					
	小麦调亏灌溉 20% 实施	√	√			
	小麦调亏灌溉 40% 实施			√		
	小麦调亏灌溉 60% 实施				√	
	小麦调亏灌溉 80% 实施					√
田间节水	小麦秸秆覆盖玉米提高到 80%，棉花地膜覆盖 40%	√				
	小麦秸秆覆盖玉米提高到 80%，棉花地膜覆盖 60%		√			
	小麦秸秆覆盖玉米提高到 80%，棉花地膜覆盖 80%			√		
	小麦秸秆覆盖玉米提高到 100%，棉花地膜覆盖 60%				√	
	小麦秸秆覆盖玉米提高到 100%，棉花地膜覆盖 80%					√
	小麦减 5%，水稻减少 50%，调整成春玉米和其他粮食与经济作物	√				
	小麦减 10%，水稻减少 50%，调整成春玉米和其他粮食与经济作物		√			
	小麦减 15%，水稻减少 50%，调整成春玉米和其他粮食与经济作物					
	小麦减 5%，水稻减少 80%，调整成春玉米和其他粮食与经济作物			√		
	小麦减 10%，水稻减少 80%，调整成春玉米和其他粮食与经济作物				√	
	小麦减 15%，水稻减少 80%，调整成春玉米和其他粮食与经济作物					√
灌区节水	渠系水利用系数提高 0.03	√				
	渠系水利用系数提高 0.06			√		
	渠系水利用系数提高 0.09		√		√	
	渠系水利用系数提高 0.12					√
	油菜、大豆、高粱、谷子、花生等作物采用沟畦灌溉	√	√	√	√	√
	蔬菜瓜类喷微灌面积比例 40% 实施	√				
	蔬菜瓜类喷微灌面积比例 60% 实施		√	√		
	蔬菜瓜类喷微灌面积比例 80% 实施					√

5.3.2.2 方案设置说明

针对上述海河流域不同尺度的节水潜力的措施的设定，对设定的作物节水措施、田间节水措施、灌区节水措施和流域节水措施分别进行简单的说明。海河流域不同尺度的节水措施除了果树由于统计资料不完整而不做考虑外，其他节水措施的采用和实施比例与徒骇马颊河流域保持一致。同时由于对各个方案的技术、经济、社会和生态方面的合理性评价已在徒骇马颊流域进行了说明，因此不再进行解释，个别方案措施的选择根据海河流域的实际情况进行调整。

（1）作物节水措施

作物节水措施主要考虑冬小麦的灌关键水节水措施，从该措施在徒骇马颊流域和海河流域的实施效果来说比较理想，但目前推行的比例较小，由于海河流域粮食作物是主要的作物，而小麦占的比例也比较大，如果能够得到良好的推广，节水潜力较大，整个海河流域除了徒骇马颊流域外，采用栾城的试验资料进行分析。方案设置为：10%、20%、40%、60%和80%。

（2）田间节水措施

田间节水措施主要考虑农艺和种植结构调整两个方面的节水措施。

1）农艺节水措施。农艺节水措施主要考虑冬小麦秸秆覆盖夏玉米、棉花的膜下沟灌技术以及其他大田粮食作物和经济作物采用沟灌的节水措施。冬小麦秸秆覆盖夏玉米，海河南系以栾城资料进行计算，海河北系以天津袁庄资料进行分析，其他以徒骇马颊流域为参考进行计算，冬小麦秸秆覆盖夏玉米资源节水量为40～70mm，灌溉节水量大概为60～75mm，因地区而异；棉花采用膜下灌，由于海河流域这方面的实验成果比较少，故采用徒骇马颊流域计算成果。方案设置：由于目前秸秆覆盖在海河流域实施的比例较大，因此冬小麦秸秆覆盖夏玉米方案设置为80%实施和100%实施，棉花膜下灌方案设置为40%实施、60%实施和80%实施。

2）种植结构调整。从目前海河流域的种植结构来看，小麦和水稻属于高耗水的粮食作物，小麦的种植比例较大，而水稻不适宜在水资源短缺的海河流域保留较大面积，从目前的发展趋势来看，“冬小麦+夏玉米”复种调整为春玉米是目前比较好的发展趋势，在耗水量减少的同时，对农民收入产出影响不大，水稻主要考虑调整为棉花，棉花虽然耗水量较大，但灌溉与降水同期，灌溉需水量较小。因此种植结构调整节水方案设置为减小冬小麦5%、10%和15%，水稻减少50%和100%。

（3）灌区节水措施

灌区节水潜力主要考虑渠道衬砌和采取工程节水技术带来的节水潜力，采用徒骇马颊流域资料按比例进行折算。

工程节水技术主要考虑设施蔬菜采用喷微灌，海河流域设施蔬菜的种植面积占到蔬菜总种植面积的10%左右，采用徒骇马颊流域的节水效果，资源节水量80mm，灌溉节水量约为150mm，具体方案设置为40%实施、60%实施、80%实施和100%实施。

（4）流域节水措施

流域节水措施是将不同尺度的农业节水措施综合起来，形成不同的节水方案集，流域节水潜力分析要考虑不同节水措施之间的耦合关系、水在不同尺度的重复利用等问题，同时要考虑采取节水措施对周围的生态环境产生的相应影响情况，得到最优节水方案集下的节水能力就是流域的农业节水潜力。

5.3.3 海河流域农业节水潜力预测

河海流域农业节水潜力的研究，是将WACM模型在徒骇马颊河流域的运用成果推广到整个海河流域，选择适合不同二级区的作物、田间、灌区和流域不同尺度的节水措施，求得整个海河流域不同尺度的实际资源节水潜力和灌溉节水潜力。

从目前的种植结构来看，海河流域高耗水的冬小麦的种植比例依然较大，需要进行削减，但从区域粮食安全的角度来看削减的比例不宜过大；水稻也是高耗水的作物，但种植的面积不大，可以考虑逐步取消；其他作物由于基本与雨热同期，耗用灌溉水的量不大，可以从作物生理节水措施、田间农艺节水措施和工程节水措施等方面进行灌溉和资源节水。

对于作物、田间、灌区和流域不同的尺度，分别选用如上所述的适合的节水措施和实施比例计算不同尺度的资源和灌溉节水潜力，海河流域不同尺度节水措施对应的资源和灌溉耗水潜力是在二级区资源节水潜力和灌溉节水潜力计算的基础上得到的。

(1) 作物尺度

根据徒骇马颊河流域作物尺度节水潜力，推算得到海河流域作物尺度的节水潜力效果如下，小麦调亏灌溉实施比例为10%～80%，灌溉节水潜力的变化范围为2.57亿～21.02亿m^3，资源节水潜力的变化范围为2.20亿～16.93亿m^3（表5-31）。

表5-31 海河流域作物生理节水潜力 （单位：亿m^3）

尺度	措施	灌溉用水	灌溉节水	耗水量	农业耗水节水量	总耗水节水量
	现状	250.20	0.00	709.68	—	—
作物节水	小麦调亏灌溉10%实施	247.63	2.57	707.89	1.79	2.20
	小麦调亏灌溉20%实施	245.01	5.19	706.05	3.63	4.16
	小麦调亏灌溉40%实施	239.65	10.55	702.28	7.40	8.48
	小麦调亏灌溉60%实施	234.37	15.83	698.57	11.11	12.75
	小麦调亏灌溉80%实施	229.18	21.02	694.94	14.74	16.93

(2) 田间尺度

田间尺度各作物的实施比例与徒骇马颊河流域相同，包括小麦秸秆覆盖下玉米80%和100%和，棉花地膜覆盖40%、60%和80%。小麦面积调整和水稻面积，按照不同的调整比例调整，田间尺度的灌溉节水潜力的变化范围为5.20亿～33.88亿m^3，资源节水潜力为3.21亿～17.81亿m^3（表5-32）。

表5-32 田间尺度节水潜力分析 （单位：亿m^3）

田间尺度	措施	灌溉用水	灌溉节水	耗水量	农业耗水节水量	总耗水节水量
	现状	250.20	0.00	709.68	—	—
田间节水	小麦秸秆覆盖玉米提高到80%，棉花地膜覆盖40%	245.00	5.20	706.74	2.94	3.21
	小麦秸秆覆盖玉米提高到80%，棉花地膜覆盖60%	243.55	6.65	705.92	3.76	4.13
	小麦秸秆覆盖玉米提高到80%，棉花地膜覆盖80%	241.89	8.31	705.04	4.64	5.09
	小麦秸秆覆盖玉米提高到100%，棉花地膜覆盖60%	240.19	10.01	703.96	5.72	6.26
	小麦秸秆覆盖玉米提高到100%，棉花地膜覆盖80%	238.43	11.77	703.02	6.66	7.32

续表

田间尺度	措施	灌溉用水	灌溉节水	耗水量	农业耗水节水量	总耗水节水量
	现状	250.20	0.00	709.68	—	—
田间节水	小麦减5%，水稻减少50%，调整成春玉米和其他粮食与经济作物	227.72	22.47	700.01	9.67	11.09
	小麦减10%，水稻减少50%，调整成春玉米和其他粮食与经济作物	228.02	22.18	699.87	9.81	11.13
	小麦减15%，水稻减少50%，调整成春玉米和其他粮食与经济作物	220.14	30.06	695.61	14.07	16.02
	小麦减5%，水稻减少80%，调整成春玉米和其他粮食与经济作物	232.16	18.04	702.01	7.67	8.71
	小麦减10%，水稻减少80%，调整成春玉米和其他粮食与经济作物	224.28	25.92	698.12	11.56	13.14
	小麦减15%，水稻减少80%，调整成春玉米和其他粮食与经济作物	216.31	33.88	694.03	15.65	17.81

(3) 灌区尺度

灌区尺度主要考虑的是渠系衬砌和工程节水措施，渠系水利用系数提高0.03～0.12，蔬菜瓜果采取喷微灌等，实施的效果是灌区尺度的灌溉节水潜力为5.66亿～22.66亿m^3，资源节水潜力为0.76亿～7.78亿m^3（表5-33）。

表5-33 灌区尺度节水潜力分析 （单位：亿m^3）

尺度	措施	灌溉用水	灌溉节水	耗水量	农业耗水节水量	总耗水节水量
	现状	250.2	0.00	709.68	—	—
灌区节水	渠系水利用系数提高0.03	244.53	5.66	709.12	0.56	0.76
	渠系水利用系数提高0.06	238.81	11.39	708.55	1.13	1.49
	渠系水利用系数提高0.09	233.03	17.16	707.98	1.70	2.21
	渠系水利用系数提高0.12	227.54	22.66	707.51	2.17	2.85
	油菜、大豆、高粱、谷子、花生等作物采用沟畦灌溉	238.89	11.31	705.49	4.19	4.97
	蔬菜瓜类喷微灌面积比例40%实施	243.80	6.40	706.61	3.07	3.38
	蔬菜瓜类喷微灌面积比例60%实施	239.52	10.68	705.00	4.68	5.29
	蔬菜瓜类喷微灌面积比例80%实施	234.41	15.79	702.81	6.87	7.78

(4) 流域尺度

流域尺度的节水潜力是各个尺度不同节水措施的节水潜力在流域尺度上的综合体现，根据前面设定的方案，得到五种不同方案下的灌溉节水和资源节水潜力，如表 5-34 所示。灌溉节水潜力的变化范围为 52. 40 亿 ~ 107. 52 亿 m³，资源节水潜力的变化范围为 25. 98 亿 ~ 55. 02 亿 m³。

表 5-34　流域节水潜力分析　　（单位：亿 m³）

尺度	措施	灌溉用水	灌溉节水	耗水量	农业耗水节水量	总耗水节水量
	现状	250. 20	0. 00	709. 68	—	—
流域	方案一	197. 79	52. 40	685. 61	24. 07	25. 98
	方案二	178. 63	71. 56	683. 28	26. 40	28. 88
	方案三	183. 17	67. 02	680. 21	29. 47	31. 33
	方案四	162. 35	87. 85	668. 43	41. 25	45. 29
	方案五	142. 68	107. 52	659. 40	50. 28	55. 02

5. 3. 3. 1　方案分析

综合比较不同方案，从技术、经济、社会和生态的角度综合分析看来，方案一和方案三是可行的方案，因此实施这些节水措施的节水能力应该介于最小节水潜力和可能节水潜力之间的，方案一是最小的节水潜力，实施相应节水措施的效果必定大于这一基础值，因此推荐方案二作为海河流域的节水潜力，相应的资源节水潜力是 28. 28 亿 m³，灌溉节水潜力是 70. 60 亿 m³（图 5-39）。

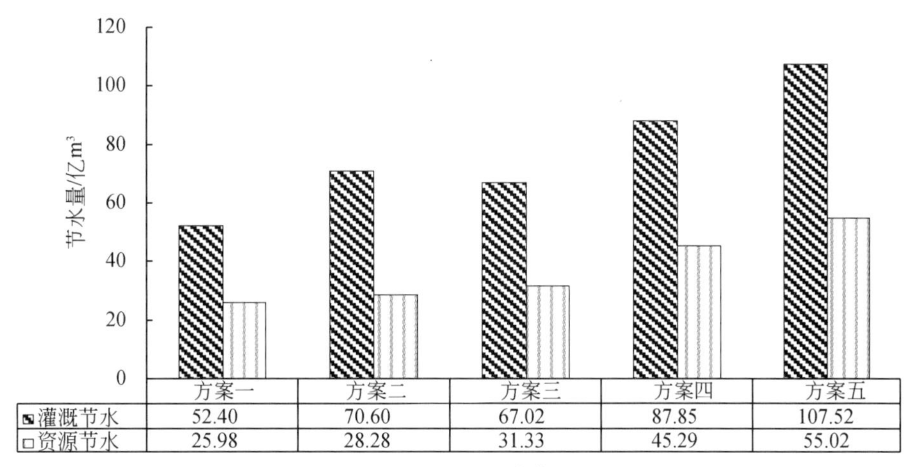

图 5-39　不同集成方案的灌溉和资源节水量

5.3.3.2 方案推荐

根据上面五个方案的计算结果，方案二是所选方案中最可能实现的，比较符合海河流域节水现状和未来发展趋势的节水方案，同时从保护生态和减少土壤风蚀的角度考虑也是比较合理的，方案二是不同二级区的资源节水和灌溉节水量，如图 5-40 所示。图 5-41 为方案二下不同尺度的农业节水潜力，海河南系由于耕地面积较大，灌溉和资源节水潜力在整个海河流域都比较大。从作物、田间和灌区三个尺度的节水措施的节水效果来看，灌区尺度的灌溉节水潜力最大，但田间尺度的资源节水潜力最大（表 5-35）。

表 5-35 推荐方案不同尺度的节水潜力 （单位：亿 m^3）

尺度	灌溉节水					资源节水				
	滦河及冀东沿海	海河北系	海河南系	徒骇马颊流域	海河流域	滦河及冀东沿海	海河北系	海河南系	徒骇马颊流域	海河流域
现状	22.53	42.2	127.15	58.32	250.20	54.22	111.79	393.36	150.11	709.48
作物节水	0.10	0.19	3.51	0.76	4.56	0.08	0.16	2.74	0.59	3.56
田间节水	4.54	2.85	12.66	7.59	27.64	2.11	1.70	7.07	4.14	15.02
灌区节水	3.09	7.31	20.36	8.64	39.40	0.92	2.08	6.09	2.87	11.96
流域节水	7.68	10.84	35.68	16.41	70.60	2.99	3.95	14.07	7.28	28.28

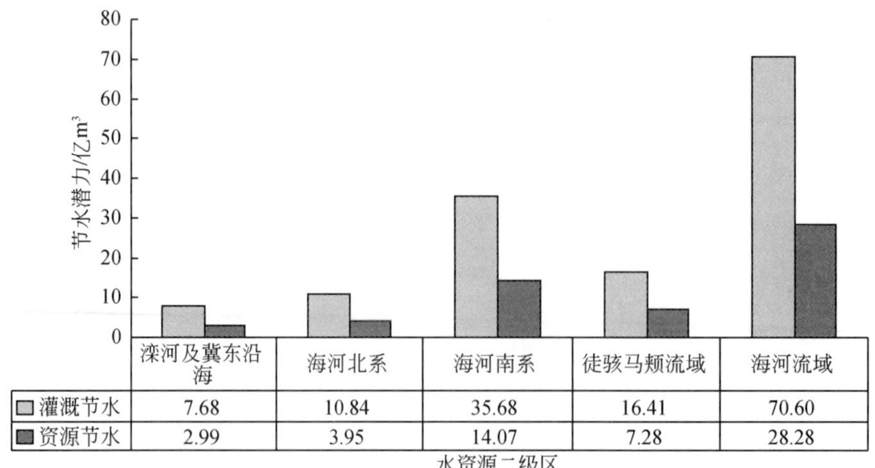

图 5-40 推荐方案不同二级区综合节水潜力

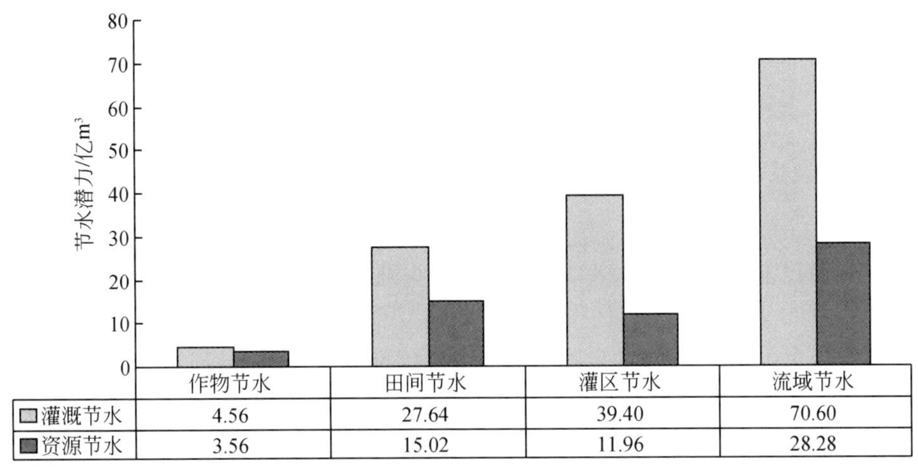

图 5-41　推荐方案不同尺度节水潜力

第6章 海河流域农业高效用水标准与模式

海河流域是我国政治、经济和文化中心，在我国经济发展中占有重要的战略地位。然而与此不相匹配的是，海河流域是我国水资源最为紧缺的地区，以不足全国1.3%的水资源量，担负着占全国10%的人口、11%的耕地、12%的粮食生产以及13%的GDP用水任务，水资源供需矛盾非常突出。农业是该流域的用水大户，因此在海河流域水资源有限条件下，如何确定农业高效用水标准与节水高效用水模式显得尤为重要。为此，研究作物需水规律，对流域进行节水灌溉分区，进而确定不同分区适宜的作物经济灌溉定额，并基于经济灌溉定额设计作物的经济灌溉制度，同时开发基于WebGIS的作物需水信息查询和灌溉决策支持系统，为广大用户提供诸如作物需水量、灌溉需水量、充分与非充分灌溉定额等方面的基础数据与信息，对于指导该地区科学用水、制定节水灌溉发展策略及水资源利用策略、促进农业的可持续发展具有重要的理论与现实意义。

6.1 海河流域作物需水量和冬小麦产量反应系数的空间分异规律

6.1.1 海河流域参考作物需水量与冬小麦和夏玉米需水量的空间分异规律

作物需水量从理论上说是指生长在大面积上的无病虫害作物，土壤水肥适宜时，在给定的生长环境中能取得高产潜力的条件下，为满足植株蒸腾、棵间蒸发组成植株体所需要的水量。但在实际中由于组成植株体的水分只占总需水量中很微小的一部分（一般小于1%），而且这一小部分的影响因素较复杂，难于准确确定，因此人们近似地认为作物需水量在数量上就等于高产水平条件下植株蒸腾量和棵间蒸发量之和，即所谓的“蒸发蒸腾量”（康绍忠和蔡焕杰，1996）。

作物需水量是制定流域规划、灌溉工程规划设计及管理的基本依据。作物需水量的计算方法大致可归纳为两大类，一类是直接计算法，另一类是间接计算法。直接计算法的经验公式由于具有较强的区域局限性，其使用范围受到很大的限制。间接计算法是通过参考作物蒸发蒸腾量与作物系数的乘积得到的。目前，国际上较通用的是间接法计算作物需水量。参考作物蒸发蒸腾量（ET_0）是假设作物高度为0.12m，并且有固定的地表阻力γ_s=70s/m和反射率α=0.23的假想参考作物的蒸发蒸腾率，相当于一高矮整齐、生长旺盛，完全覆盖地面并不缺水的开阔绿草地的蒸发蒸腾量（康绍忠和蔡焕杰，1996）。ET_0的计算方法众多，目前应用最多的是联合国粮食及农业组织（FAO）灌溉排水丛书第56分册

(FAO-56) 推荐的 Penman-Monteith 方法。史海滨等 (2000)、孙景生等 (2002)、Allen 等 (1994)、Abdelhadi 等 (2000)、Droogers 和 Allen (2002) 等将 Penman-Monteith 方法与实测值或与 Farbrother、Penman、Blaney-Criddle 等公式计算结果对比，均认为 Penman-Monteith 方法的计算结果比较接近实际值，适用范围广。因此，在海河流域作物需水量计算中主要应用 Penman-Monteith 方法计算 ET_0，并采用间接法通过 ET_0与作物系数的乘积计算作物需水量，计算公式为 (Allen，1998)

$$ET_0 = \frac{0.408\Delta(R_n - G) + \gamma \frac{900}{T + 273} u_2 (e_s - e_a)}{\Delta + \gamma(1 + 0.34u_2)} \tag{6-1}$$

$$ET_c = K_c \times ET_0 \tag{6-2}$$

式中，ET_0为参考作物蒸发蒸腾量 (mm/d)；R_n为植被表面净辐射量 [$MJ/(m^2 \cdot d)$]；G 为土壤热通量 [$MJ/(m^2 \cdot d)$]；Δ 为饱和水汽压–温度关系曲线的斜率 (kPa/℃)；γ 为湿度计常数 (kPa/℃)；T 为空气平均温度 (℃)；u_2为在地面以上 2m 高处的风速 (m/s)；e_s为空气饱和水汽压 (kPa)；e_a为空气实际水汽压 (kPa)；K_c为作物系数。

本研究基于海河流域 162 个气象站的气象资料，应用 Penman-Monteith 公式计算了多年平均 ET_0；基于收集到的不同灌水处理田间非灌溉试验资料，选择灌水充分、产量较高的处理，将其各生育阶段耗水量与相应的参考作物蒸发蒸腾量的比值确定为各阶段 K_c，从而利用间接法获得海河流域冬小麦、夏玉米的多年平均作物需水量 (ET_c)。

上述获得的 ET_0与 ET_c均是点尺度上的值，然而在实际运用中无论是农田水利工程的规划、设计和管理还是地区间水量水权分配，跨流域引水、调水的决策，实际上需要的都是不同尺度的区域作物需水量。因此，需要进行点面尺度转换，用于点面尺度转换的空间插值方法很多，没有绝对最优的插值方法，只有特定条件下的最优方法。本研究首先基于地理信息系统 (GIS) 技术采用目前应用较多的反距离加权插值 (IDW) 和普通克里格 (Ordinary Kriging) 方法分别对 ET_0进行空间插值，并利用交叉验证法，以均方根误差 (RMSE) 作为主要的评估标准，对两种方法的插值结果进行比较，得到两者的 RMSE 分别为 8.51% 和 6.45%，可见 Ordinary Kriging (OK) 方法的插值效果最好，从而基于该方法确定了海河流域多年平均 ET_0、冬小麦和夏玉米需水量的空间分布，如图6-1、图6-2 和图 6-3 所示。

海河流域多年平均冬小麦全生育期 ET_c变化范围为 260 ~ 575mm，赤峰市、二连浩特市、秦皇岛市部分地区、朝阳市以及葫芦岛市为低值区 (260 ~ 295mm)，沧州市、滨州市部分地区以及北京市区为高值区 (540 ~ 575mm)；多年平均夏玉米全生育期 ET_c变化范围为 270 ~ 555mm，赤峰市、二连浩特市、邯郸市部分地区、榆社市榆社县以及聊城市区为低值区 (270 ~ 310mm)，大同市区、大同县、朔州市怀仁县、忻州市区为高值区 (510 ~ 555mm)。

在作物需水量空间分布的基础上，根据水量平衡原理确定作物净灌溉需水量，由于流域大部分地区地下水埋深在 10m 以下，作物对地下水利用量可忽略不计，采用式 (6-3) 计算作物净灌溉需水量 (I)，即

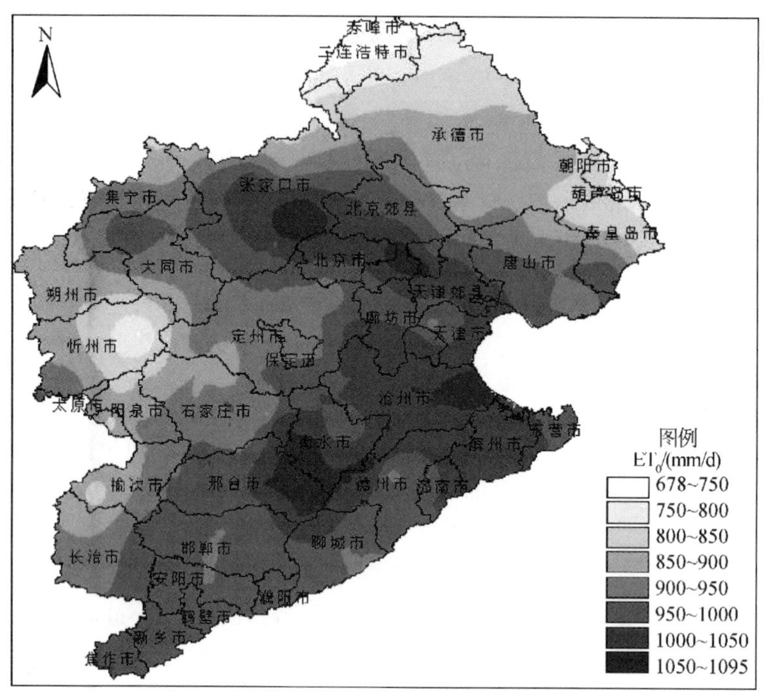

图 6-1　多年平均 ET_0空间分布

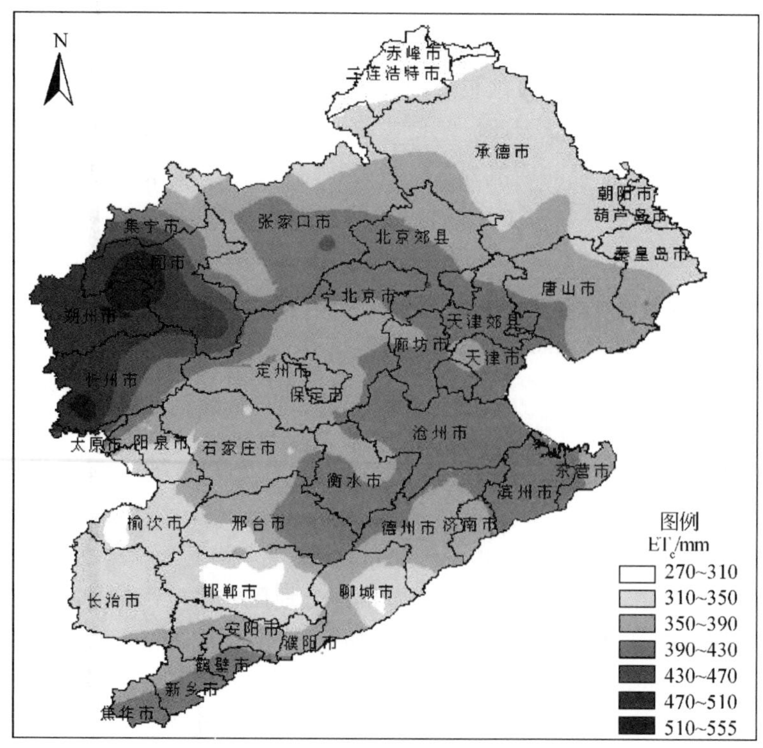

图 6-2　多年平均冬小麦 ET_c空间分布

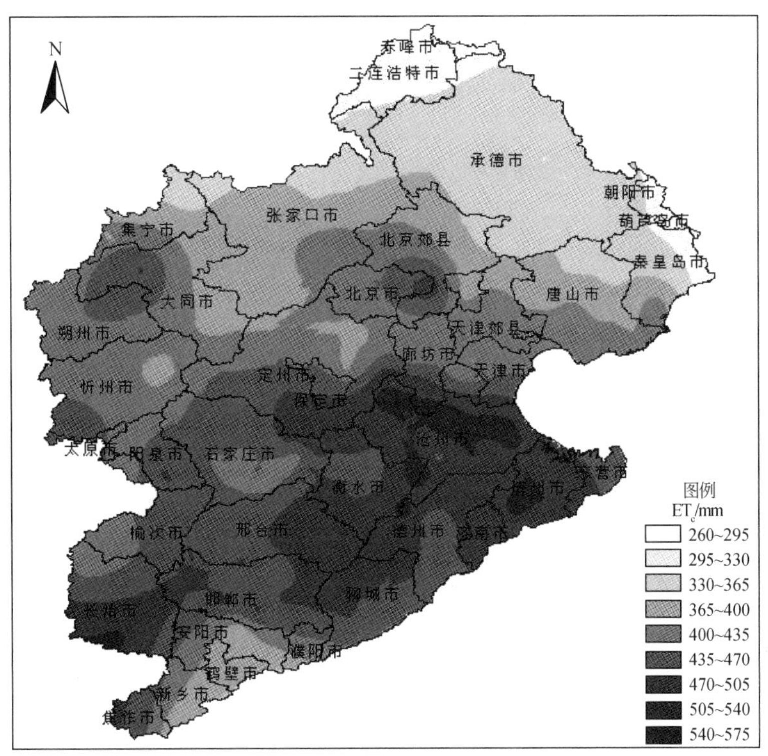

图6-3　多年平均夏玉米ET_c空间分布

$$I = ET_c - P_e \tag{6-3}$$

式中，P_e为作物生育期内有效降雨量（mm）。利用OK法对冬小麦、夏玉米多年平均净灌溉需水量进行空间插值，获得如图6-4、图6-5所示的空间分布图。两种作物净灌溉需水量在流域范围内的变化分别为80～460mm和20～240mm。

6.1.2　作物产量反应系数（K_y）及其空间分异规律

作物产量反应系数（K_y，也称减产系数）是实施有效灌溉和优化配水的重要基础。K_y值是在不同水分处理的田间非充分灌溉试验基础上，根据Stewart模型（Doorenbos and Kassam，1979）确定的，公式为

$$1 - \frac{Y_a}{Y_m} = K_y\left(1 - \frac{ET_a}{ET_m}\right) \tag{6-4}$$

式中，Y_a为水分亏缺处理的作物产量（kg/hm^2）；ET_a为对应于Y_a处理的作物耗水量（mm）；Y_m和ET_m分别为充分供水处理的作物产量和耗水量。$1-Y_a/Y_m$为相对减产量，$1-ET_a/ET_m$为相对蒸发蒸腾亏缺量。利用回归分析确定$1-Y_a/Y_m$和$1-ET_a/ET_m$之间的关系曲线，则回归线的斜率即为所要求的K_y值。

对于特定的水管理条件下、特定年份、单个站点的K_y已有了大量相关的研究，FAO

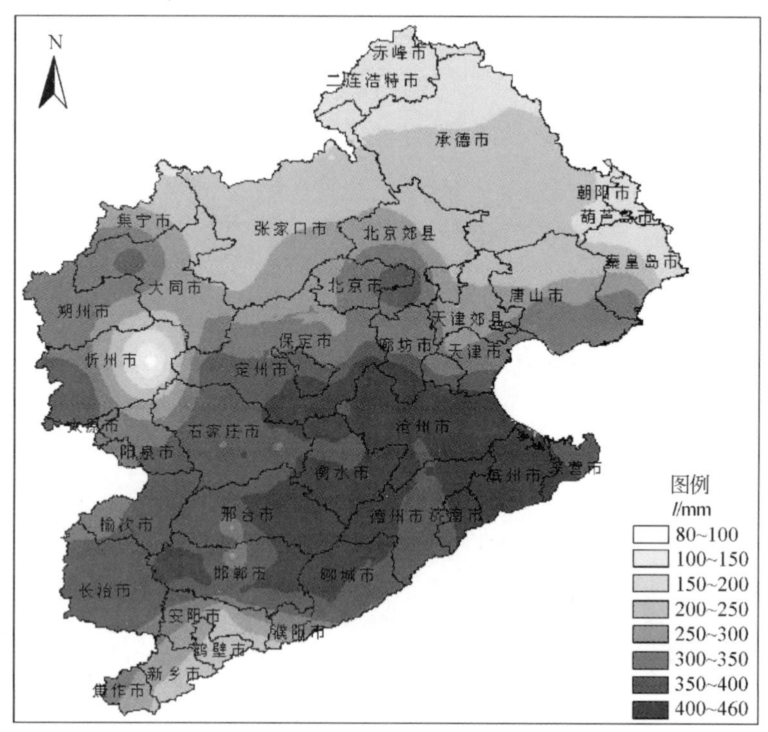

图 6-4　多年平均冬小麦 *I* 空间分布

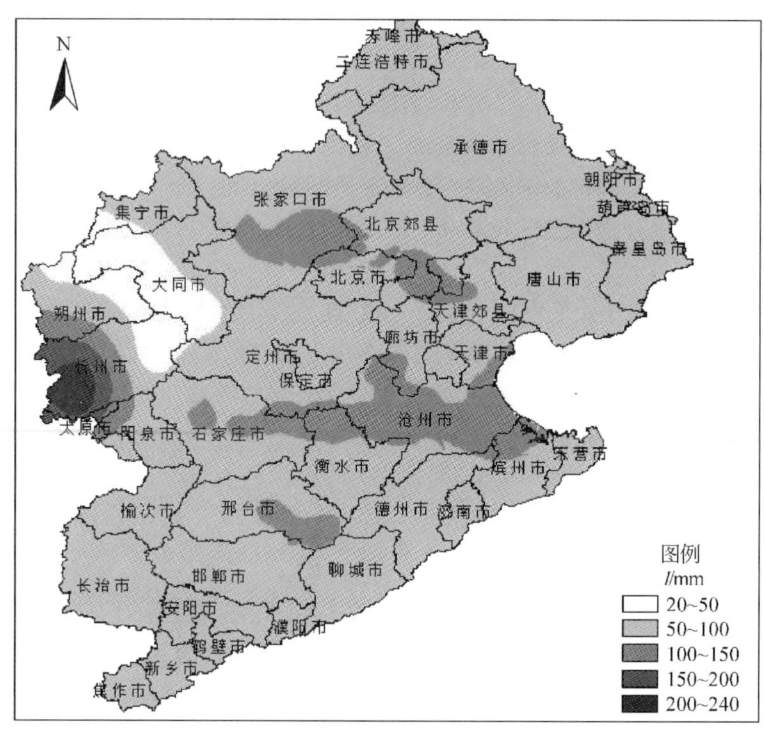

图 6-5　多年平均夏玉米 *I* 空间分布

给出了十几种不同作物全生育期及各生育阶段的 K_y 值，其中冬小麦、夏玉米和棉花的全生育期 K_y 值分别为 1.0、1.25 及 0.85（Doorenbos，1979）。不同研究的 K_y 值有较大差异，如 Rajput 和 Singh（1986）通过对分布于印度全国范围内的 7 个试验站同一品种小麦的 9 年试验资料进行分析，得到小麦全生育期 K_y 值为 0.78～1.56，而 Sezen 和 Yazar（2006）以及 Dehghanisani 等（2009）对冬小麦全生育期 K_y 值的研究结果分别为 1.01 和 1.03～1.22；Kipkorir 等（2002）、Dağdelen 等（2006）、Oktem（2008）和 Dehghanisani 等（2009）研究了不同地区玉米全生育期 K_y 值，结果分别为 1.21、1.04、0.82～1.43 和 1.03～1.46。然而所有这些研究都仅局限于单点尺度上，而 K_y 在空间尺度上存在明显的变异。研究表明，不同地域 K_y 值主要受到气象因素等环境条件的影响，且 K_y 与表征气象要素的指标 ET_0 存在着某种经验关系。海河流域范围比较大，需要科学灌溉的地域较多，单点尺度所取得的 K_y 值可能无法直接应用于其他地区，需要将 K_y 从点尺度向面尺度进行扩展，有关这方面的研究还鲜有报道，茆智等（2003）通过建立 K_y 与 ET_0、土壤有效含水率之间的函数关系获得广西和湖北各县的水稻 K_y 值，并利用 surfer 软件绘制了广西和湖北水稻 K_y 的等值线图。

本研究基于海河流域内多个试验站点的田间灌溉试验资料，利用 Stewart 模型（Doorenbos and Kassam，1979），通过回归分析，获得各个站点冬小麦全生育期 K_y 值。并将所获得的 K_y 值与表征气象要素的指标（生育期 ET_0）在数值上建立函数关系，对于缺乏试验资料的其他站点，可通过 ET_0 推算作物 K_y 值，基于 ET_0 的空间分布图，利用建立的函数关系推求 K_y 的空间分布。结合 ArcGIS 9.2 及 GeoDa 软件的空间分析及空间统计功能，建立 K_y 四分位图分析其区域差异；以 Moran's I 方法及 LISA 方法分析 K_y 的全局空间自相关性及局域空间自相关性，研究其空间集聚特征；计算 K_y 不同方向和不同空间距离范围的空间自相关值，探讨 K_y 在全方向上（ISO）以及东—西（E—W）、东北—西南（EN—WS）、南—北（S—N）及东南—西北（ES—WN）4 个方向上空间自相关随点对间距离的变化特征。

6.1.2.1 冬小麦 K_y 与生育期 ET_0 的关系

由田间试验资料，算得海河流域多个站点冬小麦生育期 K_y 值，将生育期 K_y 与 ET_0 构建函数关系，经过拟合及比较，以 R^2（决定系数）最大及 Norm（残差平方和再开平方）最小为原则，得出生育期 K_y 与 ET_0 呈如下的指数函数关系，即

$$K_y = 0.6994 + 0.0049e^{0.0077ET_0} \quad (R^2 = 0.6217,\ \mathrm{Norm} = 0.1089) \tag{6-5}$$

6.1.2.2 冬小麦 K_y 的空间分布

根据全国作物需水量研究协作组的分析研究，从作物需水的角度出发，大气干湿程度的指标宜用参考作物需水量 ET_0 来表征，并可通过 ET_0 的频率分析，确定各年的水文年类型。将 Penman-Monteith 公式计算得到的长时间序列（1950～2005 年）的生育期 ET_0 按从大到小的顺序进行排频，确定 ET_0 频率分别为 25%、50% 及 75% 的三个典型生长季，分别代表干旱、中等及湿润类型。基于 25%、50% 和 75% 三个典型生长季及多年平均冬小麦

生育期 ET_0 的空间分布图，依据式（6-5），利用 ArcGIS 9.2 推求出对应的 K_y 空间分布图（图 6-6）。

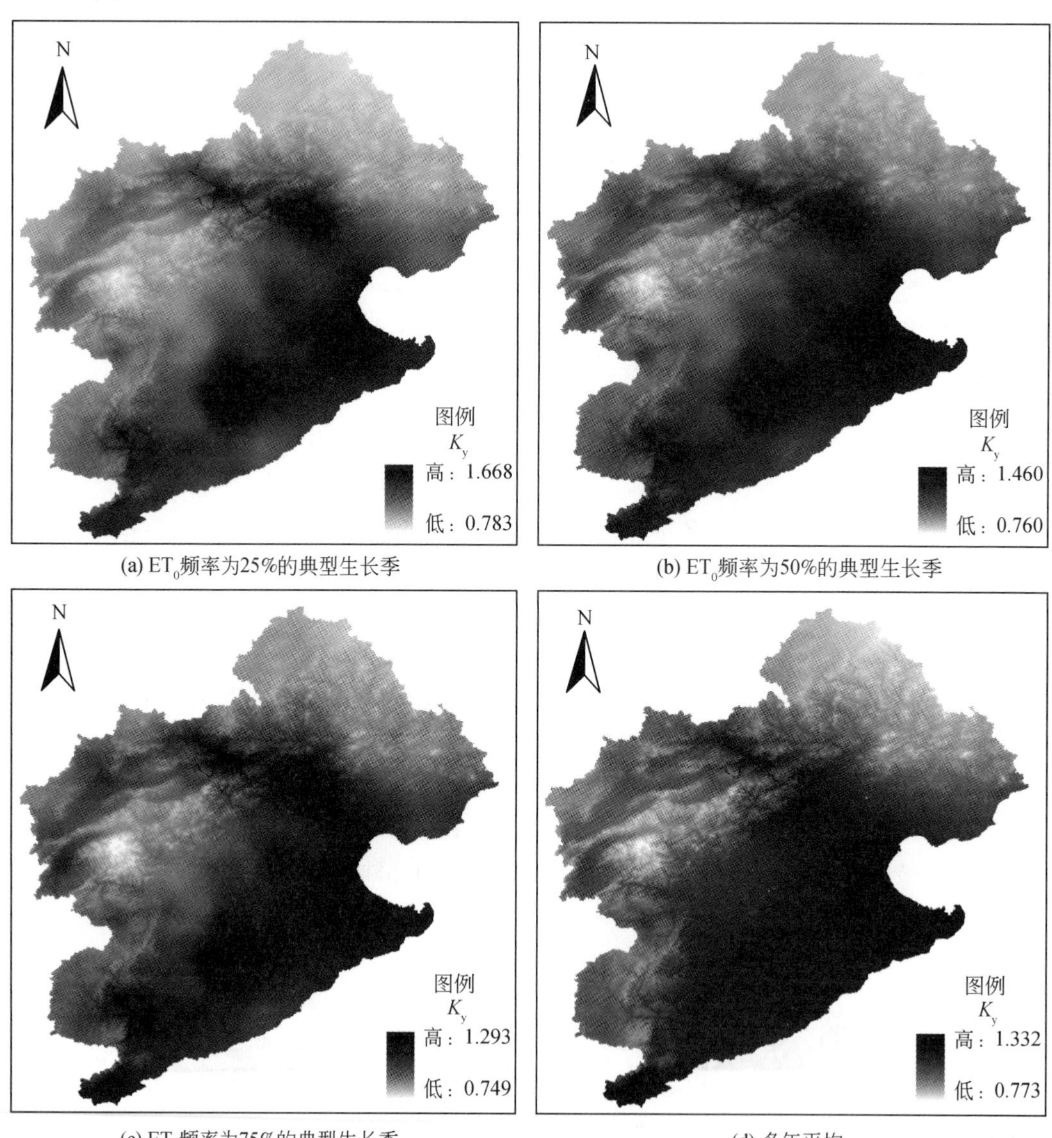

(a) ET_0 频率为25%的典型生长季

(b) ET_0 频率为50%的典型生长季

(c) ET_0 频率为75%的典型生长季

(d) 多年平均

图 6-6　海河流域冬小麦 K_y 的空间分布

由图 6-6 可知，冬小麦 K_y 值在空间上呈现从西部和北部山地向东南部平原地区增大的趋势，对应于频率为 25%、50% 和 75% 的典型生长季，K_y 在空间上的变化范围分别为 0.783～1.668、0.760～1.460 和 0.749～1.293，多年平均 K_y 在 0.773～1.332 变化。从图 6-6 也可以看出，干旱类型的典型生长季 K_y 值比湿润类型的要大，即天气越干旱，作物产量对水分亏缺的敏感性越大。

6.1.2.3 海河流域冬小麦 K_y 的县域差异

结合 ArcGIS 9.2 及 GeoDa 的空间分析和空间统计方法，将前面得到的 K_y 数据与海河流域县域行政区划图形数据进行连接。依据相似性最大的数据分在同一级、而差异性最大的数据分在不同级的原则，绘制 K_y 的四分位图（图 6-7），将海河流域县域 K_y 值划分为 4 种不同的类型（表 6-1）。

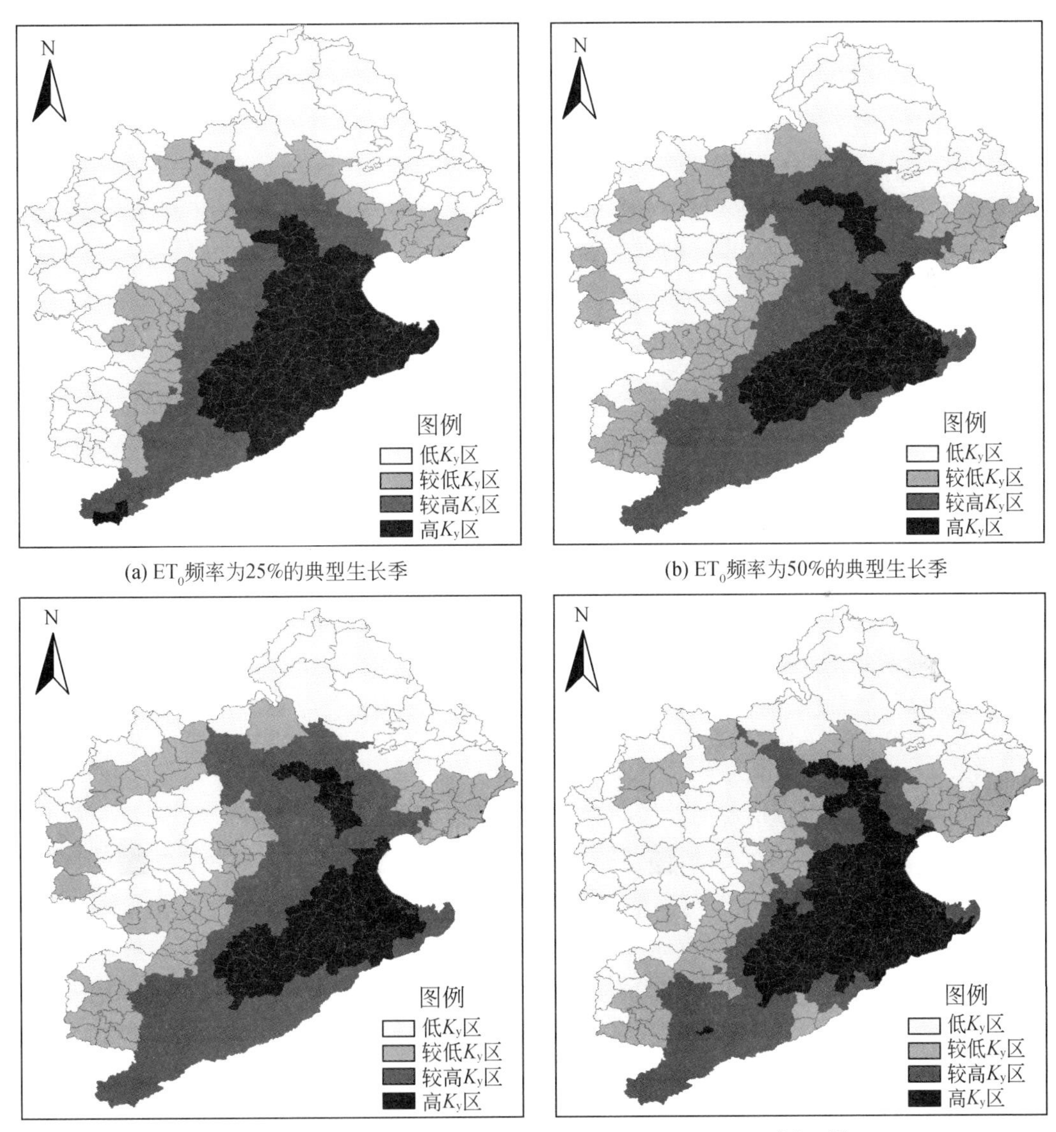

图 6-7 海河流域县域 K_y 差异分布

表 6-1　四种不同类型 K_y 的取值范围

项目	多年平均	典型生长季 ET_0 频率		
		25%	50%	75%
低 K_y 区	<0.985	<1.035	<0.950	<0.900
较低 K_y 区	0.985～1.090	1.035～1.190	0.950～1.055	0.900～0.980
较高 K_y 区	1.090～1.165	1.90～1.295	1.055～1.185	0.980～1.075
高 K_y 区	>1.165	>1.295	>1.185	>1.075

6.1.2.4　冬小麦 K_y 的空间相关性和集聚性分析

为了分析 K_y 的空间分布格局，需要利用空间统计量进行空间相关性和集聚性分析。Moran's I 是应用较广泛的一种空间自相关性判定指标，其计算公式为（张仁铎，2005）

$$I = \frac{\sum_{i=1}^{n}\sum_{j=1}^{n} W_{ij} \times (X_i - \bar{X})(X_j - \bar{X})}{\sum_{i=1}^{n}\sum_{j=1}^{n} W_{ij} \times \frac{1}{n}\sum_{i=1}^{n}(X_i - \bar{X})^2} \tag{6-6}$$

式中，W_{ij}表示区位相邻矩阵，$W_{ij}=1$ 代表空间单元相邻，$W_{ij}=0$ 代表空间单元不相邻。Moran's I 值介于-1～1，大于 0 为正相关，小于 0 为负相关，且值越大表示空间分布的相关性越大，即空间上聚集分布的现象越明显；反之，值越小代表空间分布相关性越小，而当值趋于 0 时，代表此时空间分布呈现随机分布的情形。

全局空间自相关是对属性值的整体分布状况的描述，判断其在空间上是否有聚集特性存在，可以衡量区域之间整体上的空间关联与空间差异程度。对于多年平均和频率为 25%、50%、75% 的典型生长季 K_y，采用 Moran's I 指数法，计算得到的 Moran's I 结果分别为 0.9154、0.8898、0.8862 及 0.8827。可见多年平均和三个典型生长季 K_y 的空间分布具有较强的空间正相关，不是随机分布的，说明 K_y 值呈现明显的空间集聚特征，即 K_y 高值区与高值区相邻接，低值区与低值区相邻接的现象十分突出。

全局空间自相关只能反映整个区域空间集聚程度，不能确切地指出集聚在哪些地区，局域空间自相关能够推算出集聚地的范围，研究局域空间的异质性。选用局域指数 Local Moran's I，该指数可以将空间关联细分为四种类型，分别对应于 Moran 散点图的四个象限："高高"（第 1 象限）、"低高"（第 2 象限）、"低低"（第 3 象限）、"高低"（第 4 象限）。对多年平均和 25%、50% 及 75% 典型生长季 K_y 作出 Moran 散点图以及空间关联的局部指示指标（local indicators of spatial association）LISA 集聚图如图 6-8、图 6-9 所示。

"高高"表明该 K_y 值较高的空间单元其周围单元 K_y 值也较高，均高于整个流域 K_y 的平均值；"低低"表明空间单元及其周围单元 K_y 值均低与整个流域 K_y 的平均值，两者均为正的空间关联，K_y 的空间集聚发生在"高高"及"低低"区域。

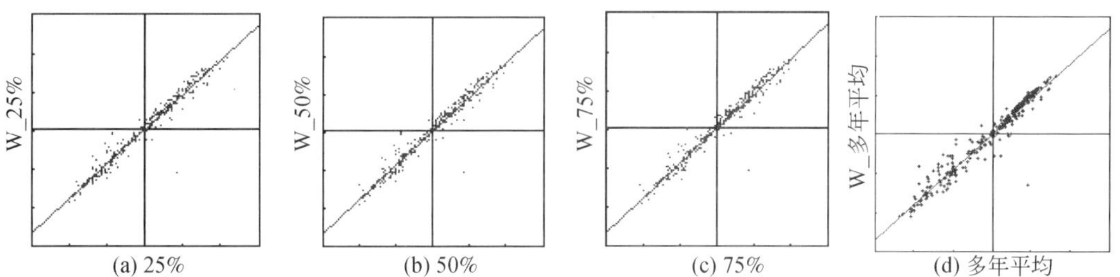

(a) 25%　(b) 50%　(c) 75%　(d) 多年平均

图 6-8　ET_0频率为 25%、50%、75%的典型生长季和多年平均冬小麦 K_y 的 Moran 散点图

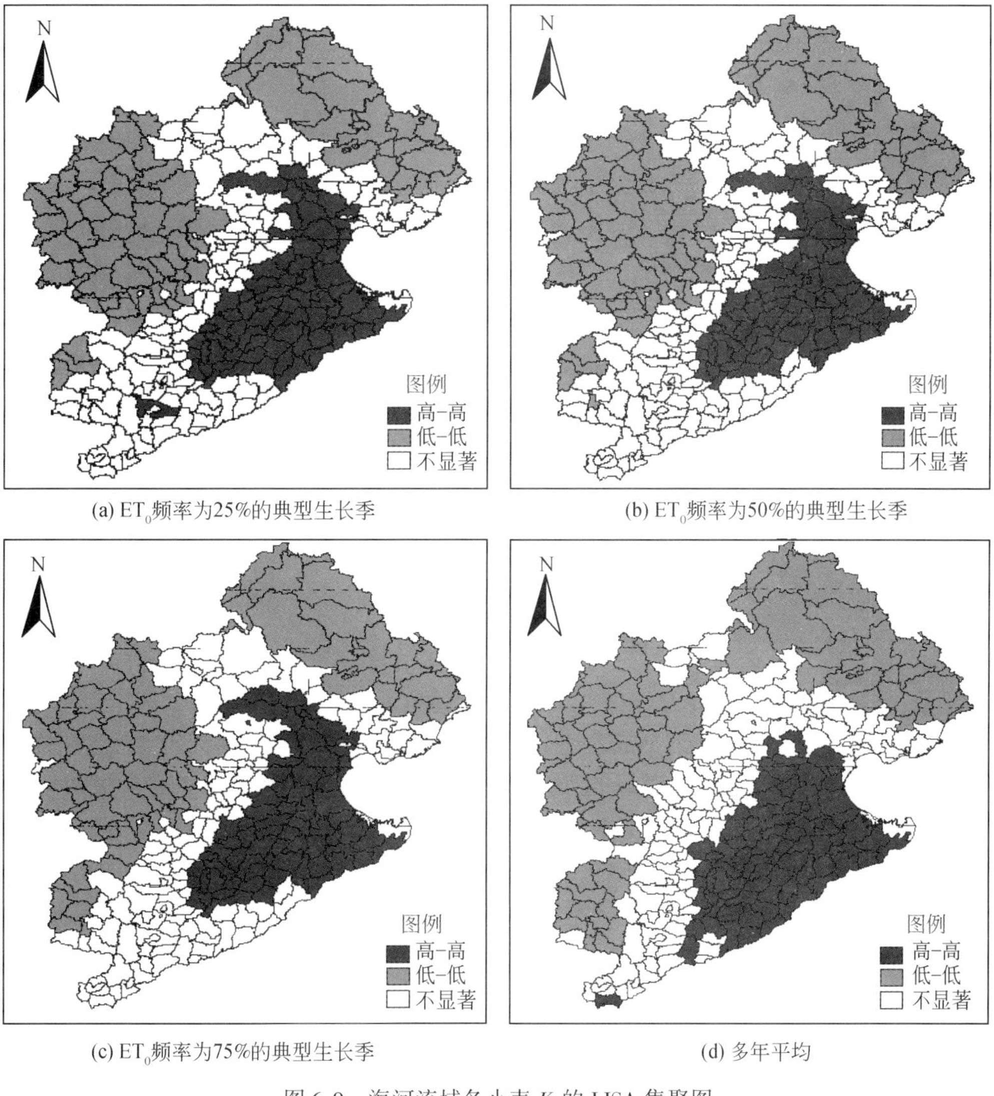

(a) ET_0频率为25%的典型生长季　(b) ET_0频率为50%的典型生长季

(c) ET_0频率为75%的典型生长季　(d) 多年平均

图 6-9　海河流域冬小麦 K_y 的 LISA 集聚图

6.1.2.5 不同尺度 K_y 的空间自相关性

计算了不同方向、不同空间距离下的 Moran's I 值，分析全方向上（ISO）的 K_y 空间自相关系数随距离的变化，以及 K_y 在东—西（E—W）、东北—西南（EN—WS）、南—北（S—N）及东南—西北（ES—WN）4 个方向上的空间自相关特征（图 6-10）。

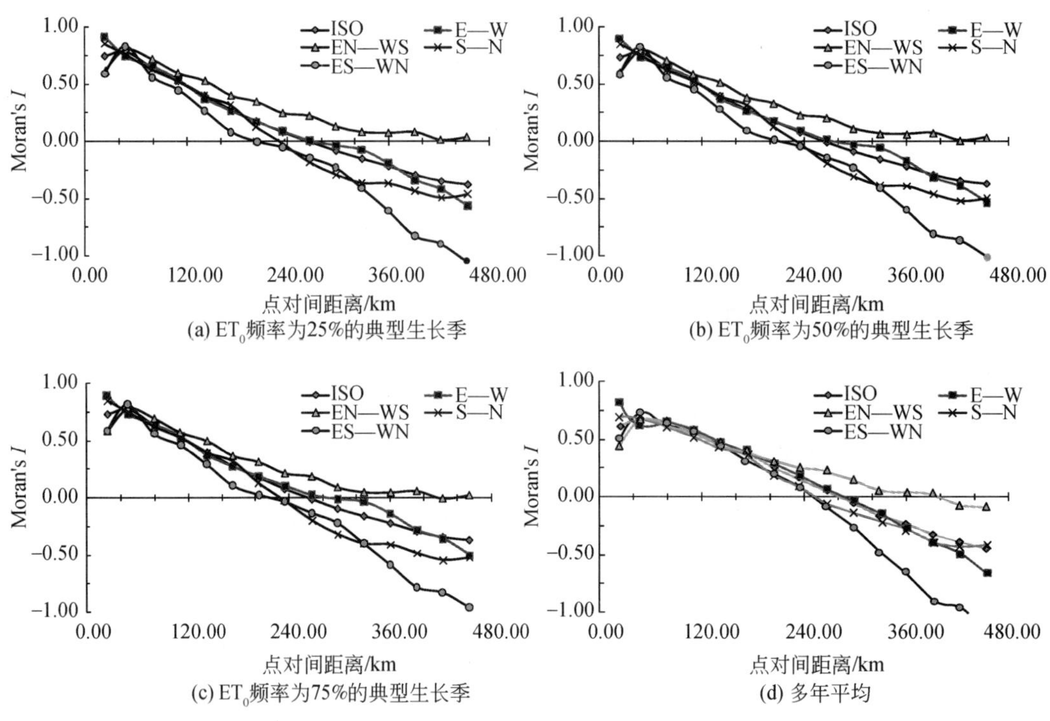

图 6-10 海河流域冬小麦 K_y 不同尺度自相关分析图

由图 6-10 可见，无论是在全方向上还是四个不同方向上，产量反应系数 K_y 自相关程度均随距离的增加而减弱，其变化趋势基本一致。EN—WS 方向上，自相关系数随着空间距离的增大而减小，但 Moran's I 保持正值，曲线位于其余方向的上方，说明在该方向上 K_y 的自相关性最大，起主要作用。除 EN—WS 方向外，其他方向上的自相关系数在点对间距离为 240 ~ 280km 接近于零。点对间距离小于 200km 时，各个方向均为正的空间自相关。

6.2 海河流域不同灌溉分区的农业高效用水标准与模式

6.2.1 海河流域节水灌溉分区

节水灌溉分区在农业生产和水资源利用现状的基础上，研究农业水资源利用规律，综合考虑影响农业水资源利用的各种因素，对农业生产划分不同的类型区，提出各类型区高效利用农业水资源的措施、方向和战略布局，为制定农业节水规划提供依据。

6.2.1.1 节水灌溉分区方法

分区方法概括起来包括定性和定量分析方法。定性分析分区方法是对节水农业类型之间或区域之间的差异进行分类分区，是在掌握一定资料和数据的基础上，依据规划目的，确定分区原则和指标体系或绘制有关指标的单因子分区图，相互叠加进行分区，对分区中存在的不确定边界或有争议的分区界限，由分区人员运用已有的经验，在实地调查和综合分析的基础上，加以调整和完善。常用的定性方法有经验法、指标法、重叠法、类型法、综合法等。这些方法的共同特点是原理通俗易懂，方法简单，但是人为因素影响较大，分区结果的好坏取决于规划人员的经验和分析综合能力。

定量分析分区方法即用高等数学和数理统计的方法进行分区，根据样品所具有的自然属性和社会属性，用数学方法定量的确定样品的亲疏程度，按亲疏程度进行分类区划。目前常用的定量方法有聚类分析、共区优选法、因子分析等方法。聚类分析是对某一研究对象进行客观的定量分类。其方法需根据样品属性的相似性和差异性，用数学方法定量地确定样品的亲疏关系，用以揭示客观事物内在的本质差别和具体联系，把相似性较大的样品聚成一类。这种方法不需要事先知道分类对象有多少类，只是通过数量统计方法最后客观地形成一个分类体系。其基本原理是利用样本变量间“距离”系数，对它们进行逐级划分，得到所需结论。聚类分析方法具体有系统聚类、动态聚类、星座聚类和模糊聚类等，相对于定性分析方法而言，科学性强，有严格的理论基础，消除了主观性，在水利区划、农业区划、资源区划、气候区划中得到了广泛的使用。系统聚类法，除了定义事物之间的亲疏程度指标外，还定义类与类之间亲疏程度指标，并且要导出聚类亲疏指标值的递推公式。系统聚类有两种思路：一种思路是先把所有待分类事物各自看成独立的一类，然后合并小类，直到最终所有待分类事物合并成一个大类为止；另一种思路是将整个规划区域看成一个大类，通过建立相似性度量将类由少变多。

节水灌溉分区工作一般包括拟定工作计划、基础资料的调查与整理、综合分析研究、确定分区等步骤。本章采用系统聚类的分区方法对海河流域进行节水灌溉分区，辅以经验法进行分区调整。

6.2.1.2 节水灌溉分区原则

节水灌溉的发展与各种自然条件、社会经济条件、国民经济发展的要求与节水措施等方面关系密切，这些条件既有明显的地域差异性，又有其相似的一面，互相联系、互为影响。为了因地制宜地指导节水灌溉的发展，应按照“归纳相似性，区域差别性，照顾行政区界”的方针，并根据节水灌溉的目标与要求，依照以下原则进行分区：

1）气候、地形、地貌等自然地理条件基本一致或相似。

2）水资源条件、节水灌溉发展模式基本相同。

3）尽可能与农业区划、水利区划兼容。

4）兼顾县级行政区界和已有水利设施的完整性。

5）生产力水平接近，对节水灌溉认识趋同。

6.2.1.3　节水灌溉分区单元

根据海河流域的地形地貌特点以及现有行政区划，考虑到在节水灌溉分区中一些指标存在流域上的相似性，为便于进行各单元水资源的统计分析，确定以266个县级单位作为节水灌溉分区的基本单元，县级行政单位区划如图6-11所示。

图6-11　海河流域县级行政区划

6.2.1.4　节水灌溉分区的指标体系

分区指标设置必须满足全面性、概括性和易于取得的要求，考虑节水灌溉的特点，采用地貌形态、气候特征、缺水程度、灌区类型、节水灌溉措施及农作物种类等指标组成节水灌溉分区的指标体系，并根据其所在区内的差异程度，进行适当的取舍。本章对海河流域进行节水灌溉分区的目的是针对不同分区提出适宜该区域的灌溉模式，因此，分区指标应考虑到海河流域各地区地貌形态、气候特征、缺水程度、水资源状况等方面，最终选取平均海拔、平均坡度、湿润指数、缺水程度、亩均可供灌溉水量5个指标组成节水灌溉分区的指标体系。

（1）地貌形态指标

地貌是区分农业生产类型的重要因素。地势的起伏不仅直接影响光、热、水的再分配，也影响农、林、牧用地的分布和灌排系统的布局以及灌溉的难易程度，在一定程度上决定着农业的生产方式、结构特点和发展方向。例如，地势的起伏越小，越有利于集中连片种植，越易于修建大型的灌溉工程，适宜发展渠道防渗、低压管道输水等节水灌溉技术。而在丘陵岗地，由于地势高低起伏大，耕地不易集中连片，发展灌溉就比较困难，适宜发展喷灌或微灌。

本章选择样本区路面平均海拔（m）、平均坡度（°）作为反映当地地貌形态的指标。

根据海河流域数字高程模型 DEM 和坡度分布图，利用 ArcView3.3 软件的空间分析功能提取得到海河流域 266 个分区单位的平均海拔和平均坡度。

（2）气候特征指标

气候对农业生产影响极大，直接决定农作物对灌溉的需求。干旱和湿润是相对的，如何与节水灌溉需求程度结合，划分出缺水的等级，明确其数量指标，及其地理或季节的分布，对因地制宜地制定农业节水规划，确保农业增产增收，具有重要作用。

在诸多气候因素中，与灌溉关系最大的是降水和蒸发，降水不但直接供给作物生长所需水分，而且也提供了灌溉发展的水源。因此降水充沛与否直接决定了发展节水灌溉的难度，降水稀少的地区即是发展节水灌溉的重点地区。同时，蒸发量大小也直接影响农作物对灌溉的需求，蒸发量大的地方，作物需水量大，易发生干旱，要获得高产稳定必须发展灌溉。在那些降水量少且蒸发量大的地区，节水灌溉则是发展农业生产的重要手段。降水多且蒸发大的地区同样需要发展节水灌溉。由此可见，应采用能反映气候干湿程度的指标来作为节水灌溉区划的重要指标之一。

目前最常用方法是用降水量与蒸发力之比描述气候相对干湿程度，通常称为湿润指数或干燥度。蒸发力表示大气一定时间一个特定地区的蒸散能力，其实质反映了气象因子对植物蒸发蒸腾量的影响，是计算作物需水量和植被蒸腾量的重要参数，但由于蒸发力的计算方法不同，国内有很多学者所计算的干湿指数结果亦有所不同。联合国粮农组织专家认为，从农业角度分析气候干湿状况应当考虑农作物生长季的降水量和蒸散量，而 Penman-Monteith（P-M）公式考虑了植被生理特征，以能量平衡和水汽扩散理论为基础，大量试验结论表明在世界范围用 P-M 公式计算的参考作物蒸散与实测值最为接近，1998 年 FAO 就将 P-M 公式确定为计算参考作物蒸散的标准方法。因此以 P-M 公式为基础的降水与参考蒸散之比的湿润指数包含水分收支两方面，比单纯的降水量与蒸发之比这种纯物理概念的干湿指数更能反映地区干湿特征，对农业具有更大的现实意义。本章以 P-M 公式计算的参考作物蒸发蒸腾量为基础确定湿润指数指标，公式表示为

$$W = \frac{P}{\mathrm{ET}_0} \tag{6-7}$$

式中，W 为湿润指数；P 为多年平均降雨量（mm）；ET_0为多年平均参考作物蒸发蒸腾量（mm）。

采用中国气候区划时所应用的干湿指标，中国干湿分区见表 6-2。根据海河流域多年

平均降雨量 P 和多年平均参考作物蒸发蒸腾量 ET_0空间分布图，利用 ArcView3.3 软件的空间分析功能提取得到海河流域 266 个分区单位的多年平均 P(mm) 和多年平均 ET_0（mm），由式（6-7）计算得到各个分区单位的湿润指数。

表 6-2　湿润指数的干湿气候划分标准

降水量 P/mm	湿润指数 W	干湿气候区
<50	<0.03	极干旱区
200	0.03 ~ 0.2	干旱区
400	0.2 ~ 0.5	半干旱区
800	0.5 ~ 1.0	半湿润区
>800	>1.0	湿润区

(3) 缺水程度指标

缺水程度是直接反映一个地区灌溉水资源量丰欠程度的指标，是影响选择节水灌溉措施最主要的因素。灌溉水资源紧缺，该地区发展灌溉的难度必然增大，要扩大灌溉面积，保持农作物稳产高产，就必须采用高效的节水灌溉措施，大力调整农业种植结构和地区产业结构，加强水资源的管理配置，选择较优的综合节水模式；相反，灌溉水资源很充沛，对发展节水农业的迫切程度就低，即使发展也会选择那些投入少的节水灌溉措施。

缺水程度可用耕地面积上的灌溉水量与综合作物需水量的比值 β 来表示，即

$$\beta = \frac{W_y}{W_s} \tag{6-8}$$

$$W_y = \frac{W'_y}{A} + P_0 \tag{6-9}$$

$$P_0 = \alpha P \tag{6-10}$$

$$W_s = \sum_{i=1}^{n} W_i \alpha_i \tag{6-11}$$

式中，W_y为耕地面积上的可用灌溉水量（m^3/hm^2）；W_s为综合作物需水量（m^3/hm^2）；W'_y 为多年平均可供灌溉水量（万 m^3）；A 为耕地面积（khm^2）；P 为多年平均降雨量（m^3/hm^2）；P_0为多年平均有效降雨量（m^3/hm^2）；α 为降雨有效利用系数（$P<5$mm，$\alpha=0$；5mm$\leq P \leq$50mm，$\alpha=1$；$P>50$mm，$\alpha=0.8$）；W_i为第 i 种作物的需水量（m^3/hm^2）；α_i 为第 i 种作物种植比例（%）。

多年平均可供灌溉水量分为地表水和地下水两部分，地表水按蓄、引、提等工程类型分别计算，地下水以可开采量计算，本研究中的多年平均可供灌溉水量包括：蓄水工程供水量，机电井工程供水量，引水工程供水量，取水泵站供水量。综合作物需水量取决于作物种类和复种指数。根据以上公式结合搜集到的资料计算得到的各分区单元的可用灌溉水

量、耕地面积、作物需水量、降雨量、作物种植比例、综合作物需水量，从而计算得到海河流域 266 个分区单位的缺水程度。

(4) 水资源量指标

由于节水灌溉直接涉及农业水资源的开发利用，亩均可供灌溉水量在一定程度上决定了节水灌溉技术的发展趋势和方法，因此也是节水灌溉分区的重要指标。本章采用亩均可供灌溉水量作为水资源量的重要指标。计算公式表示为

$$W_z = \frac{W'_y}{A} \tag{6-12}$$

式中，W_z为亩均可供灌溉水量（m^3/亩）；W'_y 为多年平均可供灌溉水量（m^3）；A 耕地面积（亩）。根据式（6-12）可计算得到海河流域 266 个分区单位的亩均可供灌溉水量（m^3/亩）。

6.2.1.5 原始指标数据标准化

由于 m 个特征指标的量纲和数量级不同，在运算过程中可能突出数量级特别大的特征指标对分类的作用，而降低甚至排除某些数量级较小的特征指标的作用。为了消除特征指标量纲和数量级不同的影响，而对各指标值进行数据标准化，使每一个指标都统一于共同的数值特性范围。

数据标准化采用下列公式计算，即

$$X'_{ij} = \frac{X_{ij} - \bar{X}_j}{\sigma_j}, \quad i = 1, 2, \cdots, n; \ j = 1, 2, \cdots, P \tag{6-13}$$

$$\bar{X}_j = \frac{1}{n}\sum_{i=1}^{n} X_{ij} \tag{6-14}$$

$$\sigma_j = \sqrt{\frac{1}{n-1}\sum_{i=1}^{n}(X_{ij} - \bar{X}_j)^2} \tag{6-15}$$

式中，X_{ij}为第 i 个样本第 j 个指标的原始数据；$\bar{X}_j$ 为第 j 个指标原始数据的平均值；σ_j 为第 j 个指标原始数据的标准差。

6.2.1.6 节水灌溉分区结果

针对海河流域水资源紧缺的现状，在综合分析地形地貌、气候、水资源现状等因素的基础上，按照“归纳相似性，区域差别性，照顾行政区界”的原则，以海拔、坡度、湿润指数、缺水程度、亩均可供灌溉水量作为分区指标，借助 SPSS 统计软件中系统聚类分析方法，对海河流域 266 个分区单元进行聚类分析，科学地把海河流域划分成 15 个不同的节水灌溉区，如图 6-12 所示，并根据各区的地理位置和地形特征对其进行命名，具体结果见表 6-3。

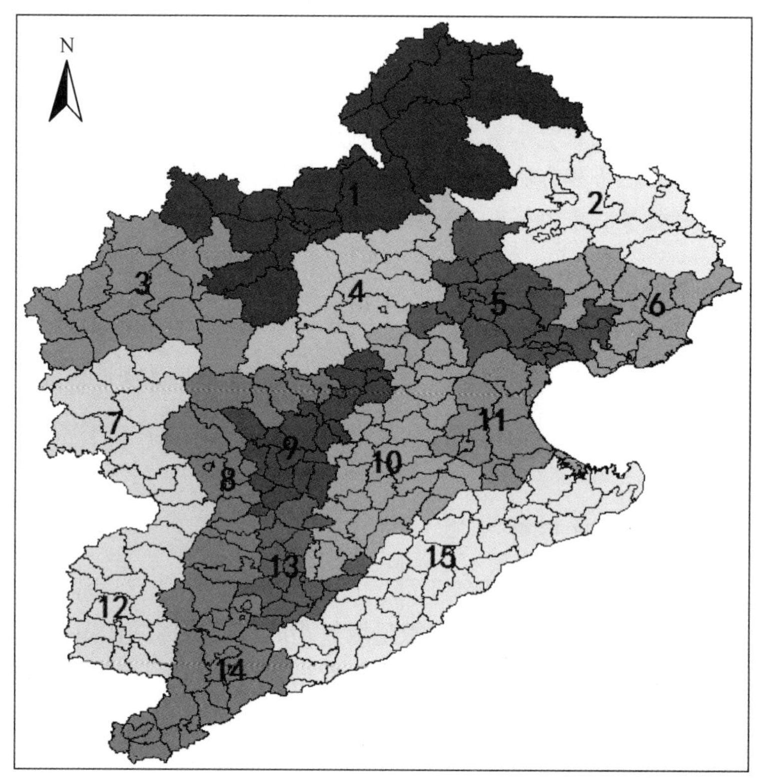

图 6-12　海河流域节水灌溉分区结果

表 6-3　海河流域节水灌溉分区结果

分区	命名	行政区范围
1	燕山山区	承德市：丰宁满族自治县、围场满族蒙古族自治县
		张家口市：市辖区、宣化县、沽源县、尚义县、蔚县、阳原县、怀安县、万全县、赤城县、崇礼县
		集宁市：兴和县
		赤峰市：克什克腾旗
		二连浩特市：太仆寺旗、正蓝旗、多伦县
2	滦河山区	承德市：市辖区、鹰手营子矿区、承德县、兴隆县、滦平县、隆化县、宽城县
		秦皇岛市：青龙县
		朝阳市：凌源市
		葫芦岛市：建昌县
3	永定河册田水库山区	集宁市：丰镇市、凉城县
		大同市：左云县、市区、阳高县、大同县、浑源县、广灵县、灵丘县、天镇县
		朔州市：平鲁区、朔城区、右玉县、山阴县、怀仁县、应县

续表

分区	命名	行政区范围
4	北三河山区	北京市：市辖区、房山区、昌平区、怀柔区、延庆县
		保定市：涞水县、易县、涞源县
		张家口市：怀来县、涿鹿县
5	北四河下游平原	北京市：大兴区、平谷区、顺义区、通州区、密云县
		唐山市：市辖区、丰南区、玉田县
		廊坊市：三河市、香河县、大厂回族自治县
		天津市：汉沽区、蓟县、宁河县、武清县、宝坻县
6	滦河平原及冀东沿海诸河	秦皇岛市：市辖区、昌黎县、抚宁县、卢龙县
		唐山市：遵化市、迁安市、丰润区、滦县、滦南县、乐亭县、迁西县、唐海县
7	子牙河山区	忻州市：市辖区、原平市、宁武县、代县、繁峙县、定襄县、五台县
		太原市：阳曲县
		阳泉市：市辖区、平定县、盂县
		榆次市：寿阳县、昔阳县、和顺县
8	太行山山区	保定市：满城县、阜平县、唐县、曲阳县、顺平县
		石家庄市：市辖区、鹿泉市、井陉县、灵寿县、赞皇县、平山县、元氏县
		邢台市：市辖区、沙河市、邢台县、临城县、内丘县
		邯郸市：武安市、涉县
9	太行山山前平原	保定市：市辖区、定州市、安国市、清苑县、徐水县、定兴县、容城县、望都县、安新县、博野县
		石家庄市：晋州市、新乐市、辛集市、藁城市、行唐县、正定县、栾城县、高邑县、深泽县、无极县、赵县
10	黑龙港及运东平原	保定市：高碑店市、涿州市、高阳县、蠡县、雄县
		廊坊市：市辖区、霸州市、固安县、永清县、文安县、大城县
		邢台市：南宫市、广宗县、威县
		衡水市：市辖区、冀州市、深州市、枣强县、武邑县、武强县、饶阳县、安平县、故城县、景县、阜城县
		沧州市：泊头市、任丘市、河间市、东光县、肃宁县、南皮县、吴桥县、献县
11	大清河淀东平原	沧州市：市辖区、黄骅市、沧县、青县、海兴县、盐山县、孟村回族自治县
		天津市：市辖区、大港区、津南区、塘沽区、静海县
12	漳卫河山区	榆次市：榆社县、左权县
		长治市：市辖区、武乡县、沁县、屯留县、襄垣县、黎城县、潞城县、长子县、长治县、壶关县、平顺县
13	子牙河平原	邢台市：柏乡县、隆尧县、任县、南和县、宁晋县、巨鹿县、新河县、平乡县、清河县、临西县
		邯郸市：成安县、肥乡县、永年县、邱县、鸡泽县、广平县、馆陶县、曲周县

续表

分区	命名	行政区范围
14	漳卫河平原	邯郸市：市辖区、邯郸县、临漳县、磁县
		安阳市：市辖区、林州市、安阳县、汤阴县、内黄县
		鹤壁市：市辖区、浚县、淇县
		新乡市：市辖区、卫辉市、辉县市、新乡县、获嘉县
		焦作市：市辖区、修武县、博爱县、武涉县
15	徒骇马颊河平原	邯郸市：大名县、魏县
		濮阳市：市辖区、清丰县、南乐县
		东营市：河口区、利津县
		滨州市：市辖区、惠民县、无棣县、阳信县、沾化县
		济南市：济阳县、商河县
		德州市：市辖区、乐陵市、禹城市、临邑县、陵县、宁津县、齐河县、平原县、武城县、夏津县、庆云县
		聊城市：市辖区、临清市、茌平县、东阿县、高唐县、冠县、莘县、阳谷县

根据以上分区结果，计算得到各分区基本参数见表6-4。

表6-4 海河流域节水灌溉各分区基本参数

分区	海拔/m	坡度/(°)	湿润指数	缺水程度	亩均可供灌水量/(m^3/亩)	主要粮食作物
1	1 183	3.22	0.46	1.23	85	春玉米、春小麦
2	598	3.34	0.61	2.39	340	春玉米、春小麦
3	1 310	2.45	0.46	—	—	春玉米、春小麦
4	626	4.46	0.41	1.24	145	冬小麦、夏玉米
5	54	0.66	0.51	1.30	225	冬小麦、夏玉米
6	76	0.92	0.62	1.79	250	冬小麦、夏玉米
7	1 266	3.75	0.56	—	—	春玉米、杂粮
8	350	2.47	0.54	1.60	226	冬小麦、夏玉米
9	44	0.22	0.48	1.75	305	冬小麦、夏玉米
10	19	0.13	0.43	1.31	145	冬小麦、夏玉米
11	11	0.10	0.52	1.00	50	冬小麦、夏玉米
12	1 140	2.63	0.68	—	—	春玉米、春小麦
13	40	0.12	0.49	1.54	165	冬小麦、夏玉米
14	172	1.15	0.68	1.62	250	冬小麦、夏玉米
15	27	0.12	0.60	1.44	260	冬小麦、夏玉米

注：由于山西、内蒙古、辽宁部分区县缺乏水量资料，其所在的3区、7区、12区暂无缺水程度和亩均可供灌水量结果

海河流域节水灌溉各分区的基本情况描述如下。

1）1 区（燕山山区）：该区以高山为主，该区域平均湿润指数为 0.46，属半干旱大陆性季风气候区，2003 ~ 2005 年平均降雨量为 316 ~ 420mm。亩均可供灌溉水量为 26 ~ 230m^3，湿润指数为 0.35 ~ 0.54，缺水程度为 0.88 ~ 1.92，平均为 1.23，属于缺水区。该区内种植春玉米、春小麦、油料、稻谷、豆类、薯类等作物。

2）2 区（滦河山区）：该区以低山丘陵为主，属半湿润大陆性季风气候区，2003 ~ 2005 年平均降雨量为 420 ~ 524mm。亩均可供灌溉水量为 122 ~ 685m^3，湿润指数为 0.51 ~ 0.73，缺水程度为 1.60 ~ 4.96，平均为 2.39，属于微缺水区。该区是春玉米的生产基地，并种有少量的油料、稻谷、豆类、薯类等作物。

3）3 区（永定河册田水库山区）：该区以高山为主，属半干旱大陆性季风气候区，2003 ~ 2005 年平均降雨量为 316 ~ 472mm。主要农作物以春玉米为主，并种有少量的油料、豆类、薯类等作物。

4）4 区（北三河山区）：该区以低山丘陵为主，属半干旱大陆性季风气候区，2003 ~ 2005 年平均降雨量为 316 ~ 472mm。亩均可供灌溉水量为 20 ~ 264m^3，湿润指数为 0.34 ~ 0.50，缺水程度为 0.75 ~ 2.09，平均为 1.24，属于缺水区。区内种植冬小麦、夏玉米、棉花、油料、豆类、薯类等作物。

5）5 区（北四河下游平原）：该区以平原为主，属半湿润半干旱大陆性季风气候区，2003 ~ 2005 年平均降雨量为 316 ~ 524mm。亩均可供灌溉水量为 57 ~ 587m^3，湿润指数为 0.38 ~ 0.65，缺水程度为 0.81 ~ 1.75，平均为 1.30，属于缺水区。区内种植冬小麦、夏玉米、棉花、油料、豆类、薯类等作物。

6）6 区（滦河平原及冀东沿海诸河）：该区以平原为主，属半湿润大陆性季风气候区，2003 ~ 2005 年平均降雨量为 472 ~ 680mm。亩均可供灌溉水量为 38 ~ 542m^3，湿润指数为 0.56 ~ 0.77，缺水程度为 1.22 ~ 3.52，平均为 1.79，属于微缺水区。该区种植作物有冬小麦、夏玉米、棉花、油料、稻谷、豆类、薯类等作物。

7）7 区（子牙河山区）：该区以高山为主，属半湿润大陆性季风气候区，2003 ~ 2005 年平均降雨量为 420 ~ 680mm。主要作物以春玉米为主，并种有少量的油料、豆类、薯类等作物。

8）8 区（太行山山区）：该区以低山丘陵为主，属半湿润大陆性季风气候区，2003 ~ 2005 年平均降雨量为 368 ~ 576mm。亩均可供灌溉水量为 38 ~ 419m^3，湿润指数为 0.43 ~ 0.59，缺水程度为 1.10 ~ 2.08，平均为 1.60，属于微缺水区。该区为冬小麦、夏玉米的生产基地，并种植棉花、油料、豆类、薯类等作物。

9）9 区（太行山山前平原）：该区以平原为主，属半干旱大陆性季风气候区，2003 ~ 2005 年平均降雨量为 368 ~ 472mm。亩均可供灌溉水量为 162 ~ 452m^3，湿润指数为 0.43 ~ 0.56，缺水程度为 1.27 ~ 3.95，平均为 1.75，属于微缺水区。该区为冬小麦、夏玉米的生产基地，并种植棉花、油料、豆类、薯类等作物。

10）10 区（黑龙港及运东平原）：该区以平原为主，属半干旱大陆性季风气候区，2003 ~ 2005 年平均降雨量为 316 ~ 472mm。亩均可供灌溉水量为 44 ~ 281m^3，湿润指数为

0.36~0.50，缺水程度为0.78~4.12，平均为1.31，属于缺水区。该区主要作物为冬小麦、夏玉米，并种植棉花、油料、豆类、薯类等作物。

11）11区（大清河淀东平原）：该区以平原为主，属半湿润大陆性季风气候区，2003~2005年平均降雨量为316~524mm。亩均可供灌溉水量为6~99m^3，湿润指数为0.45~0.57，缺水程度为0.85~1.16，平均为1.00，属于极缺水区。该区主要作物为冬小麦、夏玉米，并种植棉花、油料、豆类、薯类、稻谷等作物。

12）12区（漳卫河山区）：该区以高山为主，属半湿润大陆性季风气候区，2003~2005年平均降雨量为524~680mm。该区主要种植春玉米、春小麦，并种有少量的豆类、薯类、棉花、油料等作物。

13）13区（子牙河平原）：该区以平原为主，属半干旱大陆性季风气候区，2003~2005年平均降雨量为316~524mm。亩均可供灌溉水量为85~314m^3，湿润指数为0.45~0.55，缺水程度为1.00~2.42，平均为1.54，属于缺水区。该区主要作物为冬小麦、夏玉米，并种植棉花、油料、豆类、薯类等作物。

14）14区（漳卫河平原）：该区以平原为主，属半湿润大陆性季风气候区，2003~2005年平均降雨量为576~784mm。亩均可供灌溉水量为73~493m^3，湿润指数为0.52~0.75，缺水程度为1.11~2.65，平均为1.62，属于微缺水区。该区主要作物为冬小麦、夏玉米，并种有少量的棉花、油料、豆类、薯类等作物。

15）15区（徒骇马颊河平原）：该区以平原为主，属半湿润大陆性季风气候区，2003~2005年平均降雨量为576~784mm。亩均可供灌溉水量为100~616m^3，湿润指数为0.44~0.78，缺水程度为0.41~2.46，平均为1.44，属于缺水区。该区主要作物为冬小麦、夏玉米、棉花，并种有少量的稻谷、油料、豆类、薯类等作物。

6.2.2 海河流域不同分区的作物经济耗水量与经济灌溉定额研究

经济灌溉定额是单目标优化条件下的灌溉定额，常用于非充分灌溉时田间亩用水总量的节水评估，一般以作物全生育期水分生产函数为依据，用经典求极值或投入产出分析方法求解。常见的目标优化准则有：净效益最大，效益费用比最大，边效比最大。经济灌溉定额是非充分灌溉下的最优，即把高产条件下的灌溉定额减低，引起产量也相应降低，但其经济效益、净收入（或效益费用比）优于充分灌溉，从而提高了灌溉水的生产效率。

6.2.2.1 作物经济耗水量

（1）全生育期作物水分生产函数

多数情况下作物产量和全生育期耗水量关系可以用式（6-16）表达，即

$$Y = a\mathrm{ET}^2 + b\mathrm{ET} + c \tag{6-16}$$

式中，Y为作物产量（kg/hm^2）；ET为作物全生育期耗水量（mm）；a、b、c为由灌溉试验资料确定的经验系数，随地区气候条件、土壤类型与肥力水平、作物种类、作物品种的不同而变化。二次函数关系式存在一个极值，即作物产量Y的最大值出现在ET值满足公

式（6-17），即

$$\frac{\mathrm{d}Y}{\mathrm{dET}} = (a\mathrm{ET}^2 + b\mathrm{ET} + c)' = 2a\mathrm{ET} + b = 0 \tag{6-17}$$

（2）单方耗水净效益最大准则

作物经济用水的一个重要指标就是通过采取合理措施，求得单方耗水净效益最大。考虑到每公顷耕地农业年固定投入（种子、化肥、农药、田间管理费用等）及供水费用，单方耗水净效益可表示为

$$N_e = \frac{1}{\mathrm{ET}}(Y \cdot P_y - C_a - V_c) \tag{6-18}$$

式中，N_e为单方耗水净效益（元/m^3）；ET 为作物田间总耗水量（m^3/hm^2）；Y 为作物产量（kg/hm^2）；P_y为作物产品单价（元/kg）；C_a为农业年固定投入（元/hm^2）；V_c为灌溉成本水费（元/hm^2），可用式（6-19）表示为

$$V_c = P_c(\mathrm{ET} - P_e - \Delta W) \tag{6-19}$$

式中，P_c为成本水费（元/m^3）；P_e为作物生育期有效降雨量（m^3/hm^2）；ΔW 为 1m 土层深度的土壤水可利用量（m^3/hm^2）。

为了使单方耗水净效益最大，需使单方耗水净效益对作物耗水量的一阶偏导数为零，即

$$\frac{\partial N_e}{\partial \mathrm{ET}} = -\frac{1}{\mathrm{ET}^2}(Y \cdot P_y - C_a - V_c) + \frac{1}{\mathrm{ET}}\left(\frac{\partial Y}{\partial \mathrm{ET}}P_y - \frac{\partial V_c}{\partial \mathrm{ET}}\right) = 0 \tag{6-20}$$

整理得

$$\frac{\partial Y}{\partial \mathrm{ET}} \cdot P_y = \frac{1}{\mathrm{ET}}(Y \cdot P_y - C_a - V_c) + \frac{\partial V_c}{\partial \mathrm{ET}} \tag{6-21}$$

如果以 M_p表示边际产量，M_c表示边际费用，即

$$M_p = \frac{\partial Y}{\partial \mathrm{ET}} \cdot P_y,\ M_c = \frac{\partial V_c}{\partial \mathrm{ET}}$$

那么保证单方耗水净效益最大的条件可用式（6-22）表示为

$$M_p = N_e + M_c \tag{6-22}$$

由式（6-17）和式（6-19）可得

$$\frac{\partial Y}{\partial \mathrm{ET}} = 2a \cdot \mathrm{ET} + b,\ \frac{\partial V_c}{\partial \mathrm{ET}} = P_c$$

将上述各式代入式（6-21）得

$$(2a \cdot \mathrm{ET} + b) \cdot P_y = \frac{1}{\mathrm{ET}}[(a\mathrm{ET}^2 + b\mathrm{ET} + c) \cdot P_y - C_a - P_c(\mathrm{ET} - P_e - \Delta W)] + P_c$$

$$\mathrm{ET}_e = \sqrt{\frac{c}{a} - \frac{C_a}{a \cdot P_y} + \frac{P_c \cdot P_e}{a \cdot P_y}} \tag{6-23}$$

该式就是使作物单方耗水净效益最大的解，即作物经济耗水量 ET_e。

（3）作物经济耗水量上下限的确定

考虑到人工作业费用较高和当地的生产实际情况，把不考虑人工作业费用的情况计算

得出的耗水量作为经济耗水量的下限（ET_1），把考虑了人工作业费用的情况计算得出的耗水量作为经济耗水量的上限（ET_2）。根据式（6-23），计算得出各分区冬小麦、夏玉米的经济耗水量的上下限（表 6-5）。

表 6-5　海河流域不同分区的作物经济耗水量上下限值

序号	分区	冬小麦		夏玉米	
		ET_1/mm	ET_2/mm	ET_1/mm	ET_2/mm
1	燕山山区	—	—	—	—
2	滦河山区	—	—	—	—
3	永定河册田水库山区	—	—	—	—
4	北三河山区	384	449	350	375
5	北四河下游平原	371	448	308	327
6	滦河平原及冀东沿海诸河	392	448	308	327
7	子牙河山区	—	—	—	—
8	太行山山区	358	429	351	376
9	太行山山前平原	355	425	318	374
10	黑龙港及运东平原	340	393	350	376
11	大清河淀东平原	335	389	306	325
12	漳卫河山区	357	430	300	363
13	子牙河平原	386	418	304	331
14	漳卫河平原	353	405	319	332
15	徒骇马颊河平原	335	378	323	377

（4）作物经济耗水量效益分析

根据全生育期作物水分生产函数，计算得到的作物产量最高时对应的耗水量高于经济耗水量的上限。即经济耗水量是不充足的耗水量，也就是说把高产条件下的耗水量减低，产量也相应地降低，但是经济效益优于高产灌溉（充分灌溉），比较结果见表 6-6 至表 6-9，可以看出，经济灌溉耗水量和产量均小于高产灌溉，但产量减产幅度要小于耗水量的减小幅度，需水系数小于高产灌溉的需水系数。经计算可知应用经济灌溉后冬小麦和夏玉米水分利用效率可分别提高 30% 和 20%，即每生产 1000kg 冬小麦可节水 112m^3，每生产 1000kg 夏玉米可节水 54m^3。

表 6-6　海河流域冬小麦高产灌溉与经济灌溉（上限）的比较

序号	分区	高产灌溉			经济灌溉（上限）		
		耗水量/(m^3/亩)	产量/(kg/亩)	需水系数/(m^3/kg)	耗水量/(m^3/亩)	产量/(kg/亩)	需水系数/(m^3/kg)
1	燕山山区	—	—	—	—	—	—
2	滦河山区	—	—	—	—	—	—
3	永定河册田水库山区	—	—	—	—	—	—

续表

序号	分区	高产灌溉			经济灌溉（上限）		
		耗水量/(m³/亩)	产量/(kg/亩)	需水系数/(m³/kg)	耗水量/(m³/亩)	产量/(kg/亩)	需水系数/(m³/kg)
4	北三河山区	353	545	0. 648	299	528	0. 566
5	北四河下游平原	340	468	0. 726	299	460	0. 650
6	滦河平原及冀东沿海诸河	363	624	0. 582	299	597	0. 501
7	子牙河山区	—	—	—	—	—	—
8	太行山山区	312	447	0. 698	286	443	0. 645
9	太行山山前平原	312	447	0. 698	283	442	0. 640
10	黑龙港及运东平原	317	599	0. 529	262	575	0. 456
11	大清河淀东平原	315	595	0. 530	259	570	0. 454
12	漳卫河山区	309	407	0. 759	287	404	0. 710
13	子牙河平原	297	340	0. 874	279	335	0. 832
14	漳卫河平原	310	547	0. 567	270	534	0. 506
15	徒骇马颊河平原	268	447	0. 600	252	444	0. 567

表 6-7　海河流域冬小麦高产灌溉与经济灌溉（下限）的比较

序号	分区	高产灌溉			经济灌溉（下限）		
		耗水量/(m³/亩)	产量/(kg/亩)	需水系数/(m³/kg)	耗水量/(m³/亩)	产量/(kg/亩)	需水系数/(m³/kg)
1	燕山山区	—	—	—	—	—	—
2	滦河山区	—	—	—	—	—	—
3	永定河册田水库山区	—	—	—	—	—	—
4	北三河山区	353	545	0. 648	256	491	0. 521
5	北四河下游平原	340	468	0. 726	248	427	0. 581
6	滦河平原及冀东沿海诸河	363	624	0. 582	261	556	0. 470
7	子牙河山区	—	—	—	—	—	—
8	太行山山区	312	447	0. 698	239	416	0. 574
9	太行山山前平原	312	447	0. 698	237	414	0. 572
10	黑龙港及运东平原	317	599	0. 529	226	534	0. 424
11	大清河淀东平原	315	595	0. 530	223	528	0. 423
12	漳卫河山区	309	407	0. 759	238	380	0. 627
13	子牙河平原	297	340	0. 874	257	330	0. 778
14	漳卫河平原	310	547	0. 567	235	502	0. 469
15	徒骇马颊河平原	268	447	0. 600	224	426	0. 525

表 6-8　海河流域夏玉米高产灌溉与经济灌溉（上限）的比较

序号	分区	高产灌溉			经济灌溉（上限）		
		耗水量/(m^3/亩)	产量/(kg/亩)	需水系数/(m^3/kg)	耗水量/(m^3/亩)	产量/(kg/亩)	需水系数/(m^3/kg)
1	燕山山区	—	—	—	—	—	—
2	滦河山区	—	—	—	—	—	—
3	永定河册田水库山区	—	—	—	—	—	—
4	北三河山区	290	693	0. 418	250	662	0. 378
5	北四河下游平原	237	512	0. 462	218	502	0. 435
6	滦河平原及冀东沿海诸河	237	512	0. 462	218	502	0. 435
7	子牙河山区	—	—	—	—	—	—
8	太行山山区	290	693	0. 418	251	662	0. 379
9	太行山山前平原	281	430	0. 654	250	420	0. 594
10	黑龙港及运东平原	290	693	0. 418	250	662	0. 378
11	大清河淀东平原	234	495	0. 473	217	486	0. 446
12	漳卫河山区	290	520	0. 558	242	498	0. 485
13	子牙河平原	234	406	0. 577	221	402	0. 549
14	漳卫河平原	231	492	0. 470	221	487	0. 454
15	徒骇马颊河平原	281	430	0. 654	251	421	0. 596

表 6-9　海河流域夏玉米高产灌溉与经济灌溉（下限）的比较

序号	分区	高产灌溉			经济灌溉（下限）		
		耗水量/(m^3/亩)	产量/(kg/亩)	需水系数/(m^3/kg)	耗水量/(m^3/亩)	产量/(kg/亩)	需水系数/(m^3/kg)
1	燕山山区	—	—	—	—	—	—
2	滦河山区	—	—	—	—	—	—
3	永定河册田水库山区	—	—	—	—	—	—
4	北三河山区	290	693	0. 418	233	629	0. 371
5	北四河下游平原	237	512	0. 462	205	483	0. 425
6	滦河平原及冀东沿海诸河	237	512	0. 462	206	483	0. 426
7	子牙河山区	—	—	—	—	—	—
8	太行山山区	290	693	0. 418	234	629	0. 371
9	太行山山前平原	281	430	0. 654	212	384	0. 552
10	黑龙港及运东平原	290	693	0. 418	233	629	0. 371
11	大清河淀东平原	234	495	0. 473	204	467	0. 437
12	漳卫河山区	290	520	0. 558	200	444	0. 450
13	子牙河平原	234	406	0. 577	203	384	0. 528
14	漳卫河平原	231	492	0. 470	213	477	0. 447
15	徒骇马颊河平原	281	430	0. 654	215	388	0. 554

6.2.2.2 作物经济灌溉定额

经济灌溉定额是非充分灌溉条件下田间亩用水总量节水评估的依据。用经济耗水量减去生育期内有效降雨量和土壤水可利用量，即可求得作物经济灌溉定额。计算公式为

$$M_e = ET_e - P_e - \Delta W \tag{6-24}$$

式中，M_e为作物经济灌溉定额（mm）；ET_e为作物经济耗水量；P_e为作物生育期有效降雨量（mm）；ΔW 为 1m 土层深度的土壤水可利用量（mm）。

根据从气象站点搜集到的降雨量资料，计算得到各分区多年平均及 25%、50%、75% 三个不同水文年冬小麦、夏玉米生育期有效降雨量，结合各分区冬小麦、夏玉米全生育期土壤水可利用量，得到多年平均冬小麦、夏玉米经济灌溉定额下限 M_1 和上限 M_2（表 6-10）以及三个不同水文年经济灌溉定额下限。不同水文年冬小麦经济灌溉定额下限为100～250mm（表 6-11），不同水文年夏玉米经济灌溉定额下限为 0～170mm（表 6-12）。考虑到生产实际需要，对计算出来的经济灌溉定额进行归整处理，调整结果见表 6-13 和表 6-14。根据冬小麦、夏玉米的需水规律及不同水文年经济灌溉定额计算结果，结合当地的水资源条件，因地制宜地进行合理灌溉，即冬小麦灌 2～3 水，每次灌水定额 50～70mm。在安排灌溉时尤其是注意拔节—抽穗，抽穗—灌浆两个需水关键期的灌水。夏玉米不同于冬小麦，其生长期间是降水量最集中的时期，灌 1～2 水，每次灌水定额 40～60mm，湿润年份基本不需要灌溉。

表 6-10　海河流域冬小麦、夏玉米多年平均经济灌溉定额

序号	分区	冬小麦		夏玉米	
		M_1/mm	M_2/mm	M_1/mm	M_2/mm
1	燕山山区	—	—	—	—
2	滦河山区	—	—	—	—
3	永定河册田水库山区	—	—	—	—
4	北三河山区	173	238	57	82
5	北四河下游平原	161	238	37	56
6	滦河平原及冀东沿海诸河	213	270	50	69
7	子牙河山区	—	—	—	—
8	太行山山区	188	259	73	99
9	太行山山前平原	182	251	43	99
10	黑龙港及运东平原	185	239	69	95
11	大清河淀东平原	167	220	13	32
12	漳卫河山区	163	235	38	99
13	子牙河平原	194	226	44	71
14	漳卫河平原	178	230	57	69
15	徒骇马颊河平原	171	214	45	99

表 6-11　海河流域不同水文年冬小麦经济灌溉定额下限值　（单位：mm）

分区	降雨量 *P*			经济灌溉定额 *M*（下限）		
	25% 水文年	50% 水文年	75% 水文年	25% 水文年	50% 水文年	75% 水文年
燕山山区	141	123	92	—	—	—
滦河山区	158	132	88	—	—	—
永定河册田水库山区	157	132	90	—	—	—
北三河山区	163	133	81	137	167	220
北四河下游平原	181	147	84	107	141	204
滦河平原及冀东沿海诸河	131	106	69	189	214	251
子牙河山区	194	159	94	—	—	—
太行山山区	140	111	68	157	186	229
太行山山前平原	117	91	55	158	184	219
黑龙港及运东平原	134	108	67	155	181	222
大清河淀东平原	137	110	73	114	141	178
漳卫河山区	119	100	82	159	178	196
子牙河平原	117	94	67	180	203	230
漳卫河平原	139	115	91	141	166	190
徒骇马颊河平原	121	98	70	158	180	208

表 6-12　海河流域不同水文年夏玉米经济灌溉定额下限值　（单位：mm）

分区	降雨量 *P*			经济灌溉定额 *M*（下限）		
	25% 水文年	50% 水文年	75% 水文年	25% 水文年	50% 水文年	75% 水文年
燕山山区	304	260	193	—	—	—
滦河山区	324	271	180	—	—	—
永定河册田水库山区	530	446	317	—	—	—
北三河山区	402	325	196	0	39	154
北四河下游平原	419	320	198	0	20	110
滦河平原及冀东沿海诸河	335	270	179	0	64	129
子牙河山区	414	339	208	—	—	—
太行山山区	351	289	172	13	75	178
太行山山前平原	353	275	167	0	56	150
黑龙港及运东平原	389	313	194	0	62	156
大清河淀东平原	362	291	194	0	42	112
漳卫河山区	267	224	180	49	92	120
子牙河平原	313	252	179	12	72	126
漳卫河平原	299	258	194	46	88	125
徒骇马颊河平原	328	267	190	17	77	132

表 6-13　海河冬小麦、夏玉米多年平均经济灌溉定额调整结果

序号	分区	冬小麦经济灌溉定额		夏玉米经济灌溉定额	
		$M_{下}$/mm	$M_{上}$/mm	$M_{下}$/mm	$M_{上}$/mm
1	燕山山区	—	—	—	—
2	滦河山区	—	—	—	—
3	永定河册田水库山区	—	—	—	—
4	北三河山区	170	230	50	80
5	北四河下游平原	160	230	40	60
6	滦河平原及冀东沿海诸河	210	270	50	70
7	子牙河山区	—	—	—	—
8	太行山山区	180	250	70	100
9	太行山山前平原	180	250	40	100
10	黑龙港及运东平原	180	230	70	100
11	大清河淀东平原	160	220	0	30
12	漳卫河山区	160	230	40	100
13	子牙河平原	190	220	40	70
14	漳卫河平原	170	230	60	70
15	徒骇马颊河平原	170	210	50	100

表 6-14　海河流域不同水文年作物经济灌溉定额调整结果　　（单位：mm）

分区	冬小麦经济灌溉定额（下限）			夏玉米经济灌溉定额（下限）		
	25% 水文年	50% 水文年	75% 水文年	25% 水文年	50% 水文年	75% 水文年
燕山山区	—	—	—	—	—	—
滦河山区	—	—	—	—	—	—
永定河册田水库山区	—	—	—	—	—	—
北三河山区	130	160	220	0	40	150
北四河下游平原	100	140	200	0	0	110
滦河平原及冀东沿海诸河	180	210	250	0	60	120
子牙河山区	—	—	—	—	—	—
太行山山区	150	180	220	0	80	170
太行山山前平原	150	180	210	0	60	150
黑龙港及运东平原	150	180	220	0	60	150
大清河淀东平原	110	140	170	0	40	110
漳卫河山区	150	170	190	50	90	120
子牙河平原	180	200	230	0	70	120
漳卫河平原	140	160	190	50	90	120
徒骇马颊河平原	150	180	200	0	80	130

6.2.3 基于冬小麦生长与产量模拟的经济灌溉制度设计

6.2.3.1 CERES-Wheat 模型

CERES（crop environment resource synthesis）是通过田间试验获取一定的土壤、天气、管理方案和作物基因型数据，经数值模拟得到其他站点或是其他种植年份的作物生长发育状况的数值模拟模型。

CERES-Wheat 模型的开发源于美国农业部农业研究服务处 1977 年所做的努力，在此之前的作物模型大多数是采用月气象资料的经验性统计模型。1982 年，国际农业推广网（international benchmark sites network for agrotechnology transfer，IBSNAT）决定将 CERES-Wheat 模型与 CERES-Maize 模型纳入其农业技术转移计划中。国际农业推广网的资助推动了水稻、高粱、黍和大麦等作物模型的开发。同时，佛罗里达大学成功地开发了大豆、花生和豆荚等作物模型。自从 1977 年模型开发工作开始以来，CERES-Wheat 被应用于不同的小麦品种，用户提供了包括模拟精度和界面友好程度的各种反馈信息，进一步推动了模型的改进和新版本的开发。

CERES-Wheat 模型最大的特点就是充分考虑气候、土壤、作物品种、灌溉施肥等作物栽培条件和管理措施对作物生长过程的影响，从作物生理上对产量以及作物需水量进行模拟分析。它以日为单位计算作物的发育速率，根、茎、叶的生长和扩展速率，植株截获的光能量、干物质积累量和在植株器官中的分配量，植株吸收的水分和氮素等。能够考虑植株受水分和氮素胁迫条件下光合作用、蒸腾作用及叶片生长速率所受的影响。

CERES-Wheat 模型对小麦产量的模拟主要针对三个方面，生长期，生长速率和胁迫对这两个过程的影响。在不同的发育阶段采用不同的计算方法进行生长期的模拟。CERES-Wheat 模型结构如图 6-13 所示。

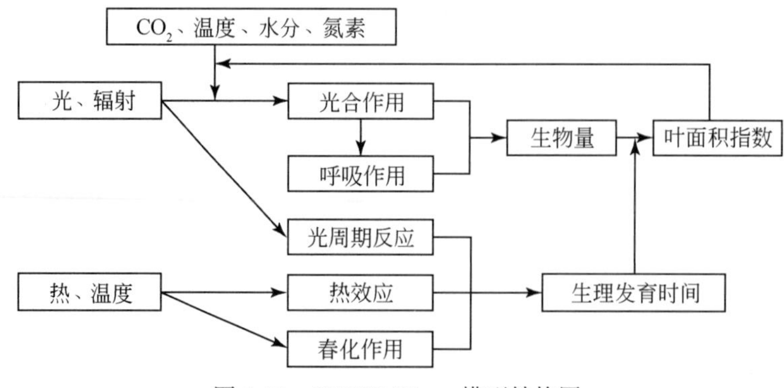

图 6-13 CERES-Wheat 模型结构图

6.2.3.2 不同灌溉条件下 CERES-Wheat 模型模拟结果的检验

选取永乐店、栾城、潇河和新乡四个站点作为代表站点，利用 CERES-Wheat 模型分别模拟这四个站点在不同灌溉条件下冬小麦的生长发育过程，将模拟得到的产量、产量要素、作物耗水及土壤水分运移、干物质积累过程、叶面积指数及生育期等与实测值进行比较，检验模型在模拟不同灌溉条件对冬小麦生长影响方面的适用性。

四个站点各种灌溉条件下模拟的冬小麦产量与实测值的比较见表 6-15 及图 6-14，模拟值与实测值基本吻合，相关系数较高，一半以上的情景模拟的相对误差在±10% 以下，少数效果不理想的结果主要出现在灌水较少的处理中，如 Y6、Y7、Lb2、XH7、XH8、Xa4、Xa5、Xa6、Xb9 等，而在灌水基本保证的处理下，不同灌溉水平的作物产量模拟效果较好。

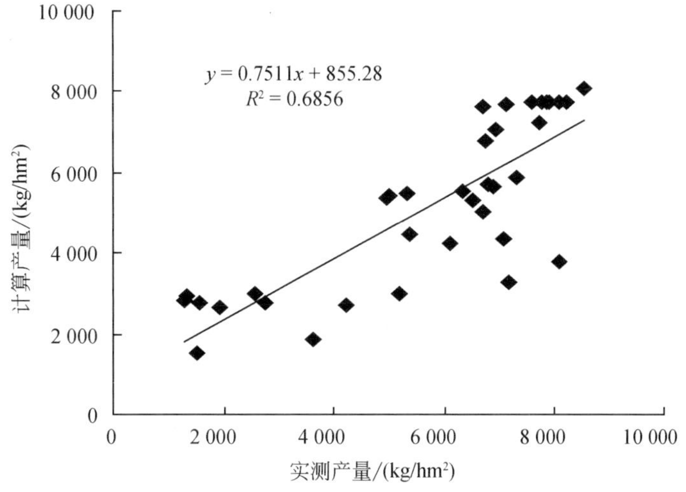

图 6-14 冬小麦产量模拟值与实测值对比

表 6-15 冬小麦产量模拟值与实测值对比

处理编号	处理名称	计算产量/(kg/hm^2)	实测产量/(kg/hm^2)	绝对误差/(kg/hm^2)	相对误差/%
1	Y1	6777	6748	29	0.43
2	Y2	6031	6525	-494	-7.56
3	Y3	6596	6349	247	3.89
4	Y4	5119	6084	-965	-15.86
5	Y5	5138	5373	-235	-4.38
6	Y6	3735	5168	-1433	-27.72
7	Y7	1820	3644	-1824	-50.06
8	La1	7034	6946	88	1.27
9	La2	5646	6893	-1247	-18.09
10	Lb1	7606	6678	928	13.90
11	Lb2	2927	1326	1601	120.76
12	Xa1	8105	8532	-427	-5.00
13	Xa2	5893	7283	-1390	-19.08
14	Xa3	7214	7716	-502	-6.51
15	Xa4	3295	7142	-3847	-53.86

续表

处理编号	处理名称	计算产量/(kg/hm²)	实测产量/(kg/hm²)	绝对误差/(kg/hm²)	相对误差/%
16	Xa5	4327	7083	-2756	-38.91
17	Xa6	3806	8058	-4252	-52.77
18	Xb1	7731	8232	-501	-6.09
19	Xb2	7731	7883	-152	-1.93
20	Xb3	7690	7098	592	8.34
21	Xb4	5709	6775	-1066	-15.73
22	Xb5	7731	7583	148	1.95
23	Xb6	7731	8075	-344	-4.26
24	Xb7	7731	7858	-127	-1.62
25	Xb8	7731	7733	-2	-0.03
26	Xb9	5026	6675	-1649	-24.70
27	XH1	5466	5325	141	2.65
28	XH2	5365	4950	415	8.38
29	XH3	2712	4200	-1488	-35.43
30	XH4	2748	2775	-27	-0.97
31	XH5	2681	1905	776	40.73
32	XH6	2999	2550	449	17.61
33	XH7	2741	1560	1181	75.71
34	XH9	1517	1500	17	1.13
35	XH10	1533	1500	33	2.20

冬小麦产量即为麦粒的总质量，是单个籽粒质量与每平方米籽粒数的乘积，每平方米籽粒数是每穗粒数与每平方米穗数的乘积，CERES-Wheat 模型可以给出成熟时的单粒质量、每平籽粒数、每穗粒数三个产量要素，这三个要素综合决定最终的产量。在四个站点各种灌溉条件下模拟的冬小麦产量要素与实测值的比较表明，CERES-Wheat 模型能够较好地模拟在水分亏缺较轻时的冬小麦产量，并能够反映因灌水量及时间的不同而导致的产量上的变化，但产量要素的模拟偏差较大，这可能是因为模型中假设的产量要素计算方法与实际不符，或者是在参数率定时出现了只是产量模拟结果较好的假象而并非真实地反映了作物的生长情况。这三个要素对其决定阶段的水分条件十分敏感，并相互耦合，这种利用非连续的阶段性分配系数来计算各器官间的物质分配的方法，分配系数应随不同的水肥条件而异，这种统一的作物参数决定的方法就容易使得在水肥充分条件下率定得的参数在水肥胁迫时使得模拟效果不佳。

CERES-Wheat 模型对冬小麦生育期内总耗水量的模拟效果较好，但模拟值略有偏大，且对拔节、抽穗、灌浆等生育阶段内的阶段耗水量模拟偏差较大，某一阶段模拟的耗水量对该阶段及前一阶段的灌水情况十分敏感，因此，在采用 CERES-Wheat 模型模拟不同阶段水分亏缺情况确定作物不同阶段需水量时需谨慎验证。

6.2.3.3 基于经济灌溉定额与冬小麦产量模拟的经济灌溉制度设计

通常利用 SPAC 系统模型进行节水灌溉的研究中，是在给定作物生长状况的前提下，动态的模拟土壤水分的运动，进而分析不同时期的作物耗水，在通过作物水分生产函数研究作物不同生育阶段的土壤水分状况对产量的影响。

通过验证发现，用 CERES-Wheat 模型模拟不同阶段的水分亏缺情况来确定作物不同阶段的需水量可能并不科学，但在已知灌溉制度的情况下模型能够较好的模拟作物的产量和耗水情况，所以考虑根据海河流域各节水灌溉区内的经济灌溉定额，设定不同的灌溉制度，通过模拟各站点不同灌溉制度下的冬小麦生长及耗水情况，分析一定灌水量下不同灌溉制度对冬小麦产量和水分利用效率的影响，得出各站点在灌溉总量为经济灌溉定额下限时的经济灌溉制度（表 6-16），为合理制定灌溉制度提供依据。

表 6-16 四个站点的经济灌溉制度 （单位：mm）

站点	处理	出苗	越冬	返青-拔节	拔节-抽穗	抽穗-灌浆	总灌水量
永乐店	Ys5	—	—	50	50	60	160
栾城	Ls6	—	—	90	—	90	180
潇河	XHs6	—	80	—	—	90	170
新乡	XXs2	—	60	60	—	50	170

6.3 海河流域作物需水信息查询和灌溉决策支持系统

海河流域是我国小麦、玉米等作物的优势产区，是我国重要的粮食生产基地，在保障国家粮食安全中有着举足轻重的地位。水利是农业的命脉，为了实现国家 1000 亿斤①粮食增产计划，海河流域很多粮食核心县市都将农田水利工程建设作为保障粮食高产稳产的主要条件。但与此同时，海河流域水资源紧缺形势严峻，区内很多河道断流，加之农业在国民经济中始终处于弱势地位，受比较利益驱动，农业用水被大量挤用。众所周知，近些年来海河流域很多地方农业发展主要是靠过度开采地下水资源换来的，随着水资源短缺问题的日益突出，再靠过量开发利用水资源来发展农业已不可取，粮食生产所面临的水资源约束越来越大。大力发展节水灌溉，提高灌溉用水效率已成为海河流域广大人民的共识。

但是无论节水灌溉工程规划与建设、还是水资源优化调配与管理都需要严格的科学理论和丰富的基础数据作为支撑才能达到预期目的。而掌握这些科学理论知识，并且取得适宜的基础数据，无论对于广大农民用水户，还是基层水利工作者，甚至是从事灌溉工程规

① 1 斤 = 500g。

划设计、水资源调配管理的专业人员，都是相当困难且费时耗力的，有时甚至是根本无法办到的。例如，按照节水灌溉制度进行灌溉是一项投入少而又效果显著的节水技术措施，但制定适宜的节水灌溉制度的过程包含一些较为复杂的计算，同时还需要许多参数。这些参数的选择要以过去的灌溉试验结果为基础，有时还需要进行必要的判断和取舍。此外，节水灌溉制度并非一成不变的东西，需要根据当时的天气、作物、墒情、水情等进行综合分析判断，才能制定出切实可行的节水灌溉计划，更增加了节水灌溉制度制定过程的难度。很显然，这些工作是广大农民用水户和基层水利工作者难以独立完成的。

因此，通过系统归纳整理节水灌溉所需的有关基础数据，为广大农民用水户和基层水利工作者提供诸如作物需水量、灌溉需水量、充分与非充分灌溉定额等方面的基础数据与信息，开发基于 WebGIS 的作物需水信息查询和灌溉决策支持系统，不仅可为基层农业和水利工作者及广大用水户开展节水灌溉活动提供技术支持，而且对提高我国的节水灌溉管理水平，保障全国节水灌溉的持续稳定发展都具有重要的意义。

6.3.1 技术开发流程

作物需水量不仅受作物本身生长状况的影响，还受气象、土壤、地形地貌等因素影响，导致不同区域、不同作物生育期需水量并不相同，因此作物需水信息查询和灌溉决策支持系统不仅要管理作物需水量、缺水量等大量的属性数据，而且还需要大量空间数据作支撑才能形象地揭示作物需水的空间分布规律。另外，还需将根据监测的土壤水分信息和气象信息进行的灌溉决策结果进行发布以指导灌区基层技术人员和农民用水户科学灌溉，因此系统还应有必要的统计分析、灌溉决策及空间数据可视化功能，根据系统需求，确定基于 WebGIS 的作物需水信息查询和灌溉决策支持系统技术流程如图 6-15 所示。

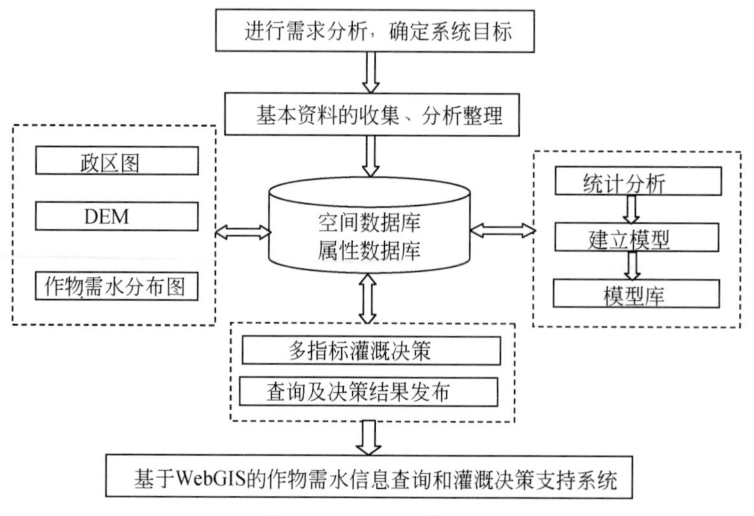

图 6-15 系统工作流程

6.3.2 系统体系结构

系统以服务为中心构建了三层体系结构（图 6-16），包括表现层、业务逻辑层、数据层。

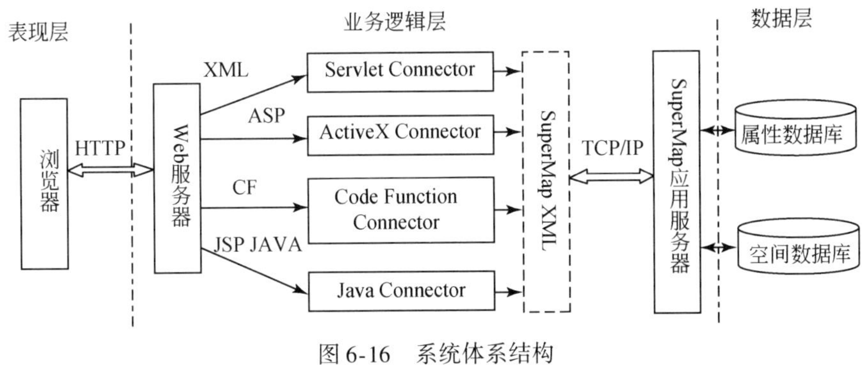

图 6-16 系统体系结构

1）客户端浏览器层采用 HTML 浏览器，接收普通的 HTML 页面。它的任务是访问 WebGIS 服务器中有关的 ASP. NET 页面的内容，并请求地图数据，服务器端通过 HTTP 协议把所响应的请求传送给客户端并显示在浏览器上。

2）业务逻辑层主要由两部分组成：一是 Web 服务器软件，如 IIS（microsoft internet information server）和 MTS（microsoft transaction server）一是基于 GIS 平台的服务器组件，WebGIS 服务器接收到浏览器端的请求后，利用 GIS Service 组件的功能进行处理、分析、计算等，如果需要 GIS 数据服务器的数据，则向 GIS 数据服务器发出请求。

3）GIS 数据服务器层，具体包括 GIS 系统、属性数据库和空间数据库。它完成数据的定义存储、检索、完整性约束以及对数据库查询、修改、更新等功能，它接收到 WebGIS 服务器的数据请求，并将处理结果交送 WebGIS 服务器。

6.3.3 系统总体设计

根据系统需求，分门别类地建立各种基础资料数据库，根据采集到的气象、土壤水分、作物水分等基础信息，综合考虑作物需水状况、土壤水分及作物生理生态等指标进行灌溉决策，并将决策结果及时进行发布以指导农民科学灌溉，系统框图如图 6-17 所示。

6.3.4 数据库设计

数据库技术是信息资源管理最有效的手段。数据库设计是对于一个给定的应用环境，构造最优的数据库模式，建立数据库及其应用系统，有效存储数据，满足用户信息要求和处理要求，下面以基础气象数据库为例来说明数据库是如何设计的。

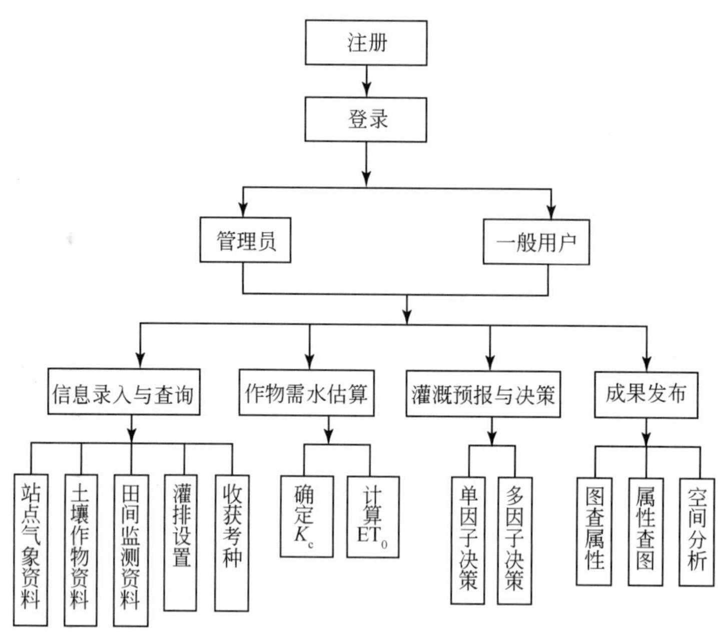

图 6-17　系统框架图

(1) 需求分析

对系统数据库进行分解，气象资料主要包括以下几个属性：观测日期、站点名称、降雨量、最高气温、最低气温、平均气温、相对湿度、平均风速、蒸发量和日照时数。

站点资料主要包括以下几个属性：站点名称、站点编码、经度、纬度、高程。

A. 概念结构设计

通过对用户需求进行综合、归纳与抽象，形成一个独立于具体 DBMS 的概念模型，可以用 E-R 图表示，如图 6-18 所示。概念模型用于信息世界的建模，它可以转换为计算机上某一 DBMS 支持的特定数据模型。概念模型设计的一种常用方法为 IDEF1X 方法，它就是把实体-联系方法应用到语义数据模型中的一种语义模型化技术，用于建立系统信息模型。

以气象实体和站点实体为例，所建立的 E-R 模型图，如图 6-18 所示。其中图中矩形框框起来的是站点和气象两个实体；菱形表示的是这两个实体之间的关系；数据 1 表示二者之间是 1 : 1 的关系，即一个站点对应一个气象实体，一个气象实体对应一个站点实体，在复杂的 E-R 模型当中，还有 1 : N、M : N（一对多、多对多）的关系；椭圆标志的是实体的属性，从图中可以看到，一个实体可以有多个属性；斜线是实体的主键。

B. 逻辑结构设计

将概念结构转换为某个 DBMS 所支持的数据模型（如关系模型），并对其进行优化。设计逻辑结构应该选择最适于描述与表达相应概念结构的数据模型，然后选择最合适的 DBMS。将 E-R 图转换为关系模型实际上就是要将实体、实体的属性和实体之间的联系转化为关系模式，这种转换一般遵循如下原则：一个实体型转换为一个关系模式，实体的属性就是关系的属性，实体的码就是关系的码。数据模型的优化，确定数据依赖，消除冗余

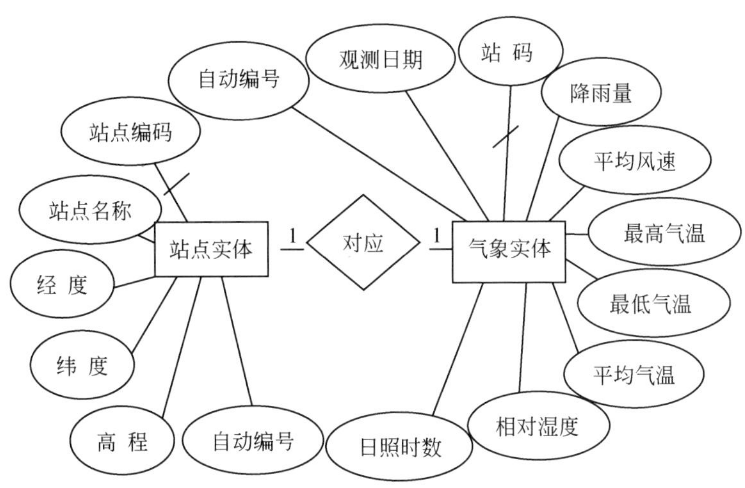

图 6-18　气象实体和站点实体 E-R 模型图

的联系，确定各关系模式分别属于第几范式，确定是否要对它们进行合并或分解。一般来说将关系分解为 3NF 的标准，即表内的每一个值都只能被表达一次；表内的每一行都应该被唯一的标识（有唯一键）；表内不应该存储依赖于其他键的非键信息。将图 6-18 的 E-R 图转换为某个 DBMS 所支持的关系数据模型，其中实体是表示所建立的关系，括号内为该关系中的属性，带下划线的属性为该关系的主键。

站点实体（<u>自动编号</u>，站点编码、站名、经度、纬度、高程）；

气象实体（<u>自动编号</u>，观测日期、站码、降雨量、平均风速、最高气温、最低气温、平均气温、相对湿度、日照时数）。

C. 数据库物理设计阶段

为逻辑数据模型选取一个最适合应用环境的物理结构（包括存储结构和存取方法）。根据 DBMS 特点和处理的需要，进行物理存储安排，设计索引，形成数据库内模式。以测站资料表和气象资料表为例，本文设计的数据结构如表 6-17、表 6-18 所示。

表 6-17　测站资料表数据结构

字段名称	数据类型	备注
Stadia_ Code	Varchar（10）	站码
Stadia_ Name	Varchar（20）	站名
S_ Longitude	float	经度
S_ Latitude	float	纬度
S_ High	Float	高程
StartDate	Datetime（8）	开始日期
EndDate	Datetime（8）	结束日期
TYPE	Varchar（10）	站点类型

表 6-18　气象资料表数据结构

字段名称	数据类型	备注
Guid	Int	自动编号
StadiaCode	Varchar	站码
Date	Datetime	日期
Rainfall	Float	降雨量
AvgWind	Float	平均风速
TemMax	Float	最高温度
TemMin	Float	最低温度
AvgTem	Float	平均温度
Suntime	Float	日照时数
Moisture	Float	相对湿度

D. 数据库实施

运用 DBMS 提供的数据语言（如 SQL）及其宿主语言（如 C），根据逻辑设计和物理设计的结果建立数据库，编制与调试应用程序，组织数据入库，并进行试运行。数据库实施主要包括以下工作：用 DDL 定义数据库结构、组织数据入库、编制与调试应用程序、数据库试运行。

E. 数据库运行和维护

在数据库系统运行过程中必须不断地对其进行评价、调整与修改。内容包括数据库的转储和恢复、数据库的安全性、完整性控制、数据库性能的监督、分析和改进、数据库的重组织和重构造。

（2）数据库设计

根据数据库设计规范的要求，从分析数据入手，逐次展开，逐级细化，采用面向数据信息的数据库设计方法，即在考虑数据库之间的联系和设计数据库表结构时，既考虑便于用户使用，又力求表结构规范化，以提高数据库的查询效率和便于相互间的通信。根据系统的需求分析，系统数据库由站点、气象、作物、土壤、田间监测、灌排、收获考种等数据库组成。

1）站点资料数据库。主要存放各个试验站的测站资料，包括站名、站码、经度、纬度、高程等资料。

2）气象资料数据库。主要存放各地区的气象资料，包括降雨量、最高气温、最低气温、平均气温、相对湿度、平均风速、蒸发量和日照时数等资料。

3）土壤资料数据库。包括田间持水率、凋萎含水量、容重、比重、孔隙度、砂粒含量、黏粒含量以及各种化学指标等资料。其中土壤质地按照国际制进行分类，共分为 12 种，即砂土及壤质砂土、砂质壤土、壤土、粉砂质壤土、砂质黏壤土、黏壤土、粉砂质黏壤土、砂质黏土、壤质黏土、粉砂质黏土、黏土、重黏土。

4）作物资料数据库。主要存放各种作物的作物系数、根系活动层深度、作物生育期等资料。

5）田间监测数据库。主要存放各个站点的田间实测资料，包括水分监测、形态指标、生理指标、生化指标、根系监测等资料。

6）灌排数据库。主要存放灌溉时间、灌溉方式、含沙量、矿化度、流量、田间水利用系数、渠系水利用系数、灌溉水利用系数、灌水定额、排水量等资料。

7）收获考种数据库。主要存放各种作物的产量、株高、穗长、穗粒数、千粒重等资料。

各表之间的数据关系图如图 6-19 所示。从图中可以看出，要将各个表关联起来，需要通过 SQL 提供的 INNER_ JOIN 语法。

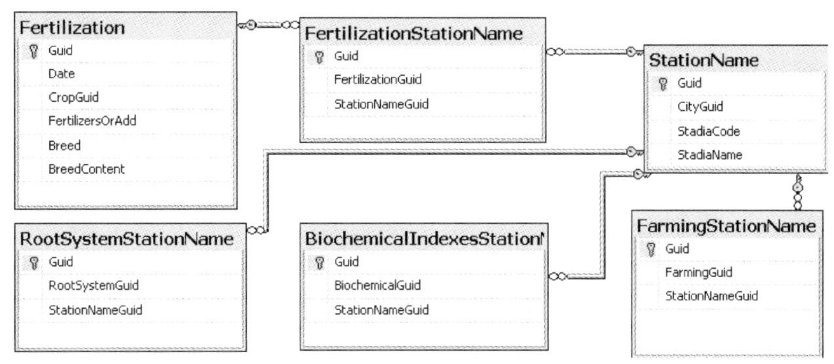

图 6-19　各表之间的数据关系图

（3）系统主要功能

系统主要功能模块有用户注册和登录、信息录入与查询、作物需水估算、灌溉预报及决策、成果发布。

1）用户注册和登录。如果是首次使用该系统，需要进行注册，注册后，进入登录界面。系统管理员可以对用户进行管理，设置口令，修改权限以及建立、修改和删除用户。系统注册、登录、主界面分别如图 6-20、图 6-21 和图 6-22 所示。

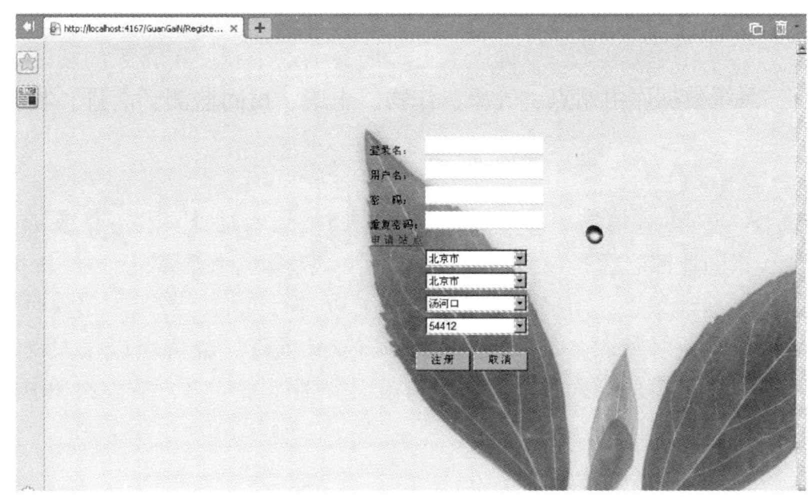

图 6-20　系统注册界面

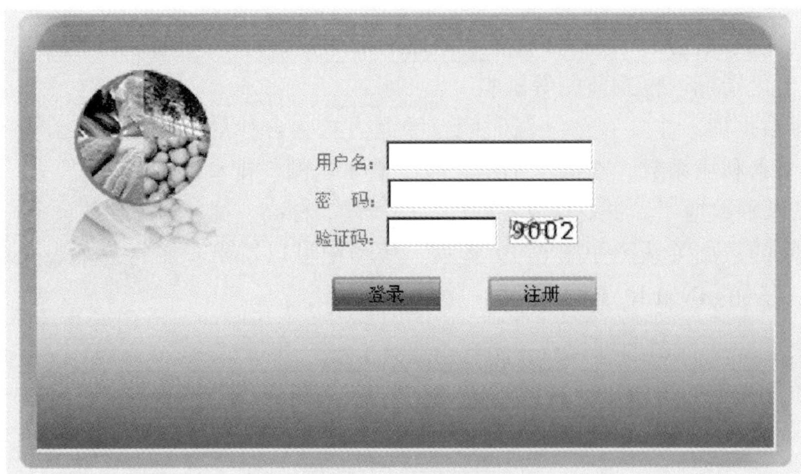

图6-21　系统登录界面

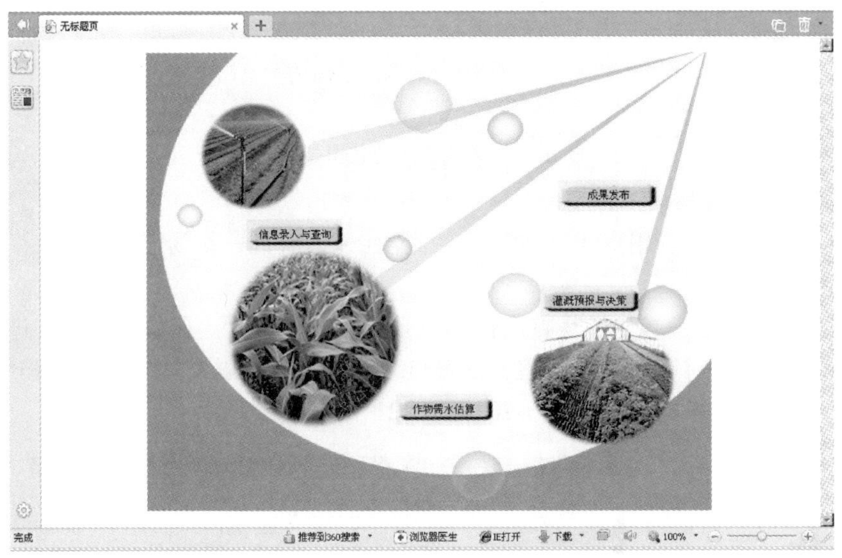

图6-22　成功登录后界面

2）信息录入与查询。信息录入与查询模块主要是录入站点资料、气象数据、土壤资料、作物资料、田间监测、灌排设置、施肥及耕作、收获考种等资料，为后面作物需水估算及墒情预报提供基础参数。用户对录入的数据可以进行查询，若录入错误可以进行更新修改，录入可以单条记录录入，也可以批量导入 excel 文件，查询可以按关键字查询，也可以查看全部资料。该模块录入、查询和更新界面分别如图6-23、图6-24 和图6-25 所示。

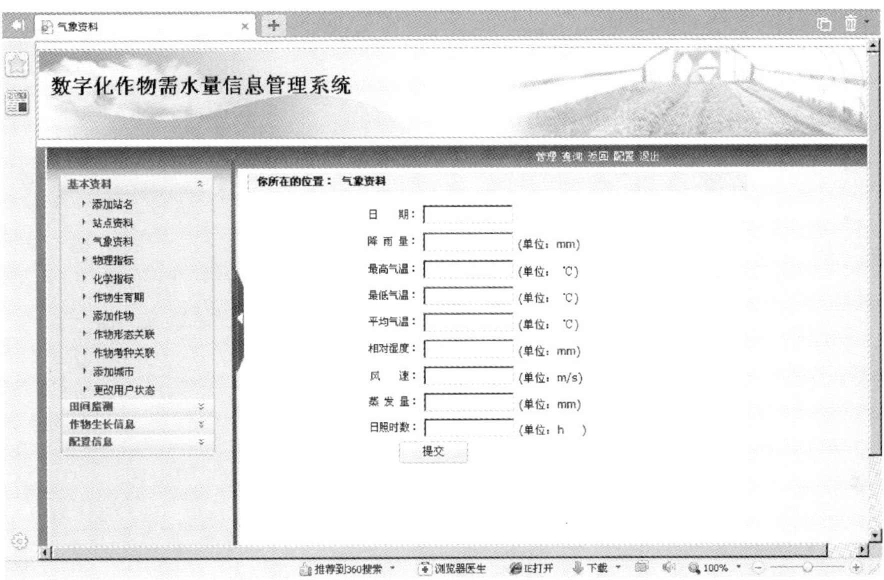

图 6-23　录入站点资料

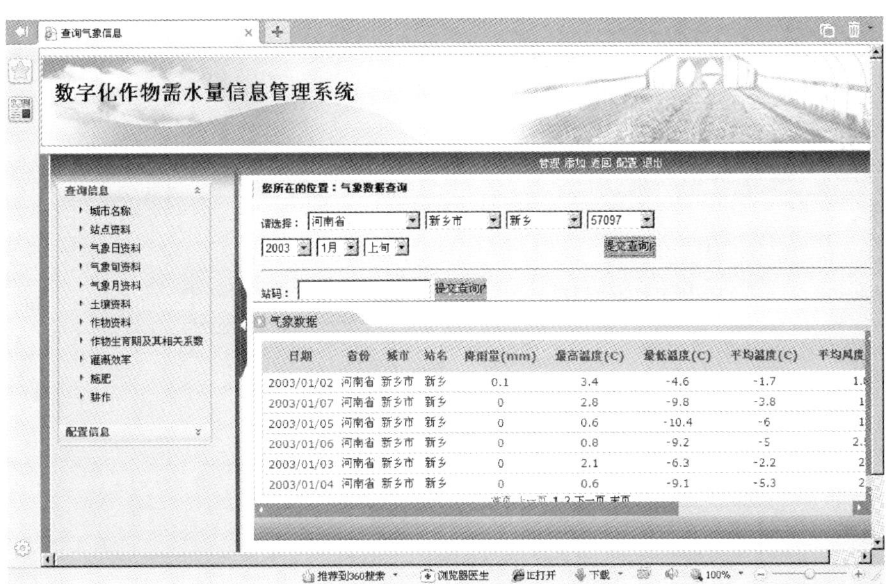

图 6-24　查询气象资料

图 6-25　更新气象资料

3）作物需水估算。采用作物系数法进行作物需水估算，本系统中所用的作物系数，通过两种方式获取：一是用户输入不同作物在不同生育阶段的作物系数；二是通过 FAO 推荐的分段单值平均法进行修正。

用户可根据获得的当地站点资料及气象资料情况，选择彭曼-蒙特斯、彭曼修正、索恩斯威特桑斯威特和泰勒公式中的一种公式，采用 C#语言编程计算参考作物蒸发蒸腾量 ET_0，计算框图及主界面如图 6-26、图 6-27 所示。

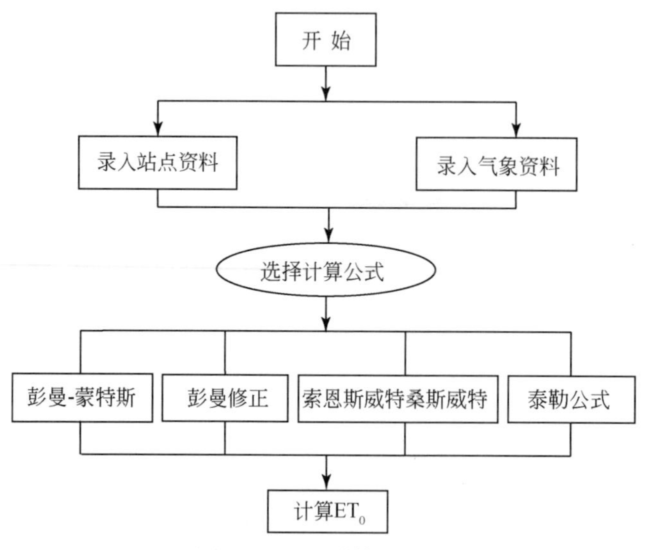

图 6-26　ET_0计算流程图

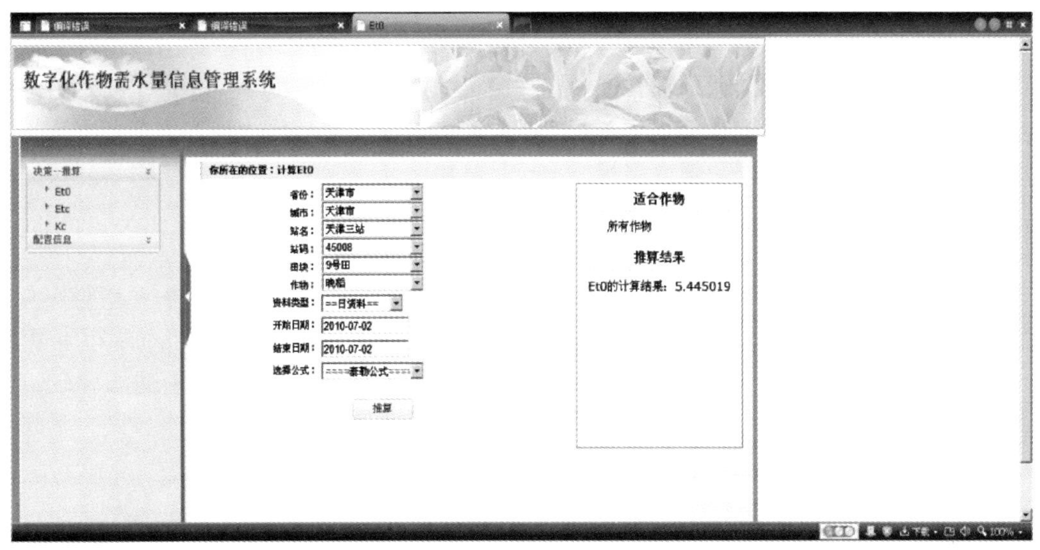

图 6-27　ET_0计算主界面

4）灌溉预报与决策。灌溉预报与决策是系统的核心，该模块主要包括土壤墒情预报和灌溉决策两部分。

墒情预测：根据用户前期监测获得的土壤水分数据、作物所处的生育阶段和生长状况、当地发布的短期气象预报数据，采用水量平衡法进行墒情判断及预测。图 6-28 为广利灌区墒情预测结果。

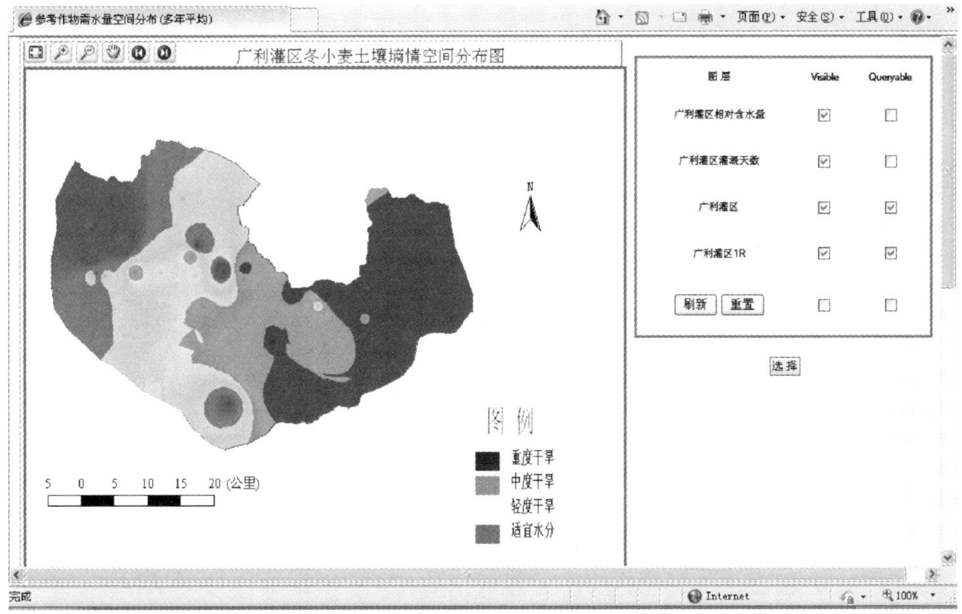

图 6-28　广利灌区土壤墒情预测结果

灌溉决策：是从节水灌溉的基本原理入手，运用水量平衡方程，通过人机对话，输入所需预报田块的土壤、作物、气象以及水文地质等参数，计算机即可推理出该田块需不需要灌水、何时灌水、灌多少水，以帮助农民作出最佳的节水灌溉决策，这是实现农田优化灌溉的主要手段之一。灌溉决策提供单指标决策和多指标决策两种功能。单指标决策是利用获取的一个指标进行灌溉决策，多指标决策是利用已经获取的能够反映作物水分状况的两个以上指标进行决策。

A. 单因子决策

可以利用监测获取的土壤水分、水分胁迫指数、冠气温差、叶水势、茎直径变差、茎流、叶气温差等指标进行灌溉决策，单因子决策除了土壤水分以外，其他指标都是根据实时获取的监测信息，与收集整理确定的不同作物、不同生育阶段的灌溉指标进行比较，如果监测到的信息达到灌溉下限就要进行灌溉，每次的灌水量根据不同的灌水方式、不同作物不同生育阶段的生长状况综合确定。

a. 根据土壤水分指标决策

由土壤初始含水量及作物允许的土壤水分下限指标确定土壤有效储水量（W_0）；由气象资料和土壤入渗特性确定有效降雨量（P_e）；由作物和土壤类型及地下水埋深，确定地下水有效补给量（K）；由灌溉水源的来水情况及渠系配水状况，确定灌溉水量（M）；最后由气象资料推算出参考作物蒸发蒸腾量（ET_0）值，乘上作物系数（K_c）得实际作物蒸发蒸腾量（ET_c）。灌溉预报与决策主界面如图 6-29 所示。

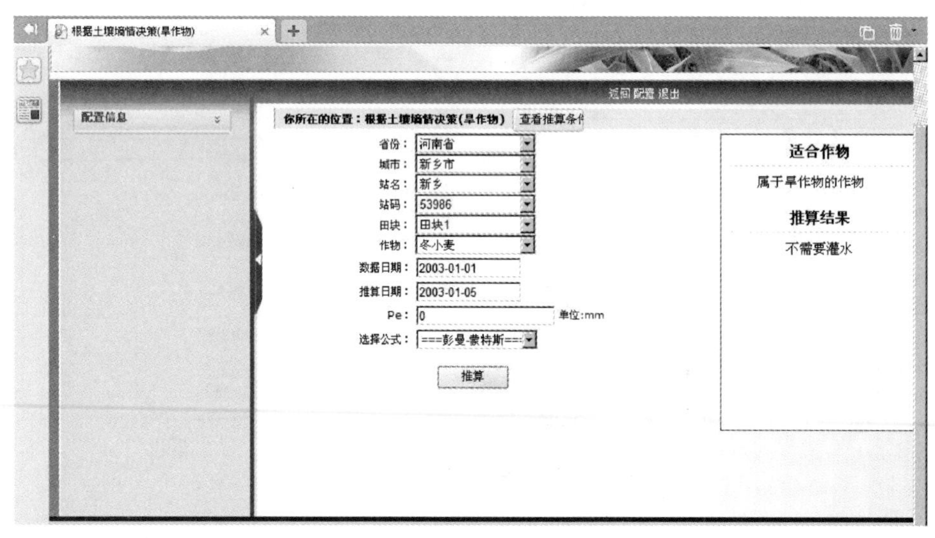

图 6-29　灌溉预报与决策界面

b. 根据作物水分胁迫指数（CWSI）决策

根据作物水分信息决策是用作物水分胁迫指数 CWSI 来指示作物干旱程度，其决策流程图和主界面如图 6-30、图 6-31 所示。

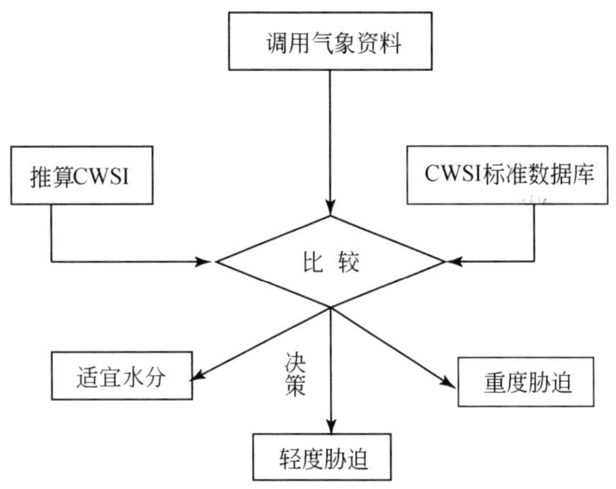

图 6-30　根据作物水分信息决策流程图

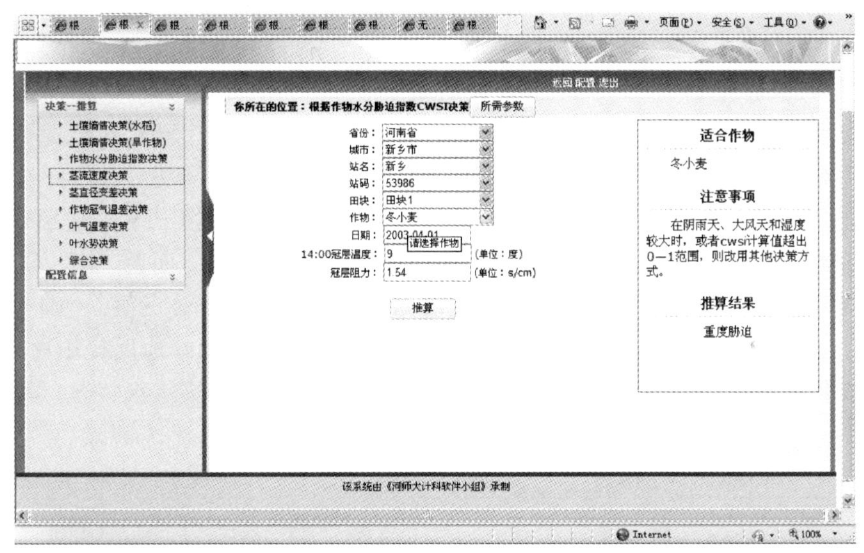

图 6-31　根据作物水分信息决策主界面

c. 根据作物冠气温差决策

作物冠层温度很早被认为是指示可利用的土壤水分和作物水分状况的指标，冠层-空气温度差反映的是农田水分的平均状况，具有较好的代表性，其测定快捷方便，加之红外测温技术特别是卫星遥感技术的发展，可以很方便地获取大面积的地表温度和冠层温度信息，更加速了其发展和应用，冠气温差已成为一种判别作物旱情状态的重要指标。在作物主要生育期，中午 14：00 的冠气温差能较好地反映作物和土壤的水分特征，可以用此时刻的卫星遥感冠层温度结合地面气象站数据监测作物和土壤的旱情。

采用该方法进行决策时，需要注意，在阴雨天、大风天和湿度较大时，不宜采用冠气温差决策方式。根据作物冠气温差进行决策的主界面如图 6-32 所示。

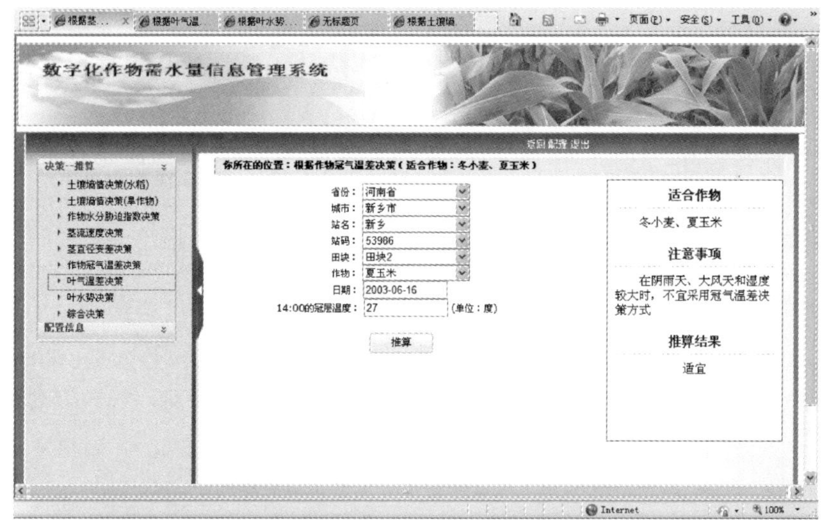

图 6-32　根据作物冠气温差决策界面

d. 根据叶水势决策

叶片水势被较多地用来反映作物的水分状态。由于作物一天中叶片水势随着蒸腾的变化出现明显的日变化过程，而且又由于不同位置的叶片其水势差异明显，因此选择最佳位置、最佳时间的叶片水势才能准确地反映作物的水分状况。一般情况下，随着蒸腾速率的增加，叶片水势的负值逐渐升高，在午间维持在较高的负值水平，而后逐渐下降，在夜间维持一个常态。一般作物顶部的叶片水势负值高于下部的叶片水势负值，中午差异最大，而至夜间，基本相同。一些研究认为用日出前的叶片水势可以较好地反映作物水分状况，因为这时的叶片水势与土壤供水状况达到平衡，能更好地反映土壤供水状态。其主界面如图 6-33 所示。

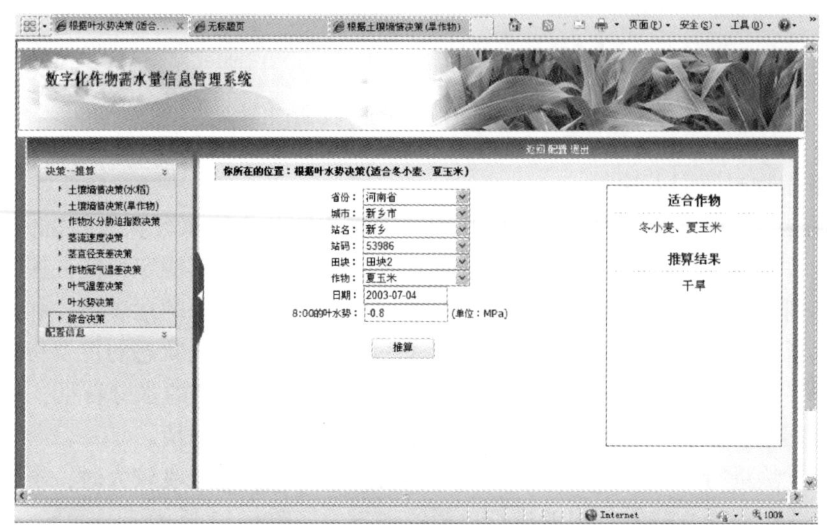

图 6-33　根据叶水势决策界面

e. 根据茎变差决策

从植物生理角度讲，植物器官（茎、叶、果实等）体积微变化动态与其体内的水分状况有关，茎直径变化量（ΔS_d）能灵敏、实时、准确地反映植株体内的水分状况。当根系吸水充足时茎秆膨胀，水分亏缺时茎秆收缩。因而可以用茎直径变化反映植株体内的水分状况。植株茎直径变差法简单易行、对植株不具破坏性、可连续监测、自动记录和获取作物体内水分信息，对于研究不断变化的环境因子对作物水分状况和生长的影响确实是必需的。与其他水分诊断方法相比，茎直径变差法具有简便、稳定、无损、连续监测和自动记录的优点。因此，其已经成为国际上研究的热点课题。本系统利用这种原理，构建了茎变差决策模型，其决策界面如图 6-34 所示。

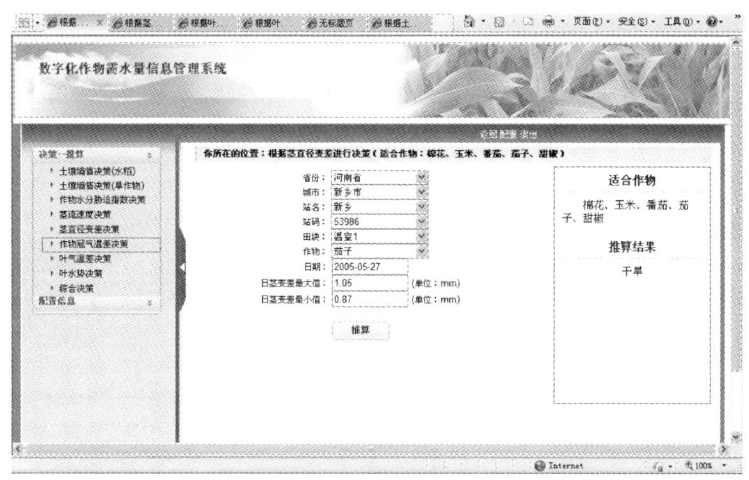

图 6-34　根据茎变差决策界面

f. 根据茎流速度决策

研究表明，作物吸收的水分近 99.8% 以上通过蒸腾作用而散失，作物蒸腾量是确定合理的作物肥水灌溉控制目标的主要依据，茎流可以表示作物蒸腾速率的相对变化量，从而反映出作物本身的需水信息。在蒸腾过程中，茎秆中的液体一直处于流动状态，这表明作物蒸腾与茎流之间存在着必然的联系。将茎流与作物冠层的蒸腾速率结合在一起研究作物的需水信息，有利于更好提示作物需水实质。本系统利用这种原理，构建了茎流速度决策模型，其决策界面如图 6-35 所示。

g. 根据叶气温差决策

叶片吸收太阳辐射，温度逐渐上升，同时通过植株蒸腾作用消耗部分能量，实现自身温度的调节。若出现水分亏缺，则蒸腾速率降低，所消耗的能量降低，感热增加，叶片温度也随之增高。故叶气温差（ΔT，叶片温度减去空气温度）与外界因素有关，同时还联系着作物叶片水平的水分与能量平衡，可以反映作物的水分状况，从而可用于水分亏缺诊断，指导灌溉。本系统利用这种原理，构建了叶气温差决策模型，其决策界面如图 6-36 所示。

B. 多因子决策

节水灌溉是一项复杂的系统工程，灌溉不仅受生长发育时期的影响，还受温度、湿

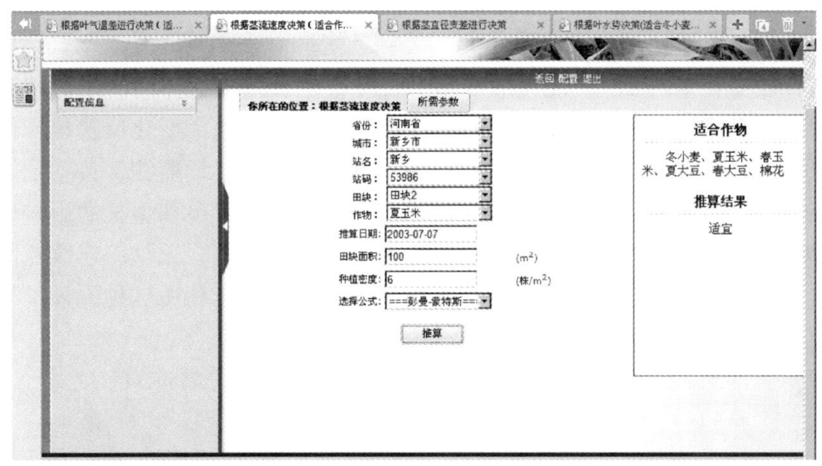

图 6-35　根据茎流速度决策界面

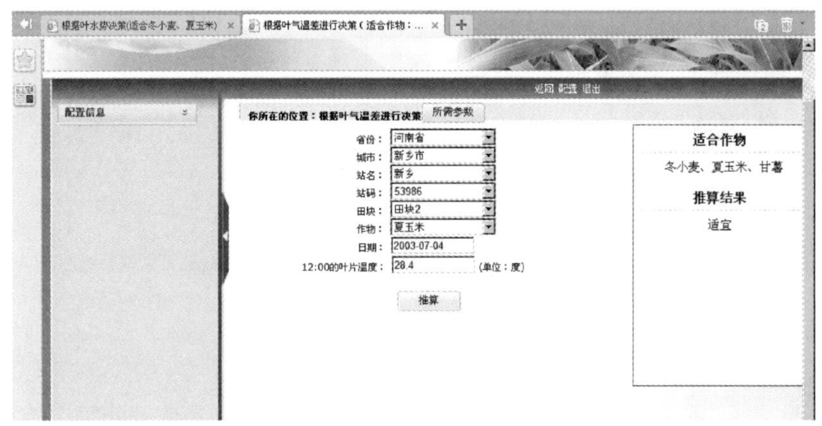

图 6-36　根据叶气温差决策界面

度、降水、蒸腾等多种环境条件的影响，很难建立精确的数学模型。传统自动控制系统的控制算法建立在已知精确数学模型的基础上，难以达到节水灌溉的既节水又高产的效果。因此，要实现适时适量精确节水灌溉必须要解决在多因子条件下的灌溉决策问题。本系统建立了多因子决策模型，该模型是根据土壤墒情、作物生理生态反应、天气情况等因子，应用模糊控制理论，设计了多因子作物灌溉决策系统。

a. 理论基础——模糊控制理论

模糊控制是以模糊集合论、模糊语言变量和模糊逻辑推理为基础的控制方法，从行为上模仿人的模糊推理和决策过程的一种智能控制方法。它先将操作人员或专家的经验制定成模糊控制规则，然后把来自传感器的信号模糊化，并用此模糊输入适配控制规则，完成模糊逻辑推理，最后将模糊输出量进行解模糊化，变为模拟量或数字量，加到执行器上。模糊逻辑是一种系统的推理方法，其控制策略来源于专家语言信息，因而能够解决许多复杂而无法建立精确数学模型系统的控制问题。

b. 模糊控制策略

由于不同作物适用的作物水分信息指标不同，多因子决策首先根据作物特性和监测数据情况选择一个或多个最适宜的作物水分信息指标，与土壤水分指标进行综合决策，作为模糊控制规则的依据。通过各个因子对干物质通径分析结果表明，土壤水分对作物干旱的影响有延迟性，它的敏感性不高。因其是确定作物灌溉需水量最通用的做法，且理论基本成熟，所以在构造模糊决策推理系统时，仍然将其作为固定输入项，权重占0.5以上。另外输入项的权重根据所选指标的不同而不同。

本系统中设定的输入项是：土壤水分信息指标（即土壤水分）和作物水分信息指标（包括：冠气温差、叶气温差、茎流量、茎变差、光合速率、叶水势、气孔导度）。输出项是：作物干旱程度及灌水量。

如图6-37所示，模糊控制器的输入为土壤水分、冠气温差、叶气温差、茎流量、茎变差、光合速率、叶水势、气孔导度，输出为灌溉需水量。为了保证适当精度，变量都定义了5个语言变量：很湿、湿润、中等、干旱、很旱。在选择隶属函数（MF）时，考虑到三角形MF的形式简单，计算效率高，特别适用于要求实时实现的场合，故本系统选择三角形MF。

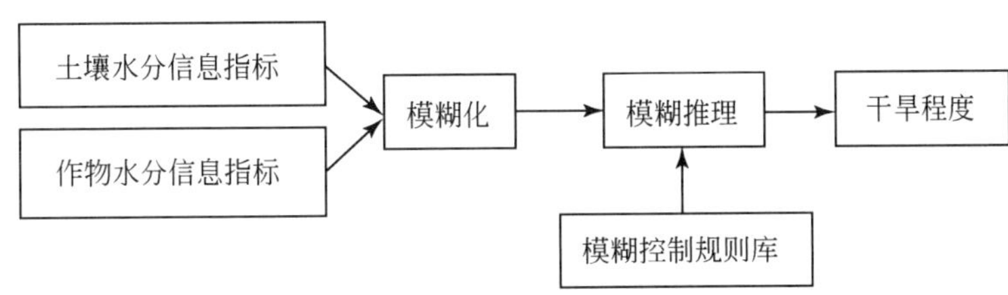

图6-37 模糊控制原理

c. 模糊化

将输入变量的精确值转化为适当论域上的模糊语言变量值，即确定各输入与输出量的变化范围及其对模糊语言变量的论域。例如，土壤水分的基本变化范围为［12.8，28.16］，选定其论域 $X=\{12.8, 17.08, 20.92, 24.76, 28.16\}$，将其模糊化为5个等级，即很旱、干旱、中等、湿润、很湿。

土壤水分、冠气温差、气孔导度指标的模糊化分别见表6-19至表6-21所示。输出指标的模糊化见表6-22。

表6-19 土壤水分的模糊化

指标	很湿	湿润	中等	干旱	很旱
土壤水分/%	28.16	24.76	20.92	17.08	12.8
量化等级	0	1	2	3	4

表6-20 冠气温差指标的模糊化

指标	很湿	湿润	中等	干旱	很旱
Tc-Ta/℃	-0.5	-0.25	0	0.25	0.5
量化等级	0	1	2	3	4

表 6-21　气孔导度指标的模糊化　（单位：%）

指标	很湿	湿润	中等	干旱	很旱
Gs/[mmol/(s·m^2)]	181.3	160.586	139.872	119.158	98.444
量化等级	0	1	2	3	4

表 6-22　输出指标的模糊化

指标	很湿	湿润	中等	干旱	很旱
输出	0	0.25	0.5	0.75	1
量化等级	0	1	2	3	4

d. 模糊推理

以知识库为基础，通过一定的推理机制，由模糊输入值得到模糊输出值的过程。推理规则主要根据经验加以总结，得到以“IF-THEN”语句表达的规则，如根据经验，当土壤水分低于下限值时，说明土壤极其缺水，此时不管作物水分指标的高低，作物都需要大量灌水，写成模糊推理规则即“if Soil is VDRY then Irrigation is VHIGH”。模糊推理规则库在实际应用中，还需要根据不同情况对规则进行调整，逐渐形成最佳灌溉方案。

e. 解模糊

模糊决策的输出项是灌溉需水量，其值域为［0，（田间持水量-计算出来的含水量）×10］，为适应模糊化规则的要求，将其量化为五个等级，即很旱、干旱、中等、湿润、很湿。

多因子决策主界面如图 6-38 所示。

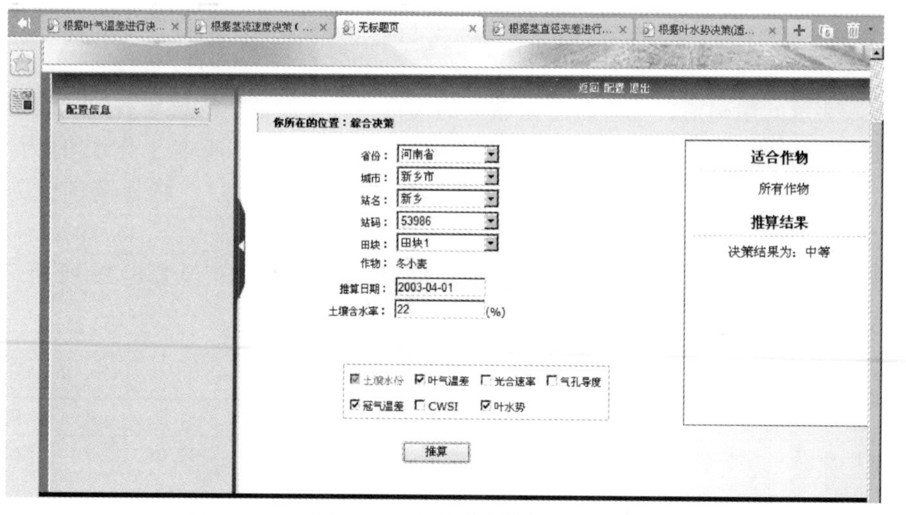

图 6-38　多因子决策界面

（4）成果发布

可将各站点的基础数据进行发布，也可将系统计算及预报的结果（如作物需水估算结果、墒情状况等）进行发布。具体包括站点基础情况、气象、参考作物需水量、作物生育期、作物需水量、有效降雨量、缺水量及墒情结果的查询及发布。系统可以根据用户需求，任意查询某一站点的基础数据，也可以通过属性数据来反查空间数据，检索出相应的图形信息，并可将查询结果进行形象地展示（图 6-39 至图 6-45）。

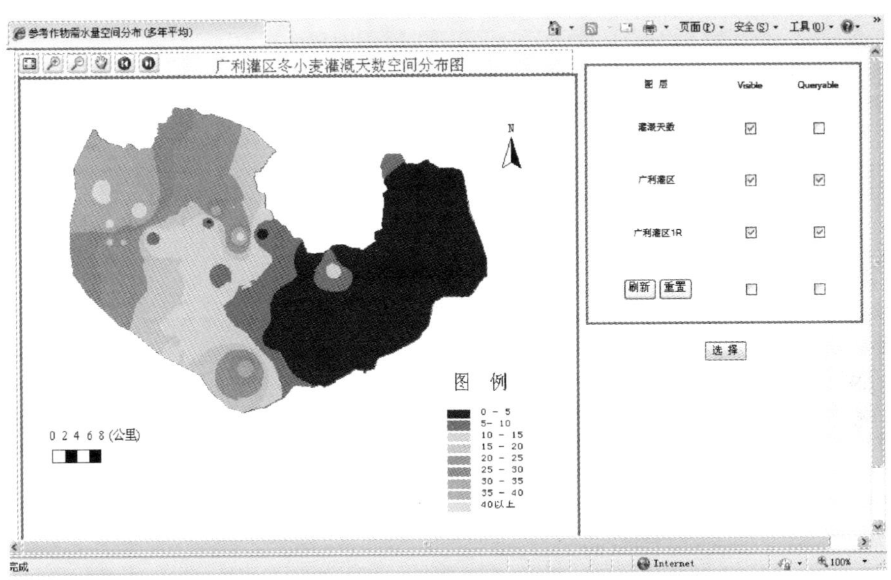

图 6-39 灌溉决策结果发布（几天以后需要灌水）

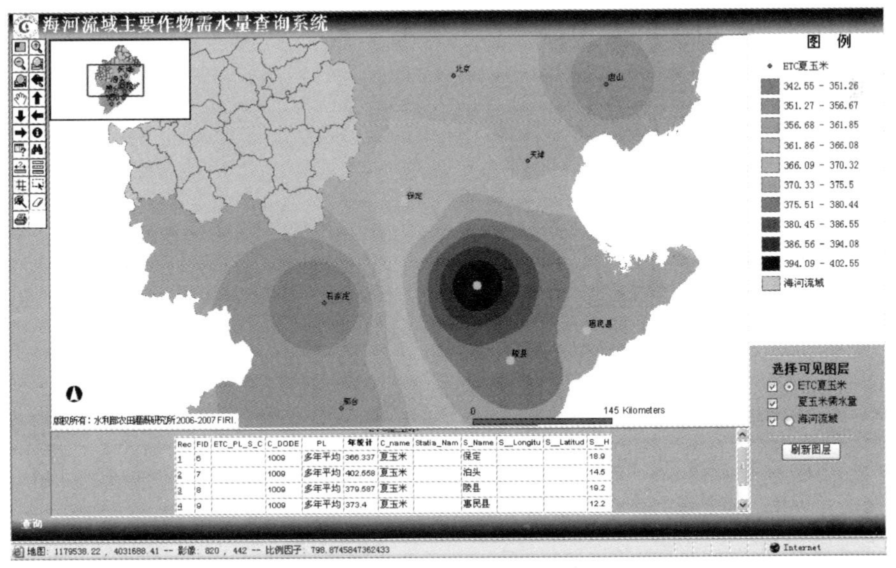

图 6-40 作物需水量空间分布

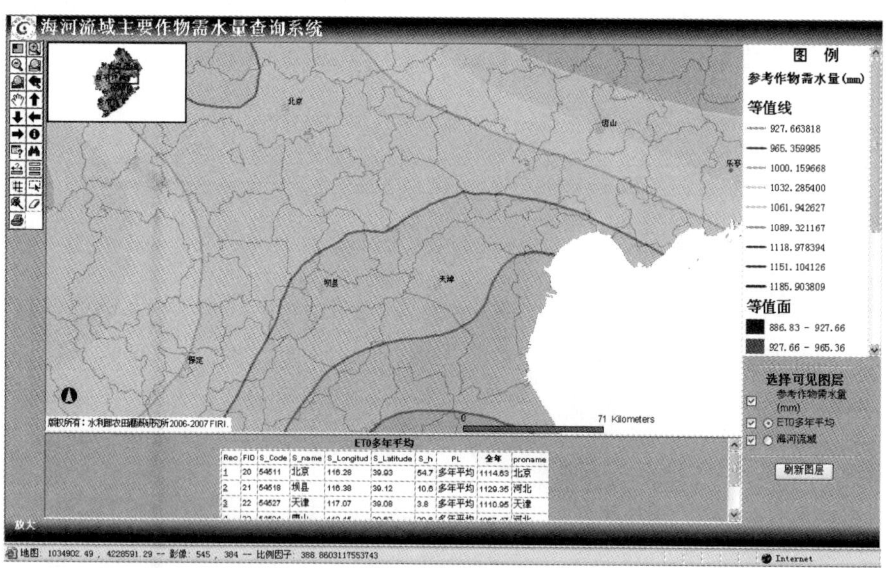

图 6-41　ET_0查询

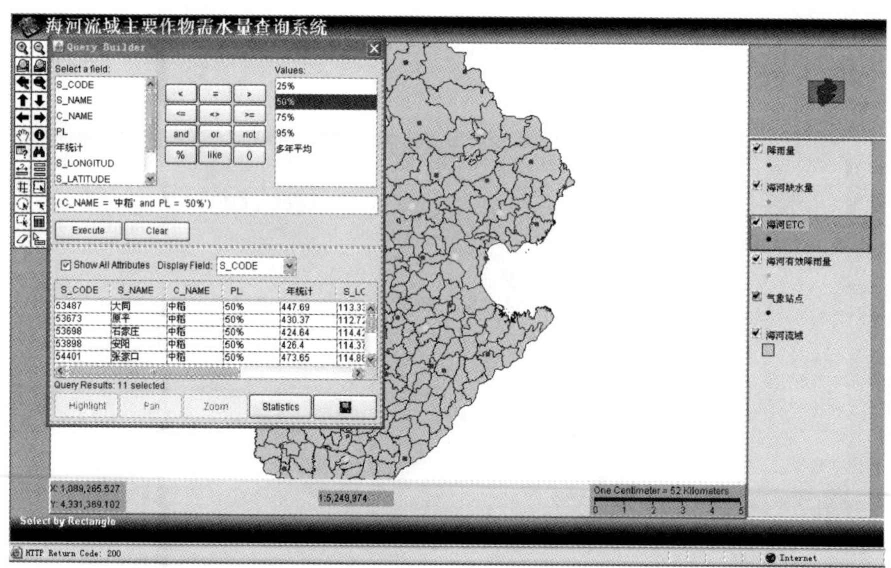

图 6-42　缺水量查询（作物+频率）

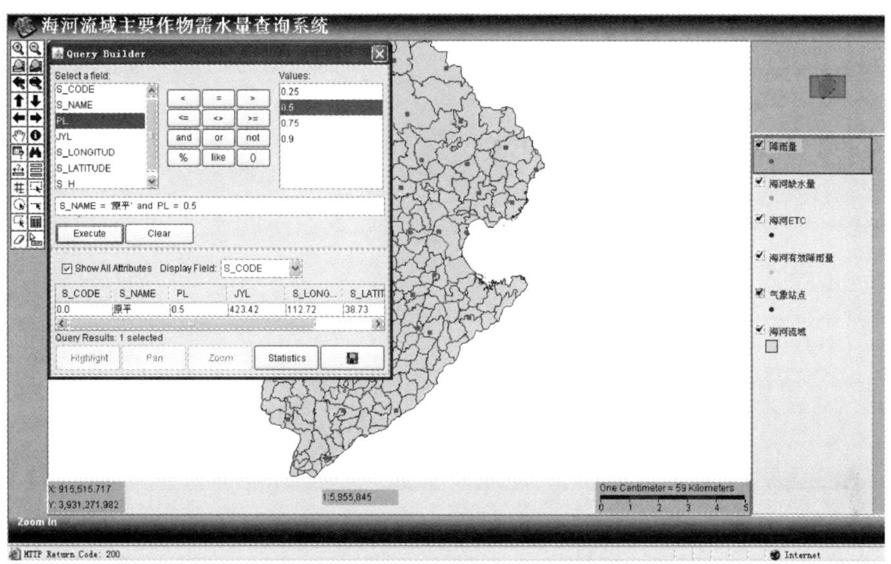

图 6-43　降雨量查询（站点+频率）

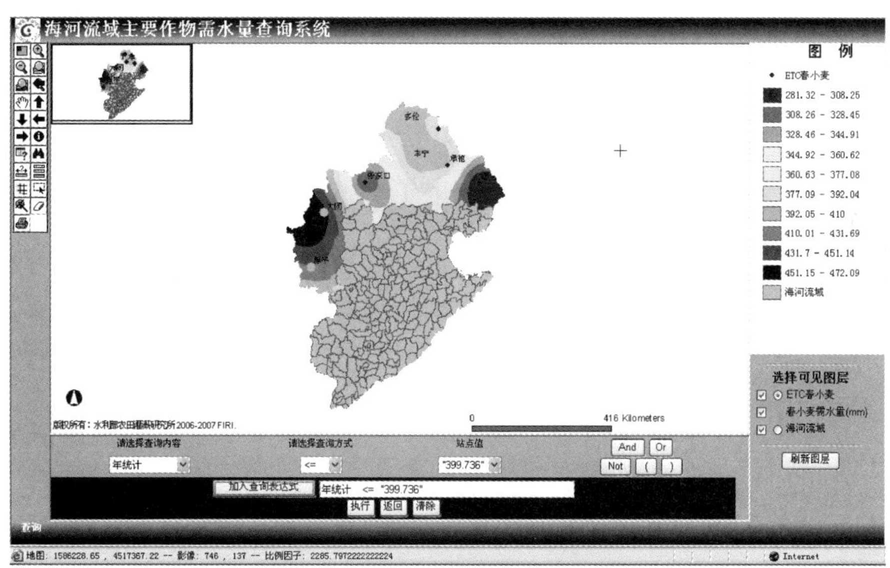

图 6-44　需水量属性查询（春小麦）

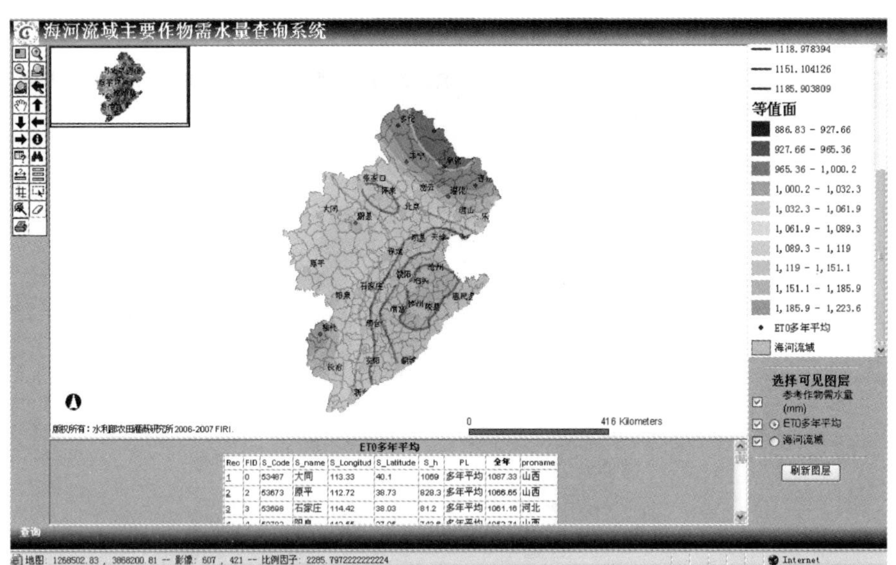

图 6-45　利用属性信息查询空间信息

另外，系统充分利用超图提供的扩展模块，采用 C#语言，基于 SuperMap 进行了二次开发，初步实现灌溉试验数据基本的空间分析功能。系统提供了 IDW、Kriging、Spline 三种方法进行试验数据的空间插值功能，也提供了初步的数据图表分析和时间动画功能（图 6-46）。

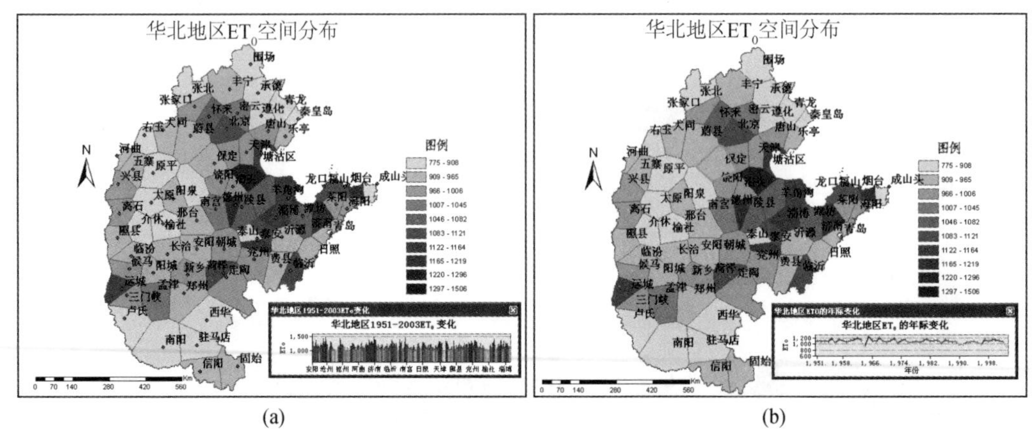

(a)　　(b)

图 6-46　空间分析结果

6.3.5　技术特点

本系统采用 B/S 开发模式，针对不同的用户权限分别进行录入、查询、特异性分析、图表显示、灌溉决策等模块的设计，在保证系统数据安全的同时，不仅实现了各地灌溉试验资料的快速分析和标准化管理，还可帮助灌区相关技术人员根据土壤墒情、作物生长状况、未来一段时间的气象变化情况和监测到的作物生理生态指标进行灌溉决策，提高灌区的灌溉管理水平。系统由于充分利用了 SuperMap IS. Net 的空间分析及数据管理功能，可快速方便地实现灌溉决策结果的可视化表达和网络发布，为指导农民科学灌溉提供了技术支持。另外系统由于采用 B/S 开发模式，基本上克服了 C/S 模式的不足，实现的三层结构不仅程序逻辑上结构清晰，而且对容易发生需求变更的业务逻辑部分实现分离，因此具有较强的可扩展性和可维护性。

参考文献

北京超图软件股份有限公司 . 2009. SuperMap 服务式 GIS 平台：SuperMap IS. NET. http：//www. supermap. com. cn/html/sofewaresmall_27. html［2009-03-01］.

曹卫星 . 2006. 作物栽培学总论 . 北京：科学教育出版社：141-242.

曹寅白 . 2007. 海河流域水资源和水生态科技发展展望 . “海河流域水循环演变机理与水资源高效利用”第一次会议报告 .

柴乔林，陈承文，朱红 . 2001. 如何使计算机更友好——谈人机界面设计 . 计算机工程与设计，22（6）：63-65.

常英祖，赵元忠 . 2006. 日光温室膜下滴灌番茄节水灌溉模式试验研究 . 水利科技与经济，12（8）：513-514.

陈秉生 . 1998. 确定经济灌溉定额方法的研究 . 灌溉排水，17（1）：41.

陈航，殷国富，赵伟，等 . 2009. 工业机器人模块化设计研究 . 机械，36（3）：56-58.

陈健 . 2007. 基于遥感和作物模型的冬小麦水肥生产力及产量差研究 . 北京：中国农业大学博士学位论文 .

陈庆秋，耿六成 . 1997. 灌区管理信息系统模块结构设计技术研究 . 华北水利水电学院学报，18（3）：28-32，38.

陈绍钧 . 2008. SQL Server2005 数据库管理入门与提高 . 北京：人民邮电出版社 .

陈素英，张喜英 . 2004. 河北平原高产粮田综合节水模式研究 . 中国生态农业学报，12（1）：148-151.

陈亚新，康绍忠 . 1995. 非充分灌溉原理 . 北京：水利电力出版社：119-122.

陈渝 . 2003. SuperMap 在地理信息系统开发中的应用 . 昆明理工大学学报，28（6）：8-11.

陈玉民，郭国双，王广兴，等 . 1995. 中国主要作物需水量与灌溉 . 北京：水利电力出版社 .

丛振涛，雷志栋 . 2005. 冬小麦生长与土壤-植物-大气连续体水热运移的耦合研究Ⅱ——模型验证与应用 . 水利学报，36（6）：1-6.

丛振涛 . 2003. 冬小麦生长与土壤-植物-大气连续体水热运移的耦合研究 . 北京：清华大学博士学位论文 .

崔远来，李远华，茆智 . 1998. 考虑 ET_0 频率影响的作物水分生产函数模型 . 水利学报，(3)：48-51，56.

崔远来，李远华 . 1997. 作物缺水条件下灌溉供水量最优分配 . 水利学报，(3)：37-42.

崔远来，茆智，李远华 . 1999. 作物水分敏感指标空间变异规律及其等值线图研究 . 中国农村水利水电，(11)：16-17，46.

崔远来，茆智，李远华 . 2002. 水稻水分生产函数时空变异规律研究 . 水科学进展，(4)：484-491.

戴晓苏 . 2008. IPCC 第一工作组第四次评估报告的基本结论 . 气象软科学，(1)：150-184.

狄金森 . 2002. ADO. NET 高级编程 . 北京：中国电力出版社 .

丁一汇，任国玉，石广玉，等 . 2006. 气候变化国家评估报告（Ⅰ）：中国气候变化的历史和未来趋势 . 气候变化研究进展，2（1）：3-8.

董斌，崔远来 . 2005. 水稻灌区节水灌溉的尺度效应 . 水科学进展，16（6）：833-839.

董明旭，陈万年，段佳 . 2004. 基于 WebGIS 的多媒体电子地图信息系统设计与实现 . 地理空间信息，(5)：18-19.

杜瑞英，杨武德，许吟隆，等 . 2006. 气候变化对我国干旱/半干旱区小麦生产影响的模拟研究 . 生态科学，25（1）：34-37.

段爱旺，孙景生，刘钰，等 . 2004. 北方地区主要农作物灌溉用水定额 . 北京：中国农业科学技术出版社：165.
段爱旺，信乃诠 . 2002. 节水潜力的定义和确定方法 . 灌溉排水，21（2）：25-28，45.
段爱旺 . 2005. 水分利用效率的内涵及使用中需要注意的问题 . 灌溉排水学报，（24）：8-12.
樊胜 . 2001. C/S 与 B/S 的结构比较及 WEB 数据库的访问方式 . 情报科学，19（4）：443-445.
冯利平，孙宁，刘荣花，等 . 2003. 我国华北冬小麦生产影响评估模型的研究 . 中国生态农业学报，11（4）：73-76.
付凌，彭世彰 . 2006. 作物调亏灌溉效应影响因素之研究进展 . 农业工程科学，22（1）：380-383.
付娜 . 2008. 海河流域部分水系径流时空规律初探 . 北京：中国农业大学硕士学位论文 .
傅国斌，李丽娟 . 2003. 内蒙古河套灌区节水潜力的估算 . 农业工程学报，1（1）：54-58.
高飞 . 2010. 应用 SuperMap 的城市部件和万米网格图制作研究 . 科技创新导报，（10）：15，17.
高明杰，罗其友 . 2008. 水资源约束地区种植结构优化研究——以华北地区为例 . 自然资源学报，23（2）：204-210.
龚华，侯传河 . 2000. 黄河灌区节水潜力分析 . 人民黄河，22（7）：44-45.
关雪 . 2010. 海河流域节水灌溉分区及作物经济灌溉定额研究 . 北京：中国农业大学硕士学位论文 .
郭元裕 . 2002. 农田水利学（第三版）. 北京：中国水利水电出版社 .
韩栋 . 2005. 节水灌溉规划分区方法 . 北京：北京工业大学硕士学位论文 .
韩鹏，邹洁玉 . 2008. 海河流域水资源综合管理对策简析 . 海河水利，（5）：4-5，21.
韩淑敏 . 2005. 不同灌水方式下温室青椒的耗水规律 . 干旱地区农业研究，23（2）：54-58.
韩振中，郭慧滨 . 2001. 节水灌溉发展中几个问题的思考 . 中国水利，（6）：59-60.
何清林，张本成 . 2007. 基于 ASP. NET 的区乡农业网站自动生成 . 计算机技术与发展，7（11）：222-224.
河北省人民政府办公厅，河北省统计局 . 2007. 河北农村统计年鉴 2007. 北京：中国统计出版社 .
胡广东 . 2006. 关于 SuperMap 的专题地图制图技术与方法探讨 . 能源技术与管理，（6）：114-115.
胡和平 . 2006. 节水灌溉的思考（摘要）. http：//www. jsgg. com. cn/Index/Display. asp? NewsID = 7845［2009-04-01］.
胡红武，吴朗 . 2005. 数据查询计算机化 . 宜春学院学报，27（2）：53-55.
黄兴法，李广永 . 2001. 充分灌与调亏灌溉条件下苹果树微喷灌的耗水量研究 . 农业工程学报，17（5）：43-47.
黄修桥，李英能 . 1995. 华北地区节水型农业分区和发展预测 . 灌溉排水，14（3）：1-8.
黄耀，杨兆芳 . 2005. 稻麦作物净初级生产力模型研究：模型的建立 . 环境科学，26（2）：11-15.
吉喜斌，康尔泗，陈仁升，等 . 2006. 植物根系吸水模型研究进展 . 西北植物学报，26（5）：1079-1086.
贾仰文，王浩，倪广恒 . 2005. 分布式流域水文模型原理与时间 . 北京：中国水利水电出版社 .
江敏，金之庆，葛道阔，等 . 1998. CERES-Wheat 模型在我国冬小麦主产区的适用性验证及订正 . 江苏农学院学报，19（3）：64-67.
康会光，马海军，李颖，等 . 2009. SQL Server 2008 中文版标准教程 . 北京：清华大学出版社 .
康绍忠，蔡焕杰 . 1996. 农业水管理学 . 北京：中国农业出版社：101.
康绍忠，胡笑涛 . 2004. 现代农业与生态节水的理论创新及研究重点 . 水利学报，（12）：1-7.
康绍忠，刘晓明，熊运章 . 1994. 土壤-植物-大气连续体水分传输理论与应用 . 北京：水利电力出版社：96-107.
康绍忠 . 2002. 关于建设国家节水灌溉试验与监测网络的建议 . 中国农村水利水电，（12）：18-21.
冷亮，杨国东，关玉忱，等 . 2008. SuperMap Deskpro 5. 0 在遥感土地利用调查中的应用 . 城市勘测，（6）：108-109.

李保国，彭世琪 . 2009. 1998–2007 中国农业用水报告 . 北京：中国农业出版社：63-74.

李国红 . 2006. 管理信息系统数据输入模块的设计与实现——兼论会计科目的输入设计 . 中国管理信息化，9（11）：19-22.

李国红 . 2007a. 数据查询模块的设计与实现——兼论读者数据表中的数据查询 . 电脑知识与技术，（2）：307-309.

李国红 . 2007b. 数据输入模块的设计与实现——兼论读者数据表中的数据输入 . 电脑知识与技术，（3）：606-609.

李木山，金喜来 . 2001. 21 世纪初期海河流域农业用水与节水对策 . 海河水利，（1）：1-3.

李巧珍，郝卫平 . 2006. 微灌系统对密云水库上游地区苹果树生长影响实验研究 . 灌溉排水学报，25（5）：65-72.

李全起，陈雨海 . 2005. 灌溉条件下秸秆覆盖麦田耗水特性研究 . 水土保持学报，19（2）：130-133.

李新，程国栋，卢玲 . 2000. 空间内插方法比较 . 地球科学进展，15（3）：260-265.

李远华，崔远来 . 2008. 不同尺度灌溉水高效利用理论与技术 . 北京：中国水利水电出版社 .

李远华，董斌，崔远来 . 2005. 尺度效应及其节水灌溉策略 . 世界科技研究与发展，（27）：32-35.

李韵珠，李保国 . 1998. 土壤溶质运移 . 北京：科学出版社：195-198.

廖义杰，谢传节，蒋连军 . 2005. 基于地图出版数抓的网络地图设计 . 地理空间信息，（1）：6-7.

廖义杰 . 2007. 基于 SuperMap IS. NET 的地图网站设计与实现 . 地理空间信息，5（3）：38-40.

林忠辉，莫兴国，项月琴，等 . 2003. 作物生长模型研究综述等 . 作物学报，29（5）：750-758.

刘德民，罗先武，许洪元 . 2011. 海河流域水资源利用与管理探析 . 中国农村水利水电，（1）：4-8.

刘海军，康跃虎 . 2003. 喷灌对冬小麦生长环境的调节及其对水分利用效率影响的研究 . 农业工程学报，19（6）：46-51.

刘淼 . 2009. 基于地理信息系统的海河流域蒸散量时空分布特征研究 . 西安：西北农林科技大学硕士学位论文 .

刘文兆 . 1998. 水源有限条件下作物合理灌溉定额的确定 . 水利学报，（9）：75-80.

刘小平，董治宝 . 2002. 湿沙的风蚀起动风速实验研究 . 水土保持通报，22（2）：1-4.

刘新永，田长彦，马英杰，等 . 2006. 南疆膜下滴灌棉花耗水规律以及灌溉制度研究 . 干旱地区农业研究，24（1）：108-112.

刘占锋 . 2004. 利用作物模拟模型辅助冬小麦限水灌溉决策的研究 . 保定：河北农业大学硕士学位论文 .

刘肇祎，朱树人，袁宏源 . 2004. 中国水利百科全书 . 北京：中国水利水电出版社：86-87.

柳云龙，吕军 . 2007. 土壤水分平衡与作物生长模拟模型的开发与验证 . 农业工程学报，23（12）：171-175.

吕金印，山仑 . 2002. 非充分灌溉及其生理基础 . 西北植物学报，22（6）：1512-1517.

罗福强，白忠建，杨剑 . 2009. Visual C#. NET 程序设计教程 . 北京：人民邮电出版社 .

罗远培，李韵珠 . 1996. 根土系统与植物水氮资源利用效率 . 北京：中国农业科技出版社：111-160.

马丽，隋鹏 . 2008. 太行山前平原不同种植模式水资源利用效率分析 . 干旱地区农业研究，26（2）：177-183.

马玉平，王石立 . 2004. 利用遥感技术实现作物模拟模型区域应用的研究进展 . 应用生态学报，15（9）：1655-1561.

马元喜，王晨阳，贺德先，等 . 1999. 小麦的根 . 北京：中国农业出版社：12-33，59-69.

毛学森，刘昌明 . 2003. 农业节水的理论基础与技术体系 . 节水灌溉，（2）：19-20.

茆智，崔远来，李新建 . 1994. 我国南方水稻水分生产函数试验研究 . 水利学报，25（9）：21- 31.

茆智，崔远来，李远华 . 2003. 水稻水分生产函数及其时空变异理论与应用 . 北京：科学出版社：85-87.

茆智 . 2003. 发展节水灌溉应注意的几个原则性技术问题 . 中国农村水利水电，(3)：19-23.
茆智 . 2005. 节水潜力分析要考虑尺度效应 . 中国水利，(15)：14-15.
苗果园，张云亭，尹均，等 . 1989. 黄土高原旱地冬小麦根系生长规律的研究 . 作物学报，15（2）：104-115.
明日科技 . 2007. Visual C#开发技术大全 . 北京：人民邮电出版社 .
倪广恒，李新红，丛振涛，等 . 2006. 中国参考作物腾发量时空变化特性分析 . 农业工程学报，22（5）：1-4.
牛崇桓 . 1989. 经济用水灌溉制度的原理及制定方法 . 灌溉排水，8（2）：9-15.
潘洁，毛建华 . 2002. 节水灌溉条件下冬小麦耗水结构 . 天津农业科学，8（4）：10-14.
潘学标，韩湘玲 . 1993. 作物生长发育模拟模型研究 . 世界农业，(9)：2-5.
潘学标 . 1998. 荷兰作物模型的发展与应用团 . 世界农业，(9)：17-19.
裴源生，赵勇，张金萍 . 2008. 广义水资源高效利用理论与核算 . 郑州：黄河水利出版社：47-48.
裴源生，赵勇 . 2006. 流域水资源实时调度研究——以黑河为例 . 水科学进展，17（3）：395-401.
裴源生，赵勇 . 2007. 广义水资源合理配置研究（Ⅰ）——理论 . 水利学报，38（1）：1-7.
彭世彰，徐俊增 . 2007. 节水灌溉与控制排水理论及其农田生态效应研究 . 水利学报，10（增刊）：504-510.
戚昌瀚，殷新佑 . 1999. 作物生长模拟的研究进展 . 作物杂志，(4)：1-2.
齐学斌，樊向阳 . 2004. 井渠结合灌区水资源高效利用调控模式 . 水利学报，(140)：119-121.
钱蕴壁，李英能，杨刚 . 2002. 节水农业新技术研究 . 郑州：黄河水利出版社 .
任宪韶，户作亮，曹寅白，等 . 2008. 海河流域水利手册 . 北京：中国水利水电出版社 .
任宪韶 . 2007. 海河流域水资源评价 . 北京：中国水利水电出版社 .
山仑，康绍忠，吴普特 . 2004. 中国节水农业 . 北京：中国农业出版社 .
山仑 . 2003. 节水农业与作物高效用水 . 河南大学学报（自然科学版），33（1）：1-5.
陕西省水利水土保持厅，西北农业大学 . 1992. 陕西省作物需水量及分区灌溉模式 . 北京：水利电力出版社：239-249.
尚虎君，汪志农，柴萍 . 2002. 节水灌溉管理数据库及其管理系统的研究与开发 . 水土保持研究，9（2）：97-101.
邵东国，刘武艺 . 2007. 灌区水资源高效利用调控理论与技术研究进展 . 农业工程学报，23（5）：251-257.
邵立威，张喜英，陈素英，等 . 2009. 降水、灌溉和品种对玉米产量和水分利用效率的影响 . 灌溉排水学报，28（1）：48-51.
邵明安，黄明斌 . 2000. 土—根系统水动力学 . 西安：陕西科学技术出版社：131-155.
申彦波，沈志宝 . 2005. 风蚀起沙的影响因子及其变化特征 . 高原气象，24（4）：612-615.
沈荣开，杨路华，王康 . 2001. 关于以水分生产率作为节水灌溉指标的认识 . 中国农村水利水电，(5)：9-11.
史海滨，陈亚新，徐英，等 . 2000. 大区域非规则采样系统 ET_0 的最优等值线图 Kriging 法绘制应用 . 农业高效用水与水土环境保护 . 陕西科学技术出版社，11：266-271.
舒畅，熊蓉，傅周东 . 2010. 基于模块化设计方法的服务机器人结构设计 . 机电工程，27（2）：1-4.
水利部海河水利委员会 . 2009. 海河流域水资源公报 2009 年 .
水利部海河水利委员会 . 2010. 海河流域水资源公报 2010 年 .
水利部海河水利委员会 . 1998—2008. 海河流域水资源公报 1998—2008 年 .

水利部农村水利水土保持司 . 2004. 灌溉试验规范 . 北京：中国水利水电出版社 .

宋妮，王景雷，孙景生 . 2007. 基于 Access 的灌溉信息管理系统 . 节水灌溉，(2)：37-39.

孙成明，王余龙 . 2005. 作物模拟技术的研究现状及其发展对策探讨 . 中国农学通报，21（3）：131-134.

孙景生，刘祖贵，张寄阳，等 . 2002. 风沙区参考作物需水量的计算 . 灌溉排水学报，21（2）：17-20.

孙磊，孙景生 . 2008. 日光温室滴灌条件下番茄需水规律研究 . 灌溉排水学报，27（4）：51-54.

孙庆恭，杨新梅，毛红霞 . 2001. 一种基于 B/S 三层结构维护、查询及实现折线图的方法 . 电力情报，(4)：31-34.

孙小平 . 2005. 山西农田灌溉用水现状及节水途径与措施 . 山西水利科技，(155)：18-20.

汤巧英 . 2009. 灌区自动化监控和管理信息系统设计与实现 . 杭州：浙江工业大学硕士学位论文 .

唐国婷，陈圣波，谭瑶 . 2006. 基于 SuperMap 的松花江流域地理信息系统 . 吉林地质，25（3）：64-68.

田玉青，张会敏 . 2006. 黄河干流大型自流灌区节水潜力分析 . 灌溉排水学报，25（6）：40-44.

脱云飞，费良军 . 2007. 秸秆覆盖对夏玉米农田土壤水分与热量影响的模拟研究 . 农业工程学报，23（6）：27-32.

王纯，宇振荣 . 2005. 基于遥感和作物生长模型的作物产量差估测 . 农业工程学报，21（7）：84-89.

王浩，秦大庸，王建华 . 2003. 黄淮海流域水资源合理配置 . 北京：科学出版社：21-25.

王贺辉，赵恒 . 2005. 温室番茄滴灌灌水指标试验研究 . 节水灌溉，(4)：22-24.

王会肖，刘昌明 . 2000. 作物水分利用效率内涵及其研究进展 . 水科学进展，11（1）：99-108.

王京 . 2009. 基于 RS 和 GIS 的海河流域湿地时空变化及驱动力分析 . 阜新：辽宁工程技术大学硕士学位论文 .

王景雷，孙景生，张寄阳 . 2004. 基于 GIS 和地统计学的作物需水量等值线图 . 农业工程学报，20（5）：51-54.

王侃 . 2006. VB 中界面的设计原则及美化 . 常州工程职业技术学院学报，(3)：56-59.

王康，沈荣开 . 2000. 地膜覆盖条件下冬小麦耗水量计算及田间试验研究 . 水利学报，31（10）：87-92.

王珊，萨师煊 . 2006. 数据库系统概论（第 4 版）. 北京：高等教育出版社 .

王玉坤 . 1989. 冬小麦经济灌溉定额分析 . 水利学报，(2)：46-51.

王正厂，李满春，薛霄 . 2005. 基于 SuperMap 的专题地图制图技术与方法实践 . 现代测绘，28（3）：12-14.

王志民 . 1999. 面向 21 世纪的海河水利 . 天津：天津科学技术出版社 .

王志强，甘国辉 . 2008. 基于 Web 服务和 GIS 的作物生长模拟系统及应用 . 农业工程学报，24（1）：179-182.

卫宝泉，吴磊，赵东至，等 . 2010. 基于 SuperMap 的长海海域生态环境评估信息系统设计与实现 . 海洋环境科学，29（2）：259-261，266.

魏彦昌 . 2003. 海河流域生态用水研究 . 西安：西北农林科技大学硕士学位论文 .

魏智敏 . 2003. 海河流域干旱缺水状况与解决对策探讨 . 海河水利，(6)：5-8，70.

吴大刚，肖荣荣 . 2003. C/S 结构与 B/S 结构的信息系统比较分析 . 情报科学，21（3）：313-315.

吴光红，刘德文，丛黎明 . 2007. 海河流域水资源与水环境管理 . 水资源保护，(6)：80-83+88.

吴海涛 . 2007. 海河流域下垫面蒸散发研究 . 南京：河海大学硕士学位论文 .

吴景社，康绍忠，王景雷，等 . 2004. 基于主成分分析和模糊聚类方法的全国节水灌溉分区研究 . 农业工程学报，20（4）：46-50.

吴凯，谢贤群 . 1998. 山东省禹城市冬小麦夏玉米高产灌溉制度及其管理 . 农业工程学报，4（2）：138-142.

吴绍洪，戴尔阜 . 2007. 山东省禹城市粮食生产资源利用效率评价 . 资源科学，29（1）：21-26.
肖丽英 . 2004. 海河流域地下水生态环境问题的研究 . 天津：天津大学硕士学位论文 .
谢先红，崔远来 . 2007. 农业节水灌溉尺度分析方法研究进展 . 水利学报，38（8）：953-960.
谢云，Kiniry J R. 2002. 国外作物生长模型发展综述 . 作物学报，28（2）：190-195.
辛儒 . 2010. 基于 CERES 模型的海河流域冬小麦生长与产量模拟及优化灌溉制度研究 . 北京：中国农业大学硕士学位论文 .
严定春，朱艳 . 2005. 水稻群体生长指标动态的知识模型研究 . 中国农业科学，38（1）：38-44.
阳俊，郭健，初光 . 2009. 基于 SuperMap IS. NET 的汉川地震灾情地图发布系统 . 测绘与空间地理信息，32（2）：179-180，186.
姚崇仁 . 1989. 灌区作物灌溉定额确定方法探讨 . 水利学报，12：54-62.
姚勤农 . 2003. 流域水资源和水生态环境问题刍议 . 海河水利，(6)：26-28+70.
姚姗姗 . 2006. 基于 . NET 框架的灌区管理信息系统开发与应用 . 桂林：广西大学硕士学位论文 .
于舜章，陈雨海 . 2006. 冬小麦–夏玉米两熟农田节水效应的可行性 . 生态学报，26（8）：2523-2531.
张福锁 . 1993. 环境胁迫与植物营养 . 北京：北京农业大学出版社：127-137，217-222.
张光辉，陈树娥，费宇红，等 . 2003. 海河流域水资源紧缺属性与对策 . 水利学报，(10)：113-118.
张光辉，费宇红，刘克岩，等 . 2004. 海河流域平原地下水演变与对策 . 北京：科学出版社 .
张海藩 . 2000. 软件工程导论（第三版）. 北京：清华大学出版社 .
张金堂，乔光建 . 2009. 气候变化对海河流域降水量影响机理分析 . 南水北调与水利科技，(3)：77-80，87.
张仁铎 . 2005. 空间变异理论及应用 . 北京：科学出版社 .
张士锋，贾绍凤 . 2003. 海河流域水量平衡与水资源安全问题研究 . 自然资源学报，(6)：684-691.
张水龙，冯平 . 2003. 海河流域地下水资源变化及对生态环境的影响 . 水利水电技术，(9)：47-49.
张蔚榛 . 1996. 地下水与土壤水动力学 . 北京：中国水利水电出版社：269-278.
张喜英，裴冬 . 2000. 几种作物的生理指标对土壤水分变动的阈值反应，植物生态学报，24（3）：280-283.
张喜英，裴冬 . 2001. 太行山前平原冬小麦优化灌溉制度的研究 . 水利学报，(1)：90-95.
张霞，程献国 . 2006. 宁蒙引黄灌区田间节水潜力计算方法分析 . 节水灌溉，(2)：20-23.
张艳妮，白清俊，项艳，等 . 2008. 基于主成分分析与聚类法的山东农业灌溉分区 . 灌溉排水学报，27(5)：87-89.
张瑜芳，张蔚榛，沈荣开，等 . 1997. 排水农田中氮素转化运移和流失 . 武汉：中国地质大学出版社：15-19.
张志清，汪勇，魏育江 . 2001. 基于 C/S 结构院系教学管理系统的研制 . 武汉科技大学学报（自然科学版），24（1）：77-79.
赵丽英，邓西平，山仑 . 2004. 水分亏缺下作物补偿效应类型及机制研究概述 . 应用生态学报，15（3）：523-526.
赵晓波，崔远来，董斌，等 . 2004. 灌溉试验数据整编和管理系统设计与实现 . 中国农村水利水电，(2)：33-34.
郑泽 . 2008. 基于遥感 ET 的海河流域生态需水研究 . 石家庄：河北师范大学硕士学位论文 .
钟广锐 . 2006. 基于 SuperMap Deskpro 的“地理信息系统”课程实验设计 . 地理空间信息，4（6）：40-42.
周盛雨，孙辉先，陈晓敏，等 . 2008. 基于模块化设计方法实现 FPGA 动态部分重构 . 微计算机信息，24

（2）：164-166.

朱文泉，潘耀忠 . 2006. 中国典型植被最大光利用率模拟 . 科学通报，51（6）：700-706.

朱向明 . 2010. 应用反求方法模拟冬小麦、夏玉米根系吸磷及土壤水、氮、磷的运移 . 北京：中国农业大学博士学位论文 .

朱晓春，曹祎，张勇 . 2007. 海河流域水资源现状分析与研究 . 海河水利，（6）：6-8.

庄亚辉 . 1996. 复合生态系统元素循环 . 北京：中国环境科学出版社 .

SuperMap Deskpro 用户手册 . 2008. 北京：北京超图软件股份有限公司 .

SuperMap IS. NET 使用手册 . 2008. 北京：北京超图软件股份有限公司 .

Abdelhadi A W，Takeshi H，Haruya T，et al. 2000. Estimation of crop water requirements in arid region using Penman-Monteith equation with derived crop coefficients：a case study on Acala cotton in Sudan Gezira irrigated scheme. Agricultural Water Management，45：203-214.

Addiseot T，Smith J，Bradbury N. 1995. Critical evaluation of models and their parameters. J. Environ. Qual.，34：803-807.

Ahuja L R，Wendroth O，Nielsen D R. 1993. Relationship between initial drainage of surface soil and average profile saturated conductivity. Soil Sci. Soc. Am. J.，57：19-25.

Alkaeed O，flores C，Jinno K，et al. 2006. Comparison of several reference evapotranspiration methods for *itoshima peninsulaarea*. Fukuoka，Japan，Memoirs of the Faculty of Engineering，Kyushu University，66（1）：1-14.

Allen R G，Pereira L S，Raes D，et al. 1998. Crop evapotranspiration：guidelines for Computing Crop Water Requirements. Rome，Italy：United Nations Food and Agriculture Organization：56.

Allen R G，Smith M，Pereira L S，et al. 1994. An update for the calculation of reference evapotranspiration. ICID Bulletin，43（2）：64-92.

Andrew S P S. 1987. A mathematical model of root exploration and of grain fill with partial reference to winter wheat. Fert. Res.，11：267-281.

Asseng S，Richter C，Wessolek G. 1997. Modelling root growth of wheat as the linkage between crop and soil. Plant and Soil，190：267-277.

Bakr A A，Gelhar L W，Gutjahr A L，et al. 1978. Stochastic analysis of spatial variability in subsurface flows 1. comparison of one-and three-dimensional flows. Water Resour. Res.，14（2），263-271.

Barber S A. 1995. Soil Nutrient Bioavailability：A Mechanistic Approach（2nd）. New York：John Wiley：69-132.

Bastiaanssen W G M，Menenti M，Feddes R A，et al. 1998a. A remote sensing surface energy balance algorithm for land（SEBAL）–1. Formulation. Journal of Hydrology，213：198-212.

Bastiaanssen W G M，Pelgrum H，Wang J，et al. 1998b. A remote sensing surface energy balance algorithm for land（SEBAL）–2. Validation. Journal of Hydrology，213：213-229.

Bear J，Braester C，Menier P. 1987. Effective and relative permeabilities of anisotropic porous media. Transp Porous Media，2：301-316.

Begg J E，Turner N C. 1976. Crop water deficits. Adv. Agron.，28：161-217.

Belderaob P，Bouman B A M，Cabangon R，et al. 2004. Effect of water-saving irrigation on rice yield and water use in typical lowland conditions in Asia. Agricultural Water Management，（65）：193-210.

Berengena J，Gavilán P. 2005. Reference evapotranspiration estimation in a highly advective semiarid environment. Journal of Irrigation and Draining Engineering，ASCE，131（2）：147-163.

Bos M G. 1979. Standards for irrigation efficiencies of ICID. Journal of the Irrigation and Drainage Division, 105 (1): 37-43.

Bouman B A M, Tuong T P. 2001. Field water management to save water and increase its productivity in irrigated lowland rice. Agricultural Water Management, (49): 11-30.

Brooks S P. 1998. Markov chain Monte Carlo method and its application. Statistician, 47 (1): 69-100.

Byers E, Stephens D B. 1983. Statistical and stochastic analysis of hydraulic conductivity and particle-size in a fluvial sand. Soil Sci. Soc. Am. J., 47: 1072-1081.

Cabon F, Cirard G, Ledoux E. 1991. Modelling of the nitrogen cycle in farmland areas. Fertilizer Research, 27: 161-169.

Cai J B, Liu Y, Lei T W, et al. 2007. Estimating reference evapotranspiration with the FAO Penman-Monteith equation using daily weather forecast messages. Agricultural and Forest Meteorology, (145): 22-35.

Centrittoao M, Wahbib S, Serraj R. 2005. Effects of partial rootzone drying (PRD) on adult olive tree (Oleo europaea) in field conditions under arid climate II. Photosynthetic responses. Agriculture, Ecosystems and Environment, (106): 303-311.

Chapman S C, Hammer G L, Meinke H. 1993. A sunflower simulation Model: I. Model Develpoment. Agron. J., 85: 725-735.

Chen S Y, Zhang X Y, Pei D, et al. 2007. Effects of straw mulching on soil temperature, evaporation and yield of winter wheat: field experiments on the North China Plain. Annals of Applied Biology, 150: 261-268.

Chen W N, Dong Z B, Li Z S, et al. 1996. Wind tunnel test of the influence of moisture on the erodibility of loessial sandy loam soils by wind. Journal of Arid Environments, (34): 391-402.

Cheng H F, Hu Y N, Zhao J F. 2009. Meeting China's water shortage crisis: current practices and challenges. Environ. Sci. Technol., 43: 240-244.

Cooperative Research Group on Chinese Soil Taxonomy. 2001. Chinese Soil Taxonomy. Coordinated by Institute of Soil Science Chinese Academy of Sciences, Beijing, New York: Science Press: 85-87.

Dağdelen N, Basal H, Yllmaz E, et al. 2009. Different drip irrigation regimes affect cotton yield, water use efficiency and fiber quality in western Turkey. Agricultural Water Management, 96 (1): 111-120.

Dağdelen N, Yllmaz E, Sezgin F, et al. 2006. Water-yield relation and water use efficiency of cotton (Gossypium hirsutum L) and second crop corn (Zea mays L) in western Turkey. Agricultural Water Management, 82 (1-2): 63-85.

Dalton F N, Raats P A C, Gardner W R. 1975. Uptake of water and solutes by plant roots. Agron. J., 67: 334-339.

de Rooij G H, Kasteel R T A, Papritz A, et al. 2004. Joint distributions of the unsaturated soil hydraulic parameters and their effect on other variates. Vadose Zone J., 3: 947-955.

Dehghanisani J H, Nakhjavani M M, Tahiri A Z, et al. 2009. Assessment of wheat and maize water productivities and production function for cropping system decisions in arid and semiarid regions. Irrigation and Drainage, 58 (1): 105-115.

Doorenbos J, Kassam A H. 1979. Yield response to water. Rome, Italy: United Nations Food and Agriculture Organization: 33.

Douglas C, Efendiev Y, Ewing R, et al. 2006. Dynamic data driven simulations in stochastic environments. Computing, 77: 321-333.

Droogers P, Allen R G. 2002. Estimating reference evapotranspiration under inaccurate data conditions. Irrigation and Drainage Systems, 16: 33-45.

Du T S, Kang S Z, Sun J S, et al. 2010. An improved water use efficiency of cereals under temporal and spatial deficit irrigation in north China. Agric. Water Manage., 97: 66-74.

Durlofsky L J. 1991. Numerical calculation of equivalent grid block permeability tensors for heterogeneous porous media. Water Resour. Res., 27 (5): 699-708.

Efendiev Y, Hou T Y, Luo W. 2006. Preconditioning Markov chain Monte Carlo simulations using coarse-scale model. SIAM Journal on Scientific Computing, 28 (2): 776-803.

Efendiev Y, Datta-Gupta A, Osako I. 2005a. Multiscale data integration using coarse-scale models. Adv. Water Resour., 28: 303-314.

Efendiev Y, Datta-Gupta A, Ginting V, et al. 2005b. An efficient two-stage Markov chain Monte Carlo method for dynamic data integration. Water Resour. Res., 41, W12423, doi: 10.1029/2004WR003764.

Eitzinger J, Trnka M, Hosch J. 2004. Comparison of CERES, WOFOST and SWAP models in simulating soil water content during growing season under different soil conditions. Ecological Modeling, (171): 223-246.

Elrick D E, Reynolds W D. 1992. Methods for analyzing constant-head well permeameter data. Soil Sci. Soc. Am. J., 56 (1): 320-323.

Eugenio F C, Or Dani. 1998. Root distribution and water uptake patterns of corn under surface and subsurface drip irrigation. Plant and Soil, 206: 123-136.

Fang Q, Ma L, Yu Q, et al. 2009. Irrigation strategies to improve the water use efficiency of wheat-maize double cropping systems in North China Plain. Agric. Water Manage., 97: 1164-1173.

FAO. 1998. Land and Water Digital Media Series N-1, December, ISBN 92-5-104050-8.

Fecan F, Marticorena B, Bergametti G. 1999. Parameterization of the increase of the Aeoliam erosion threshold wind friction velocity clue to soilmoisture for arid and semi-arid areas. Ann. Geophys., 17: 149-157.

Feddes R A, Bresler E, Neuman S P. 1974. Field test of a modified numerical model for water uptake by root systems. Water Res. Res., 10: 1199-1206.

Feddes R A, Kowalik P J, Malinka K K, et al. 1976. Simulation of field water uptake by plants using a soil water depentdant root extraction function. J. Hydrol., 31: 13-26.

Feddes R A, Kowalik P, Zarandy H. 1978. Simulation of field water use and crop yield. Pudoc Wageningen, 20: 189-195.

Feddes R A, de Rooij G H, van Dam J C, et al. 1993a. Estimation of regional effective soil hydraulic parameters by inverse modeling. *In*: Russo D, Dagan G. Water Flow and Solute Transport in Soils. Adv. Ser. Agric. Sci., 20: 211-233.

Feddes R A, Menenti M, Kabat P, et al. 1993b. Is large-scale inverse modeling of unsaturated flow with areal average evaporation and surface soil moisture as estimated by remote sensing feasible? J. Hydrol., 143: 125-152.

Fereres E, Soriano M A. 2007. Deficit irrigation for reducing agricultural water use. J. Exp. Bot., 58: 147-159.

Fitter A H. 1991. Characteristics and functions of root systems. *In*: Waisel Y, Eshel A, Kafkafi U. Plant roots the hidden half. New York: Marcel Dekker, Inc: 3-25.

Gao S, Pan W L, Koenig R T. 1998. Integrated root system age in relation to plant nutrient uptake activity. Agron. J., 90: 505-510.

Gardner W R. 1960. Dynamic aspect of water availability to plants. Soil Sci., 89: 63-73.

Gardner W R. 1983. Soil properties and efficient water use: a review. *In*: Taylor H M, Jordan W R, Sinclair T

R. Limitations to Efficient Water Use in Crop Production. American Society of Agronomy, Madison, Wisconsin: 45-64.

Gardner W R. 1991. Modeling water uptake by roots. Irrig. Sci., 12: 109-114.

Gee G W, Bauder J W. 1986. Particle-size Analysis, in Methods of Soil Analysis: Part 1. Physical and Mineralogical Methods. 2nd. *In*: Klute A. Agronomy Monograph No. 9. American Society of Agronomy, Soil Science Society of America, Inc, Madison, Wisconsin.

Geerts S, Raes D. 2009. Review. Deficit irrigation as an on-farm strategy to maximize crop water productivity in dry areas. Agric. Water Manage., 96: 1275-1284.

Gelhar L W. 1986. Stochastic subsurface hydrology from theory to applications. Water Resour. Res., 22 (9S): 135S-145S.

Gelman A, Roberts G O, Gilks W R. 1996. Efficient Metropolis jumping rules. Bayesian Statistics, 5: 599-607.

Gelman A, Rubin D B. 1992. Inference from iterative simulation using multiple sequences. Statistical Science, 7 (4): 457-472.

Gerard C J, Sexton P, Shaw G. 1982. Physical factors influencing soil strength and root growth. Agron. J., 74: 875-879.

Ghaffari A, Cook H F, Lee H C. 2002. Climate change and winter wheat management: a modeling scenario for southeastern England. Climatie Change, 55 (4): 509-533.

Gheorghiu S, Coppens M O. 2004. Heterogeneity explains features of "anomalous" thermodynamics and statistics. PNAS, 101 (45): 15852-15856.

Gilks W R, Richardson S, Spiegelhalter D J. 1996. Markov Chain Monte Carlo in Practice. London: Chapman and Hall/CRC.

Grant R F. 1991. The distribution of water and nitrogen in the soil-crop system: a simulation study with validation from a winter wheat field trial. Fertilizer Research, 27: 199-213.

Green P J, Mira A. 2001. Delayed rejection in reversible jump Metropolis-Hastings. Biometrika, 88: 1035-1053.

Groot J J R. 1987. Simulation of nitrogen balance in a system of winter wheat and soil. Simulation Report CABO-TT. No. 13. Wageningen: Agricultural University.

Gui S, Zhang R, Turner J P, et al. 2000. Probabilistic slope stability analysis with stochastic soil hydraulic conductivity. J. Geotech. Geoenviron. Engrg., 126 (1): 1-9.

Haario H, Laine M, Mira A, et al. 2006. DRAM: Efficient adaptive MCMC. Stat. Comput., 16: 339-354.

Haario H, Saksman E, Tamminen J. 1999. Adaptive proposal distribution for random walk Metropolis algorithm. Comp. Stat., 14 (3): 375-395.

Haario H, Saksman E, Tamminen J. 2001. An adaptive Metropolis algorithm. Bernoulli., 7: 223-242.

Hansen S, Jensen H E, Nielsen N E, et al. 1990. Daisy: a soil plant system model. Danish simulation model for transformation and transport of energy and mater in the soil plant atmosphere system. The National Agency for Environmental Protection, Copenhagen.

Hansen S, Jensen H E, Nielsen N E, et al. 1991. Simulation of nitrogen dynamics and biomass production in winter wheat using the Danish simulation model Daisy. Fertilizer Research, 27: 245-259.

Hansen S, Jensen H E, Shaffer M J. 1995. Developments in modeling nitrogen transformations in soil. *In*: Bacon P E. Nitrogen Fertilization in the Environment. New York: Marcel Dekker: 3-107.

Harter T, Yeh T C J. 1998. Flow in unsaturated random porous media, nonlinear numerical analysis and comparison to analytical stochastic models. Adv. Water Resour., 22 (3): 257-272.

Hassan A E, Bekhit H M, Chapman J B. 2009. Using Markov Chain Monte Carlo to quantify parameter uncertainty and its effect on predictions of a groundwater flow model. Environ. Modell. Softw., 24 (6): 749-763.

Hastings W K. 1970. Monte Carlo sampling methods using Markov chains and their applications. Biometrika, 57 (1): 97-109.

Heinemann A B, Hoogenboom G, Faria R T. 2002. Determination of spatial water requirements at county and regional levels using crop models and GIS, an example for the State of Parana, Brazil. Agricultural Water Management, 52: 177-196.

Hillel D, Talpaz H, van Keulen H. 1976. A macroscopic-scale model of water uptake by a nonuniform root system and of water and salt movement in the soil profile. Soil Sci., 121: 242-255.

Homaee M, Feddes A R, Dirksen C. 2002. Simulation of root water uptake: II. non-uniform transient using different reduction functions. Agricultural Water Management, 57: 111-126.

Hoogenboom G, Huck M. 1986. ROOTSSIMU V 4.0. A dynamic simulation of root growth, water uptake, and biomass partitioning in a soil-plant-atmosphere continuum: Update a documentation. Agronomy and Soils Departmental Series. No. 109. Alabama: Auburn University.

Hopkins W G. 1999. Water relations of the whole plant. *In*: Hopkins W G. Introduction to Plant Physiology. New York: John Wiley & Sons, Inc.: 37-59.

Hopmans J W, Schukking H, Torfs P J J F. 1988. Two-dimensional steady state unsaturated water flow in heterogeneous soil with autocorrelated soil hydraulic properties. Water Resour. Res., 24 (12): 2005-2017.

Horst M G, Shamutalov S S, Pereira L S, et al. 2005. Field assessment of the water saving potential with furrow irrigation in Fergana, Aral Sea basin. Agricultural Water Management, (77): 210-231.

Hundal S S, Kaur P. 1997. Application of the CERES-Wheat model to yield predictions in the irrigated plains of the Indian Punjab. The Journal of Agricultural Science, 129: 13-18.

Ines A V M, Mohanty B P. 2008. Near-surface soil moisture assimilation for quantifying effective soil hydraulic properties using genetic algorithm: Ⅰ. Conceptual modeling. Water Resour Res, 44: W06422, doi: 10.1029/2007WR005990.

Ines A V M, Mohanty B P. 2009. Near-surface soil moisture assimilation for quantifying effective soil hydraulic properties using genetic algorithms: 2. Using airborne remote sensing during SGP97 and SMEX02. Water Resour Res, 45: W01408, doi: 10.1029/2008WR007022.

Insa A V M, Gupta A Das, Loof R. 2002. Application of GIS and crop growth models in estimating water productivity. Agricultural Water Management, (54): 205-225.

Ioslovich I, Gutman P. 2001. A model for the global optimization of water prices and usage for the case of spatially distributed sources and consumers. Mathematics and Computer in Simulation, 56 (1): 347-356.

Jensen M E. 1968. Water consumption by agricultural plants. *In*: Kozlowski. Water deficit and plant growth. Vol. 2. New York: Academic Press: 25-32.

Jensen M E. 1977. Water conservation and irrigation system. Proceeding of Climate-Technology Seminar, Colombia: Missouri.

Jensen M E. 2007. Beyond irrigation efficiency. Irrigation Science, 25 (3): 233-245.

Jiménez-Hornero F J, Girúldez J V, Laguna A, et al. 2005. Continuous time random walks for analyzing the transport of a passive tracer in a single fissure. Water Resour. Res., 41: W04009, doi: 10.1029/2004-WR003852.

John M G. 1996. Choosing a Client/Server Architectures. Information Management, 13 (2): 8-10.

Johnsson H, Bergström L, Jansson P, et al. 1987. Simulated nitrogen dynamics and losses in a layered agricultural soil. Agric. Ecosyst. Environ. , 18: 333-356.

Jones C A, Bland W L, Ritchie J T, et al. 1991. Simulation of root growth. *In*: John H, Ritchie J T. Modeling plant and soil systems. American Society of Agronomy, Madison, Wisconsin: 91-123.

Jones J B Jr. 1998. Plant Nutrition Manual. Boca Raton: CRC Press: 1-54.

Jury W A, Gardner W R, Gardner W H. 1991. Soil physics. New York: John Wiley & Sons, Inc. : 328-329.

Kamh M, Wiesler F, Ulas A, et al. 2005. Root growth and N-uptake activity of oilseed rape (*Brassica napus* L.) cultivars differing in nitrogen efficiency. J. Plant Nutr. Soil Sci. , 168: 130-137.

Kang S Z, Liang Z S, Hu W, et al. 1998. Water use efficiency of controlled alternate irrigation on root-divided maize plants. Agricultural Water Management, (38): 69-76.

Karlberg L, de Vries F W T P. 2004. Exploring potentials and constraints of low-cost drip irrigation with saline water in sub-Saharan Africa. Physics and Chemistry of the Earth, (29): 1035-1042.

Keller A A, Keller J. 1995. Effective efficiency: a water use efficiency concept for allocating freshwater resources. Arlington, Virginia USA: Water Resources and Irrigation Division (Discussion paper 22) .

Kipkorir E C, Raes D, Massawe B. 2002. Seasonal water production functions and yield response factors for maize and onion in Perkerra, Kenya. Agricultural Water Management, 56 (3): 229-240.

Klepper B, Rickman R W, Waldman S, et al. 1998. The physiological life cycle of wheat: its use in breeding and crop. Euphytica. , 100: 341-347.

Kramer P J, Boyer J S. 1995. The absorption of water and root and stem pressures. *In*: Kramer P J, Boyer J S. Water Relations of Plants and Soils. San Diego: Academic Press, Inc. : 167-200.

Krause P, Boyle D P, Bäse F. 2005. Comparison of different efficiency criteria for hydrological model assessment. Adv. Geosci. , 5: 89-97.

Kumar K, Prihar S S, Gajri P R. 1993. Determination of root distribution of wheat by auger sampling. Plant Soil, 149: 245-253.

Lafolie F. 1991. Modelling water flow, nitrogen transport and root uptake including physical non-equilibrium and optimization of the root water potential. Fertilizer Research, 27: 215-231.

Laine M. 2008. Adaptive MCMC methods with applications in environmental and geophysical models. Lappeenranta: Lappeenranta University of Technology, PhD thesis.

Laurila H. 2001. Simulation of spring wheat responses to elevated CO_2 and temperature by using CERES-Wheat crop model. Agricultural and Food Science in Finland, 10 (3): 175-196.

Lee S H, Malallah A, Datta-Gupta A, et al. 2000. Multiscale data integration using Markov Random Fields. SPE 63066 paper presented at the 2000 SPE Annual Technical Conference and Exhibition, Dallas, TX, October 1-4.

Legates D R, McCabe Jr G J. 1999. Evaluating the use of "goodness-of-fit" measures in hydrologic and hydroclimatic model validation. Water Resour Res, 35 (1): 233-241.

Li K Y, de Jong R, Boisvert J B. 2001. An exponential root-water-uptake model with water stress compensation. Journal of Hydrology, 252: 189-204.

Li N, Ren L. 2010. Application and assessment of a multiscale data integration method to saturated hydraulic conductivity in soil. Agriculture Water Management, 46: wo9510.

Li X J, Tong L, Kang S Z, et al. 2011. Comparison of spatial interpolation methods for yield response factor of winter wheat and its spatial distribution in Haihe basin of north China. Irrigation Science, 29 (6): 455-468.

Liang Z S, Yang J W, Shao H B, et al. 2006. Investigation on water consumption characteristics and water use efficiency of poplar under soil water deficits on the Loess Plateau. Colloids and Surfaces B: Biointerfaces, (53): 23-28.

Liu Y, Journel A G. 2009. A package for geostatistical integration of coarse and fine scale data. Comp and Geosciences, 35 (3): 527-547.

Lovelli S, Perniola M, Ferrara A, et al. 2007. Yield response factor to water (K_y) and water use efficiency of *Carthamus tinctorius* L and *Solanum melongena* L. Agricultural Water Management, 92 (1-2): 73-80.

Malallah A, Perez H, Datta-Gupta A, et al. 2003. Multiscale data integration using Markov Random Fields and Markov Chain Monte Carlo: a field application in the Middle-East. SPE 81544 paper presented at the SPE 13th Middle East Oil Show & Conference, Bahrain, June 9-12.

Mallants D, Mohanty B P, Jacques D, et al. 1996. Spatial variability of hydraulic properties in a multi-layered soil profile. Soil Sci., 161 (3): 167-181.

Mantoglou A, Wilson J L. 1982. The turning band method for simulation of random fields using line generation by a spectral method. Water Resour. Res., 18 (5): 1379-1394.

Mardikis M G, Kalivas D P, Kollias V J. 2005. Comparison of interpolation methods for the prediction of reference evapotranspiration–an application in Greece. Water Resources Management, 19 (3): 251-278.

Mastrorilli M, Katerji N, Rana G. 1995. Water efficiency and stress on grain sorghum at different reproductive stages. Agricultural Water Management, (28): 23-34.

Mattikalli N M, Engman E T, Ahuja L R, et al. 1998. Microwave remote sensing of soil moisture for estimation of profile soil property. Int. J. Remote Sens., 19 (9): 1751-1767.

McMaster G S. 2005. Centenary review: Phytomers, phyllochrons, phenology and temperate cereal development. J. Agric. Sci., 143: 137-150.

MeGechan M B, Wu L. 2001. A review of carbon and nitrogen processes in European soil nitrogen dynamics models. *In*: Shaffer M J, Ma L, Hansen S. Modeling Carbon and Nitrogen Dynamics for Soil Management. Lewis Publishers, Boca Raton: CRC Press: 103-171.

Metropolis N, Rosenbluth A W, Rosenbluth M N, et al. 1953. Equation of state calculations by fast computing machines. J. Chem. Phys., 21 (6): 1087-1092.

Millington R J, Quirk J M. 1961. Permeability of porous solid. Trans. Faraday Soc., 57: 1200-1207.

Mira A. 2001a. On Metropolis-Hastings algorithms with delayed rejection. Metron., (3-4): 231-241.

Mira A. 2001b. Ordering and improving the performance of Monte Carlo Markov Chains. Statist. Sci., 16 (4), 340-350.

Molden D, Sakthivadivel R. 1999. Water accounting to assess use and productivity of water. Water Resource Development,15 (1-2): 55-71.

Molden D. 1997. Accounting for water use and productivity. Colombo, Srilanka: International Irrigation Management Institute.

Molz F J, Remson I. 1970. Extraction term models of soil moisture use by transpiring plants. Water Res. Res., 6: 1346-1356.

Molz F J. 1981. Models of water transport in the soil plant system: a review. Water Resour. Res., 17: 1245-1260.

Monteith J L. 1965. Evaporation and environment. Proc. Symp. Soc. Exp. Biol., 19: 205-234.

Mooney H A, Winner W E, Pell E J. 1991. Responses of Plants to Multiple Stresses. New York: Academic Press:

371-390.

Mosegaard K, Tarantola A. 1995. Monte Carlo sampling of solutions to inverse problems. J. Geophys. Res., 100 (B7): 12431-12447.

Moulin A P, Beckie H J. 1993. Evaluation of the CERES and EPIC models for predicting spring wheat grain yields overtime. Can. J. Plant Sci., 73: 713-719.

Nimah M N, Hanks R J. 1973. Model for estimating soil water, plant and atmospheric interrelations: I. Description and Sensitivity. Soil Sci. Soc. Am. Proc., 37: 522-532.

Nye P H, Tinker P B. 1977. Solute movement in the soil-root system. Berkeley: University of California Press, 92-126.

Oktem A. 2008. Effect of water shortage on yield and protein and mineral compositions of drip-irrigated sweet corn in sustainable agricultural systems. Agricultural Water Management, 95 (9): 1003-1010.

Oliver D S, Cunha L B, Reynolds A C. 1997. Markov Chain Monte Carlo methods for conditioning a permeability field to pressure data. Math. Geol., 29 (1): 61-91.

O' Leary G J, Connor D J, Write D. 1985. A simulation model of the development, growth and yield of the wheat crop. Agric. Syst., 17: 1-26.

Parasuraman K, Elshorbagy A, Si B. 2007. Estimating saturated hydraulic conductivity using genetic programming. Soil Sci. Soc. Am. J., 71 (5): 1676-1684.

Pate J S, Layzell D B. 1981. Carbon and nitrogen partitioning in the whole plant-A thesis based on empirical modeling. *In*: Beweley J D. Nitrogen and Carbon Metabolism. The Netherlands: S DR. W. Junk Publishers: 94-127.

Penning de Vries F W T, Jansen D M, Ten Berge H F M, et al. 1989. Simulation of ecophysiological processes of growth in several annual crops. Simulation Monographs 29. Pu rdoc, Wageningen, Netherlands: 271-273.

Perrochet P. 1987. Water uptake by plant roots: a simulation model. Ⅰ. Conceptual model. J. Hydrol., 95: 55-61.

Peskun P H. 1973. Optimum Monte Carlo sampling using Markov chains. Biometrika, 60: 607-612.

Prasad R. 1988. A linear root water uptake model. J. of Hydrology, 99: 297-306.

Pohlert T. 2004. Use of empirical global radiation models for maize growth simulation. Agricultural and Forest Meteorology, (26): 47-58.

Porporato A, Rodrigue- Jturbel. 2002. Ecohydroloy-a challenging multidisciplinary research perspective. Hydrological Sciences-Journal, 47 (5): 811-821.

Rabe E. 1990. Tree physiology: the functional significance of the accumulation of nitrogen-containing compounds. J. Hort. Sci., 65 (3): 231-243.

Rajput G S, Singh J. 1986. Water production functions for wheat under different environmental conditions. Agricultural Water Management, 11: 319-332.

Ramos C, Carbonell E A. 1991. Nitrate leaching and soil moisture prediction with the LEACHM model. Fertilizer Research, 27: 171-180.

Ranwan A, Weshah A L. 2000. Optimal use of irrigation water in the Jordan Valley: a case study. Water Resources Management, 14 (5): 327-338.

Raupach M R, Gillette D A, Leys J F. 1993. The effect of roughness elemeuts on wind erosion threshold. Journal of Geophysical Research, 98: 3023-3029.

Reca J, Roldán J, Alcaide M, et al. 2000. Optimization model for water allocation in deficit irrigation systems description of the model. Agricultural Water Management, 48 (2): 103-116.

Reidenbach G, Horst W J. 1997. Nitrate-uptake capacity of different root zones of *Zea mays* (L.) in vitro and in situ. Plant and Soil, 196: 295-300.

Reynolds W D, Zebchuk W D. 1996. Hydraulic conductivity in a clay soil: Two measurement techniques and spatial characterization. Soil Sci. Soc. Am. J., 60: 1679-1685.

Reynolds W D. 1993. Saturated hydraulic conductivity: field measurement. *In*: Carter M R. Soil sampling and methods of analysis. Baco Raton: Lewis Publication: 599-613.

Ritchie J T, Doug G. CERES-Wheat 2.0. http://nowlin.css.msu.edu/wheat_book/.

Ritchie J T. 1972. Model for predicting evaporation from a row crop with incomplete cover. Water Resour. Res., 8 (5): 1204-1213.

Robertson M J, Fukai S, Hammer G L, et al. 1993. Modelling root growth of grain sorghum using the CERES approach. Field Crops. Res., 33: 113-130.

Romano N, Santini A. 2002. Water retention and storage: field-field water capacity. *In*: Dane J H, Topp G C. Methods of Soil Analysis, Part 4: Physical Methods. Madison: Soil Sci. Soc. Amer., Inc.: 723-729.

Rosegrant M W, Ringler C, McKinny D C, et al. 2000. Integrated economic-hydrologic water modeling at the basin scale: the Maipo River Basin. Agricultural Economics, 24: 33-46.

Rubin Y, Gómez-Hernández J J. 1990. A stochastic approach to the problem of upscaling of conductivity in disordered media: theory and unconditional numerical simulations. Water Resour. Res., 26 (4): 691-701.

Sadoski Darleen. 1997. Client/Server Software Architectures—an overview. Software Technology Roadmap, 1997-08-02. Retrieved on 2008-09-16.

Sambridge M, Mosegaard K. 2002. Monte Carlo methods in geophysical inverse problems. Rev. Geophys., 40 (3): 1009. doi: 10.1029/2000RG000089.

Schaap M G. 1999. Rosetta (Ver. 1.1), U S Salinity Laboratory, ARS-USDA, Copyright (C).

Schoups G, Hopmans J W. 2002. Analytical model for vadose zone solute transport with root water and solute uptake. Vadose Zone J., 1: 158-171.

Selim H M, Iskandar I K. 1981. Modeling nitrogen transport and transformations in soils. Soil Sci., 131: 233-241.

Sezen S M, Yazar A. 2006. Wheat yield response to line-source sprinkler irrigation in the arid Southeast Anatolia region of Turkey. Agricultural Water Management, 81 (1-2): 59-76.

Shangguan Z P, Shao M A, Dyckmans J. 2000. Nitrogen nutrition and water stress effects on leaf photosynthetic gas exchange and water use efficiency in winter wheat. Environmental and Experimental Botany, 44: 141-149.

Shao Y, Lu H. 2000. A simple expression for wind erosion threshold friction velocity. Geophys. Res., 105: 22437-22443.

Shi J C, Zuo Q, Zhang R. 2007. An inverse method to estimate the source-sink term in the nitrate transport equation. Soil Science Society of America Journal, 71: 26-34.

Si B, Kachanoski R G. 2000. Estimating soil hydraulic properties during constant flux infiltration: inverse procedures. Soil Sci. Soc. Am. J., 64 (2): 439-449.

Slatyer R O. 1960. Absorption of water by plants. Bot. Rev., 26: 331-392.

Sobieraj J A, Elsenbeer H, Cameron G. 2004. Scale dependency in spatial patterns of saturated hydraulic conductivity. Catena, 55: 49-77.

Stapper M. 1984. SIMTAG: A Simulation Model of Wheat Genotypes. Model Documentation. Armidate: Univ. of

New England: 108-109.

Sudicky E A. 1986. A natural gradient experiment on solute transport in a sand and gravel aquifer: spatial variability of hydraulic conductivity and its role in the dispersion process. Water Resour. Res., 22 (13): 2069-2082.

Tabbal D F, Bouman B A M. 2002. On-farm strategies for reducing water input in irrigated rice: case studies in the Philippines. Agricultural Water Management, (56): 93-112.

Taskinen A, Sirviö H, Bruen M. 2008. Generation of two-dimensionally variable saturated hydraulic conductivity fields: model theory, verification and computer program. Comp. and Geosciences, 34: 876-890.

Temesgen B, Eching S, Davifoof B, et al. 2005. Comparison of some reference evapotranspiration equations for California. Journal of Irrigation and Drainage Engineering ASCE, 131 (1): 73.

Tierney L, Mira A. 1999. Some adaptive Monte Carlo methods for Bayesian inference. Stat. Med., 18: 2507-2515.

Tietje O, Hennings V. 1996. Accuracy of the saturated hydraulic conductivity prediction by pedo-transfer functions compared to the variability within FAO textural classes. Geoderma, 69: 71-84.

Timsina J, Humphreys E. 2003. Performance and application of CERES and SWAGMAN destiny models for rice-wheat cropping. Australia: CSIRO Land and Water Technical: 13-16.

Tompson A F B, Ababou R, Gelhar L W. 1989. Implementation of the three-dimensional turning bands random field generator. Water Resour. Res., 25 (10): 2227-2243.

Toride N, Leij F J, van Genuchten M Th. 1999. The CXTFIT Code for Estimating Transport Parameters from Laboratory or Field Tracer Experiments. Version 2. 1. Washington: U. S. Salinity Laboratory, USDA-ARS, Riverside, CA.

Toure A, Major D J, Lindwall C W. 1995. Comparison of five wheat simulation models in southem Alberta. Can. J. Plant Sci., 75: 61-68.

Ünlü K, Nielsen D R, Biggar J W, et al. 1990. Statistical parameters characterizing the spatial variability of selected soil hydraulic properties. Soil Sci. Soc. Am. J., 54: 1537-1547.

van Genuchten M Th. 1980. A closed form equation for predicting the hydraulic conductivity of unsaturated soils. Soil Sci. Soc. Am. J., 44: 892-898.

van Noordwijk M, van de Geijn S C. 1996. Root, shoot and soil parameters required for process-oriented models of crop growth limited by water or nutrients. Plant and Soil, 183: 1-25.

Vasssilis Z A, Wyseure G C L. 1998. Modeling of water and nitrogen dynamics on an undisturbed soil and a restored soil after open-cast mining. Agric. Water Manag., 37: 21-40.

Vaux H J, Pruitt W O. 1983. Crop-water production functions. *In*: Hillel D. Advances in Irrigation. Vol 2. New York: Academic Press: 61-93.

Vereecken H, Kasteel R, Vanderborght J, et al. 2007. Upscaling hydraulic properties and soil water flow processes in heterogeneous soils: a review. Vadose Zone J., 6: 1-28.

Vrugt J A, ter Braak C J F, Clark M P, et al. 2008. Treatment of input uncertainty in hydrologic modeling: doing hydrology backward with Markov chain Monte Carlo simulation. Water Resour Res, 44: W00B09. doi: 10. 1029/2007WR006720.

Vrugt J A, ter Braak C J F, Diks C G H, et al. 2009. Accelerating Markov Chain Monte Carlo simulation by differential evolution with self-adaptive randomized subspace sampling. Int. J. Nonlinear Sci. Numer Simul., 10 (3): 273-290.

Watkin E J, Thomson C J, Greenway H. 1998. Root development and aerenchyma formation in two wheat cultivars and one triticale cultivar grown in stagnant agar and aerated nutrient solution. Annals of Botany, 81: 349-354.

Wessolek G. 1993. Einfluss von Klimaaedderungen auf den Boden Wasserhaushalt (regionale Fallstudien). Mitt. Dtsch. Bodenkd. Ges., 69: 289-293.

Willardson L S, Allen R G. 1994. Universal fractions and the elimination of irrigation efficiencies. 13th Technical Conference. USCID: Denver.

Wu J Q, Zhang R, Gui S. 1999. Modeling soil water movement with water uptake by roots. Plant and Soil, 215: 7-17.

Wu X, Efendiev Y, Hou T Y. 2002. Analysis of upscaling absolute permeability. Discrete Contin. Dyn. Syst. Ser. B, 2 (2): 185-204.

Xiong Y W, Huang G H, Huang Q Z. 2006. Modeling solute transport in one-dimensional homogeneous and heterogeneous soil columns with continuous time random walk. J. Contam. Hydrol., 86: 163-175.

Yang D, Musiake K. 2003. A continental scale hydrological model using the distributed approach and its application to Asia. Hydrol. Process, 17: 2855-2869.

Yeh T C J, Gelhar L W, Gutjahr A L. 1985. Stochastic analysis of unsaturated flow in heterogeneous soils 2. Statistically anisotropic media with variable α. Water Resour. Res., 21 (4): 457-464.

Yeh T C J, Mas-Pla J, Williams T M, et al. 1995. Observation and three-dimensional simulation of chloride plumes in a sandy aquifer under forced-gradient conditions. Water Resour. Res., 31 (9): 2141-2157.

Yeh T C J. 1992. Stochastic modelling of groundwater flow and solute transport in aquifers. Hydrol. Process, 6 (4): 369-395.

Zeleke T B, Si B. 2005a. Parameter estimation using the falling head infiltration model: simulation and field experiment. Water Resour. Res., 41: W02027. doi: 10. 1029/2004WR003407.

Zeleke T B, Si B. 2005b. Scaling relationships between saturated hydraulic conductivity and soil physical properties. Soil Sci. Soc. Am. J., 69: 1691-1702.

Zhang D. 2002. Stochastic methods for flow in porous media coping with uncertainties. Earth and Environmental Sciences Division Los Alamos National Laboratory Los Alamos, NM 87545, USA, San Diego: Academic Press.

Zhang H P, Theib O. 1999. Water-yield relations and optimal irrigation scheduling of wheat in the Mediterranean region. Agricultural Water Management, 38: 195-211.

Zhang X Y, Pei D, Hu C S. 2003. Conserving groundwater for irrigation in the North China Plain. Irrigation Science, 21: 159-166.

Zhang X Y, Chen S Y, Liu M Y, et al. 2005. Improved water use efficiency associated with cultivars and agronomic management in the North China Plain. Agronomy Journal, 97: 783-790.

Zhang X Y, Chen S Y, Sun H Y, et al. 2008. Dry matter, harvest index, grain yield and water use efficiency as affected by water supply in winter wheat. Irri. Sci., 27: 1-10.

Zhang X Y, Chen S Y, Sun H Y, et al. 2009. Root size, distribution and soil water depletion as affected by cultivars and environmental factors. Field Crops. Res., 114: 75-83.

Zhang X Y, Chen S Y, Sun H Y, et al. 2010. Water use efficiency and associated traits in winter wheat cultivars in the North China Plain. Agric. Water Manage., 97: 1117-1125.

Zhang X Y, Chen S Y, Sun H Y, et al. 2011. Changes in evapotranspiration over irrigated winter wheat and maize in North China Plain over three decades. Agric. Water Manage., 98: 1097-1104.

Zhang X Y，Pei D，Chen S Y，et al. 2006. Performance of double-cropped winter wheat-summer maize under minimum irrigation in the North China Plain. Agron. J.，98：1620-1626.

Zheng C，Bennett G D. 2002. Applied contaminant transport modeling. Second edition. New York：John Wiley & Sons：343-348.

Zhu J. 2008. Equivalent parallel and perpendicular unsaturated hydraulic conductivities：arithmetic mean or harmonic mean? Soil Sci. Soc. Am. J.，72（5）：1226-1233.

Zuo Q，Shi J，Li Y，et al. 2006. Root length density and water uptake distributions of winter wheat under sub-irrigation. Plant and Soil，285：45-55.

Zwart S J，Bastiaanssen W. 2004. Review of measured crop water productivity values for irrigated wheat，rice，cotton，and maize. Agric. Water Manage.，69：115-133.